人工智能与数据处理基础

第2版

杨璠 张承德 主　编
王倩 张志 马霄 蔡燕 朱平 李向 易灵芝 胡景浩 副主编

清華大學出版社
北京

内容简介

本书以智能数据处理技术和应用为核心，全书共分为数据处理基础篇和数据分析技术与人工智能方法篇，详细阐述了人工智能、大数据、区块链等当代前沿信息技术的概念和应用，在数据处理基础篇中，以图书销售为例，通过 Access 2016 系统介绍了数据存储的概念和数据存储应用技术，并在数据分析技术与人工智能方法篇中，进一步介绍了智能数据分析语言——Python、数值数据智能分析技术、文本数据智能分析技术、人工智能分析方法、智能计算思维及其应用。本书通过一系列实例分析，深入浅出地向读者介绍了信息、数据、大数据、人工智能、区块链、数据存储概念及应用技术（Access）、Python 程序设计语言、数值数据和文本数据智能分析技术、人工智能分析方法和智能计算思维。

本书适合于全国高等学校各专业作为"新文科"与"新工科"建设背景下的人工智能和数据处理通识课教材使用，也可作为智能数据处理的普及读物供广大读者自学或参考。

图书在版编目（CIP）数据

人工智能与数据处理基础/杨璠，张承德主编. -- 2 版. -- 北京：清华大学出版社，2025.3.
（国家级实验教学示范中心联席会计算机学科组规划教材）. -- ISBN 978-7-302-68637-8

Ⅰ. TP18；TP274

中国国家版本馆 CIP 数据核字第 2025UU5892 号

责任编辑：陈景辉
封面设计：刘　键
责任校对：李建庄
责任印制：刘海龙

出版发行：清华大学出版社
　　网　　址：https://www.tup.com.cn，https://www.wqxuetang.com
　　地　　址：北京清华大学学研大厦 A 座　　**邮　　编**：100084
　　社 总 机：010-83470000　　**邮　　购**：010-62786544
　　投稿与读者服务：010-62776969，c-service@tup.tsinghua.edu.cn
　　质量反馈：010-62772015，zhiliang@tup.tsinghua.edu.cn
　　课件下载：https://www.tup.com.cn，010-83470236
印 装 者：北京鑫海金澳胶印有限公司
经　　销：全国新华书店
开　　本：185mm×260mm　　**印　张**：20.5　　**字　　数**：523 千字
版　　次：2021 年 3 月第 1 版　　2025 年 5 月第 2 版　　**印　　次**：2025 年 5 月第1 次印刷
印　　数：1～1500
定　　价：59.90 元

产品编号：111239-01

编　委　会

（排名不分先后）

前言

FOREWORD

党的二十大报告强调“必须坚持科技是第一生产力、人才是第一资源、创新是第一动力，深入实施科教兴国战略、人才强国战略、创新驱动发展战略，开辟发展新领域新赛道，不断塑造发展新动能新优势”。

在充分考虑“新工科”“新文科”建设背景下高校人才培养中对信息技术基础知识及大数据基础素养能力的新需要，结合不同学生的学科和专业特点，根据《中国高等院校计算机基础教育课程体系 2014》（清华大学出版社，2014）的要求，组织多年从事大学信息基础通识课程教学和科研工作的教师，结合信息科学、人工智能、数据处理最新的应用技术和研究成果，编写了此书。

本书在写作上所追求的目标和效果是将原理讲清楚，通过实践融会贯通。因此，本书在写法上坚持层次分明、条理清楚、理例结合、图文并茂、深入浅出、详略得当的行文风格，并力求将复杂问题简单化，将晦涩理论通俗化，使得本书更加易读易懂、易教易学。在选材方面，以全面、基础、典型、新颖为原则，以基础的数据处理操作为根本，以数据库技术、人工智能的经典著作为依据，同时又兼顾该学科的当前热点，按通识课的性质和水准确定各章节的内容和深度。书中收编了数据处理的最新成果，但又不刻意赶时髦、追风头；书中涉及人工智能的诸多课题，但对于较深入和较专业的内容则点到为止。

本书的内容以人工智能、数据处理技术及其应用为主线，分为“数据处理基础”“数据分析技术与人工智能方法”两篇，共 10 章。第 1～5 章为本书第一篇“数据处理基础”的内容。其中，第 1 章概要性介绍了数据处理基础与人工智能等信息前沿技术，包括信息、数据、大数据与人工智能、数据分析、数据存储技术、智能数据分析、智能科学前沿等，读者通过本章内容的学习将了解和掌握信息科学与智能数据处理技术的基础概念；第 2～5 章以图书销售为例，通过 Access 2016 系统地介绍了数据存储的概念和数据存储应用技术，主要内容包括数据库基本理论与设计、Access 数据库表、表的创建、表的操作、查询及查询对象、查询的可视化系统。通过第一篇的学习，读者将掌握 Access 数据库中表的创建和查询等基础数据处理可视化操作方法。本书第二篇“数据分析技术与人工智能方法”包含第 6～10 章，主要内容包括智能数据分析语言——Python、数值数据智能分析技术、文本数据智能分析技术、人工智能分析方法、智能计算思维及其应用。通过本篇的学习，读者将掌握智能分析常用方法和基本原理。

通过本书的学习，读者将对数据处理基础及智能分析技术前沿、数据存储、数据存储应用（Access 2016）、智能数据分析语言——Python、数值数据智能分析技术、文本数据智能分析技术、人工智能分析方法和智能计算思维及其应用等内容有一个较为全面的认识和理解，并能熟练利用 Access 2016 进行数据存储、处理、查询等基础数据处理操作，掌握通过 Python 程序设计语言完成简单的数据获取、数据智能分析和数据可视化展示等数据智能分析技术，培养和提高计算思维和智能计算思维,为学习信息科学相关后续课程和利用信息科学的有关知识与工具解决本专业及相关领域的问题打下良好的基础。本书内容较多,案例丰富,教师在讲授过程中可根据学生和教学的具体情况对部分章节内容和案例进行取舍。为保证教学内容的连贯性,本书建议教师按照原始章节顺序介绍数据智能处理与分析的应用路线与过程,以便开展课程实践教学。

本书配有源代码、教学课件、教学大纲、案例素材、习题题库供读者使用。源代码和全书网址可通过扫描下方二维码获取。

源代码

全书网址

本书适合于全国高等学校各专业作为“新文科”与“新工科”建设背景下的人工智能和数据处理通识课教材使用,也可作为智能数据处理的普及读物供广大读者自学或参考。

杨璠、张承德任本书主编,负责全书的统稿。王倩、张志、马霄、蔡燕、朱平、李向、易灵芝、胡景浩任本书副主编。其中第1～3章和第10章由杨璠编写,第4章由蔡燕编写,第5章由朱平编写,第6章由马霄编写,第7章由张志编写,第8章由张承德编写,第9章由王倩编写,肖慎勇为本书提供案例素材,胡景浩为本书案例提供实验和模拟环境,李向、易灵芝、胡景浩负责编写本书案例部分。

本书在编写过程中得到了中南财经政法大学教务部、信息与安全工程学院领导和教师的大力支持,同时清华大学出版社为本书的顺利出版付出了极大的努力。

本书部分图片取自互联网,部分文字也参考了网页内容,作者尽可能将引用链接在相关章节中给出,少部分无法给出引用的,在此一并致以深深的感谢。尽管作者对本书内容进行了反复修改,但由于水平和时间有限,书中疏漏和不足之处在所难免,敬请读者提出宝贵意见。

作　者

2025年1月

目录

CONTENTS

第一篇　数据处理基础

第二篇 数据分析技术与人工智能方法

第一篇

数据处理基础

数据处理基础与人工智能技术前沿

当今时代,信息是最重要的资源之一,与能源、物质并列为人类社会活动的三大要素。智能数据处理技术作为一种现代技术,将计算机、通信等多项技术有机融合,并通过应用数据库、大数据、人工智能等技术,能够实现对数据信息的采集、整理、挖掘、分析。在信息技术迅速发展的今天,人工智能技术为智能信息处理、分析等工作奠定了坚实的基础,并推动了相关领域的发展。本章主要介绍信息、数据、大数据等基本概念,阐述常用的数据智能处理和存储技术,给出智能数据分析的定义和步骤,并对数据挖掘、机器学习和区块链等智能科学前沿技术的应用领域和未来发展趋势做出预测。通过对本章的学习,读者可以具备对智能科学领域的基本认知,并充分意识到智能科学对未来科技发展的重要性。

1.1 信息、数据、大数据

1.1.1 信息

当人们准备做或者不准备做某件事时,总是首先去了解相关情况,然后通过对情况进行分析和评估,来最终决定是否实施或改变既定的计划。实际上,这就是收集信息、分析信息并依靠信息进行决策的过程。信息掌握得越充分、及时、准确,决策的正确程度就越高,收效越大;反之,可能收效不大甚至决策失败。

信息已经成为人们越来越熟悉、越来越频繁提到的概念。随着计算机的广泛使用,对于很多人来说,计算机和信息密不可分。那么,如何准确理解信息呢?如何认识信息与计算机之间的关系,以及怎样最好地利用计算机来处理和获得信息呢?

1. 信息的定义

由于信息与所有行业、学科、领域密切相关,对于信息存在许多种认识和观点。

信息论的创始人香农(C. Shannon)定义:“信息是事物不确定性的减少。”

控制论的创始人诺伯特·维纳(Norbert Wiener)定义:“信息是人们在适应外部世界并使这种适应反作用于外部世界的过程中,同外部世界进行交换内容的名称。”

《中国大百科全书》定义:“信息是符号、信号或消息所包含的内容,用来消除对客观事物认识的不确定性。”

关于信息的定义,不同的行业、学科基于各自的特点,也提出了各自不同的定义。人们一般也把消息、情报、新闻、知识等作为信息。

从应用角度,信息可以描述为:信息是对现实世界中事物的存在特征、运动形态以及不同事物间的相互联系等多种属性的描述,通过抽象形成概念;这些概念能被人们认识、理解,被表达、加工、推理和传播,以达到认识世界和改造世界的目的。因此,信息是关于事物以及事物间联系的知识。

一般可以将信息分为以下三种类型或三个层面。

(1) 事物静态属性信息。包括事物的形状、颜色、状态、数量等。

(2) 事物动态属性信息。包括事物的运动、变化、行为、操作、时空特性等。

(3) 事物之间的联系信息。包括事物之间的相互关系、制约和相互运动的规律。

事物的静态、动态属性信息属于事物本身的特性,比较直观、容易收集,而事物之间联系的信息可能隐藏在背后,不容易认识和获得,一般需要在前两类信息的基础上进行分析、综合并进行加工处理,才能够获得。

在确定的环境下,获得的信息量越大,就意味着人们对特定事物及相互联系的认识越深入,不确定性越小。所以,信息是关于事物不确定性的度量。

2. 信息表达及其特性

迄今为止,人们已经研究和发明了非常多的信息表达形式,也发明了很多媒介和设备来记录、存储和展示信息,计算机就是目前具有综合处理各种信息表达方法的最重要设备。从某种意义讲,人类进步的突出标志之一就是对信息表达、处理以及传播手段的不断革新。

但是还有非常多的信息人们尚没有完善的表达方式,如人类自身的嗅觉、触觉、味觉等的表达。不断研究新的信息表达手段和方法,是人们需长期面对的课题。

目前使用的计算机信息表达方法主要包括数字、文字和语言、公式、图形和曲线、表格、多媒体(包含图像、声音、视频等)、超链接等。

信息具有可共享性、易存储性、可压缩性、易传播性等特性。

(1) 可共享性。这是信息与其他资源的本质区别之一。在物质世界里,资源有限,且常常处于被争夺状态,而信息可以被无限复制,并可使所有相关人员共享。提供信息共享的便利以及保护信息、防止信息被非法共享成为信息管理中需要同时关注并完成的任务。

(2) 易存储性。在现代信息系统中,信息以数字形式存储和传递,信息的易存储性表现在现在已经有非常多的存储介质和存储技术,如磁介质、光、半导体、生物等,同时存储的容量越来越大,存储成本越来越低,在信息管理的总成本中甚至可以忽略不计。

(3) 可压缩性。数字化的信息表达,可以通过一定算法对信息的表达空间进行压缩,从而减少表达空间而又不丢失信息的内容。目前,压缩技术是信息技术的重要分支,产生了多种压缩技术标准和产品。使用压缩技术可以减少信息的存储空间,大幅度降低网络传送负载,提高传送效率。对信息的压缩存储还可以有效提高信息的存储安全。

(4) 易传播性。网络技术的发展和普及可以使信息在瞬间传播到世界各个角落,同时各种信息技术的不断更新,使得传输信息的类型和容量不断增加。信息的这种特性已经根本上改变了人们获得信息、交流信息的方式。

1.1.2 数据

1. 数据的定义

现实社会中,生产经营、日常管理等活动要产生或处理大量数据。数据是记录客观事物的

符号，因此信息的表达须借助于符号，也就是数据。所有用来描述客观事物的语言、文字、图画、声音、图形、图像和模型都称为数据。

所以，数据是信息的载体，信息是数据的内涵。人们直接获取的通常是原始数据，原始数据反映了实际业务活动，但还需要计算机进一步进行处理才能获得有价值的信息，这就是数据处理的过程。

计算机是处理数据的。数据符号各种各样，在计算机中都转换成二进制符号"0"和"1"保存和处理。事实上，表达各种信息的数据在计算机中就是由"0"和"1"组成的形形色色的各种编码。

2. 数据的结构

当信息借助数据并使用统一的结构加以表示时，将这种类型的数据称为结构化数据；当信息无法借助统一结构的数据表示时，将这种类型的数据称为非结构化数据；而介于两者之间的结构的数据则称为半结构化数据。

1）结构化数据

结构化数据指的是数据在一个记录文件里以固定格式存在的数据，例如关系数据库中所有学生的信息都以一张学生表存储，如图 1.1 所示。结构化数据通常包括关系数据库表和表格数据。因此结构化的数据往往可以使用关系数据库表示和存储，表现为二维形式的数据。

以学生表为例，它的特点是数据以行为单位，一行数据表示一个实体——学生的信息，每行数据的属性都是相同的，如学号、姓名等。同时结构化数据首先依赖于建立一个数据模型，数据模型是指数据是怎样被存储、处理的，数据的格式以及其他的限制。

学号	姓名	性别	生日
10041138	华美	女	2012/11/09
10053113	唐李生	男	2013/04/19
11042219	黄耀	男	2012/01/02
11045120	刘权利	男	2011/10/20
11093305	郑家谋	男	2014/03/24
11093317	凌晨	女	2011/06/28
11093325	史玉磊	男	2012/09/11
11093342	罗家艳	女	2011/05/16
12041127	巴朗	男	2011/09/25
12041136	徐栋梁	男	2013/12/20
12045142	郝明星	女	2011/11/27
12053101	高猛	男	2013/02/03
12053116	陆敏	女	2012/03/18
12053124	多桑	男	2013/10/26
12053131	林惠萍	女	2011/12/04
12053160	郭政强	男	2011/06/10
12055117	王燕	女	2012/08/02

图 1.1　结构化数据实例——学生表

2）非结构化数据

相对于结构化数据而言，数据结构不规则或不完整、没有预定义的数据模型、不方便用数据库二维逻辑表来表现的数据称为非结构化数据。各种文档、图片、视频、音频等都属于非结构化数据。对于这类数据，一般直接整体进行存储，而且一般存储为二进制的数据格式。非结构化数据可以使用非结构化数据库存储。非结构化数据库是指其字段长度可变，并且每个字段的记录又可以由可重复或不可重复的子字段构成的数据库。用它不仅可以处理结构化数据，而且可以处理非结构化数据。

3）半结构化数据

半结构化数据，就是介于完全结构化数据和完全非结构化数据之间的数据，它并不符合关系数据库或其他数据表的形式关联起来的数据模型结构，但包含相关标记，用来分隔语义元素以及对记录和字段进行分层。因此，它也被称为自描述的结构，XML、HTML 文档就属于半结构化数据。半结构化数据实例如图 1.2 所示。

3. 数据的产生方式与阶段

数据产生方式的变革是促成大数据时代来临的重要因素。总体而言，人类社会的数据产生方式大致经历了三个阶段：运营式系统阶段、用户原创内容阶段和感知式系统阶段。

```
<!DOCTYPE html PUBLIC "-//W3C//DTD XHTML 1.0 Transitional//EN" "http://www.w3.org/TR/xhtml1/DTD/xhtml1-transitional.dtd">
<html xmlns="http://www.w3.org/1999/xhtml">
<head>
<meta http-equiv="Content-Type" content="text/html; charset=utf-8" />
<title>学科建设</title>

<link type="text/css" href="/_css/_system/system.css" rel="stylesheet"/>

<link type="text/css" href="/_upload/site/00/06/6/style/4/4.css" rel="stylesheet"/>
      <LINK href="/_css/tpl2/system.css" type="text/css" rel="stylesheet">
      <LINK href="/_css/tpl2/default/default.css" type="text/css" rel="stylesheet">
<link type="text/css" href="/_js/_portletPlugs/simpleNews/css/simplenews.css" rel="stylesheet" />
<link type="text/css" href="/_js/_portletPlugs/datepicker/css/datepicker.css" rel="stylesheet" />
<link type="text/css" href="/_js/_portletPlugs/sudyNavi/css/sudyNav.css" rel="stylesheet" />

<script language="javascript" src="/_js/jquery.min.js" sudy-wp-context="" sudy-wp-siteId="6"></script>
<script language="javascript" src="/_js/jquery.sudy.wp.visitcount.js"></script>
<script type="text/javascript" src="/_js/_portletPlugs/datepicker/js/jquery.datepicker.js"></script>
<script type="text/javascript" src="/_js/_portletPlugs/datepicker/js/datepicker_lang_HK.js"></script>
<script type="text/javascript" src="/_js/_portletPlugs/sudyNavi/jquery.sudyNav.js"></script>
<link rel="stylesheet" href="/_upload/tpl/00/41/65/template65/style.css" type="text/css" media="all" />
<link rel="stylesheet" href="/_upload/tpl/00/41/65/template65/list.css" type="text/css" media="all" />
<script type="text/javascript" src="/_upload/tpl/00/41/65/template65/js/sudy.js"></script>
</head>
```

图 1.2 半结构化数据实例——HTML 文件

1）运营式系统阶段

运营式系统阶段产生的数据主要来自各类信息系统的数据库。人类社会最早大规模管理和使用数据是从数据库的诞生开始的。大型零售超市销售系统、银行交易系统、股市交易系统、医院医疗系统、企业客户管理系统等大量运营式系统，都是建立在数据库基础之上的。

2）用户原创内容阶段

互联网真正的数据爆发产生于以“用户原创内容”为特征的 Web 2.0 时代。Web 1.0 时代主要以门户网站为代表，强调内容的组织与提供，大量上网用户本身并不参与内容的产生。而 Web 2.0 技术以 Wiki、博客、微博、微信等自服务模式为主，强调自服务，大量上网用户本身就是内容的生成者，尤其是随着移动互联网和智能手机终端的普及，人们更是可以随时随地使用手机发微博、传照片，数据量开始急剧增加。

3）感知式系统阶段

物联网的发展最终导致了人类社会数据量的第三次跃升。物联网中包含大量传感器，如温度传感器、湿度传感器、压力传感器、位移传感器、光电传感器等，此外，视频监控摄像头也是物联网的重要组成部分。物联网中的这些设备，每时每刻都在自动产生大量数据，与 Web 2.0 时代的人工数据产生方式相比，物联网中的自动数据产生方式将在短时间内生成更密集、更大量的数据，使得人类社会迅速步入“大数据时代”。

1.1.3 大数据

当数据持续增长，到达 PB 或以上量级时，这样的数据被称为“大数据”。大数据通常被认为是 PB(10^3 TB)或 EB(1EB=10^6 TB)或更高数量级的数据，包括结构化的、半结构化的和非结构化的数据。其规模或复杂程度超出了传统数据库和软件技术所能管理和处理的数据集范围。

大数据具有数据体量巨大、处理速度快、数据类型繁多和价值密度低 4 个特征。根据著名咨询机构 IDC(Internet Data Center)做出的估测，人类社会产生的数据，每两年就增加一倍，这被称为“大数据摩尔定律”。

1. 大数据的定义

目前，业界对大数据还没有一个统一的定义，常见的大数据定义如下。

大数据是指无法在一定时间内用传统数据库软件工具对其内容进行抓取、管理和处理的数据集合。——麦肯锡

大数据是指无法在一定时间内用常规软件工具对其内容进行抓取、管理和处理的数据集。——维基百科

大数据是需要新处理模式才能具有更强的决策力、洞察发现力和流程优化能力的海量、高增长率和多样化的信息资产。——Gartner

当前,人们从不同的角度在诠释大数据的内涵。一般意义上,大数据是指无法在可容忍的时间内用现有 IT 技术和软硬件工具对其进行感知、获取、管理、处理和服务的数据集合。

2. 大数据的价值

大数据的核心价值,从业务角度出发,主要有如下三点。

(1) 数据辅助决策。为企业提供基础的数据统计报表分析服务。分析师能够轻易获取数据生成分析报告,指导产品和运营,产品经理能够通过统计数据完善产品功能和改善用户体验,运营人员可以通过数据发现运营问题并确定运营的策略和方向,管理层可以通过数据掌握公司业务运营状况,从而进行一些战略决策。

(2) 数据驱动业务。通过数据产品、数据挖掘模型实现企业产品和运营的智能化,从而极大地提高企业的整体效能产出。最常见的应用领域有基于个性化推荐技术的精准营销服务、广告服务、基于模型算法的风控反欺诈服务征信服务等。

(3) 数据对外变现。通过对数据进行精心的包装,对外提供数据服务,从而获得现金收入。市面上比较常见的有各大数据公司利用自己掌握的大数据,提供风控查询、验证、反欺诈服务,提供导客、导流、精准营销服务,提供数据开放平台服务,等等。

1.2 信息(数据)处理技术分类及发展

1.2.1 信息(数据)处理技术

信息技术是指用于管理和处理信息所采用的各种技术的总称,即凡是能扩展的信息功能的技术,都是信息技术。信息技术的实质就是模拟和扩展人类信息器官的功能,从而快速、准确地处理各种信息。

信息(数据)处理技术是信息技术的一个子集,是指用计算机技术收集、加工、传递信息的过程。按信息活动的基本流程,信息(数据)处理技术可以划分为信息(数据)获取技术、信息(数据)传递技术、信息(数据)存储技术、信息(数据)分析技术、信息(数据)检索技术等。

为实现特定的数据处理目标所需要的所有资源的总和称为数据处理系统。一般情况下,数据处理系统主要指硬件设备、软件环境与开发工具、应用程序、数据集合、相关文档等。

1.2.2 信息(数据)存储技术

信息(数据)处理过程中,获取数据后需对数据进行妥善的存储和管理,如何进行数据存储成为信息(数据)处理的重要一环。

1. 数据存储的定义

数据存储即将数据以某种格式记录在计算机内部或外部存储介质上。

2. 数据存储的方式

如果按照数据存放形式,数据存储方式可以简单划分为文件、数据库、网络。其中,文件起源早,不同的程序和数据可以定义不同的文件格式;将数据库技术应用到计算机后,作为可共享的数据集合,数据库的应用领域逐渐扩大,虽然稍显烦琐,但优点也很明显,如在海量数据时性能优越,实现数据的查询、加密、跨平台等;网络是最近几年发展并壮大的存储方式,科研、勘探、航空等实时采集到的数据可以马上通过网络传输到数据处理中心进行存储和处理。

对于企业级存储设备而言,根据存储实现方式还可将数据存储技术划分为三种类型:DAS(Direct Attached Storage,直接附加存储)、NAS(Network Attached Storage,网络附加存储)和 SAN(Storage Area Network,存储区域网络)。

DAS 是把外部存储直接挂接在主机服务器上的一种存储方式,因此它的数据存储设备是整个服务器结构的一部分。一般只应用小型网络或特殊应用的服务器。

NAS 是一套网络存储设备,通常直接连接在网络上并提供资料存取服务。它采用单独的服务器,并单独为网络数据存储而形成一个专门的网络。这样做的优点是不受服务器的自身限制,可由所有的网络用户共享资源。一套 NAS 存储设备就如同一个提供数据文件服务的系统,具有存储部署简单、存储设备位置灵活等特点,具有较高的性价比。

SAN 是一种用高速光纤网络连接专业主机服务器的存储方式,一般位于主机群的后端,使用高速 I/O 连接方式,如 SCSI(Small Computer System Interface,小型计算机系统接口)、ESCON(Enterprise System Connection,企业系统连接)以及 Fibre-Channels(光纤通道)。具有网络部署容易、高速存储性能和良好的扩展能力等优点。

对企业而言,DAS、NAS、SAN 这三种存储方式相互共存互补,能很好地满足企业的信息化应用需求。

3. 结构化数据存储——数据库技术

在互联网出现之前,数据增长缓慢,数据以结构化数据为主,数据库技术可以很好地满足管理这些数据和应用系统的需求。当今数据库技术仍然是结构化数据存储和管理的主要方法。

数据库技术是通过研究数据库的结构、存储、设计、管理以及应用的基本理论,然后按一定的数据模型来实现对数据库中的数据进行处理、分析和理解的技术。数据库技术的研究对象是信息处理过程中大量数据有效地组织和存储成数据集合的问题。数据库技术由相关数据集合以及对该数据集合进行统一控制和管理的数据库管理系统构成。

数据库技术的根本目标是在数据库系统中减少数据存储冗余,实现数据共享,保障数据安全以及高效地检索数据和处理数据。

所谓数据库,简而言之,就是长期存储的相关联、可共享的数据集合。数据库是数据处理系统的重要组成部分。数据库技术有以下特点。

(1) 数据结构化。数据库是存储在外存上的按一定结构组织好的相关联数据集合。

(2) 数据共享性好、冗余度低。数据库中的数据面向全系统和系统内所有用户。系统内特定应用使用的数据从数据库中抽取,不同应用无须重复保存,使数据冗余度最低,实现了数据的一致性。

(3) 数据独立性强。数据库采用三级模式、两级映射体系结构,具有很强的物理数据独立性和逻辑数据独立性,即数据全局模式与存储设备、用户程序的独立性。

(4) DBMS(Data Base Management System,数据库管理系统)统一管理。数据库的定义、创建、维护、运行操作等所有功能由DBMS统一管理和控制,使数据库的性能和使用方便性都有充分的体现。

数据库系统是运用数据库技术的数据处理系统,由计算机软硬件、数据库、DBMS、应用程序构成。数据库系统的使用者称为数据库用户,数据库系统的管理和维护者称为数据库管理员(Data Base Administrator,DBA)。典型的数据库系统构成如图1.3所示。

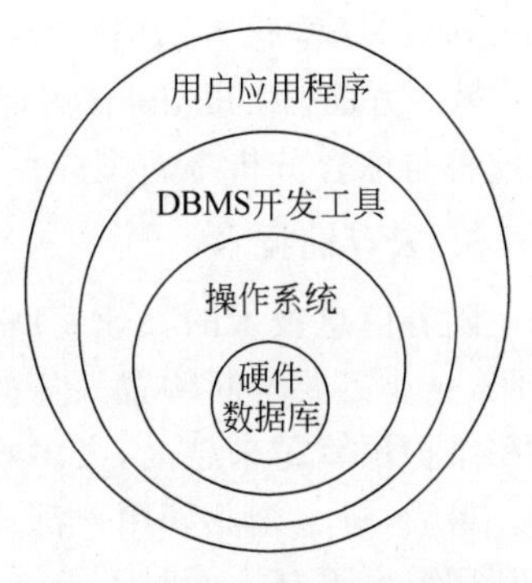

图1.3　数据库系统构成示意图

数据库系统需要存储容量大、速度快、安全可靠的高性能计算机。在数据库系统中,用户一般通过应用程序使用数据库,用户应用程序体现了数据库系统的功能。因此,建立数据库和开发建立在数据库之上的应用程序是开发数据库系统的主要工作。

DBMS是专门处理数据库的软件,是数据库系统的核心,数据库所有工作都通过DBMS完成。DBMS需要操作系统及有关工具软件的支持。

为了有效、安全地管理数据库,一般大型数据库都配有专职DBA,职责是管理和维护数据库,主要工作包括:安装、升级数据库服务器;监控数据库服务器的工作并优化;正确配置使用存储设备;备份和恢复数据;管理数据库用户和安全;与数据库应用开发人员协调;转移和复制数据;建立数据仓库;等等。

4. 大数据时代的存储技术

随着互联网的出现和快速发展,各种大数据应用通常是对不同类型的数据内容检索、交叉比对、深度挖掘与综合分析。面对这类应用需求,按数据类型的不同,大数据的存储和管理采用不同的技术路线,大致可以分为以下三类。

(1) 第一类主要面对的是大规模的结构化数据。

结构化数据简单来说就是数据库。结合到典型场景中更容易理解,例如ERP(Enterprise Resource Planning,企业资源计划)、财务系统;HIS(Hospital Information System,医院信息系统)数据库;政府行政审批;其他核心数据库;等等。

针对这类大数据,通常采用新型数据库集群。通过列存储或行列混合存储以及粗粒度索引等技术,结合大规模并行处理(Massive Parallel Processing,MPP)架构高效的分布式计算模式,实现对PB量级数据的存储和管理。这类集群具有高性能和高扩展性特点,在企业分析类应用领域已获得广泛应用。

(2) 第二类主要面对的是半结构化和非结构化数据。

非结构化数据是数据结构不规则或不完整,没有预定义的数据模型,不方便用数据库二维逻辑表来表现的数据。包括所有格式的办公文档、文本、图片、XML、HTML、各类报表、图像和音频/视频信息等。

应对这类应用场景,基于Hadoop[①]开源体系的系统平台更为擅长。它们通过对Hadoop生态体系的技术扩展和封装,实现对半结构化和非结构化数据的存储和管理。

---

① Hadoop是Apache软件基金会所开发的并行计算框架与分布式文件系统。用户可以在不了解分布式底层细节的情况下开发分布式程序,充分利用集群的威力进行高速运算和存储。

(3) 第三类面对的是结构化和非结构化混合的大数据，因此采用 MPP 并行数据库集群与 Hadoop 集群的混合来实现对 PB 量级、EB 量级数据的存储和管理。

一方面，用 MPP 来管理计算高质量的结构化数据，提供强大的 SQL(Structure Query Language，结构化查询语言)和 OLTP(On-Line Transaction Processing，联机事务处理)型服务；另一方面，用 Hadoop 实现对半结构化和非结构化数据的处理，以支持诸如内容检索、深度挖掘与综合分析等新型应用。这类混合模式将是大数据存储和管理未来发展的趋势。

5. 云存储技术

随着信息技术的飞速发展，社会各领域的数据呈爆炸式增长。面对数据存储需求的急剧膨胀，企业需要不断购置大量的存储设备。然而，这又带来了新的问题。首先，存储设备的采购和维护预算越来越高，大多数企业难以承受。其次，大量的异构设备增加了存储管理的复杂性。最后，每个企业和用户都需要根据最大需求建立自己的存储系统，容易造成存储资源浪费和利用效率不高。而时下云计算(Cloud Computing)技术的兴起则使得高效低成本云存储技术得以实现，从而较好地解决了这些问题。

1) 云存储的概念

根据美国国家标准与技术研究院(National Institute of Standards and Technology, NIST)的定义，云计算是一种利用互联网实现随时随地、按需、便捷地访问共享资源池(如计算设施、存储设备、应用程序等)的计算模式。

云存储的概念与云计算类似，是指通过集群应用、数据中心、虚拟化技术和分布式文件系统等技术，将网络中的大量异构存储设备通过应用软件集合起来协同工作，共同对外提供数据存储和业务访问功能的一种面向服务方式。简单来说，云存储就是将存储资源放到云上为人们服务的一种新兴方案，使用者可以在任何时间和地点，透过任何可连网的设备连接到云，从而方便、透明地存取数据。

云存储通常由具有完备数据中心设施的第三方提供，企业用户和个人将数据托管给第三方，通过公有云、私有云或混合云形式对数据进行按需存取操作。同云计算和互联网一样，云存储不是指某一个具体的设备，而是一个由许多存储设备、网络设备和服务器所构成的集合体。使用者使用云存储，并不是使用某一个存储设备，而是使用整个云存储系统带来的一种数据运维服务。云存储的核心是应用软件与存储设备相结合，通过应用软件来实现存储设备向存储服务的转变。

2) 云存储模式的整体架构

相较于传统的存储手段，云存储是由多个部分组成的复杂系统，包括网络设备、存储设备、服务器、应用软件、公共访问接口、接入网和客户端程序等。存储数据和访问业务服务通过应用软件实现，存储设备是各部分的核心。云存储模式组织框架自底向上依次是存储层、基础管理层、应用接口层以及访问层。

3) 云存储的特点

从用户角度来说，云存储相对于传统存储模式主要有以下优点。

(1) 存储空间大。

云存储就是云计算的存储设备，它通过虚拟化技术将网络上的存储设备组成了一个大型的数据存储资源地，因此云存储的空间对于大部分用户来说，几乎是一个“取之不尽”的网络资源。

(2) 易访问。

传统的存储方式是利用个人计算机存储个人各种数据文件等，同时可以利用 U 盘或者移动硬盘来实现少量数据文件的“移动存储”。网络的进步以及云存储的出现让用户有了新的存

储选择。首先用户需要上传自己的数据文件到云，接下来，只要有互联网，用户就可以随时随地对自己的数据进行访问。

(3) 效率高。

云计算效率高，因此，对云上的数据的访问效率也相应较高。

(4) 备份。

用户将自己的数据放到云上进行存储，一旦自己的本地数据丢失，都可以及时从云上找回，这样就等同于利用云存储实现了数据备份的功能。

1.2.3　智能数据分析技术

对数据进行进一步的加工和分析后，将获得隐藏在数据中的模式和规律，人类就可以获得知识。知识比信息更高一个层次，也更加抽象，它具有系统性的特征，人类的进步就是靠使用知识不断地改变我们的生活和周围的世界。数据是知识的基础，而对数据进行分析是获取知识的途径。

1. 数据分析的定义

数据分析是指用适当的统计分析方法对收集来的大量数据进行分析，将它们加以汇总和理解并消化，以求最大化地开发数据的功能，发挥数据的作用。数据分析是为了提取有用信息和形成结论而对数据加以详细研究和概括总结的过程。

智能数据分析则是指运用统计学、模式识别、机器学习、数据抽象等数据分析工具从数据中发现知识的分析方法。它主要是人工智能在数据分析领域中的应用体现；目的是直接或间接地提高工作效率，在实际使用中充当智能化助手的角色，使工作人员在恰当的时间拥有恰当的信息，帮助他们在有限的时间内做出正确的决定。

2. 智能数据分析的步骤

大数据领域每年都会涌现出大量新技术，这些新技术成为大数据获取、存储、处理分析或可视化的有效手段。这些技术能够将大规模数据中隐藏的信息和知识挖掘出来，为人类社会经济活动提供依据，提高各个领域的运行效率，甚至整个社会经济的集约化程度。智能化的大数据分析需要经历以下步骤。

1) 数据采集

数据分析是建立在大量数据基础上的，因此需要按照确定的数据分析框架，对相关的数据进行收集和整合，这一过程称为数据采集。互联网目前成为数据分析的主要数据来源。数据采集的方法有很多，如制作网络爬虫从网站上抽取数据、通过设备发送过来实测数据、通过企业本身的数据库做数据采集等。目前数据采集的常用手段是使用公开可用的数据源。

2) 数据预处理

由于现实中收集的数据大体上都是不完整、不一致、含有噪声的脏数据，为了提高数据分析和挖掘的质量，这些原始数据往往不能直接作为数据分析的输入，它们需要经过清洗、筛选、补全和加工等操作，以便更加可靠和清晰地反映出数据分析所需要的特征和规律，这一过程被称为数据预处理。数据预处理是数据分析前不可缺少的一个关键环节，主要包括四个部分：数据清理、数据集成、数据转换、数据规约。

(1) 数据清理。

数据清理是指通过填写缺失的值、光滑噪声数据、识别或删除离群点并解决不一致性来

"清理"数据,达到格式标准化、异常数据清除、错误纠正、重复数据清除等目标。

(2) 数据集成。

数据集成是指将多个数据源中的数据结合起来并统一存储。建立数据仓库的过程实际上就是数据集成。

(3) 数据转换。

通过平滑(去掉数据的噪声)、聚集(对数据进行汇总)、数据概化(概念分层,用高层概念替换底层或原始数据)、规范化(对数据按比例缩放,使之落入一个小的特定区间)等方式将数据转换成适用于数据挖掘的形式。

(4) 数据规约。

数据挖掘时往往数据量非常大,在大量数据上进行挖掘分析需要很长的时间,数据规约技术可以用来得到数据集的规约表示,它小得多,但仍然接近于保持原数据的完整性,使结果与规约前结果相同或几乎相同。

3) 数据分析

完成数据预处理后,即可使用适当的数据分析方法和工具对处理过的数据进行分析。研究人员将人工神经网络、贝叶斯网络、决策树、遗传算法,基于范例的推理法、归纳逻辑编程法等智能数据分析方法应用到具体工作中,提取有价值的信息,形成有效结论。常用的数据分析工具和语言包括 Excel、R 语言、Python 语言、SPSS、SAS 等。

4) 数据可视化

数据本身通常是枯燥的,因此数据分析的结果希望通过图像、图形和计算机视觉以及用户界面等更加直观的表现形式呈现,这就是数据的可视化。借助这些可视化的数据展现手段,能更直观地表述数据分析的结果。

1.3 人工智能与信息技术前沿

现阶段信息(数据)处理技术领域呈现两种发展趋势:一种是面向大规模、多介质的信息,使计算机系统具备处理更大范围信息的能力,如大数据处理技术;另一种是与人工智能进一步结合,使计算机系统更智能化地处理信息。

1.3.1 人工智能

1. 人工智能的定义

人工智能(Artificial Intelligence,AI)是研究、开发用于模拟、延伸和扩展人的智能的理论、方法、技术及应用系统的一门新的技术科学。

尼尔逊教授对人工智能下了这样一个定义:"人工智能是关于知识的学科——怎样表示知识以及怎样获得知识并使用知识的科学。"而温斯顿教授认为:"人工智能就是研究如何使计算机去做过去只有人才能做的智能工作。"

这些说法反映了人工智能学科的基本思想和基本内容。即,人工智能是研究人类智能活动的规律、构造具有一定智能的人工系统,研究如何让计算机去完成以往需要人的智力才能胜任的工作,也就是研究如何应用计算机的软硬件来模拟人类某些智能行为的基本理论、方法和技术。

人工智能是计算机科学的一个分支,除了计算机科学以外,人工智能还涉及信息论、控制论、自动化、仿生学、生物学、心理学、数理逻辑、语言学、医学和哲学等多门学科。该学科研究的主要内容包括知识表示、自动推理和搜索方法、机器学习和知识获取、知识处理系统、自然语言理解、计算机视觉、智能机器人、自动程序设计等方面。

2. 人工智能的研究与应用领域

1）问题求解

人工智能的第一个大成就是发展了能够求解难题的下棋（如国际象棋）程序，它包含问题的表示、分解、搜索与归约等。

2）逻辑推理与定理证明

逻辑推理是人工智能研究中最持久的子领域之一。而定理证明的研究在人工智能方法的发展中曾经产生过重要的影响。许多非形式的工作（包括医疗诊断和信息检索）都可以和定理证明问题一样加以形式化。因此，在人工智能方法的研究中定理证明是一个极其重要的论题。我国人工智能大师吴文俊院士提出并实现了几何定理机器证明的方法，被国际上承认为"吴氏方法"，这是定理证明的又一标志性成果。

3）自然语言理解

语言处理也是人工智能的早期研究领域之一。一个能理解自然语言信息的计算机系统，看起来就像一个人一样需要有上下文知识，以及根据这些上下文知识和信息用信息发生器进行推理的过程。

4）自动程序设计

自动程序设计研究的重大贡献之一是作为问题求解策略的调整概念。在程序设计或机器人控制问题中，先产生一个不费事的有错误的解，然后再修改它（使它正确工作）的做法，一般要比坚持要求第一个解就完全没有缺陷的做法有效得多。

5）专家系统

一般来说，专家系统是一个智能计算机程序系统，其内部具有大量专家水平的某个领域知识与经验，能够利用人类专家的知识和解决问题的方法来解决该领域的问题。

6）机器学习

学习是人类智能的主要标志和获得知识的基本手段；机器学习（自动获取新的事实及新的推理算法）是使计算机具有智能的根本途径。机器学习还有助于发现人类学习的机理和揭示人脑的奥秘。学习是一个有特定目的的知识获取过程，其内部表现为新知识结构的不断建立和修改，而外部表现为性能的改善。

7）神经网络

神经网络处理直觉和形象思维信息具有比传统处理方式好得多的效果。神经网络已在模式识别、图像处理、组合优化、自动控制、信息处理、机器人学和人工智能的其他领域获得日益广泛的应用。

8）机器人学

人工智能研究日益受到重视的另一个分支是机器人学，其中包括对操作机器人装置程序的研究。这个领域所研究的问题，从机器人手臂的最佳移动到实现机器人目标的动作序列的规划方法，无所不包。机器人和机器人学的研究促进了许多人工智能思想的发展。

9）模式识别

人工智能所研究的模式识别是指用计算机代替人类或帮助人类感知模式，是对人类感知外界功能的模拟，研究的是计算机模式识别系统，也就是使一个计算机系统具有模拟人类通过感官接收外界信息、识别和理解周围环境的感知能力。

10）机器视觉

机器视觉或计算机视觉已从模式识别的一个研究领域发展为一门独立的学科；在视觉方面，已经给计算机系统装上电视输入装置以便能够“看见”周围的物品。机器视觉的前沿研究领域包括实时并行处理、主动式定性视觉、动态和时变视觉、三维景物的建模与识别、实时图像压缩传输和复原、多光谱和彩色图像的处理与解释等。

11）智能控制

人工智能的发展促进自动控制向智能控制发展。智能控制是一类无须(或需要尽可能少的)人的干预就能够独立地驱动智能机器实现其目标的自动控制。智能控制是同时具有以知识表示的非数学广义世界模型和数学公式模型表示的混合控制过程，也往往是含有复杂性、不完全性、模糊性或不确定性以及不存在已知算法的非数学过程，并以知识进行推理，以启发来引导求解过程。

12）智能检索

随着科学技术的迅速发展，出现了“知识爆炸”的情况，研究智能检索系统已成为科技持续快速发展的重要保证。

13）智能调度与指挥

确定最佳调度或组合的问题是人们感兴趣的又一类问题，求解这类问题的程序会产生一种组合爆炸的可能性，这意味着即使是大型计算机的容量也会被耗光。人工智能学家在组合问题的求解方法上，努力集中在使“时间-问题大小”曲线的变化尽可能缓慢地增长，即必须按指数方式增长。

14）分布式人工智能与Agent

分布式人工智能(Distributed AI，DAI)是分布式计算与人工智能结合的结果。分布式人工智能的研究目标是要创建一种能够描述自然系统和社会系统的精确概念模型。

多Agent系统(Multiagent System，MAS)更能体现人类的社会智能，具有更大的灵活性和适应性，更适合开放和动态的世界环境，因而备受重视，已成为人工智能以致计算机科学和控制科学与工程的研究热点。

15）计算智能与进化计算

计算智能(Computing Intelligence)涉及神经计算、模糊计算、进化计算等研究领域。

进化计算(Evolutionary Computation)是指一类以达尔文进化论为依据来设计、控制和优化人工系统的技术和方法的总称。它包括遗传算法(Genetic Algorithms)、进化策略(Evolutionary Strategies)和进化规划(Evolutionary Programming)。

16）数据挖掘与知识发现

知识获取是知识信息处理的关键问题之一。数据挖掘是通过综合运用统计学、粗糙集、模糊数学、机器学习和专家系统等多种学习手段和方法，从大量的数据中提炼出抽象的知识，从而揭示出蕴涵在这些数据背后的客观世界的内在联系和本质规律，实现知识的自动获取。数据挖掘和知识发现技术目前已获广泛应用。

17）人工生命

人工生命(Artificial Life，ALife)旨在用计算机和精密机械等人工媒介生成或构造出能够表现自然生命系统行为特征的仿真系统或模型系统。人工生命学科的研究内容包括生命现象的仿生系统、人工建模与仿真、进化动力学、人工生命的计算理论、进化与学习综合系统以及人工生命的应用等。

18）系统与语言工具

除了直接瞄准实现智能的研究工作外，开发新的方法也往往是人工智能研究的一个重要方面。人工智能对计算机界的某些最大贡献已经以派生的形式表现出来。计算机系统的一些概念（如分时系统、编目处理系统和交互调试系统等）已经在人工智能研究中得到发展。

1.3.2　数据挖掘

数据挖掘（Data Mining）的出现是人工智能发展史上具有重大意义的事件。这是因为20世纪80年代初，美国、欧洲和日本的一批针对人工智能的大型项目都面临了重重困难：一是所谓的交叉问题，即传统方法只能模拟人类深思熟虑的行为，而不包括人与环境的交互行为；二是所谓的扩展问题，即传统人工智能方法只适合于建造领域狭窄的专家系统，不能把这种方法简单地推广到规模更大、领域更宽的复杂系统中去。以上两个根本性问题使人工智能研究进入低谷。

数据挖掘的出现使人们又重新看到人工智能的希望，当人工智能进展到一定程度时，对符号处理技术和神经网络处理技术相结合的要求越来越强烈，其中数据挖掘便是二者很好的结合。数据挖掘体现了人工智能技术的进展，其应用领域日益广泛。

目前，数据挖掘仍是人工智能和数据库领域研究的热点问题。

1. 数据挖掘的定义

数据挖掘是指从数据库的大量数据中揭示出隐含的、先前未知的并有潜在价值的信息的非平凡过程。数据挖掘是一种决策支持过程，它主要基于人工智能、机器学习、模式识别、统计学、数据库、可视化技术等，高度自动化地分析企业的数据，做出归纳性的推理，从中挖掘出潜在的模式，帮助决策者调整市场策略，减少风险，做出正确的决策。

数据挖掘的对象可以是任何类型的数据源。可以是关系数据库，此类包含结构化数据的数据源；也可以是数据仓库、文本、多媒体数据、空间数据、时序数据、Web数据，此类包含半结构化数据甚至异构性数据的数据源。

2. 数据挖掘的步骤

在实施数据挖掘之前，先制定采取什么样的步骤、每一步都做什么、达到什么样的目标是必要的，有了好的计划才能保证数据挖掘有条不紊地实施并取得成功。很多软件供应商和数据挖掘顾问公司提供了一些数据挖掘过程模型来指导他们的用户一步步地进行数据挖掘工作。例如，SPSS公司的5A和SAS公司的SEMMA。

数据挖掘过程模型步骤主要包括定义问题（商业理解）、数据理解、数据准备、建立模型、评价模型和部署模型，如图1.4所示。

（1）定义问题（商业理解）。在开始知识发现之前，最优先也是最重要的要求就是了解数据和业务问题。必须要对目标有一个清晰明确的定义，即决定到底想干什么。

（2）数据理解。拿到数据后要做的第一步就是理解数据。理解数据是要结合自己的分析目标，带着具体的业务需求去看。首先，需要明确数据记录的详细程度，例如某个网站的访问量数据是以每小时为单位还是以每天为单位。其次，需要确定研究群体。研究群体的确定一定和业务目标是密切相关的。最后，需要逐一理解每个变量的含义。有些变量和业务目标明显无关，可以直接从研究中剔除。有些变量虽然有意义，但是在全部样本上取值都一样，这样

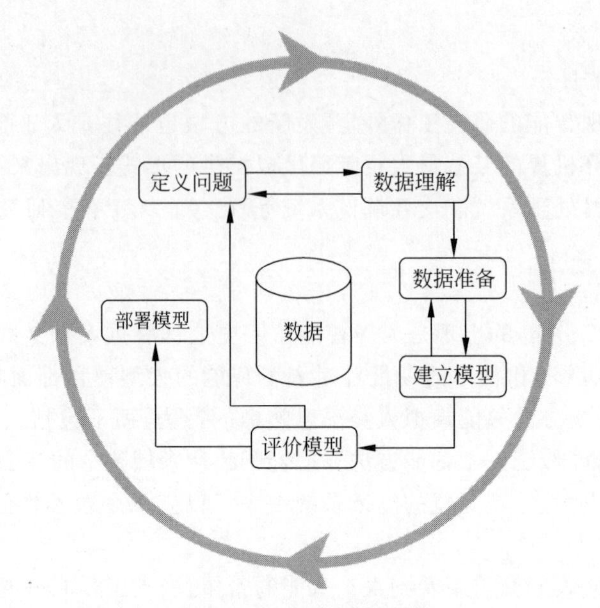

图 1.4 数据挖掘的步骤

的变量就是冗余变量,也需要从研究中剔除。

(3) 数据准备。数据准备与清除不仅是删除错误数据或插入缺失值,还包括查找数据中的隐含相关性、标识最准确的数据源,并确定哪些列最适合用于分析。例如,应当使用发货日期还是订购日期;最佳销售影响因素是数量、总价格,还是打折价格。

(4) 建立模型。建立模型是一个反复的过程。需要仔细考查不同的模型以判断哪个模型对面对的商业问题最有用。先用一部分数据建立模型,然后再用剩下的数据来测试和验证这个得到的模型。有时还有第三个数据集,称为验证集,因为测试集可能受模型的特性的影响,这时需要一个独立的数据集来验证模型的准确性。训练和测试数据挖掘模型需要把数据至少分成两部分:一部分用于模型训练;另一部分用于模型测试。

(5) 评价模型。模型建立好之后,必须评价得到的结果、解释模型的价值。从测试集中得到的准确率只对用于建立模型的数据有意义。经验证明,有效的模型并不一定是正确的模型。造成这一点的直接原因就是模型建立中隐含的各种假定,因此,直接在现实世界中测试模型很重要。先在小范围内应用,取得测试数据,觉得满意之后再大范围推广。

(6) 部署模型。模型建立并经验证之后,可以有两种主要的使用方法:一种是提供给分析人员做参考;另一种是把此模型应用到不同的数据集上。

3. 数据挖掘的应用

2009 年,Google 公司通过分析 5000 万条美国人检索最频繁的词汇,将之和美国疾病中心在 2003—2008 年间季节性流感传播时期的数据进行比较,并建立一个特定的数学模型。最终 Google 公司成功预测了 2009 年冬季流感的传播,甚至可以具体到特定的地区和州。

2012 年 11 月,奥巴马参加大选连任成功的胜利果实也被归功于大数据,因为他的竞选团队进行了大规模与深入的数据挖掘。《时代》杂志更是断言,依靠直觉与经验进行决策的优势急剧下降,在政治领域,大数据的时代已经到来;各种媒体、论坛、专家铺天盖地的宣传让人们对大数据时代的来临兴奋不已,无数公司和创业者都纷纷加入了这个狂欢队伍。

2013 年,微软公司纽约研究院的经济学家大卫·罗斯柴尔德(David Rothschild)利用大数据成功预测24个奥斯卡奖项中的19个，这成为人们津津乐道的话题。

2015年，高德地图运用数据挖掘技术发布全国主要城市交通运行情况报告。

2024年，高德地图发布了法定节假日期间的出行预告，有效提高交通管理效能，为大家提供出行便利。

1.3.3　机器学习

机器学习(Machine Learning)是一门多领域交叉学科，涉及概率论、统计学、逼近论、凸分析、算法复杂度理论等多门学科，专门研究计算机怎样模拟或实现人类的学习行为，以获取新的知识或技能，重新组织已有的知识结构，使之不断改善自身的性能。

1.3.2节中谈到了数据挖掘，那么如何看待数据挖掘与机器学习呢？

数据挖掘与机器学习可以看成是一种相交关系，两者都是依靠规律分析来预测数据趋势的。不同的是，数据挖掘的目标是针对海量数据有目的地提取数据的模式(Pattern)和模型(Model)。而机器学习则是以探索如何让机器模仿或学习人的学习机制为目标，它是人工智能的核心，是使计算机具有智能的根本途径。

1. 机器学习的定义与类别

机器学习是一门多学科交叉专业，涵盖概率论、统计学、近似理论和复杂算法知识，使用计算机作为工具并致力于真实实时的模拟人类学习方式，并将现有内容进行知识结构划分来有效提高学习效率。

机器学习有下面几种定义：

(1) 机器学习是一门人工智能的科学，该领域的主要研究对象是人工智能，特别是如何在经验学习中改善具体算法的性能。

(2) 机器学习是对能通过经验自动改进的计算机算法的研究。

(3) 机器学习是用数据或以往的经验，以此优化计算机程序的性能标准。

机器学习以统计学为理论基础，利用算法让机器具有类似人类一般的自动“学习”能力，即对已知的训练数据做统计分析从而获得规律，再运用规律对未知数据做预测分析。机器学习主要包含四大类别：有监督学习、无监督学习、半监督学习和增强学习。

2. 机器学习的应用

1) 应用领域

机器学习应用广泛，无论是在军事领域还是民用领域，都有机器学习算法施展的机会，主要包括以下几个方面。

(1) 数据分析与挖掘。

数据分析与挖掘技术是机器学习算法和数据存取技术的结合，利用机器学习提供的统计分析、知识发现等手段分析海量数据，同时利用数据存取机制实现数据的高效读写。机器学习在数据分析与挖掘领域中拥有无可取代的地位，2012年Hadoop、Spark相继进入机器学习领域就是一个很好的例子。

(2) 模式识别。

模式识别起源于工程领域，而机器学习起源于计算机科学，这两个不同学科的结合带来了模式识别领域的调整和发展。模式识别研究主要集中在两个方面：一是研究生物体(包括人)是如何感知对象的，属于认识科学的范畴；二是在给定的任务下，研究如何用计算机实现模式识别的理论和方法,这些是机器学习的长项,也是机器学习研究的内容之一。

模式识别的应用领域广泛,包括计算机视觉、医学图像分析、光学文字识别、自然语言处理、语音识别、手写识别、生物特征识别、文件分类、搜索引擎等,而这些领域也正是机器学习大展身手的舞台,因此模式识别与机器学习的关系越来越密切。

(3) 在生物信息学上的应用。

随着基因组和其他测序项目的不断发展,生物信息学研究的重点正逐步从积累数据转移到如何解释这些数据。在未来,生物学的新发现将极大地依赖于我们在多个维度和不同尺度下对多样化的数据进行组合和关联的分析能力,而机器学习方法(例如神经网络、遗传算法、决策树和支持向量机等)正适合处理这种数据量大、含有噪声并且缺乏统一理论的领域。

2) 机器学习的应用案例

(1) 动态定价策略。

使用人工智能和机器学习可以指定动态定价策略。动态定价(有时称为需求定价)最常发生在运输行业,例如网络约车会随着叫车人数的增加而飙升定价或要求增加同乘人数,还有在假期飙升的机票价格等。在库存一定的情况下,需求和价格是比较容易进行博弈的,例如酒店、机票、实时出行服务等。

(2) 客户流失模型。

企业使用人工智能和机器学习可以预测客户关系何时开始恶化,并找到解决办法。通过这种方式,新型机器学习能帮助公司处理最古老的业务问题——客户流失。在这里,算法从大量的历史、人数统计和销售数据中找出规律,确定和理解为什么一家公司会失去客户。然后,公司就可以利用机器学习能力来分析现有客户的行为,以提醒业务人员哪些客户面临着将业务转移到别处的风险,从而找出这些客户离开的原因,然后决定公司应该采取什么措施留住他们。

(3) 过滤垃圾邮件和恶意软件。

电子邮件客户端使用了许多垃圾邮件过滤方法。为了确保这些垃圾邮件过滤器能够不断更新,它们使用了机器学习技术。多层感知器和决策树归纳等是由机器学习提供支持的一些垃圾邮件过滤技术。每天检测到超过 325 000 个恶意软件,每个代码与之前版本的 90%~98%相似。由机器学习驱动的系统安全程序理解编码模式,因此,它们可以轻松检测到 2%~10%变异的新恶意软件,并提供针对性的保护。

(4) 欺诈检测。

机器学习理解模式的能力以及立即发现模式之外异常情况的能力使它成为检测欺诈活动的宝贵工具。金融机构利用机器学习来了解单个客户的典型行为,如客户在何时何地使用信用卡。机器学习可以利用这些信息以及其他数据集,在短短几毫秒内准确判断哪些交易属于正常范围,是合法的,而哪些交易超出了预期的规范标准,可能存在欺诈。机器学习在各行业中检测欺诈的应用包括金融服务、旅行、游戏和零售等。

(5) 图像分类和图像识别。

很多组织机构也开始求助于机器学习、深度学习和神经网络以帮助理解图像。这种机器学习技术有着广泛的应用:从社交网站想要给其网站上的照片贴上标签,到安全团队想要实时识别犯罪行为,再到自动化汽车需要通畅的道路。商家通过分析图像还可以识别可疑活动,如入店行窃以及检测违反工作场所安全的行为(如未经授权使用危险设备)等。

1.3.4 大数据处理与人工智能

在 1.1.3 节中介绍了大数据的定义和应用,数据无疑是新型信息技术服务和科学研究的基石，而大数据处理技术理所当然地成为当今信息技术发展的核心热点，大数据处理技术的蓬勃发展也预示着又一次信息技术革命的到来。

那么大数据处理在信息时代会面临什么挑战？又该如何利用人工智能技术呢？

1. 大数据处理难题及对策

1）速度方面的问题

传统的关系数据库管理系统（Relational Database Management System，RDBMS）一般都是集中式的存储和处理，没有采用分布式架构。这种配置对于传统的信息管理系统（Management Information System，MIS）需求来说是可以满足需求的，然而面对不断增长的数据量和动态数据使用场景，这种集中式的处理方式就日益成为瓶颈，尤其是在速度响应方面捉襟见肘，对于需要实时响应的统计及查询场景更是无能为力。例如在物联网中，传感器的数据可以多达几十亿条，对这些数据需要进行实时入库、查询及分析，传统的 RDBMS 就不再适合应用需求。

2）种类及架构问题

RDBMS 对于结构化的、固定模式的数据，已经形成了相当成熟的存储、查询、统计处理方式。随着物联网、互联网以及移动通信网络的飞速发展，数据的格式及种类在不断变化和发展。如智能交通领域所涉及的数据，可能包含文本、日志、图片、视频、矢量地图等来自不同数据采集监控源的不同种类的数据。这些数据的格式通常都不是固定的，如果采用结构化的存储模式将很难应对不断变化的需求。因此对于这些种类各异的多源异构数据，需要采用不同的数据和存储处理模式，结合结构化和非结构化数据存储。在整体的数据管理模式和架构上，也需要采用新型的分布式文件系统及分布式 NoSQL（非结构化）数据库架构，才能适应大数据量及变化的结构。

3）体量及灵活性问题

如前所述，大数据由于总体的体量巨大，采用集中式的存储，在速度、响应方面都存在问题。当数据量越来越大，并发读写量也越来越大时，集中式的文件系统或单数据库操作将成为致命的性能瓶颈，毕竟单台机器的承受压力是有限的。

在数据存储方面，需要采用分布式可扩展的架构，如人们所熟知的 Hadoop 文件系统和 HBase 数据库。同时在数据处理方面，也需要采用分布式的架构，把数据处理任务分配到很多计算节点上，同时还需考虑数据存放节点和计算节点之间的位置相关性。

4）成本问题

集中式的数据存储和处理，在软硬件选型时基本采用的方式都是配置相当高的大型机或小型机服务器，以及访问速度快、保障性高的磁盘阵列，以此来保障数据处理性能。这些硬件设备都非常昂贵，动辄高达数百万元，同时软件也经常是国外大厂商（如 Oracle、IBM、SAP、微软等）的产品，对于服务器及数据库的维护也需要专业技术人员，投入及运维成本很高。

新型的分布式存储架构、分布式数据库（如 HDFS、HBase、Cassandra、MongoDB 等）由于大多采用去中心化的、海量并行处理 MPP 架构，在数据处理上不存在集中处理和汇总的瓶颈，同时具备线性扩展能力，能有效应对大数据的存储和处理问题。

5）价值挖掘问题

大数据由于体量巨大，同时又在不断增长，因此单位数据的价值密度在不断降低。但同时大数据的整体价值在不断提高，大数据被类比为石油和黄金，从中可以发掘巨大的商业价值。要从海量数据中找到潜藏的模式，需要进行深度的数据挖掘和分析。

传统的数据挖掘一般数据量较小，算法相对复杂，收敛速度慢。然而大数据的数据量巨大，在对数据的存储、清洗、ETL(抽取、转换、加载)方面都需要能够应对大数据量的需求和挑战，在很大程度上需要采用分布式并行处理的方式。Google、微软的搜索引擎在对用户的搜索日志进行归档存储时，就需要多达几百台甚至上千台服务器同步工作才能应对全球上亿用户的搜索行为。

数据挖掘的实际增效也是我们在进行大数据价值挖掘之前需要仔细评估的问题。并不见得所有的数据挖掘计划都能得到理想的结果。首先需要保障数据本身的真实性和全面性，如果所采集的信息本身噪声较大，或者关键性的数据没有被包含进来，那么所挖掘的价值规律也就大打折扣。其次也要考虑价值挖掘的成本和收益，如果对挖掘项目投入的人力、物力耗资巨大，项目周期长，而挖掘出来的信息对于企业生产决策、成本效益等方面的贡献不大，也是不切实际和得不偿失的。

6）存储及安全问题

大数据将更多更敏感的数据汇集在一起，若对数据攻击成功则攻击者将能得到更多信息，这种“高性价比”使得大数据更易成为被攻击的目标。同时大数据由于存在格式多变、体量巨大的特点，在存储及安全保障方面也面临更多挑战。例如针对非结构化数据，大数据衍生了许多分布式文件存储系统、分布式 NoSQL 数据库等来应对这类数据。然而这些新兴系统在用户管理、数据访问权限、备份机制、安全控制等各方面还需进一步完善。由于大量的非结构化数据可能需要不同的存储和访问机制，如何对多源、多类型数据实施统一、安全的访问控制机制成为亟待解决的问题。

2. 人工智能在大数据中的应用

那么大数据和人工智能是什么关系呢?

大数据是人工智能的基石，机器视觉和深度学习主要建立在大数据的基础上，即对大数据进行训练，并从中归纳出可以被计算机运用在类似数据上的知识或规律。大数据生态里面包含了众多 AI 内容，数据科学、机器学习、人工智能成为大数据发挥价值的关键。

大数据与人工智能如同两个充满巨大能量的球，碰撞到一起会激起璀璨的火花。海量的视频大数据，充分满足了人工智能对于算法模型训练的要求。大数据与人工智能结合能够解决安防监控应用的痛点。例如，利用人工智能技术，帮助分析人流密度分布、变化趋势、活动的动态监测，从而实现大型活动和重要区域的风险管理；帮助进行道路状态及变化监测，分析车流密度分布、变化趋势，预测道路拥堵指数，实现交通信号的调节和优化；根据车辆轨迹，实现以号搜车、以图搜车、以特征搜车等，从而实现对人、车辆轨迹的跟踪等。

视频大数据的主要产生源目前集中在社会治安动态监控和道路交通安全监控两大领域。人工智能在安防和智能交通领域的应用，也主要集中在这两个领域。当前全国各地社会治安动态监控系统已经超过 2000 万个，每天产生的数据量几乎都是一个天文数字；以电子眼为主的道路交通安监控系统，每天产生的数据量也相当惊人。这些庞大的数据，可以说 95%是冗余的，甚至是没用的，经过人工智能的分析和处理，这些数据就变成了宝贵的资源。

人工智能和大数据的结合，大数据将成为具有无限扩展应用价值的珍贵数据资源。

1.3.5 区块链技术

区块链(Blockchain)是一个信息技术领域的术语。从本质上讲，它是一个共享数据库，存储于其中的数据或信息。基于这些特征，区块链技术奠定了坚实的“信任”基础，创造了可靠的

“合作”机制，具有广阔的应用前景。

1. 区块链的定义

什么是区块链？从应用视角来看，区块链是一个分布式的共享账本和数据库，具有去中心化、不可篡改、全程留痕、可以追溯、集体维护、公开透明等特点。这些特点保证了区块链的“诚实”与“透明”，为区块链创造信任奠定基础。而区块链丰富的应用场景，基本上都基于区块链能够解决信息不对称问题，实现多个主体之间的协作信任与一致行动。

从科技层面来看，区块链涉及数学、密码学、互联网和计算机编程等很多科学技术问题。区块链是分布式数据存储、点对点传输、共识机制、加密算法等计算机技术的新型应用模式。区块链也是比特币的一个重要概念，它本质上是一个去中心化的数据库，同时作为比特币的底层技术，是一串使用密码学方法相关联产生的数据块，每个数据块中包含了一批次比特币网络交易的信息，用于验证其信息的有效性（防伪）和生成下一个区块。

2. 核心技术

1）分布式账本

分布式账本指的是交易记账由分布在不同地方的多个节点共同完成，而且每个节点记录的是完整的账目，因此它们都可以参与监督交易合法性，同时也可以共同为其作证。

与传统的分布式存储有所不同，区块链分布式存储的独特性主要体现在两个方面：一是区块链每个节点都按照块链式结构存储完整的数据，传统的分布式存储一般是将数据按照一定的规则分成多份进行存储；二是区块链每个节点的存储都是独立的、地位等同的，依靠共识机制保证存储的一致性，而传统的分布式存储一般是通过中心节点往其他备份节点同步数据。没有任何一个节点可以单独记录账本数据，从而避免了单一记账人被控制或被贿赂而记假账的可能性。由于记账节点足够多，从理论上讲，除非所有的节点都被破坏，否则账目就不会丢失，从而保证了账目数据的安全性。

2）非对称加密

存储在区块链上的交易信息是公开的，但是账户身份信息是高度加密的，只有在数据拥有者授权的情况下才能访问，从而保证了数据的安全和个人的隐私。

3）共识机制

共识机制就是所有记账节点之间如何达成共识，去认定一个记录的有效性。这既是认定的手段，也是防止篡改的手段。区块链提出了四种不同的共识机制，适用于不同的应用场景，在效率和安全性之间取得平衡。

区块链的共识机制具备“少数服从多数”以及“人人平等”的特点，其中“少数服从多数”并不完全指节点个数，也可以是计算能力、股权数或者其他计算机可以比较的特征量。“人人平等”是当节点满足条件时，所有节点都有权优先提出共识结果、直接被其他节点认同后并最后有可能成为最终共识结果。以比特币为例，采用的是工作量证明，只有在控制了全网超过51%的记账节点的情况下，才有可能伪造出一条不存在的记录。当加入区块链的节点足够多时，这基本上不可能，从而杜绝了造假的可能。

4）智能合约

智能合约是基于这些可信的不可篡改的数据，可以自动化地执行一些预先定义好的规则和条款。以保险为例，如果说每个人的信息（包括医疗信息和风险发生的信息）都是真实可信的，那就很容易在一些标准化的保险产品中去进行自动化的理赔。在保险公司的日常业务中，虽然交易不像银行和证券行业那样频繁,但是对可信数据的依赖有增无减。因此,区块链技术从数据管理的角度切入,能够有效地帮助保险公司提高风险管理能力。

3. 区块链应用领域

1) 金融领域

区块链在国际汇兑、信用证、股权登记和证券交易所等金融领域有着潜在的巨大应用价值。将区块链技术应用在金融行业中,能够省去第三方中介环节,实现点对点的直接对接,从而在大大降低成本的同时,快速完成交易支付。

传统的跨境支付需要等3~5天,并为此支付1%~3%的交易费用。Visa推出了基于区块链技术的Visa B2B Connect,它能为机构提供一种费用更低、更快速和安全的跨境支付方式来处理全球范围的企业对企业的交易。此外,Visa还联合Coinbase推出了首张比特币借记卡,花旗银行则在区块链上测试运行加密货币"花旗币"。

2) 物联网和物流领域

区块链在物联网和物流领域也可以天然结合。通过区块链可以降低物流成本,追溯物品的生产和运送过程,并且提高供应链管理的效率。该领域被认为是区块链一个很有前景的应用方向。

区块链通过节点连接的散状网络分层结构,能够在整个网络中实现信息的全面传递,并能够检验信息的准确程度。这种特性一定程度上提高了物联网交易的便利性和智能化。

3) 公共服务领域

区块链在公共管理、能源、交通等领域都与民众的生产生活息息相关,但是这些领域的中心化特质也带来了一些问题,可以用区块链来改造。区块链提供的去中心化的完全分布式DNS服务,通过网络中各个节点之间的点对点数据传输服务就能实现域名的查询和解析,可用于确保某个重要的基础设施的操作系统和固件没有被篡改,可以监控软件的状态和完整性,能发现不良篡改,并确保使用了物联网技术的系统所传输的数据没有经过篡改。

4) 数字版权领域

通过区块链技术,可以对作品进行鉴权,证明文字、视频、音频等作品的存在,保证权属的真实、唯一性。作品在区块链上被确权后,后续交易都会进行实时记录,实现数字版权全生命周期管理,这也可作为司法取证中的技术性保障。例如,美国纽约一家创业公司Mine Labs开发了一个基于区块链的元数据协议,这个名为Mediachain的系统利用IPFS文件系统,实现数字作品版权保护,主要是面向数字图片的版权保护应用。

5) 保险领域

在保险理赔方面,保险机构负责资金归集、投资、理赔,往往管理和运营成本较高。通过智能合约的应用,既无须投保人申请,也无须保险公司批准,只要触发理赔条件,即可实现保单自动理赔。2021年,中国平安人寿保险有限公司推出了以区块链技术为核心的理赔服务,在客户授权下,可实现"链"上自动报案,为用户提供6分钟极速理赔服务,有效提升理赔效率,从而进一步完善理赔服务体系。

6) 公益领域

区块链上存储的数据高可靠且不可篡改,天然适合用在社会公益场景。公益流程中的相关信息,如捐赠项目、募集明细、资金流向、受助人反馈等,均可以存放于区块链上,并且有条件地进行透明公开公示,方便社会监督。

1.3.6　智能科学发展的新趋势

在过去的几年中，智能科学领域在蓬勃发展。

在技术层面，AutoML（Auto Machine Learning，自动机器学习，是 Google 公司的一个能够制造子 AI 的 AI 系统）等工具的出现降低了深度学习的技术门槛。

在硬件层面，各种 AI 专用芯片的涌现为深度学习大规模应用提供了算力支持。

除 AI 之外，物联网、量子计算、5G 等相关技术的发展也为深度学习在产业的渗透提供了诸多便利。

这些底层技术的快速发展意味着未来将会迎来一个全面应用 AI 技术的新时代。根据百度研究院公布的资料、AI 商业应用整理了未来智能科技发展趋势，主要体现在以下八方面。

1. AI 技术日臻完善，已达到大规模生产的工业化阶段

近年来，AI 技术本身以及各类商业层面解决方案已日趋成熟，正在快速进入"工业化"阶段。伴随着国内外科技巨头对 AI 技术研发的持续投入，未来在全球范围内将出现多家 AI 模型工厂、AI 数据工厂，并将 AI 技术进行模块化整合，大批量产出，例如客服行业的 AI 解决方案将可以大规模复制应用到金融、电商、教育等行业。

2. 自动机器学习将大幅降低机器学习成本

自动机器学习能够把传统机器学习中的各个迭代过程综合在一起，构建一个自动化的学习过程。研究人员仅需输入元知识（如卷积的运算过程、问题的描述等），该算法即可自动选择合适的数据，调优模型结构和配置搭建自主训练模型，并将其适配部署到不同的设备上。自动机器学习的快速发展将大大降低机器学习成本，从商业化角度迅速扩大 AI 应用普及率。

3. 自然语言处理技术将与各专业领域知识发生深度融合

随着大规模语言模型预训练技术的出现和普及，通用自然语言处理技术、机器的理解和认知能力有了大幅度提升。基于海量文本数据的语义表示预训练技术将与专业领域知识进行深度融合，持续提升自动问答、情感分析、阅读理解、语言推断、信息抽取等自然语言处理任务的效果。具备超大规模算力，丰富的专业领域数据、预训练模型和完善的研发工具等特征的通用自然语言理解计算平台将逐渐成熟，并应用于互联网、医疗、法律、金融等各领域。

4. 多模态深度语义理解的进一步成熟

多模态深度语义理解以声音、图像、文本等不同模态的信息为输入，综合感知和认知等 AI 技术，实现对信息的多维度深层次理解。随着视觉、语音、自然语言理解和知识图谱等技术的快速发展和大规模应用，多模态深度语义理解会进一步走向成熟，应用场景变得更加广阔。结合 AI 芯片等底层核心技术，该项技术将广泛应用于互联网、智能家居、金融、安防、教育、医疗等行业，例如，智能医疗的病理筛查、智能汽车等。

5. 智能交通将快速发展，融入城市多样化场景

自动驾驶的市场需求正在逐步扩大。更多自动驾驶汽车被应用于物流快递、公共交通、封闭道路等不同场景，进一步推动智能车路协同技术的未来发展。

6. 物联网将在边界、维度和场景三个方向形成技术突破

随着 5G 和边缘计算的融合发展，算力将突破云计算中心的边界，向万物蔓延，将会产生一个个分布式计算平台。同时，时间和空间是这个物理世界中最重要的两个维度，对时间和空间的洞察将成为新一代物联网平台的基础能力。这也将促进物联网与能源、电力、工业、物流、医疗、智能城市等更多场景发生融合,创造出更大的价值。

7. 区块链技术将融入更多领域

随着区块链技术与 AI、大数据、物联网和边缘计算等技术的深度结合,围绕区块链构建的数据使用、数据流通和交换等解决方案,将在各行各业发挥巨大的作用。例如,在电商领域,可保证商品的全流程数据真实性;在供应链领域,可保证全流程数据的公开和透明,以及企业之间的安全交换;在政务领域,能实现政府数据的打通,实现证件的电子化等。

8. 量子计算迎来新一轮爆发,为AI和云计算注入新活力

量子计算机的理论模型是用量子力学规律重新诠释的通用图灵机。随着量子算法的不断发展,高质量的量子计算平台和软件将会涌现,并与 AI 和云计算技术实现深度融合。此外,伴随着量子计算生态产业链的初步形成,量子计算必将在更多应用领域获得重视。

本章小结

本章介绍了信息、数据、大数据的概念和特征,描述了信息(数据)处理技术的分类,并着重介绍了数据处理技术中的数据存储技术、数据分析技术的应用与发展。读者通过本章的学习将掌握数据处理技术的基本概念和方法,了解人工智能、大数据、区块链等前沿信息技术。

思考题

1. 简述信息及其特点。
2. 什么是数据?什么是数据处理?
3. 什么是大数据?大数据有什么价值?
4. 什么是数据存储?典型的数据存储技术有哪些?
5. 大数据的存储和管理大致可以分为哪三类?
6. Hadoop 是什么?
7. 智能数据分析的步骤有哪些?
8. 什么是数据的预处理?其包括哪几个环节?
9. 人工智能的定义是什么?人工智能有哪些研究和应用领域?
10. 什么是数据挖掘?简述数据挖掘与人工智能的关系。
11. 什么是机器学习?简述机器学习与数据挖掘的区别及联系。
12. 什么是区块链?其核心技术有哪些?
13. 谈谈智能科学发展对现实生活带来的影响。

第2章

数据存储基本理论(关系数据库)

思想引领

在数据存储技术中,目前应用领域广、较为成熟的是关系数据库技术。关系数据库管理系统 DBMS 是基于数据模型设计开发的,Access 就是一种基于关系模型的关系数据库管理系统。关系数据库的基础是关系数据理论。关系模型包含三个要素,其中关系操作用于处理关系数据库中的数据。关系规范化理论指导数据库的进一步设计。本章将以关系数据库为例介绍关系数据存储涉及的基本理论,并通过关系运算、关系规范化进一步分析关系数据理论,介绍数据库的体系结构。

2.1 数据库实例与数据模型

数据库系统的核心是 DBMS,通过 DBMS 建立和应用数据库。市面上有不同厂家性能各异的多种 DBMS 产品,可以满足不同用户的不同需求。

Access 是 Microsoft 公司推出的基于桌面应用的小型数据库系统软件,是 Office 套装软件的一员,有着广泛的应用。本书采用的 DBMS 即 Access 2016。在本书中,若不特别指明,Access 即指 Access 2016。

2.1.1 Access 数据库实例

【例 2.1】 考查运用 Access 创建的"教学管理"数据库,分析其中的有关概念。

首先,计算机上应该安装有包含 Access 2016 的 Office 2016 套件,并已建立"教学管理"数据库(参见第 3 章、第 4 章的数据库和表的创建)。

找到"教学管理"数据库的存储文件(教学管理. accdb),双击启动 Access,将"教学管理"数据库打开。该数据库中存储了某高校的学院、专业、学生、课程和学生成绩信息。

依次双击"学院""专业""学生""课程""成绩"表,打开各表。数据库的表对象示意图如图 2.1 所示。可以看到,数据库是用若干表来组织各种数据并进行存储和管理的。表对象是 Access 中最重要的对象。

每个表由行和列组成,所有表的结构特征都完全相同。在 Access 中,表的行又称为记录(Record),表的列又称为字段(Field)。字段表示表的构成,记录是相同结构的数据。

"学院"表存储学院信息,包括"学院编号""学院名称""院长""办公电话"等字段。

"专业"表包括"专业编号""专业名称""专业类别""学院编号"等字段。一个专业属于一个

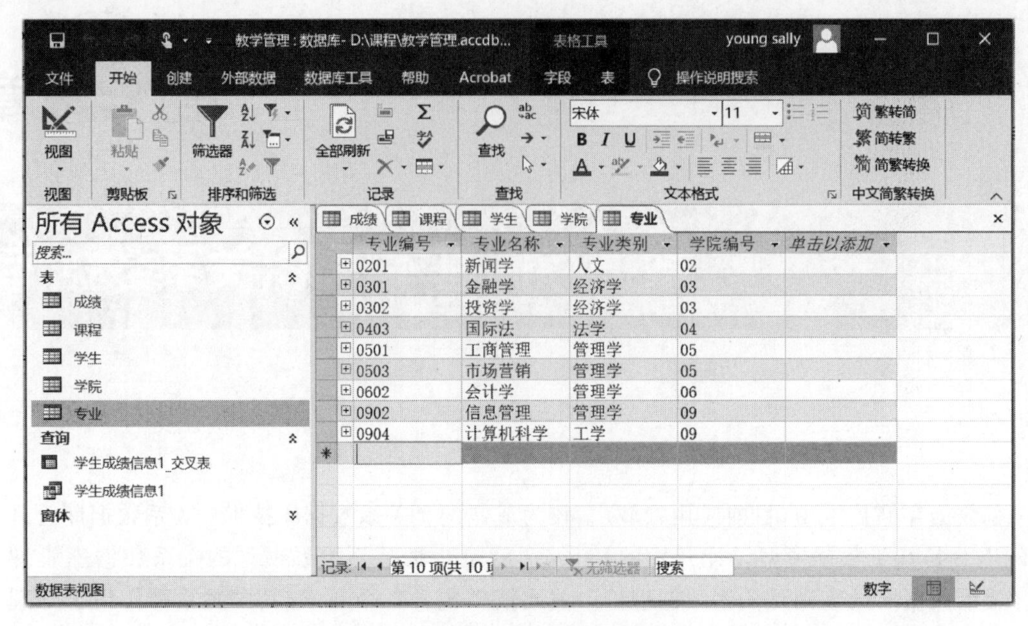

图 2.1　数据库的表对象示意图

学院,一个学院可以有若干专业。

“学生”表包括“学号”“姓名”“性别”“生日”“民族”“籍贯”“专业编号”“简历”“登记照”字段。每名学生主修一个专业。

“课程”表包括“课程编号”“课程名称”“课程类别”“学分”“学院编号”字段,每门课程由一个学院开设。

学生选修的每门课程都获得一个成绩,“成绩”表包括“学号”“课程编号”“成绩”字段。

作为数据库的表,必须满足一些相应的规定。

原则上,表中不允许有重复行。这样,一个表的每行数据都是可相互区分的,可以在表中指定某个(或某些)字段作为每行的标识。例如,在“学生”表中,可以指定“学号”字段作为标识。在表中标识每行的字段称为表的主键。主键值是唯一的。

原则上,每个表都可以指定主键。

在设计数据库的表时,基本原则是数据不应该有冗余,即同一个数据只出现一次。若在不同表中都要用到同一个数据,应该采用引用方式。例如,“成绩”表中需要包含课程的数据,但课程数据首先出现在“课程”表中,因此,“成绩”表中只能存放一个“课程编号”用于引用,而不应将完整的课程信息放置在“成绩”表中,而“课程编号”则是“课程”表的主键。

在一个表中用于引用其他表主键的字段称为外键,例如“课程”表中的“学院编号”字段。

事实上,Access 数据库中几乎所有的表之间都存在引用或被引用的情况,这种表之间的引用和被引用称为关系。被引用的表称为父表或主表,引用其他表的表称为子表或外键表。

在 Access 数据库窗口上部的功能区中单击“数据库工具”标签,选择相应选项卡,然后单击“关系”按钮,打开“教学管理”数据库的关系图,如图 2.2 所示。

该关系图反映了“教学管理”数据库中所有表对象的字段构成及表之间的相互关系。

直观地看,Access 数据库就是相互关联的表的集合。

当然,为了数据处理的需要,Access 还提供了其他几种对象。Access 中共有 6 种对象,分别是表、查询、窗体、报表、宏和模块。后面将详细介绍这 6 种对象的概念和应用。

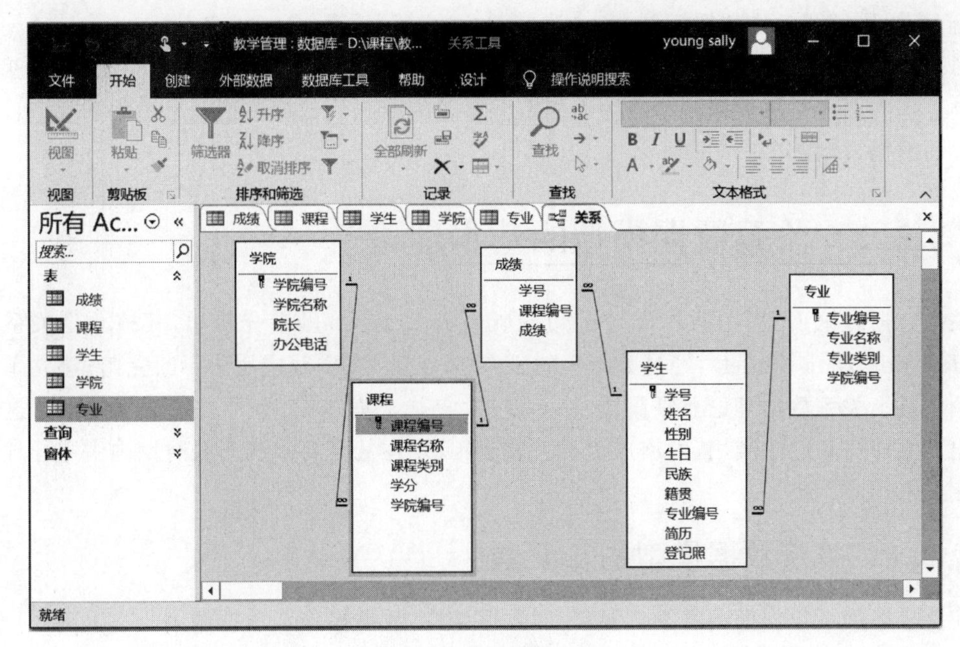

图 2.2　数据库关系图

2.1.2　数据模型

Access 关于数据组织的规定有坚实的理论基础，即数据模型理论。

所谓数据模型(Data Model)，就是对客观世界的事物以及事物之间联系的形式化描述。每种数据模型都提供了一套完整的概念、符号、格式和方法作为建立该数据模型的工具。

事实上，每个 DBMS 都是基于某种数据模型设计开发的。数据库技术自出现以来，主要的数据模型有层次模型、网状模型、关系模型和面向对象数据模型等。

在数据库技术发展史上，将数据库所依据的数据模型划分为三代。

1. 第一代：层次模型和网状模型

第一代数据模型于 20 世纪 60 年代出现，包括层次模型和网状模型。依据这两种模型建立的数据库称为层次型数据库和网状型数据库。IBM 公司的早期系统——IMS 数据库管理系统是层次模型的代表。DBTG 系统则是网状模型的代表。

层次模型的数据结构是树状结构，网状模型用图表示对象的数据及其联系。这两种模型的主要缺陷是表示对象与表示对象间的联系用不同的方法，操作复杂。这两种数据模型目前几乎已经见不到了，但它们在数据库技术发展过程中发挥了重要的作用。

2. 第二代：关系模型

第二代数据模型是关系模型。关系模型自 1970 年出现，经过不断完善，于 20 世纪 80 年代成为主流数据模型，在实际应用中取得了极大的成功，是目前最为重要、应用最广泛的数据模型。可以毫不夸张地说，当今整个人类社会都生活在关系数据库之上。

Access 和其他广泛应用的各种数据库系统软件都是基于关系模型的，它们被称为关系数据库管理系统。按照关系模型建立的数据库就是关系数据库。

3. 第三代：面向对象数据模型

随着数据库涉及的领域日益广泛，应用日益深入，关系模型的不足体现得越来越明显，于是,人们开始研究新一代数据模型。

目前,已经有几种新的模型被提出。由于面向对象思想在计算机处理中广泛应用,基于面向对象思想的面向对象数据模型成为人们寄予厚望的第三代数据模型。不过关系模型目前仍是主要的数据模型。

2.2 关系数据模型的基本理论

关系数据理论于1970年由IBM公司的研究员E. F. Codd首先提出,其核心是关系数据模型(Relation Data Model),经过数十年的研究、发展,并在实践应用中不断完善,建立了完整的理论体系。关系数据理论非常简洁、易于理解,它基于集合论,有严格的数学基础。这一理论提出后立即得到广泛应用,发展成为过去数十年、现在甚至将来相当长时期内占主导地位的数据库技术。

2.2.1 关系数据模型的三要素

完整描述关系数据模型需要三要素,即数据结构、数据操作和数据约束。

(1) 数据结构。数据结构表明该模型中数据的组织和表示方式。

(2) 数据操作。数据操作指对通过该模型表达的数据的运算和操作。

(3) 数据约束。数据约束指对通过该模型表达的数据的限制和约束,以保证存储数据的正确性和一致性。

在关系模型中,数据结构只有一种,即关系,也就是二维表。无论是表达对象,还是表达对象的联系,都通过关系来表达。

在理论上,关系模型中实现数据操作的运算体系有关系代数和关系谓词演算。这两种运算体系是等价的,本章简要介绍关系代数。在实际的关系DBMS中,通过结构化查询语言(SQL)实施对数据库的操作。

在关系模型中,数据约束包括4种完整性约束规则,分别是实体完整性规则、参照完整性规则、域完整性规则和用户定义的完整性规则。

2.2.2 关系及相关概念

本节从直观的角度来讨论关系模型。

1. 关系

关系模型中最重要的概念就是关系。所谓关系(Relation),直观地看,就是由行和列组成的二维表,一个关系就是一张二维表。

考查表2.1和表2.2所示的两个关系。

表2.1 学院

学院编号	学院名称	院长	办公电话
01	外国语学院	叶秋宜	027-88381101
02	人文学院	李容	027-88381102
03	经济学院	王汉生	027-88381103
04	法学院	乔亚	027-88381104

续表

学院编号	学院名称	院　长	办公电话
05	工商管理学院	张绪	027-88381105
07	数统学院	张一非	027-88381107
09	信息工程学院	杨新	027-88381109

表 2.2　专业

专业编号	专业名称	专业类别	学院编号
0201	新闻学	人文	02
0301	金融学	经济学	03
0302	投资学	经济学	03
0403	国际法	法学	04
0501	工商管理	管理学	05
0503	市场营销	管理学	05
0902	信息管理	管理学	09
0904	计算机科学与技术	工学	09

关系需要命名，上述两个关系的名称分别是学院和专业。

关系中的一列称为关系的一个属性(Attribute)，一行称为关系的一个元组(Tuple)。

一个元组是由相关联的属性值组成的一组数据。例如专业关系的一个元组就是描述一个专业基本信息的数据。同一个关系中，每个元组在属性结构上相同。关系由具有相同属性结构的元组组成，所以说关系是元组的集合。一个关系中元组的个数称为该关系的基数。

为了区分各个属性，关系的每个属性都有一个名称，称为属性名。一个关系的所有属性反映了关系中元组的结构，属性的个数称为关系的度数或目数(Degree)。

每个属性都从一个有确定范围的域(Domain)中取值，域是值的集合。例如，学生关系的“性别”属性的取值范围是{男，女}，课程关系的“学分”属性对应的域是{1..10}。

对于有些元组的某些属性值，如果用户事先不知道(或没有)，可以根据情况取空值(Null)。

在很多时候，对关系的处理是以元组为单位的，这样就必须能够在关系中区分每个元组，在一个关系中，有些属性(或属性组)的值在各个元组中都不相同，这种属性(或属性组)可以作为区分各元组的依据，例如，学院关系中的“学院编号”。而有些属性则没有这样的特性。

在一个关系中，可以唯一确定每个元组的属性或属性组称为候选键(Candidate Key)，从候选键中指定一个作为该关系的主键(Primary Key)。原则上，每个关系都有主键。

有些属性在不同的关系中都出现。有时，一个关系的主键也是另一个关系的属性，并作为这两个关系联系的“纽带”。一个关系中存放的另一个关系的主键称为外键(Foreign Key)。例如，专业关系中的“学院编号”是学院关系的主键，而在专业关系中是外键。

2. 关系的特点

并不是任何二维表都可以称为关系，关系具有以下特点。

(1) 关系中的每列属性都是原子属性，即属性不可再分。

(2) 关系中的每列属性都是同质的，即每个元组的该属性的取值都来自同一个域。

(3) 关系中的属性没有先后顺序。

(4) 关系中的元组没有先后顺序。

(5) 关系中不应该有相同元组(在 DBMS 中，若表不指定主键，则允许有相同的行数据)。

3. 关系模式

关系是元组的集合,而元组是由属性值构成的。属性的结构确定了一个关系的元组结构,也就是关系的框架。关系框架看上去就是表的表头结构。如果一个关系框架确定了,则这个关系就被确定下来。虽然关系的元组值根据实际情况经常在变化,但其属性结构却是固定的。关系框架反映了关系的结构特征,称为关系模式(Relation Schema)。

如果要完整地描述一个关系模式,必须包括关系模式名、关系模式的属性构成、关系模式中所有属性涉及的域以及各属性到域的对应情况。

在实际应用时,域通常是规定好的数据类型,属性到域的对应也是明确的,所以在关系模式的表示中往往将域、属性到域的对应省略掉。这样在描述关系模式时,若 R 是关系模式名,A1,A2,…,An 表示属性,则关系模式可以表示为 R(A1,A2,…,An)。

关系模式是关系的型。在同一个关系模式下,可以有很多不同的关系。例如,一个学校的学生可以都在同一个关系内,但若按专业划分,则可以有数十个关系,所有这些关系的模式都是相同的。

在实际应用时,在不影响理解的情况下关系模式有时也简称为关系。

4. 关系模型与关系数据库

对于一个数据库来说,会涉及多种对象,需要用多个关系来表达,而这些关系之间会有多种联系。关系模型就是对一个系统中所有数据对象的数据结构的形式化描述。将一个系统中所有不同的关系模式描述出来,就建立了该系统的关系模型。

关系模型与具体的计算机和软件无关,是描述数据及数据间联系的理论。而计算机上的 DBMS 则是依据数据模型的理论设计出来的数据库系统软件。依据关系数据理论设计的 DBMS 称为关系 DBMS,通过关系 DBMS,可以建立关系数据库(Relation Data Base,RDB)。

如果要在计算机上创建一个关系数据库,首先要将该数据库的关系模型设计出来。

【例 2.2】 写出例 2.1 中的“教学管理”数据库对应的关系模型。

例 2.1 中的“教学管理”数据库对应的关系模型由 5 个关系组成,它们的关系模式如下所述。

学院(学院编号,学院名称,院长,办公电话)

专业(专业编号,专业名称,专业类别,学院编号)

课程(课程编号,课程名称,课程类别,学分,学院编号)

学生(学号,姓名,性别,生日,民族,籍贯,专业编号,简历,登记照)

成绩(学号,课程编号,成绩)

上述表示中的下画线用于标明主键。根据这些关系模式,结合实际确定相应的元组,就可以得到实际的关系,例如,表 2.1 和表 2.2 就是学院关系和专业关系。

结合具体关系 DBMS 进行物理设计后,就可以在计算机上创建数据库了。

为了保持概念的完整性和可区分性,在关系理论与关系 DBMS 中分别使用了不同的术语,但这两者之间可一一对应。具体的术语对照参见 3.2.5 节中的表 3.1。

2.2.3 关系数据库的数据完整性约束

一个关系数据库可以包含多个关系。一般来讲,关系模式是稳定的,但关系中的数据却是经常变化的。例如,“商场销售管理”数据库中每天增加大量的销售数据;“银行储蓄管理”数据库中每天处理大量储户的存/取款数据;“证券交易”数据库中每天处理交易数据等。这些数据库中的数据时时都在变化。数据是信息系统最为重要的资源，如何保证输入和所存放数据的正确对于数据库而言是至关重要的。

数据库系统通过各种方式保证数据的完整性。数据的完整性是指数据的正确性和一致性。数据正确性是指存储在数据库中的所有数据都应符合用户对数据的语义要求；数据的一致性也称相容性，是指存放在不同关系中的同一个数据必须是一致的。

在向数据库输入数据时，关系模型通过以下4类完整性约束规则保证数据完整性。

1. 实体完整性规则

在关系中，主键具有唯一性，根据主键属性的值就能够确定唯一的元组。

实体完整性规则：在定义了主键的关系中，不允许任何元组的主键属性值为空值。

例如，表2.1所示的学院关系中，学院编号是主键，因此，学院编号是不能取空值(Null)的，因为取空值意味着存在不可识别的学院元组(实体)，而这是不允许的。

因此，实体完整性规则保证关系中的每个元组都是可识别和可区分的。

2. 参照完整性规则

关系模型的基本特点就是一个数据库中的多个关系之间存在引用和被引用的联系。关系模型的这种特点使得在关系数据库中，一种数据只需存储一次，凡是需要该数据的位置都采用引用的方式。这样，可以最大限度地降低数据冗余存储，保障数据的一致性。

在表2.2所示的专业关系中，"学院编号"属性存放的是开设该专业的学院的编号，引用学院关系中的主键"学院编号"是外键。

被外键引用的属性只能是关系的主键或候选键。通常，将被引用关系(如这里的学院关系)称为主键关系或父关系，将外键所在的关系(如专业关系)称为外键关系或子关系。

参照完整性规则：子关系中外键属性的取值只能符合两种情形之一，即在父关系的被引用属性(主键或候选键)中存在对应的值，或者取空值。

当专业关系中的学院编号取值为空时，表示该专业尚未确定开设的学院。已经明确开设学院的专业，其学院编号的取值一定能在学院关系的学院编号属性中找到对应值。

这一规则也称引用完整性规则，用来防止对不存在数据的引用。

父子关系可以是同一个关系，例如，设某企业员工关系模式如下所述。

员工(工号，姓名，性别，生日，所属部门，部门负责人工号)

在这个模式中，"工号"是主键，"部门负责人工号"是引用同一关系中的工号属性。在输入员工元组时，如果该值为空，则表示该员工所在的部门尚无负责人；如果不为空，则这里的负责人工号一定也是某个员工工号。这个例子也说明主键和外键可以不同名。

3. 域完整性规则

关系中每一列的属性都有一个确定的取值范围，即域。

域完整性规则：对关系中单个属性的取值范围定义的约束。

在数据库实现时，域对应数据类型的概念。对属性实现域约束的方法包括指定域(即数据类型)，指定是否允许取空值、是否允许重复取值、是否有默认值等。

4. 用户定义的完整性规则

此外，在实际数据库应用中，用户会对很多数据有实际的限制。例如，"招聘"数据库中存有"拟招聘人员名单"表的数据，要求"年龄"在35周岁以下(或转换为某年某月某日之后出生)；"岗位"要求招聘特定"性别"的员工；"工资"属性有最低、最高的规定等。又如，在"会计账簿”数据库中,每记一笔账,借方金额之和都必须与贷方金额之和相等。

用户定义的完整性规则:用户根据实际需要对数据库中的数据或者数据间的相互关系定义约束条件,所有这些约束构成了用户定义的完整性约束。

用户定义的约束规则,一般是通过定义反映用户语义的逻辑运算表达式来表达的。

关系 DBMS 提供了完整性约束的实现机制,例如 Access 就提供了自动实现上述完整性检验的功能。在数据库中创建表时,通过定义表的主键、联系、数据类型、唯一约束、空值约束、逻辑表达式检验约束等自动实现完整性约束功能。有些高性能 DBMS 还可以通过各种机制,实现更复杂的完整性约束。

在数据库创建之后,其完整性检验机制就对数据的输入和更新进行监管,保证存储在数据库中的数据都符合用户要求,而违反数据完整性约束的数据都会被自动拒绝。

2.3 关系数据理论的进一步分析

关系模型包含数据结构、数据操作和数据约束三个要素,在 2.2 节中已经介绍了关系模型中数据结构和数据约束的概念。关系操作包括关系代数和关系谓词演算,其功能是等价的。本节简要介绍关系代数的知识和关系规范化的基本概念。

2.3.1 关系代数

通常,一个数据库中会包含若干有联系的关系,关系是数据分散和静态的存放形式,经常要对各关系中的数据进行操作。对关系的操作称为关系运算。由于关系是元组的集合,所以传统的集合运算也适用于关系。

组成关系代数的运算包括关系的并、交、差、笛卡儿积运算,以及关系的选择、投影、连接和除运算。

1. 关系的并、交、差

关系的并(Union)、交(Intersection)、差(Difference)运算属于传统集合运算。关系的元组是集合的元素,元组由属性分量值构成,是有结构的。因此,在做这三种运算时,要求参与运算的关系必须满足以下条件。

(1) 关系的度数相同(即属性个数相同)。

(2) 对应属性取自相同的域(即两个关系的属性构成相同)。

可以理解为参与运算的关系具有相同关系模式。设关系 R、S 满足上述条件,定义:

(1) R 与 S 的并。R 与 S 的并是由出现在 R 或 S 中所有元组(去掉重复元组)组成的关系,记作 R∪S。

(2) R 与 S 的交。R 与 S 的交是由同时出现在 R 和 S 中的相同元组组成的关系,记作 R∩S。

(3) R 与 S 的差。R 与 S 的差是由只出现在 R 中未出现在 S 中的元组组成的关系,记作 R−S。

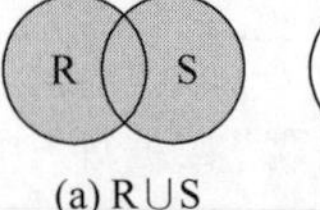

(a) R∪S

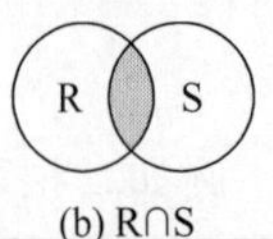

(b) R∩S

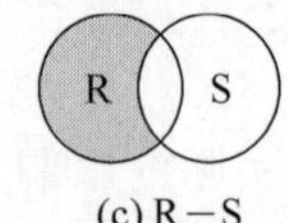

(c) R−S

图 2.3 关系的并、交、差示意图

关系 R 和 S 的并、交、差的运算结果如图 2.3 中的阴影部分所示。

从上述运算的定义可知,交运算可以由差运算来实现，即 R∩S=R－(R－S)。

【例 2.3】 已知关系 R、S 如表 2.3 和表 2.4 所示，则 R∪S、R∩S、R－S 的结果如表 2.5～表 2.7 所示。

表 2.3　关系 R

A	B	C
a1	b1	c1
a2	b3	c2
a2	b2	c1

表 2.4　关系 S

A	B	C
a2	b1	c2
a1	b1	c1
a2	b3	c1
a1	b2	c2

表 2.5　R∪S

A	B	C
a1	b1	c1
a2	b3	c2
a2	b2	c1
a2	b1	c2
a2	b3	c1
a1	b2	c2

表 2.6　R∩S

A	B	C
a1	b1	c1

表 2.7　R－S

A	B	C
a2	b3	c2
a2	b2	c1

【例 2.4】 若关系 SP1、SP2 分别是 2024 年上半年和下半年已销售的商品清单，它们具有相同的关系模式，即(商品编号，商品名称，型号，单位，生产厂商)，则：

运算 SP1∪SP2 指全年已销售的商品清单；

运算 SP1∩SP2 指上半年和下半年都有销售的商品清单；

运算 SP1－SP2 指只在上半年有销售而下半年没有销售的商品清单。

2. 关系的笛卡儿积

关系的笛卡儿积(Cartesian Product)是将笛卡儿积运算用在关系中。设有关系 R(A1，A2，…，A*n*)和 S(X1，X2，…，X*m*)，关系的笛卡儿积运算记为 R×S，结果关系的模式是(A1，A2，…，A*n*，X1，X2，…，X*m*)，结果关系的元组由 R 的所有元组与 S 的所有元组两两互相配对拼接而成，R×S 的基数为 MR×MS。

【例 2.5】 已知关系 R、S 如表 2.8 和表 2.9 所示，则 R×S 的结果如表 2.10 所示。

表 2.8　关系 R

A1	A2
1	1
2	3

表 2.9　关系 S

X	Y	Z
x2	y1	z2
x1	y1	z1
x2	y3	z3

表 2.10　R×S

A1	A2	X	Y	Z
1	1	x2	y1	z2
1	1	x1	y1	z1
1	1	x2	y3	z3
2	3	x2	y1	z2
2	3	x1	y1	z1
2	3	x2	y3	z3

3. 选择

选择(Selection)运算是从一个关系中选取满足条件的元组组成结果关系。该运算只有一个运算对象,运算结果和原关系具有相同的关系模式。

选择运算的表示方法是 $\sigma_{条件表达式}$(关系名)。

在选择运算的条件表达式中,条件的基本表示方法是<属性> θ <值>。其中,θ 是=、≠、>、≥、<、≤运算符之一。

条件表达式的运算结果为真(True)或假(False)。有时需要同时用到多个单项条件,这时,应将各单项条件根据要求用逻辑运算符 NOT(求反)、AND(并且)、OR(或者)连接起来。当有多个逻辑运算符时,其运算优先顺序是 NOT→AND→OR,相同逻辑运算符按从左到右的顺序运算,括号可改变运算顺序。逻辑运算符的运算规则如表 2.11 所示。

表 2.11　逻辑运算符的运算规则

X	Y	NOT X	X AND Y	X OR Y
True	True	False	True	True
True	False	False	False	True
False	True	True	False	True
False	False	True	False	False

【例 2.6】 对于关系 R(见表 2.12),求 $\sigma_{A="a1" AND B=1}$(R)。结果如表 2.13 所示。

表 2.12　关系 R

A	B	C
a1	1	c1
a2	3	c2
a2	2	c1
a2	1	c2
a2	3	c1
a1	1	c2

表 2.13　$\sigma_{A="a1" AND B=1}$(R)

A	B	C
a1	1	c1
a1	1	c2

【例 2.7】 查询"教学管理"数据库的专业关系(见表 2.2)中专业类别为"管理学"的所有专业数据。查询学生关系中所有 2005 年之后出生的女生数据。

查询运算表达式分别如下:

$\sigma_{专业类别="管理学"}$(专业)

$\sigma_{性别="女" AND 生日\geq"2005-01-01"}$(学生)

在进行选择运算时,逐个元组进行条件运算,使运算结果为真(即条件成立)的所有元组即是所求的结果。

4. 投影

投影(Project)运算是在给定关系中指定若干属性(列)组成一个新关系。结果关系的属性由投影运算表达式指定,结果关系的元组由原关系中的元组去掉没有指定的属性分量值后剩下的值组成。由于去掉了一些属性,结果中可能出现重复元组,投影运算要去掉这些重复的元组,所以结果关系的元组个数可能少于原关系。

投影运算的表示方法是 $\pi_{属性表}$(关系名)。

投影运算表达式中的"属性表"即投影运算指定要保留的属性。

【例 2.8】　对于关系 R(见表 2.12),求 $\pi_{A,C}(R)$,结果如表 2.14 所示。

表 2.14　$\pi_{A,C}(R)$

A	C	A	C
a1	c1	a2	c1
a2	c2	a1	c2

【例 2.9】　求表 2.1 学院关系中学院名称和院长姓名。

查询运算表达式是 $\pi_{\text{学院名称,院长}}(\text{学院})$。

5. 连接及自然连接

由于关系笛卡儿积将两个关系拼接成为一个关系时,两个关系的所有元组不加区分地全部相互拼接起来,这样拼接得到的元组大部分都没有意义,应该在进行元组拼接时进行筛选。连接运算实现了这一要求。

连接(Join)运算是根据给定的连接条件将两个关系中的所有元组一一进行比较,符合连接条件的元组组成结果关系。结果关系包括两个关系的所有属性。

连接运算的表示方法是关系 1 $\underset{\text{条件}}{\bowtie}$ 关系 2。

连接条件的基本表示方法是<关系 1 属性> θ <关系 2 属性>。

其中,θ 是比较运算符,当有多个连接条件时用逻辑运算符 NOT、AND 或者 OR 连接起来。

【例 2.10】　对于关系 R(见表 2.15)、S(见表 2.16),求 $R \underset{R.B>S.B}{\bowtie} S$,结果如表 2.17 所示。

由于一个关系内不允许属性名相同,所以在结果关系中针对相同的属性,在其前面加上原关系名前缀“关系名.”。

表 2.15　关系 R

A	B	C
a1	1	c1
a2	3	c2
a3	2	c1
a2	4	c2
a1	3	c3

表 2.16　关系 S

B	D
2	d1
3	d2
4	d1

表 2.17　$R \underset{R.B>S.B}{\bowtie} S$

A	R.B	C	S.B	D
a2	3	c2	2	d1
a2	4	c2	2	d1
a2	4	c2	3	d2
a1	3	c3	2	d1

【例 2.11】　根据例 2.2 中的“教学管理”数据库的关系模型,求学生及相关专业的数据。

学生及其专业数据存储在学生和专业关系中,由“专业编号”联系。连接运算表达式如下:

$$\text{学生} \underset{\text{学生.专业编号}=\text{专业.专业编号}}{\bowtie} \text{专业}$$

该运算式的连接条件是对两个关系中的主键和外键进行相等比较。连接结果包括两个关系的所有属性,这样,“专业编号”属性会出现两次,但是值却相同。

在连接条件中使用“=”进行相等比较,这样的连接称为等值连接。

等值连接并不要求进行比较的属性是相同属性，只要两个属性可比即可。由于关系一般都是通过主键和外键建立联系，这样对有联系的关系依照主键和外键相等进行连接就是连接中最常见的运算。这样，结果关系中由原关系的主键和外键得到的属性必然重复。

为此，将最重要的连接运算单独命名，称其为自然连接(Natural Join)。

与一般的连接相比，自然连接有以下两个特点。

(1) 自然连接是将两个关系中相同的属性进行相等比较。

(2) 结果关系中去掉重复的属性。

自然连接运算无须写出连接条件，其表示方法是关系 1 $\bowtie$ 关系 2。

因此，对于例 2.11，最好使用自然连接运算，运算表达式如下：

$$学生 \bowtie 专业$$

结果关系包括学生关系和专业关系中的所有属性，但专业编号只出现一次。

【例 2.12】 对于表 2.15、表 2.16 所示的关系 R 和 S，求 R $\bowtie$ S，结果如表 2.18 所示。

表 2.18 R $\bowtie$ S

A	B	C	D
a2	3	c2	d2
a3	2	c1	d1
a2	4	c2	d1
a1	3	c3	d2

关系代数以关系为运算对象，其结果也是关系。在实际运用中，可以根据情况将上述各种运算混合在一起使用，用括号来确定运算顺序。

【例 2.13】 根据例 2.2 中的“教学管理”数据库的关系模型，查询所有少数民族学生的学号、姓名、专业名称及所在学院名称。

该查询的关系代数表达式如下：

$$\pi_{学号,姓名,专业名称,学院名称}(\sigma_{民族\neq"汉"}(学生) \bowtie 专业 \bowtie 学院)$$

关系代数奠定了关系数据模型的操作基础。其中，投影、选择和连接是关系操作的核心运算。在各种关系 DBMS 中，都通过不同方式实现了关系代数的所有运算功能。

2.3.2 关系的规范化

关系数据库使用关系或表来组织和表达数据，那么，怎样判断关系数据库设计的好与坏呢？

1. 关系的存储特性与操作特性

由于数据库是存储和处理数据的技术，因此要判断数据库设计的好与坏，要从其存储特性和操作特性进行分析。

【例 2.14】 表 2.19 是一个将学生、专业、成绩等放在一起的学生信息关系，分析该关系存在的问题。

表 2.19 学生信息关系

学号	姓名	性别	生日	专业号	专业名	课程编号	课程名	学分	成绩
12102001	范小默	男	2003/04/10	0501	工商管理	102004	管理学概论	2	90
12102003	曾晓	女	2004/10/18	0501	工商管理	102004	管理学概论	2	80
12102003	曾晓	女	2004/10/18	0501	工商管理	204002	英语	6	75

续表

学号	姓名	性别	生日	专业号	专业名	课程编号	课程名	学分	成绩
12102003	曾晓	女	2004/10/18	0501	工商管理	307101	高等数学	5	91
12204009	吴敏	女	2004/04/20	0201	新闻	204002	英语	6	95
12307010	张宁	女	2004/04/03	0902	信息管理	307101	高等数学	5	88
12307010	张宁	女	2004/04/03	0902	信息管理	307010	程序设计	4	84
12307021	王景	男	2003/11/23	0902	信息管理	307001	计算机原理	3	86
12307021	王景	男	2003/11/23	0902	信息管理	307010	程序设计	4	82
12307021	王景	男	2003/11/23	0902	信息管理	307101	高等数学	5	92

这张表符合关系的特点,是一个关系。通过观察分析,该关系存在以下问题。

(1) 数据冗余度大。相同数据在不同行反复出现,数据冗余度大,浪费存储空间。

(2) 数据修改异常。在修改重复存储的数据时,不同位置的同一数据都必须修改,很容易造成不一致。并且,相关数据也要同步修改,例如学生转专业,则多行数据都要修改。若一个数据只存储一次,则可避免修改异常。

(3) 数据插入异常。由于关系完整性约束的要求,有些有用的数据不能存储到关系中。例如,若准备为某专业学生开设一门课,但课程信息无法添加到该关系中,因为该关系的主键是“学号”和“课程编号”。仅有课程编号的数据是不能存入的,否则会违反实体完整性的要求。同理,仅有学生的信息也无法存入。在一个关系中,发生应该存入的数据不能存入的情况称为数据插入异常。

(4) 数据删除异常。与数据插入异常对应,假定某学生选修了某课程,数据已存入,但其后他又放弃选修,在删除他选修的课程数据时,由于已没有主键值(课程编号),这名学生的档案数据不能继续存在于学生信息关系中,必须删除。这种删除无用数据导致有意义的数据被删除的情况称为数据删除异常。

在这四个特性中,第一个是关系的存储特性异常,其余三个为操作特性异常。

评价关系模型设计的好与坏,就是判断关系是否出现了存储特性异常和操作特性异常。

2. 函数依赖

关系数据理论深入研究了关系的存储特性和操作特性,建立了完善的规范化理论。关系规范化理论是数据库设计的指导理论。

在关系规范化理论中,将关系划分为不同的规范层级,并对每一级别都规定了不同的判别标准,用来衡量这些层级的概念称为范式(Normal Form,NF)。级别最低的层级为第一范式,记为1NF。如果有关系R满足1NF的要求,记为R∈1NF。

仅达到1NF要求的关系存储特性和操作特性都不好。在1NF基础上,通过对关系逐步添加更多的限制,可以使它们分别满足2NF、3NF、BCNF、4NF、5NF的要求。这一过程就是关系规范化的过程。目前,最高范式级别为5NF。

要弄清楚关系规范化,必须首先了解关系中属性间数据依赖的概念。

在一个关系中,不同属性具有不同的特点。例如,在员工关系中,每个元组的工号都不相同。这样,根据一个给定工号,在员工关系中可唯一确定一个元组,同时,这个元组中的所有其他属性值也都确定下来。但是,员工关系中的其他属性没有这一特性。

关系中属性间的这种相互关系是由数据的内在性质决定的,反映这种相互关系的概念是数据依赖。数据依赖有不同种类,其中最重要的是函数依赖(Function Dependency)。

关系中的函数依赖定义如下：设 X、Y 是关系 R 的属性或属性集，如果对于 X 的每个取值，都有唯一一个确定的 Y 值与之对应，则称 X 函数决定 Y，或称 Y 函数依赖于 X，记为 X→Y。

这里，X 是函数依赖的左部，称为决定因素；Y 是函数依赖的右部，称为依赖因素。

根据定义可知，对于关系中任意的属性或属性组 X，如果有 X′⊆X(即 X′是 X 的一部分，或者 X′就是 X 本身)，X→X′都是成立的，则这种函数依赖被称为平凡函数依赖，其他的函数依赖称为非平凡函数依赖。

一般情况下只讨论非平凡函数依赖。

函数依赖有以下几种类别。

(1) 部分函数依赖。若关系中有 X→Y，并且 X′是 X 的一部分，X′→Y 也成立(即 Y 只由 X 中的部分属性决定)，则称 Y 部分函数依赖于 X。

例如，表 2.19 所示的学生信息关系中，主键是(学号，课程编号)，则：

(学号，课程编号)→姓名

但事实上，姓名只依赖于主键中的部分属性，即“学号”。

(2) 完全函数依赖。若在关系中有 X→Y，并且对于 X 的任意真子集 X′，X′→Y 都不成立(即 Y 不能由 X 中的任何部分属性决定)，则称 Y 完全函数依赖于 X。

例如，学生信息关系中的“成绩”属性完全依赖于(学号，课程编号)。

可以看出，若一个函数依赖的决定因素是单属性，则这个依赖一定是完全函数依赖。

(3) 传递函数依赖。若在关系中有 X→Y、Y→Z(不能是平凡函数依赖)，则 X→Z 成立，这种函数依赖被称为传递的函数依赖。

例如，在学生信息关系中有：

专业号→专业名，学号→专业号

则“学号→专业名”成立，“专业名”传递依赖于“学号”。

3. 候选键

有了函数依赖的概念，可以重新定义候选键的概念。

定义：设有关系 R(U)，属性集 U、X 为 U 的子集。若 X→U 成立，但对于 X 的任意真子集 X′，X′→U 都不成立，则称 X 是 R 的候选键。

在一个关系中，候选键可以不止一个。一个关系中所有候选键的属性称为该关系的主属性，其余属性为非主属性。

在表 2.19 所示的学生信息关系中，(学号，课程编号)是候选键。但是，考查所有非主属性可以看出，它们并非都完全、直接依赖于候选键。例如姓名、性别等只依赖于学号，课程名、学分只依赖于课程编号。

当关系中存在非主属性部分或传递依赖于候选键时，这样的关系在存储特性和操作特性上都不好，规范化程度低。关系规范化就是通过消去关系中非主属性对候选键的部分和传递函数依赖来提高关系的范式层级。

4. 关系范式的含义

根据关系的定义和特点可知，关系中的属性不可再分。这是二维表称为关系的基本条件，它也是 1NF 的基本要求。

1) 1NF

如果一个关系 R 的所有属性都是不可分的原子属性，则 R∈1NF。

可以看出，表 2.19 所示的学生信息关系是满足 1NF 要求的。

2）2NF

若关系 R∈1NF，并且在 R 中不存在非主属性对候选键的部分函数依赖，即它的每个非主属性都完全函数依赖于候选键，则 R∈2NF。

很明显，表 2.19 所示的学生信息关系不是 2NF 的关系，要使关系从 1NF 变为 2NF，就要消去 1NF 关系中非主属性对候选键的部分函数依赖。可以采用关系分解方法，即将一个 1NF 关系通过投影运算分解为多个 2NF 及以上范式的关系。

对学生信息关系进行投影运算，将依赖于学号的所有非主属性作为一个关系，依赖于课程编号的所有非主属性组成另一个关系，保留完全依赖于候选键的属性组成单独的关系。这样，一个关系变为了三个关系：

学生(学号，姓名，性别，生日，专业号，专业名)

课程(课程编号，课程名，学分)

成绩(学号，课程编号，成绩)

在这三个关系中，均不存在部分函数依赖，它们都满足 2NF 的要求。已经证明，这种关系分解属于无损连接分解。即关系分解不会丢失原有信息，通过自然连接运算仍能恢复原有关系的所有信息。虽然关系由一个变为三个，学号、课程编号在不同关系中重复出现两次，但它们是所谓的连接属性(即在成绩关系中是外键)，在学生、课程关系中，数据的冗余度大大降低。

通过对以上三个关系的分析，可以发现在学生关系中专业数据仍然重复。

若专业数据发生了变动，则与之相关的学生元组都要修改。若要开设新专业，则专业数据依然不能存入学生关系中，因为学号是该关系的候选键。

学生关系存在存储特性和操作特性的问题。它与课程关系、成绩关系的区别是，学生关系中存在传递的函数依赖，而在其他关系中不存在。

3）3NF

若关系 R∈1NF，并且在 R 中不存在非主属性对候选键的传递函数依赖，则 R∈3NF。

可以证明，属于 3NF 的关系一定满足 2NF 的条件。

2NF 升为 3NF 的方法依然是对关系进行投影分解。

由于只有学生关系中存在传递的函数依赖，对学生关系进行投影分解，变为学生关系和专业关系，在学生中保留专业号属性作为外键。它们的关系模式如下所述。

学生(学号，姓名，性别，生日，专业号)

专业(专业号，专业名)

这种关系分解仍然是无损连接分解。若要开设新专业，只需在专业表中增加一行即可，这样就彻底解决了 1NF 和 2NF 中存在的问题。

因此，将表 2.19 中的一个仅符合 1NF 的学生信息关系分解为符合 3NF 的 4 个关系，它们的关系模式如下所述。

学生(学号，姓名，性别，生日，专业号)

专业(专业号，专业名)

课程(课程编号，课程名，学分)

成绩(学号，课程编号，成绩)

直观来看，1NF 或 2NF 关系的缺陷是在一个关系中存放了多种实体，使得属性间的函数依赖呈现多样性。解决的办法是使关系单纯化，通过投影运算对关系进行分解，做到“一关系一实体”,而实体间的联系通过外键或联系关系来实现,在应用中需要综合多个关系的数据时通过连接运算来实现。

除3NF外,目前更高级别的范式还有BCNF、4NF、5NF,高一级范式都满足低一级范式的规定。属于3NF的关系已经能够满足绝大部分的实际应用。

关系规范化理论是进行数据库设计的指导思想,数据模型的设计应符合规范化的要求。一般来说,数据库中的各关系都应符合3NF的要求。

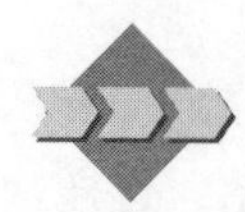

2.4 数据库体系结构

数据库系统有比较统一的体系结构。虽然世界上运行的数据库众多,差异很大,但其体系结构基本相同,在创建和运行过程中都遵循三级模式结构。

2.4.1 三级模式结构

1975年,美国国家标准委员会(American National Standards Institute,ANSI)公布了一个关于数据库的标准报告,提出了数据库三级模式结构(SPARC分级结构)。这三级模式分别是模式、内模式、外模式,如图2.4所示。

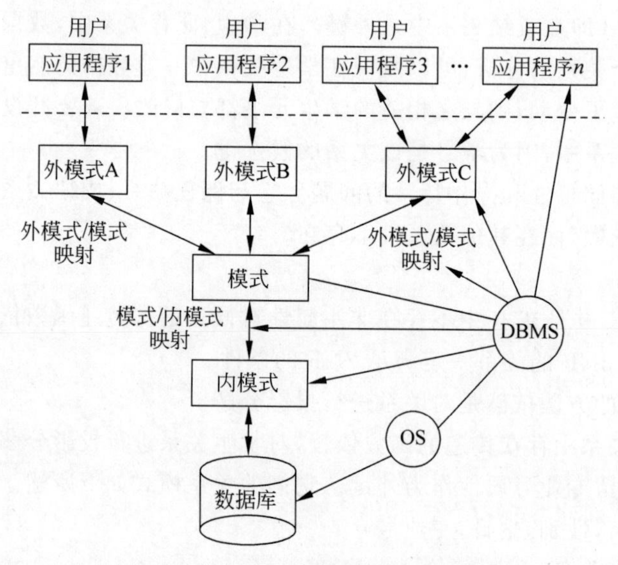

图2.4 数据库三级模式体系结构简图

在三级模式结构中,不同的人员从不同的角度看到的数据库是不同的。

1. 三级模式

(1) 模式。模式又称为概念模式,它是对数据库的整体逻辑描述,并不涉及物理存储,因此被称为DBA视图或全局视图,即DBA看到的数据库全貌。例如,DBA在Access中看到的“教学管理”数据库的所有表及其关系图结构即是描述整个数据库的模式。

(2) 内模式。内模式又称存储模式,它是数据库真正在存储设备上存放结构的描述,包括所有数据文件和联系方法,以及对于数据存取方式的规定。例如,Access中数据库文件的内部结构以及存储位置、索引定义等。

(3) 外模式。外模式又称子模式,它是某个应用程序中使用的数据集合的描述,一般是模式的一个子集。外模式面向应用程序,是用户眼中的数据库,也称为用户视图。

综上所述,模式是内模式的逻辑表示;内模式是模式的物理实现;外模式是模式的部分抽取。这三个模式反映了对数据库的三种观点:模式表示概念级数据库,体现了数据库的总体观;内模式表示物理级数据库,体现了对数据库的存储观;外模式表示用户级数据库,体现了对数据库的用户观。

2. 二级映射

在三级模式中,只有内模式真正描述数据存储,模式和外模式仅是数据的逻辑表示。用户使用数据库中的数据是通过"外模式/模式"映射和"模式/内模式"映射来完成的。一个数据库中只有一个模式和一个内模式,因此,数据库中的"模式/内模式"是唯一的;而每个外模式都有一个"外模式/模式"映射,从而保证用户程序对数据的正确使用。

在数据库中,三级模式、二级映射的功能由 DBMS 在操作系统的支持下实现。

采用三级模式、二级映射有以下好处。

(1) 方便用户。用户程序看到的是外模式定义的数据库,因此,数据库向用户隐藏了全局模式的复杂性,用户也无须关心数据的实际物理存储细节。

(2) 实现了数据共享。不同的用户程序可使用同一个数据库中的同一个数据。

(3) 有利于实现数据独立性。数据独立性包括物理独立性和逻辑独立性。如果由于物理设备或存储技术发生改变引起内模式发生变化,但不影响模式结构,这是数据的物理独立性,其表现为用户的应用程序与存储在磁盘上的数据库中的数据是相互独立的,当数据的物理存储改变了,应用程序则不用改变。而数据的逻辑独立性则是,当数据库的模式发生变化时,如果某个应用程序使用的数据并没有变化,这样不需要修改该外模式和程序。也就是说,逻辑独立性是指用户的应用程序与数据库的逻辑结构是相互独立的,即当数据的逻辑结构改变时,用户程序也可以不变。

(4) 有利于数据的安全与控制。由于用户通过程序使用数据,而用户程序使用外模式定义的数据,要通过二级映射才能获得真正的物理数据,因此易于实现数据的安全控制。

2.4.2 数据库管理系统概述

数据库设计的目标是建立计算机上运行的数据库,这必须借助 DBMS 才能完成。DBMS 是数据库系统的关键部分,是用户和数据库的接口,用户程序及任何对数据库的操作都通过 DBMS 进行。

1. DBMS 基本功能

通常,DBMS 主要具有以下功能。

(1) 数据库定义功能。DBMS 提供数据描述语言(Data Description Language,DDL)定义数据库的模式、内模式、外模式,实现模式之间的映射,定义完整性规则,定义用户口令与存取权限等。这些信息都存放在数据库的数据字典中,供 DBMS 管理时参照使用。

(2) 数据库操作功能。DBMS 提供数据操作语言(Data Manipulation Language,DML)实现对数据库的操作,共有 4 种基本的数据库操作,即查询、插入、修改和删除。

(3) 支持程序设计语言。大部分用户通过应用程序使用和操作数据库,任何 DBMS 均支持某种程序设计语言。

(4) 数据库运行控制功能。DBMS 对数据库运行的控制主要是通过数据的安全性和完整性检验、故障恢复和并发操作等实现的,不同DBMS的控制能力不同,方法各异。

(5) 数据库维护功能。数据库维护功能指数据库的初始装入、数据库转储、数据库重组、登记工作日志等,以保证数据库数据的正确与完整,使数据库能正常运行。

由于不同DBMS的目标各异,功能、规模等相差很大,因此适用的领域也各不相同。诸如Access属于微机环境下的桌面DBMS,在易用性、成本等方面有优势,但建立网络环境的大型数据库系统必须使用大型的DBMS。

2. 几种常用的DBMS简介

DBMS有很多种,下面简要介绍几种常用的DBMS。

1) Oracle

Oracle公司目前是世界上第一大数据库供应商。1977年,Larry Ellison、Bob Miner和Ed Oates成立了Relational Software Incorporated(RSI)公司,他们开发了关系数据库管理系统——Oracle。1983年,RSI公司改名为Oracle公司。

Oracle公司于1985年推出Oracle 5,该版本引入了客户机/服务器计算,因此成为Oracle发展史上的一个里程碑;1988年推出Oracle 6,该版本可以运行在多平台上;1992年推出Oracle 7;1997年推出Oracle 8,该版本主要增加了以下三方面的功能:

(1) 支持超大型数据库。Oracle 8支持数以万计的并行用户,创建了若干新的数据类型,支持大容量的多媒体数据。

(2) 支持面向对象。Oracle 8将面向对象引入到关系数据库中,使Oracle 8成为对象关系型的数据库。

(3) 增强的工具集。Oracle 8中的Enterprise Manager是DBA重要的管理工具。

1999年又推出Oracle 8i。作为世界上第一个全面支持Internet的数据库,Oracle 8i是当时唯一一个具有集成式Web信息管理工具的数据库,也是世界上第一个具有内置Java引擎的可扩展的企业级数据库平台。Oracle 8i提供了在Internet上运行电子商务所必需的可靠性、可扩展性、安全性和易用性,从而广受用户的青睐,自推出后市场表现非常出色。

随后,Oracle公司又相继推出了Oracle 9i、Oracle 10g和11g等版本,至本书稿完成时,最新版本为Oracle 23ai。

2) SQL Server

SQL Server是Microsoft公司的大型关系DBMS产品,最初由Sybase、Microsoft和Ashton-Tate这三家公司共同开发,于1998年推出第一个基于OS/2的版本。之后,Microsoft公司将SQL Server移植到Windows NT系统上,专注于开发、推广基于Windows NT的SQL Server,Sybase公司则专注于SQL Server在UNIX操作系统上的应用。

自SQL Server 6.5后,SQL Server逐步得到市场好评;随后,SQL Server 7.0、SQL Server 2000、SQL Server 2005和SQL Server 2008均不断地改进了其功能和性能。2024年11月,微软公司发布了全新的SQL Server 2025 CTP 1技术预览版。注意,不同版本的SQL Server在功能、性能和安全性等方面均存在差异,读者可在考虑现有应用程序和数据兼容性的基础上,自行选择合适的版本。

当前SQL Server版本存在着以下发展趋势。

(1) 云集成和AI支持:随着云计算和人工智能技术的不断发展,SQL Server越来越多地集成到Azure云平台中,并提供丰富的AI和机器学习功能。

(2) 跨平台支持:SQL Server逐渐扩展其跨平台支持,包括在Linux操作系统上运行的能力。

(3) 高性能和安全性：每个新版本都致力于提高性能和安全性，以满足不断变化的企业需求。

3) 国产 DBMS 达梦(DM)

DM 是中国达梦公司研制的大型关系 DBMS。达梦公司是从事 DBMS 研发、销售和服务的专业化公司。

DM 的基础是 1988 年研制完成的我国第一个有自主版权的数据库管理系统 CRDS。至本书稿完成时，达梦公司最新自研版本为 DM8。DM8 借鉴当前先进新技术思想，延续了主流数据库产品的优点，融合了分布式、弹性计算与云计算的优势，在灵活性、易用性、可靠性、高安全性等方面进行了大规模改进，使之具有多样化架构，以满足不同场景的需求。此外，它还支持超大规模并发事务处理和事务分析混合型业务处理等功能，能动态分配计算资源，实现更精细化的资源利用和更低成本的投入，从而满足用户多种需求，让用户能更加专注于业务提升。

DM 不断推出新的版本。随着我国大力开展政府上网和电子政务工程，DM 作为具有完全自主知识产权、安全性高、技术水平先进的国产 DBMS，已被推荐为建立政府网站的主要数据库软件。

DM 除了具有一般 DBMS 所应具有的基本功能外，还具有以下特性。

(1) 通用性。DM 服务器和接口依据国际通用标准开发，支持多种操作系统。

(2) 高性能。可配置多工作线程处理、高效的并发控制机制、有效的查询优化策略。

(3) 高安全性。数据库安全性保护措施是否有效是衡量数据库系统的重要指标之一。国外数据库产品在中国的安全级别一般只达到 C 级，DM 的安全级别可达 B1 级，部分达到 B2 级。DM 采用"三权分立"安全机制，把系统管理员分为数据库管理员、安全管理员、数据库审计员三类，对重要信息提供了有力的保障。

(4) 高可靠性。确保全天候的可靠性，主要功能包括故障恢复措施、双机热备份。

4) MySQL

MySQL 是一个开放源码的关系 DBMS，开发者为瑞典的 MySQL AB 公司，该公司于 2008 年初被 Sun 公司收购(目前 Sun 公司已并入 Oracle 公司)。

MySQL 采用客户机/服务器结构，主要设计目标是快速、健壮和易用，它能在廉价的硬件平台上处理与其他厂家提供的数据库在一个数量级上的大型数据库，但速度更快。MySQL 具有跨平台的特点，可以在不同操作系统环境下运行。MySQL 可以同时处理几乎不限数量的用户。

MySQL 的快速和灵活性足以满足一个网站的信息管理工作。目前，MySQL 被广泛地应用在 Internet 上的各种网站中，AMP(Apache＋MySQL＋PHP)模式成为网站建设中一种重要的开发模式，即 Web 服务器使用 Apache，数据库服务器采用 MySQL，网站开发工具采用 PHP。当然，MySQL 也支持 Microsoft 公司的 Web 服务器 IIS 和 ASP. NET 开发工具。

由于 MySQL 体积小、速度快、总体拥有成本低，尤其是开放源码这一特点，许多中小型网站为了降低网站总体拥有成本而选择 MySQL 作为网站数据库服务器。

本章小结

本章介绍了数据模型、数据库基本理论、数据库体系结构。

数据模型是数据库技术的基础。数据库技术发展至今，第一代为层次模型、网状模型，第二代关系模型,正在研究新一代基于面向对象思想的数据模型。

数据模型包括三个要素:数据结构、数据操作、数据约束。在关系模型中分别是关系、关系代数和完整性约束规则。其中,投影、选择、连接是关系操作的核心运算。

关系数据库设计的指导理论是关系规范化理论。本章介绍了函数依赖及其分类、候选键与主属性和非主属性的概念。在此基础上,介绍了关系范式的概念以及 1NF、2NF 和 3NF 的定义。从低范式提升到高范式的方法是投影分解。

本章还介绍了数据库系统模式、内模式和外模式的三级体系结构,介绍了数据库管理系统的基本功能。最后简要介绍了几种常用 DBMS。

思考题

1. 关系代数包括哪几种运算?其核心运算是什么?
2. 简述关系代数中投影、选择、连接运算的含义。
3. 什么是关系的函数依赖?有哪几种不同的函数依赖类型?
4. 什么是关系的候选键?什么是主属性?什么是非主属性?
5. 什么是范式?关系规范化的作用是什么?
6. 2NF 对关系有何要求?3NF 对关系有何要求?
7. 简述数据模型的概念。第一代数据模型包括哪些模型?
8. 什么是关系、元组、属性和域?什么是主键和外键?什么是关系模式?
9. 关系数据模型的三要素包含什么内容?
10. 简述关系的特点。
11. 什么是数据库的数据完整性?关系数据库有哪几种数据完整性?
12. 什么是实体完整性?实体完整性的作用是什么?
13. 什么是参照完整性?参照完整性的作用是什么?
14. 简述数据库三级模式体系结构。如何理解数据库的逻辑数据独立性和物理数据独立性?
15. DBMS 的有哪些主要功能?列举几种常用的 DBMS。

第3章

数据存储设计与Access数据库管理

思想引领

当数据存储方式采用关系数据库时，数据存储设计需要完成关系数据库的设计，建立信息系统的数据库。而在计算机上建立关系数据库则由DBMS来完成，关系DBMS都是基于关系模型的。本章将进一步通过图书销售案例介绍关系数据库设计的基本步骤和方法。采用的DBMS是Microsoft公司Office办公套件中流行的桌面数据库管理系统Access 2016，本章还将介绍Access的主要特点、Access 2016的界面和操作方法以及Access数据库的有关概念、创建方法及基本管理操作。

3.1 数据库设计方法

用户建立自己的数据库是为了满足自身的需求，当现有的数据处理手段和方法不能满足用户的业务、管理的实际需要时，用户就需要开发新的数据处理系统。如果采用数据库作为数据管理技术，则开发的数据处理系统就是数据库系统。

3.1.1 数据库设计的定义

数据库是数据库系统的重要组成部分。设计符合用户需要、性能优异的数据库，成为开发数据库系统的关键。

数据库设计是指对于给定的应用环境，设计构造最优的数据库结构，建立数据库及其应用系统，使之能有效地存储数据，对数据进行操作和管理，以满足用户各种需求的过程。

3.1.2 数据库设计的步骤

结构化设计方法，将开发过程看成一个生命周期，因此也称为生命周期方法。其核心思想是将开发过程分成若干步骤，主要包括系统需求的调查与分析、概念设计、逻辑设计、物理设计、实施与测试、运行维护等。

(1) 系统需求的调查与分析。在这一步骤，设计人员要调查现有系统的情况，了解用户对新系统的信息需求和功能需求，对系统要处理的数据收集完整，并进行分析整理和分类组织，写出需求分析报告。

(2) 概念设计。在系统需求分析的基础上设计出全系统的面向用户的概念数据模型，作为用户和设计人员之间的“桥梁”。这个模型既能够清晰地反映系统中的数据及其联系，又能够方便地向计算机支持的数据模型转换。

(3) 逻辑设计。将概念模型转换为 DBMS 支持的数据模型,但该模型并不依赖于特定的 DBMS。目前,数据库一般都使用关系模型。

(4) 物理设计。将逻辑设计的数据模型与选定的 DBMS 结合,设计出能在计算机上实现的数据库模式。

(5) 实施与测试。应用 DBMS 在计算机上建立物理数据库,通过测试之后投入实际运行。

(6) 运行维护。对数据库的日常运行进行管理维护,以保障数据库系统的正常运转。

数据库设计的基本目标是建立信息系统的数据库,而在计算机上建立数据库必须由 DBMS 来完成,目前几乎所有的 DBMS 都是基于关系模型的。因此,在数据库设计过程中,最主要的是正确掌握用户需求,然后在此基础上设计出关系模型。

然而,关系模型面向 DBMS,它与实际应用领域所使用的概念和方法有较大的距离。用户对关系模型不一定了解,而数据库设计人员也不一定熟悉用户的业务领域,因此,这两类人员之间存在沟通问题。并且,应用领域很复杂,往往要经过多次反复的调查、分析才能弄清用户需求,因此,根据用户要求一步到位地建立系统的关系模型较为困难。

由于用户是开发数据处理系统的提出者和最终使用者,为保证设计正确和满足用户要求,用户必须参与系统的开发设计。因此,在建立关系模型前,应先建立一个概念模型。

概念模型使用用户易于理解的概念、符号、表达方式来描述事物及其联系,它与任何实际的 DBMS 都没有关联,是面向用户的;同时,概念模型又易于向 DBMS 支持的数据模型转化。概念模型也是对客观事物及其联系的抽象,也是一种数据模型。概念模型是现实世界向面向计算机的数据世界转化的过渡,目前,常用的概念模型为实体联系模型。因此,概念设计成为数据库设计过程中非常重要的环节。

用户可以用三个世界来描述数据库设计的过程。用户所在的实际领域称为现实世界;概念模型以概念和符号为表达方式,所在的层次为信息世界;关系模型位于数据世界。

通过对现实世界调查分析,然后建立起信息系统的概念模型,就从现实世界进入信息世界;通过将概念模型转化为关系模型进入数据世界,然后由 DBMS 建立起最终的物理数据库。数据库设计的整个变化过程如图 3.1 所示。

现实世界 —概念模型→ 信息世界 —数据模型→ 数据世界 —DBMS→ 数据库

图 3.1 数据库设计过程示意

3.2 实体联系模型及转化

实体联系(Entity-Relationship,E-R)模型是目前常用的概念模型,它有一套基本的概念、符号和表示方法,面向用户,并且很方便向其他数据模型转化。

3.2.1 E-R 模型的基本概念

在 E-R 模型中,主要包括实体、属性、域、实体型、实体集、实体码以及实体集之间的联系等概念。

1. 实体与属性

实体(Entity)指现实世界中任何可相互区别的事物。人们通过描述实体的特征(即属性)

来描述实体。在建立信息系统概念模型时,实体就是系统关注的对象。

属性(Attribute)指实体某一方面的特性。一个实体由若干属性来描述。通过给属性取值,可以确定具体的实体。例如,对于员工实体,需要描述工号、姓名、性别、生日、职务、薪金等属性。给定{"0301","李建设","男","1978-10-15","经理",￥6650}一组值,就确定了一个实体。所以,实体靠属性来描述。为了表述方便,每个属性都有一个名称,称为属性名,例如"工号""姓名"等。

2. 域

每个属性都有对取值范围的限定,属性的取值范围称为域(Domain)。例如,性别的取值范围是{"男","女"},职务的取值范围是{"总经理","经理","主任","组长","业务员","见习员"},薪金的取值范围是[1000～10 000]等。域是值的集合。

3. 实体型与实体集

信息系统要处理众多的同类实体。例如在销售管理系统中,每个员工都是一个实体,而所有员工实体的属性构成都相同。将同类实体的属性构成加以抽象,就得到实体型的概念。用实体名及其属性名集合来描述同类实体,称为实体型(Entity Type)。例如,员工(工号,姓名,性别,生日,职务,薪金)定义了员工实体型。

每个实体的具体取值就是实体值。例如上面员工"李建设"的相关取值就是一个实体值,可见,型描述同类个体的共性,值是每个个体的具体内容。

对于同一个对象使用不同的实体型,表明我们所关注的内容不同。同样是员工,当用(工号,姓名,性别,年龄,身高,体重,视力)等属性来表示时,是针对员工的健康信息。

同型实体的集合称为实体集(Entity Set)。例如,所有员工实体的集合构成员工实体集。在以后的应用中,无须强调时一般不区分实体型或实体集,都简称为实体。

4. 实体码

实体集中的每个实体都可相互区分,即每个实体的取值不完全相同。用来唯一确定或区分实体集中每个实体的属性或属性组合称为实体码(Entity Key),或称为实体标识符。例如,在员工实体集中指定一个工号值,就可以确定唯一一个员工。所以,工号可作为员工实体集的码。

实体码对于数据处理非常重要,如果实体集中不存在这样的属性,设计人员往往会增加一个这样的标识属性。

5. 实体集之间的联系

现实世界中事物不是孤立存在而是相互关联的,事物的这种关联性在信息世界的体现就是实体联系。实体集之间的联系方式可以分为以下三类。

(1) 一对一联系。两个实体集 A、B,若 A 中的任意一个实体最多与 B 中的一个实体发生联系,而 B 中的任意一个实体最多与 A 中的一个实体发生联系,则称实体集 A 与实体集 B 有一对一联系,记为 1∶1。例如,乘客实体集与火车票实体集的持有联系,院长实体集与学院实体集的领导联系等。

(2) 一对多联系。两个实体集 A、B,若 A 中至少有一个实体与 B 中一个以上的实体发生联系,而 B 中的任意一个实体最多与 A 中的一个实体发生联系,则称实体集 A 与实体集 B 有一对多联系,记为 1∶n。例如,学院与专业的设置联系,部门与员工的聘用联系等。

(3) 多对多联系。两个实体集 A、B,若 A 中至少有一个实体与 B 中一个以上的实体发生联系,而B中至少有一个实体与A中一个以上的实体发生联系,则称实体集A与实体集B有多对多联系,记为$m:n$。例如,学生与课程的选修联系、销售员与商品的销售联系等。

当一个联系发生时,可能会产生一些新的属性,这些属性属于联系而不属于某个实体。例如,学生选修课程会产生成绩属性,销售商品会产生数量和金额属性。

联系反映的是实体集之间实体对应的情况。若一个联系发生在两个实体集之间,称为二元联系;若联系发生在一个实体集内部,例如球队集的比赛联系,则称为一元联系或递归联系;联系也可以同时在三个或更多实体集之间发生,称为多元联系。例如在销售联系中,销售员、商品、顾客通过一个销售行为联系在一起,从而使销售联系成为三元联系。

3.2.2 E-R图

E-R模型通过描述系统中的所有实体及其属性以及实体间的联系来建立MIS的概念模型。1976年,P. P. Chen提出实体联系方法,用实体联系图来表示实体联系模型。由于E-R图简便直观,这种表示方法得到了广泛的应用。依照一定的原则,E-R图可以方便地转化为关系模型。

在E-R图中,只用到很少几种符号。在画系统E-R图时,将所有的实体型及其属性、实体间的联系全部画在一起,便得到了系统的E-R模型。下面是画E-R图时使用的符号及其含义。

实体名 矩形框中写上实体名表示实体型。

属性 椭圆框中写上属性名,在实体或联系和它的属性间连上连线,在作为实体码的属性下面画一条下画线。

联系 菱形框中写上联系名,用连线将相关实体连起来,并标上联系类别。

如果一个系统的E-R图中实体和属性较多,为了简化最终的E-R图,可以将各实体及其属性单独画出,在联系图中只画出实体间的联系。

【例3.1】 设计例2.1中的“教学管理”数据库的E-R图。

① 识别实体。实体是独立存在的对象,教学管理系统中的实体包括学院、专业、学生、课程,它们的属性如下所述。

- 学院实体。其属性为学院编号、学院名称、院长、办公电话。
- 专业实体。其属性为专业编号、专业名称、专业类别。
- 学生实体。其属性为学号、姓名、性别、生日、民族、籍贯、简历、登记照。
- 课程实体。其属性为课程编号、课程名称、课程类别、学分。

② 确定实体间的联系。教学管理系统中各实体间的联系如下所述。

- 学院与专业发生$1:n$联系。一个专业只由一个学院设置,一个学院可以有若干专业。
- 学院与课程发生$1:n$联系。一门课程只由一个学院开设,一个学院开设多门课程。
- 学生与专业发生$n:1$联系。每名学生主修一个专业,一个专业有多名学生就读。
- 课程与学生发生$m:n$联系。一名学生可选修多门课程,并获得一个成绩,一门课程有多名学生选修。

③ 画出E-R图,教学管理系统的E-R图如图3.2所示。

注意: 在E-R图中,每个实体只出现一次,实体名不可以重复。

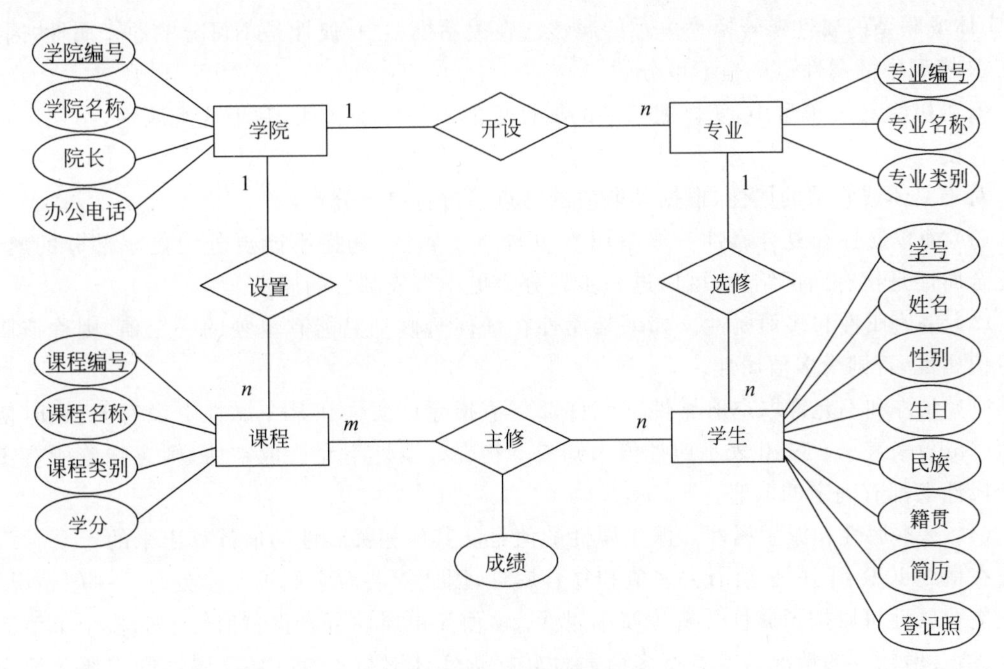

图 3.2　教学管理系统 E-R 图

3.2.3　E-R 模型向关系模型的转化

E-R 模型需要转换为关系模型才能被 DBMS 所支持。转换方法可以归纳为以下几点：

(1) 每个实体型都转换为一个关系模式，即给该实体型取一个关系模式名，实体型的属性成为关系模式的属性，实体码成为关系模式的主键。

(2) 实体间的每种联系都转换为一个关系模式，即给联系取一个关系模式名，与联系相关的各实体的码成为该关系模式的属性，联系自身的属性成为该关系模式其余的属性。

(3) 对以上转换后得到的关系模式结构按照联系的不同类别进行优化。

联系有三种类型，转换为关系模式后，与其他关系模式可进行合并优化。

(1) 1∶1 的联系，一般不必单独成为一个关系模式，可以将它与联系中的任何一方实体转换成的关系模式合并(一般与元组较少的关系合并)。

(2) 1∶n 的联系也没有必要单独作为一个关系模式，可将其与联系中的 n 方实体转换成的关系模式合并。

(3) m∶n 的联系必须单独成为一个关系模式，不能与任何一方实体合并。

按照以上方法，将例 3.1 的 E-R 模型转换为关系模型，得到例 2.2 的关系模型。

3.2.4　设计 E-R 模型的进一步探讨

当信息系统比较复杂时，设计正确的 E-R 模型非常必要，但也是较为困难的事情。其基本方法是从局部到整体，先将每个局部应用的 E-R 图设计出来，然后再进行优化集成。

设计 E-R 模型的关键是识别初始的实体和联系。一般而言，在现实世界中独立存在的对象就是实体，一般用名词命名；而反映企业或用户业务、行为的对象，大多涉及不同的实体，一般用动词命名，这就是联系。

实体或联系一般都需要使用属性来描述。根据前述 E-R 模型转换为关系模型的方法可知，实体或联系的属性要转换为关系的属性。在关系模型中，属性是不可分的原子属性，因此，在 E-R 模型中的属性也应是不可分的。

但在初始 E-R 模型中，实体或联系的属性可能不是原子属性，对于这类属性，必须进行处理和转换。

对于实体或联系的属性，根据其取值的特点可进行以下分类：

(1) 简单属性和复合属性。简单属性也称原子属性，是指不能再分为更小部分的属性。而复合属性是指有内部结构，可以进一步划分为更小组成部分的属性。

(2) 单值属性和多值属性。如果某属性在任何时候都只能有单独的一个值，则称该属性为单值属性，否则为多值属性。

(3) 允许和不允许取空值属性。允许取空值指允许实体在某个属性上没有值，这时使用空值(Null)来表示。Null 表示属性值未知或不存在。属性不允许取空值，则意味着所有实体在该属性上都有确定的取值。

(4) 基本属性和派生属性。派生属性的值是从其他相关属性的值计算出来的。

在最终 E-R 图中，必须消去多值和复合属性，因此需要对它们进一步处理。一般情况下，单值复合属性可以按子属性分解为简单属性；多值简单属性可以将多值转换为多个单值简单属性(适合值较少的情况)，或者将多值属性转换为实体对待；多值复合属性则需要转换为实体来处理。

3.2.5 术语对照

数据库设计过程经过了从概念模型到关系模型，再到利用 DBMS(如 Access)建立计算机上物理数据库的各个环节。

在各个不同环节，为了保持概念的独立性和完整性，分别使用了不同的术语。为了方便读者进行比较，这里将常用的术语对照列出，如表 3.1 所示。

表 3.1 术语对照表

实体联系模型	关 系 模 型	Access 数据库
实体集	关系	表
实体型	关系模式	表结构
实体	元组	记录(行)
属性	属性	字段(列)
域	域	数据类型
实体码	候选键、主键	不重复索引、主键
联系	外键	外键(关系)

注意：本书除实体联系模型和关系理论部分以外，其他地方都使用 Access 数据库中的术语。

3.3 图书销售管理数据库设计

"进、销、存"是很多企业的主要业务类型，而在管理信息系统中，"进、销、存"是最典型的模式。本节重点介绍某中小型书店图书销售管理系统的数据库设计。

3.3.1 需求调查与分析

根据系统开发方法，首先需要根据用户需求展开系统调查分析，并在此基础上写出系统的系统调查与需求分析报告。该报告是在对现有的信息处理和管理业务进行调查分析的基础上，结合用户对将要开发的系统的要求，提出新系统的基本目标。

该报告的内容主要包括企业组织结构、用户业务分析、数据流图、数据字典等，需要将用户需求的具体内容表述清楚。

用户需求主要由两个部分组成，即信息需求和功能需求。

信息需求即新系统应该收集、整理、存储、处理的所有数据，包括从最基本的数据项（例如图书名）到关联在一起的数据集合（例如图书信息，由书名、作者、出版社、定价等若干项数据组成）。系统调查与需求分析报告对此都应该给出详细、准确、完整、无异议的描述。

由于信息在系统中会有处理要求和状态的变化，与信息需求联系在一起的就是处理功能需求。功能需求是新系统应该实现的业务功能，例如数据的输入与修改、查询汇总、报表打印等。

1. 组织结构

对于组织结构进行分析有助于分析业务范围与业务流程。书店组织结构如图 3.3 所示。

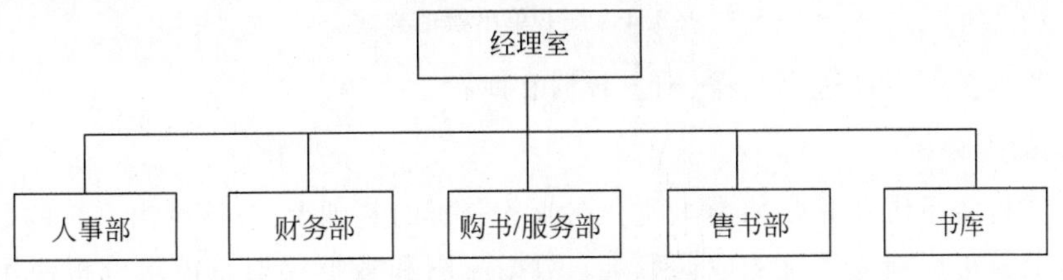

图 3.3　书店组织结构

其中，书库是保存图书的地方；购书/服务部负责采购计划、读者服务、图书预订等业务；售书部负责图书的销售；财务部负责资金管理；人事部负责员工管理与业务考核。

2. 业务分析

对于信息处理系统来说，划分系统边界很重要，即划分哪些功能由计算机来完成、哪些工作在计算机外完成，这些划分要通过业务分析来确定。同时，业务流程中涉及的相关数据也通过业务分析得到归类和明确。在业务分析的基础上，可以确定数据流图和数据字典。

图书销售管理系统主要包含以下业务内容：

(1) 进书业务。采购员根据事先的订书单采购图书，然后将图书入库，同时登记图书入库数据。

本项业务涉及的数据单据有进书单（含有进书单明细）以及书库账本。

(2) 售书业务。销售人员根据读者所购图书填写售书单，同时修改相应图书库存数据。

图 3.4 所示为某书店售书单小票的样式，售书单的前面是销售单号、交易时间数据，中间是本单的售书明细，后面是应收金额、收银员等数据。

本项业务涉及和产生的数据单据有售书单（包括售书明细）以及书库账本。

(3) 图书查询服务业务。根据读者需要，提供本书店特定的图书及库存信息。

本项业务涉及的主要数据单据是书库账本。

(4) 综合管理业务。综合管理业务包括进书、销售、库存数据的查询、汇总和报表输出等。

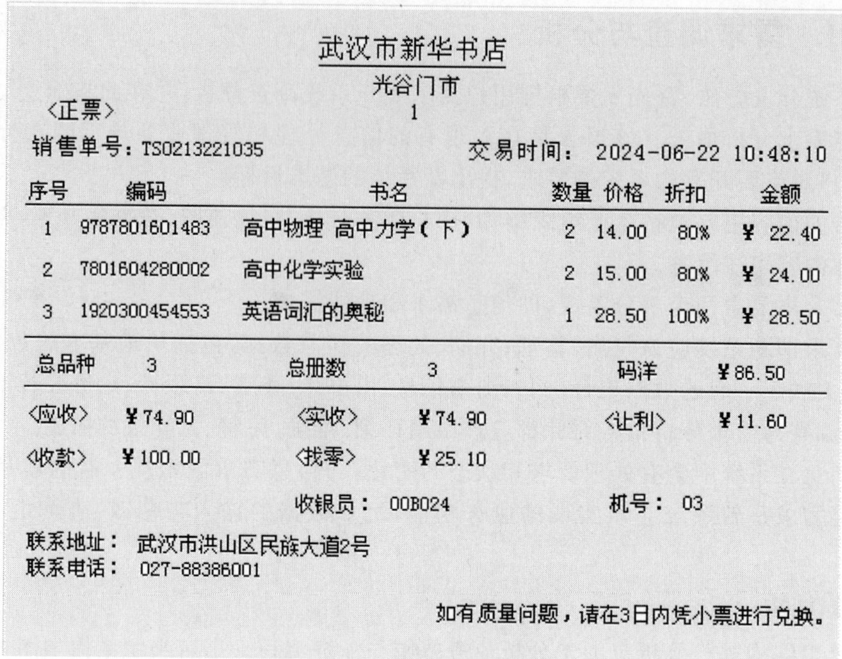

武汉市新华书店

光谷门市

〈正票〉 1

销售单号：TS0213221035 交易时间： 2024-06-22 10:48:10

序号	编码	书名	数量	价格	折扣	金额
1	9787801601483	高中物理 高中力学(下)	2	14.00	80%	￥ 22.40
2	7801604280002	高中化学实验	2	15.00	80%	￥ 24.00
3	1920300454553	英语词汇的奥秘	1	28.50	100%	￥ 28.50

总品种 3 总册数 3 码洋 ￥86.50

〈应收〉 ￥74.90 〈实收〉 ￥74.90 〈让利〉 ￥11.60

〈收款〉 ￥100.00 〈找零〉 ￥25.10

收银员： 00B024 机号： 03

联系地址： 武汉市洪山区民族大道2号

联系电话： 027-88386001

如有质量问题，请在3日内凭小票进行兑换。

图 3.4 售书单小票的样式

本项业务涉及所有的进书数据、销售数据和库存数据等。

3. 系统数据分析

上面的分析将系统业务归纳为 4 项。在业务分析的基础上，应该画出系统的数据流图，然后在此基础上就可以建立系统的数据字典。数据流图和数据字典是需求分析使用的工具，本节不讨论数据流图和数据字典的完整概念和应用，仅对最后建立数据库所需要的数据进行分析说明。

在上述 4 项业务中涉及的业务数据包括进书数据、库存数据、销售数据。在这些数据中包含有图书数据、员工数据等，而图书数据与出版社有关，员工与部门有关。

这样，将所有的数据进行归类分析，书店图书销售管理系统要处理的数据如下所述。

(1) 部门数据。其组成为部门编号、部门名、办公电话。

(2) 员工数据。其组成为工号、姓名、性别、生日、职务、所属部门、薪金。

(3) 出版社数据。其组成为出版社编号、出版社名、地址、联系电话、联系人。

(4) 基本图书数据。其组成为图书编号、ISBN、书名、作者、出版社、版次、出版日期、定价、图书类别。

(5) 售书单及明细。其组成为售书单号、日期、{售书明细}、金额、业务员。

(6) 书库账本。其组成为图书编号、库存数量、平均进价折扣、备注。

对于这些需要处理的数据对象，每种对象由其相应属性来描述。这些属性有的是基本数据项，有的是数据项集合(由“{}”括起来)。

例如，{售书明细}由序号、图书编号、售价、折扣、数量、金额等属性组成。

当所有数据对象都归纳完毕后，就可以编制数据字典了。在数据字典中，要对所有这些数据项、数据项集合等的命名、取值方式、范围、作用等进行明确且无异议的说明。

4. 处理功能分析

(1) 进书功能。当进书业务发生时,将所进图书存入书库,然后输入进书数据,并根据进书单修改库存数据。新进的图书可能是以前有库存的,也可能是以前没有库存的。对于以前没有库存的图书,需要添加新图书的库存记录。对于已有图书,则修改库存的数量。

(2) 售书功能。如果有图书销售业务发生,要打印销售单,同时修改图书库存数据。

(3) 图书查询服务功能。图书查询服务功能为读者提供查询平台。

(4) 综合管理功能。管理人员需要定期或不定期地汇总统计或查询进书数据、销售数据、库存数据,并按照管理要求制作业务报表。

上述内容是对需求分析报告及数据字典主要内容的概述。数据字典是数据库设计最重要的成果和基础。只有将数据字典编制正确,才能保证数据库设计符合用户要求。

进书业务和售书业务的数据特征很相似,为了简化设计,以下设计省略进书管理部分,读者可根据售书管理的分析自行设计和添加。

说明:进、销、存是复杂的企业业务。为了突出重点,便于教学,这里进行了大量的简化,略去许多相关业务和细节分析,但核心的数据处理功能基本上得到完整体现。本节的主要目的是介绍数据模型设计,若读者需要更专业和全面的需求分析文档,可参阅其他资料。

3.3.2 概念设计与逻辑设计

1. 概念模型设计

在完成需求分析的基础上,接下来进行概念模型设计。

【例 3.2】 分析并设计图书销售管理数据库的 E-R 图。

① 识别初始实体,确定实体的属性,标明实体码。

实体是现实世界中独立的、确定的对象,本系统中可以确定的实体类别有部门、员工、出版社、图书以及书库,它们的属性如下所述。

- 部门实体。其属性为部门编号、部门名、办公电话。
- 员工实体。其属性为工号、姓名、性别、生日。
- 出版社实体。其属性为出版社编号、出版社名、地址、联系电话、联系人。
- 图书实体。其属性为图书编号、书名、作者。
- 书库实体。其属性包括编号、地点等,这里假定只有一个书库,这样书库的属性可以不予考虑。

② 确定初始的实体间联系及其属性。

- 部门与员工发生“聘用”联系。这里规定一个员工只能在一个部门任职,因此部门与员工是 $1:n$ 联系。当联系发生时,产生职务、薪金属性。
- 出版社与图书发生“出版”联系。一本图书只能在一家出版社出版,这是 $1:n$ 联系。当联系发生时,产生 ISBN、版次、出版时间、定价、图书类别等属性。
- 图书与书库发生“保存”联系。如果有多个书库,就要区分某种图书保存在哪个编号的书库中。这里假定只有一个书库,所以所有的图书都保存在一个地点,书库与图书是 $1:n$ 联系。“保存”联系产生存书折扣、数量、备注等属性。
- 员工和图书发生“售出”联系。售书单是联系的属性(省略“购进”联系的分析)。

③ 将以上分析用初始 E-R 图表示。

初始实体及属性如图 3.5 所示。

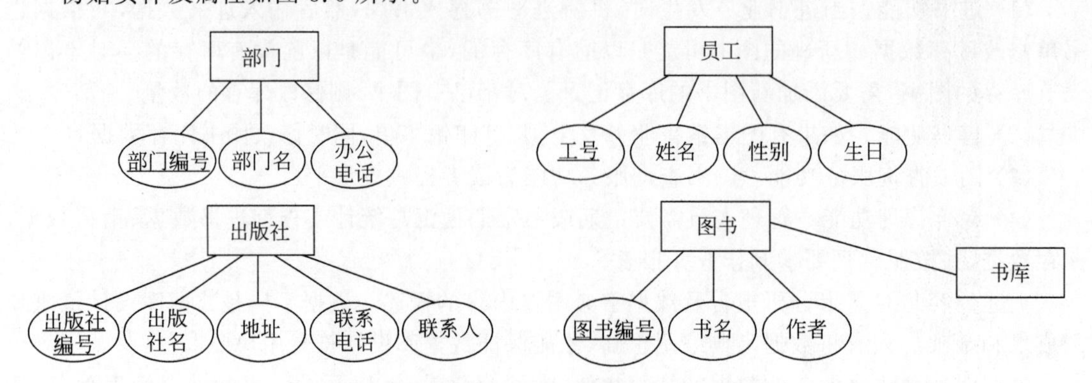

图 3.5 图书销售管理数据库的实体及属性

图 3.6 为部门与员工联系图。图 3.7 为图书与出版社、图书与书库联系图。

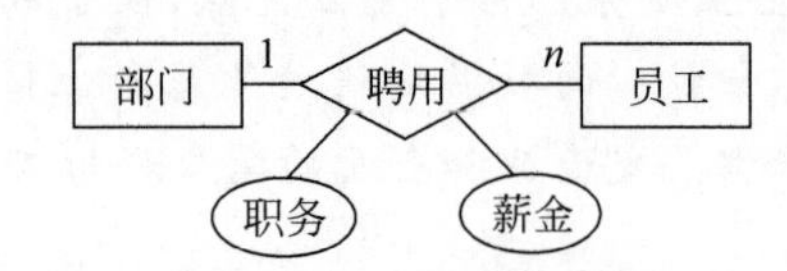

图 3.6 部门与员工联系图

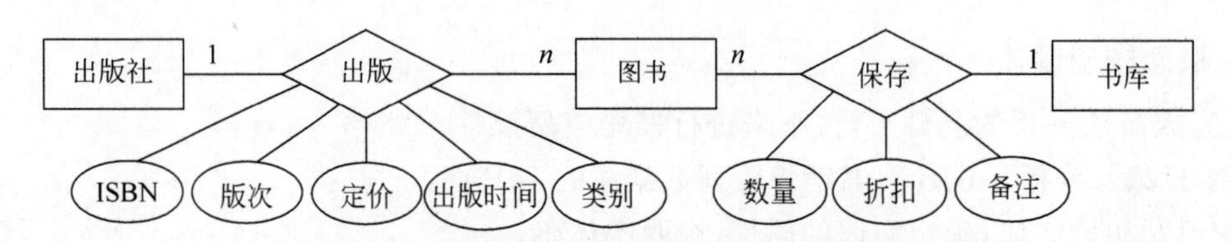

图 3.7 图书与出版社、图书与书库联系图

当员工在书店售书时,由于一个员工可以售出多种图书,一种图书可以从多名员工那里售出,因此员工与图书的"售出"联系是 $m:n$ 联系,产生"售书单"属性。图 3.8 为员工与图书售出联系的 E-R 图。

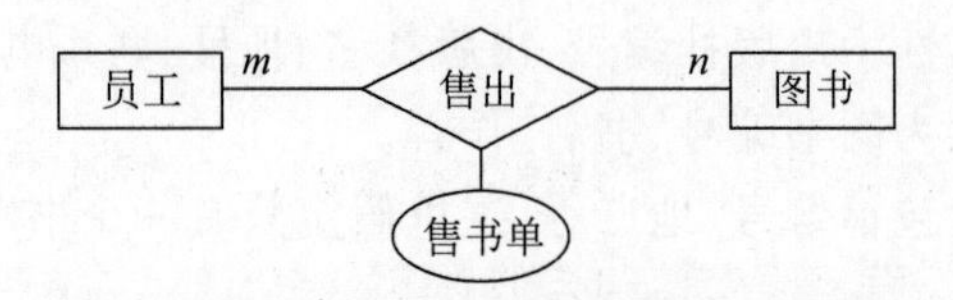

图 3.8 员工与图书售出联系的 E-R 图

仔细分析"售书单"属性,可以发现该属性与其他实体或联系的属性有很大的区别。其他的属性都是不可分的、单个值的属性。而"售书单"不是一个单一的数据,它由多项内容构成,本身是有结构的(见图 3.4),因此该属性为多值复合属性。

由于 E-R 图将来要转换为关系模型,而关系中的属性必须是原子的,因此必须对 E-R 图的非原子单值属性进行专门处理。

对于单值的复合属性,一般将组合属性的子属性分解为独立属性。例如,假设"薪金"由"基本工资"和"奖金"组成,那么取消"薪金",直接将"基本工资"和"奖金"变成独立的属性就可以了。

对于多值属性,一般将这个"属性"变成"实体"来对待,这样,它与原实体的关系就变成了实体间的联系。

图 3.8 中的“售书单”是多值的组合属性，将其看作“售书单”实体，实体的属性由售书单中单值的属性组成。“售书单”实体分别与“员工”和“图书”发生联系。一名员工可负责多份售书单，而一份售书单只由一名员工负责，两者之间是 1∶n 联系；一份售书单中可包含多种图书，一种图书可由不同的售书单售出，两者之间是 m∶n 联系。这样，图 3.8 所示的 E-R 图就设计为图 3.9 所示的样子。

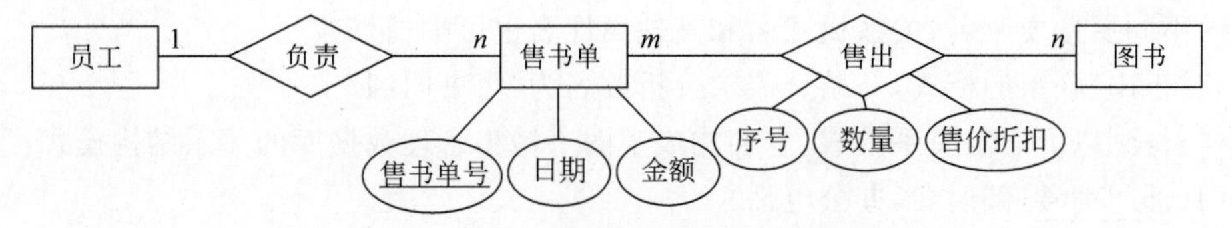

图 3.9　售书单相关联系的 E-R 图

其中，售书单的“金额”属性是本单中所有图书销售金额的合计，即

$$金额=\sum(数量\times定价\times折扣)$$

通常，“金额”属性称为“导出”属性，由于可以从其他属性导出，在数据库中一般略去。

根据以上分析，在实体属性图中增加“售书单”实体，如图 3.10 所示。

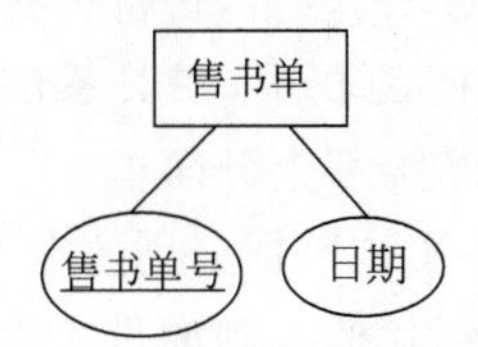

图 3.10　售书单实体及属性图

这样，得到图书销售管理数据库的 E-R 图。实体属性图如图 3.5 和图 3.10 所示，综合图 3.6～图 3.10，略去联系图中的所有属性，得到如图 3.11 所示的最终 E-R 图。

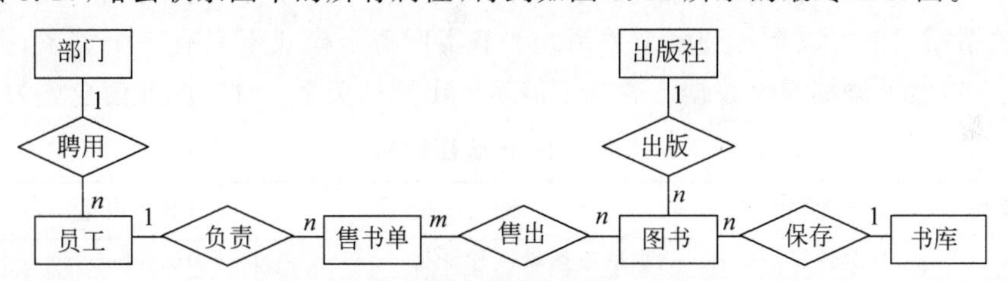

图 3.11　图书销售管理数据库的 E-R 图

注意：该图中略去了与“进书业务”相关的部分。

2. 逻辑模型设计

E-R 模型是面向用户的概念模型，是数据库设计过程中概念设计的结果。下面以 E-R 模型为基础，将其转化为关系模型。

【例 3.3】　将例 3.2 中的图书销售管理 E-R 模型转换为关系模式表示的关系模型。

① 将每个实体型转换为一个关系模式，得到部门、出版社、员工、图书、售书单的关系模式，关系的属性就是实体图中的属性(书库不需要单独列出)。

② 将 E-R 图中的联系转换为关系模式。

E-R 图中有 5 个联系，因此得到 5 个由联系转换而来的关系模式，它们分别如下所述。

聘用(部门编号，工号，职务，薪金)

出版(出版社编号，图书编号，ISBN，版次，出版日期，定价，图书类别)

保存(图书编号,数量,存书折扣,备注)

负责(工号,售书单号)

售出(售书单号,图书编号,序号,数量,售价折扣)

在这些联系中,由 1∶n 联系得到的关系模式可以与 n 方实体合并,在合并时要注意属性的唯一性。这样,“聘用”与员工合并;“出版”“保存”与图书合并;“负责”与售书单合并(合并时重名的不同属性要改名,关系模式名和其他属性名也可酌情修改)。

保留“售出”联系的模式,并结合需求分析改名为“售书明细”。

这样,得到以下一组关系模式,它们构成了图书销售管理数据库的关系结构模式:

部门(部门编号,部门名,办公电话)

员工(工号,姓名,性别,生日,部门编号,职务,薪金)

出版社(出版社编号,出版社名,地址,联系电话,联系人)

图书(图书编号,ISBN,书名,作者,出版社编号,版次,出版时间,图书类别,定价,折扣,数量,备注)

售书单(售书单号,售书日期,工号)

售书明细(售书单号,图书编号,序号,数量,售价折扣)

相对于 E-R 模型中有实体、实体间的联系,在关系模型中都是用关系这一种方式来表示的,所以关系模型的数据表示和数据结构都十分简单。

关系模型的主要特点之一是将各实体数据分别放在不同的关系中而不是放在一个集成的关系内,这使数据存储的重复程度降到最低。例如员工、图书等关系中存放各自的数据,售书单和售书明细中只存放工号、图书编号,通过工号和图书编号来引用其他关系的数据,这样数据存储的冗余度最小,也便于维护数据库和保持数据的一致性。

在确定关系模式后,根据实际情况载入相应的数据,就可以得到对应于关系模式的关系了。一个关系模式下可以有一到多个关系。本节实例每个模式下只有一个关系,直接用模式名作为关系名,然后添加元组数据。表 3.2 展示了出版社关系。注:此处信息均为虚拟。

表 3.2 出版社关系

出版社编号	出版社名	地址	联系电话	联系人
1002	大学教育出版社	北京市东城区沙滩街	010-64660880	赵伟
1010	清华大学出版社	北京市海淀区中关村	010-65602345	路照祥
2120	电子技术出版社	上海市浦东区建设大道	021-54326777	张正发
2703	湖北科技出版社	湖北省武汉市武昌区黄鹤路	027-87808866	范雅萍
2705	中南教育出版社	武汉市洪山区学院路	027-83056656	刘山

建立关系模型是数据库逻辑设计的成果。

设计好关系模型后,结合特定的 DBMS 就可以进行物理设计,并在计算机上建立物理数据库。

3.4 Access 概述

3.4.1 Access 的发展

Microsoft 公司最初主要的业务领域在操作系统方面,后来,它相继进入办公软件、开发工具、数据库等领域,陆续开发了 Word、Excel 等 Office 软件和 Access 数据库管理系统。

Office 第 1 版于 1989 年发布，而最早的 Access 1.0 于 1992 年 11 月发布。起初，Access 是一个独立的产品，后来 Microsoft 公司在 1996 年 12 月发布的 Office 97 将 Access 加入其中，使其成为重要的一员。

Access 在很多地方得到广泛使用，主要体现在以下两个方面。

(1) 用于进行数据分析。

Access 有强大的数据处理和统计分析能力，尤其是处理上万条记录，甚至十几万条记录时速度快且操作方便，这一点是 Excel 无法相比的。

(2) 用于开发小型系统。

相对于 Oracle、SQL Server 等大型数据库开发软件，Access 属于小型软件，主要针对小型企业用户。使用 Access 开发数据库，如生产管理、人事管理、库存管理等各类企业管理数据库系统，其最大的优点是易学和低成本，尤其是非计算机专业的人员也能学会。因此，Access 非常适合初学者作为学习数据库入门知识、掌握数据库管理工具的首选数据库软件。

3.4.2　Access 的启动和退出

1. 启动 Access

Access 的启动和退出与其他 Windows 程序类似，其主要启动方法有以下几种：

(1) 单击“开始”按钮，选择“所有程序”→Microsoft Office→Microsoft Access 2016 命令。

(2) 若桌面上有 Access 快捷图标，则双击该图标。

(3) 双击与 Access 关联的数据库文件。

在启动 Access 但未打开数据库，即通过第(1)、(2)种方式启动 Access 时，将进入 Backstage 视图。

2. 退出 Access

在 Access 窗口中，退出 Access 的主要操作方法有以下几种：

(1) 单击窗口右上角的“关闭”按钮。

(2) 单击窗口左上角的 Access 图标，在弹出的控制菜单中选择“关闭”命令。

(3) 选择“文件”选项卡，在 Backstage 视图中选择“关闭”命令。

(4) 按 Alt+F4 组合键。

3.4.3　Access 的用户界面

Access 2016 延续了 Office 2013 套件的风格，与 Office 2013 其他组件的界面基本相似，但是更为复杂。当用户新建一个数据库或者打开一个包含表的数据库时，可以看见完整的数据库界面，如图 3.12 所示。

Access 用户界面三个主要组件的功能如下所述。

(1) Backstage 视图。Backstage 视图是功能区中“文件”选项卡上显示的命令集合。

(2) 功能区。功能区是一个包含多组命令且横跨程序窗口顶部的带状选项卡区域，替代 Access 以前版本中存在的菜单栏和工具栏的主要功能。它主要由多个选项卡组成，这些选项卡上有多个按钮组。

(3) 导航窗格。导航窗格是 Access 程序窗口左侧的窗格，用于组织和在其中使用数据库对象。

这三种界面元素提供了供用户创建和使用数据库的环境。

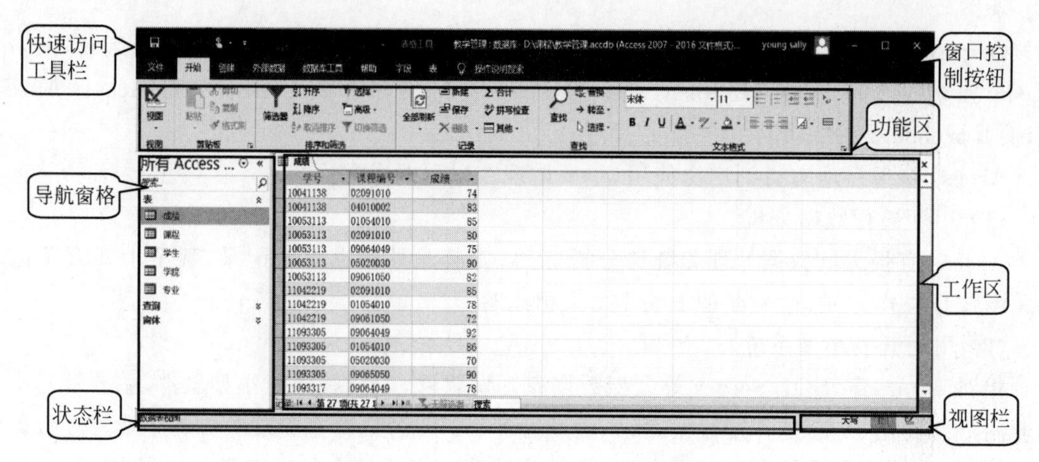

图 3.12 Access 2016 的工作界面

1. Backstage 视图

Backstage 视图是 Access 中增加的新功能，它是功能区中"文件"选项卡上显示的命令集合，可以创建新数据库、打开现有数据库、通过 SharePoint Server 将数据库发布到 Web，以及执行很多文件和数据库维护任务。

1）"新建"命令的 Backstage 视图

直接启动 Access，或选择"文件"选项卡，会出现 Backstage 视图界面，如图 3.13 所示。

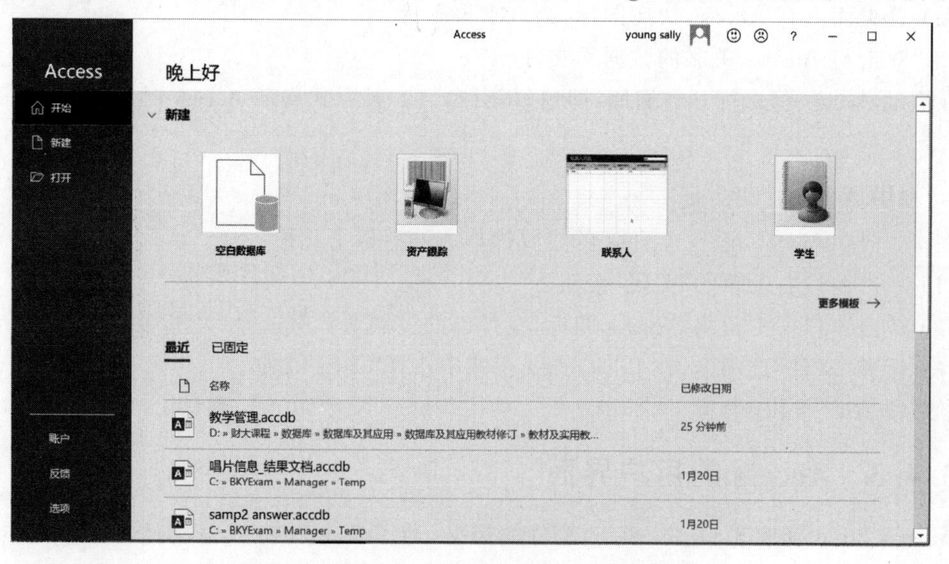

图 3.13 启动 Access 后的 Backstage 视图界面

在窗口左侧列出了可以执行的命令，灰色命令表示在当前状态下不可选。

(1)"新建"命令：用于建立新的数据库，其右侧列出了多种模板，便于用户按照模板快速建立特定类型的数据库。用户也可以单击"空白数据库"选项，然后一步步建立一个全新的数据库。

(2)"打开"命令：用于打开已创建的数据库，其右侧的"最近"下的数据库列表是曾打开过的数据库，选择某个数据库单击可直接打开。

(3)"账户"命令：用于设置用户账户个人信息，或者对 Access 软件进行产品激活或更新。

(4)"反馈"命令：用于向供应商发送"微笑""哭脸""建议"，其中"建议"可以用于发送操作截图和用户建议。

(5)"选项"命令：用于对 Access 进行设置。

2) 打开已有数据库的 Backstage 视图

若已经打开数据库(如打开"教学管理"数据库),则选择"文件"选项卡,进入当前数据库的 Backstage 视图,如图 3.14 所示。

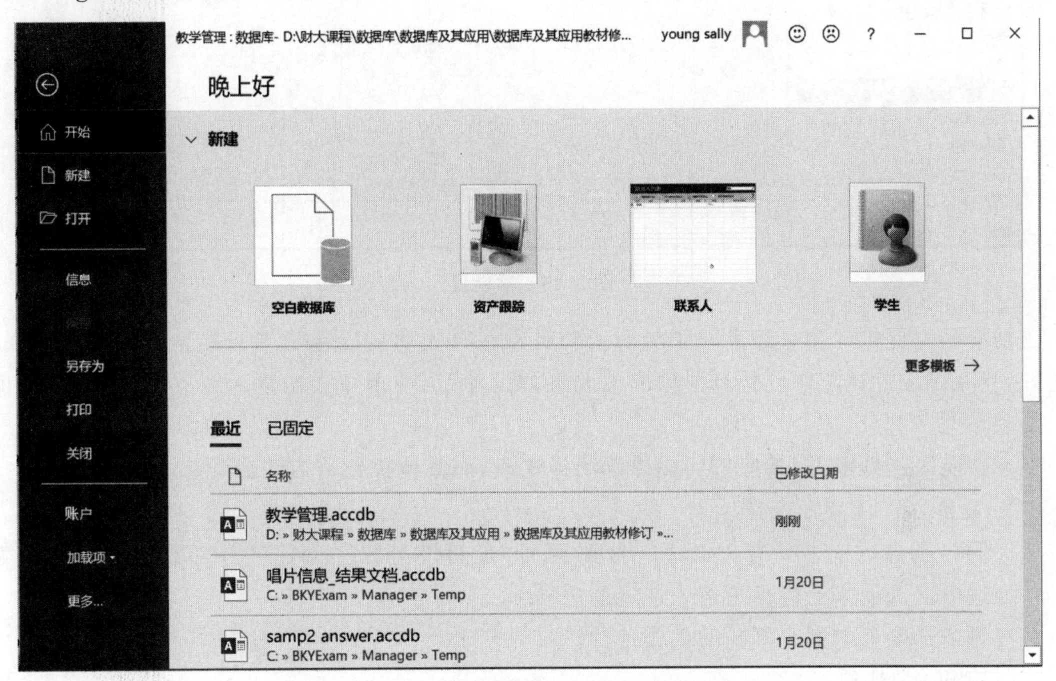

图 3.14 当前数据库的 Backstage 视图界面

此时,原来一些不可选的命令变为可选状态。其中,"另存为"命令可将当前数据库重新存储;"关闭"命令用于关闭当前数据库;"信息"命令显示可对当前数据库进行"压缩并修复""用密码进行加密"的操作;"打印"命令可实现对象的打印输出操作;"保存"命令可实现对当前数据库文件的保存操作,"另存为"命令可实现对当前数据库的文件另存为"模板""打包并签署""备份""SharePoint 共享"等多种操作。

对于一些命令的具体操作将在后续章节进一步介绍。

2. 功能区

进入 Access,横跨程序窗口顶部的带状选项卡区域就是功能区,如图 3.15 所示。

功能区提供了 Access 中主要的命令界面。功能区的主要特点之一是,将早期版本的需要使用菜单栏、工具栏、任务窗格和其他用户界面组件才能显示的任务或入口点集中在一个地方,这样,用户只需要在一个位置查找命令即可。在数据库的使用过程中,功能区是用户经常使用的区域。

功能区包括将相关常用命令分组在一起的主选项卡、只在使用时才出现的上下文命令选项卡,以及快速访问工具栏(可以自定义的小工具栏,可以将用户常用的命令放入其中)。

功能区主选项卡包括"文件""开始""创建""外部数据""数据库工具"。每个选项卡都包含多组相关命令,这些命令组展现了其他一些新的界面元素(例如样式库,它是一种新的控件类型,能够以可视方式表示选择)。

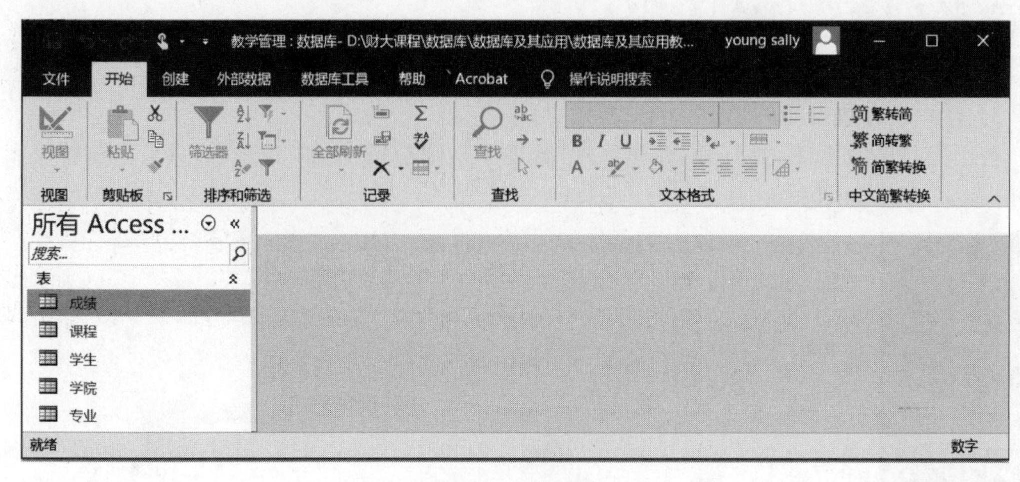

图 3.15 功能区

功能区上提供的命令还反映了当前活动对象。有些功能区选项卡只在某些情况下出现，例如，只有在设计视图中已打开对象的情况下，“设计”选项卡才会出现。因此，功能区的选项卡是动态的。

在功能区选项卡上，某些按钮提供选项样式库，而其他按钮将启动命令。

1）功能区的主要命令选项卡

Access 功能区中主要有 5 个命令选项卡，即“文件”“开始”“创建”“外部数据”“数据库工具”，通过单击选项卡上的标签进入选定的选项卡。

在每个选项卡中都有不同的操作工具。

(1)“开始”选项卡。

在“开始”选项卡中有“视图”组、“文本格式”组等，用户可以通过这些组中的工具对数据库对象进行操作和设置。

利用“开始”选项卡中的工具，可以完成以下功能。

① 选择不同的视图。

② 从剪贴板复制和粘贴。

③ 设置当前的字体格式、字体对齐方式。

④ 操作数据记录(刷新、新建、保存、删除、汇总、拼写检查等)。

⑤ 对记录进行排序和筛选。

⑥ 查找记录。

(2)“创建”选项卡。

利用“创建”选项卡中的工具，用户可以创建数据表、窗体和查询等数据库对象，主要完成以下功能。

① 插入新的空白表。

② 使用表模板创建新表。

③ 在 SharePoint 网站上创建列表，在链接至新创建的列表的数据库中创建表。

④ 在设计视图中创建新的空白表。

⑤ 基于活动表或查询创建新窗体。

⑥ 创建新的数据透视表或图表。

⑦ 基于活动表或查询创建新报表。

⑧ 创建新的查询、宏、模块或类模块。

(3)“外部数据”选项卡。

利用“外部数据”选项卡中的工具,可以完成以下功能。

① 导入或链接到外部数据。

② 导出数据。

③ 通过电子邮件发送指定格式数据。

④ 使用联机 SharePoint 列表实现数据的导入导出。

(4)“数据库工具”选项卡。

利用“数据库工具”选项卡中的工具,可以完成以下功能。

① 压缩或修复数据库。

② 启动 Visual Basic 编辑器或运行宏。

③ 创建和查看表关系。

④ 显示/隐藏对象相关性。

⑤ 运行数据库文档或分析性能。

⑥ 拆分 Access 数据库或将数据移至 SharePoint 网站。

⑦ 管理 Access 加载项。

2) 上下文命令选项卡

有一些选项卡属于上下文命令选项卡,即根据用户正在使用的对象或正在执行的任务而显示的命令选项卡。例如,当用户在创建表进入数据表的设计视图时,会出现“表格工具”下的“设计”选项卡;当在报表设计视图中创建一个报表时,会出现“报表设计工具”下的 4 个选项卡,如图 3.16 所示。

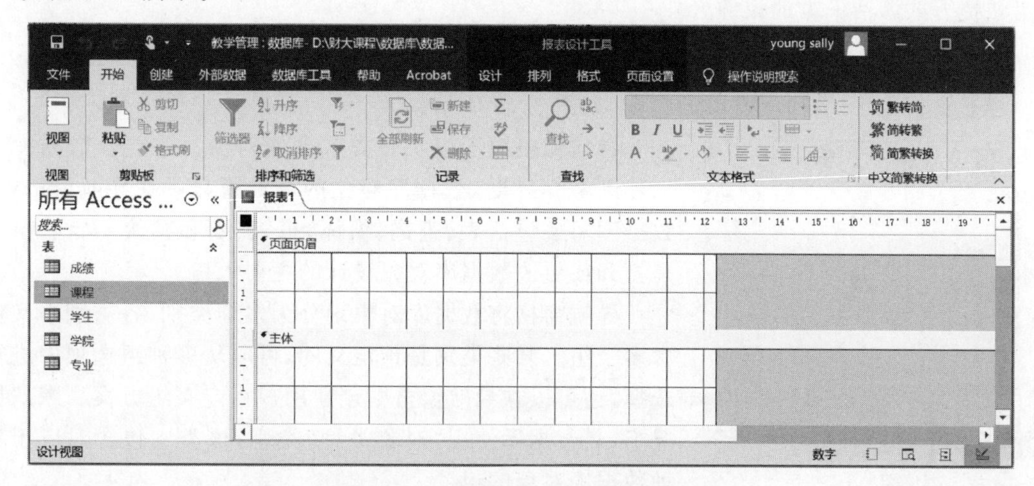

图 3.16 功能区的上下文命令选项卡

有关的选项卡和功能及其应用将在后续章节进一步介绍。

3) 快速访问工具栏

快速访问工具栏是出现在窗口顶部 Access 图标右边的标准工具栏( ),它将最常用的操作命令按钮(如“保存”“撤销”等)显示在其中,用户可单击按钮进行快速操作。另外,用户还可以定制该工具栏。

如图 3.17 所示,单击快速访问工具栏右边的下三角按钮,显示"自定义快速访问工具栏"菜单,用户可以在该菜单中选择某一命令,将其设置为快速访问工具栏中显示的图标。

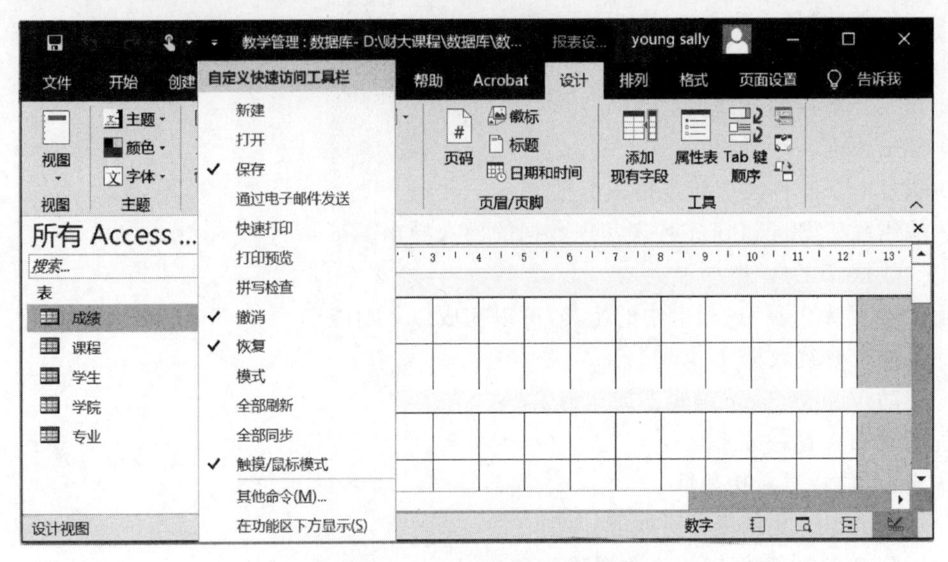

图 3.17 自定义快速访问工具栏

4) 快捷键

执行命令的方法有多种,最快速、最直接的方法是使用与命令关联的键盘快捷方式。在功能区中可以使用键盘快捷方式,Access 早期版本中的所有键盘快捷方式仍可使用。在 Access 2016 中,"键盘访问系统"取代了早期版本的菜单加速键。此系统使用包含单个字母或字母组合的小型指示器,这些指示器在用户按下 Alt 键时显示在功能区中。这些指示器显示用什么键盘快捷方式激活下方的控件。

3. 导航窗格

导航窗格位于 Access 窗口的左侧,如图 3.18 所示。

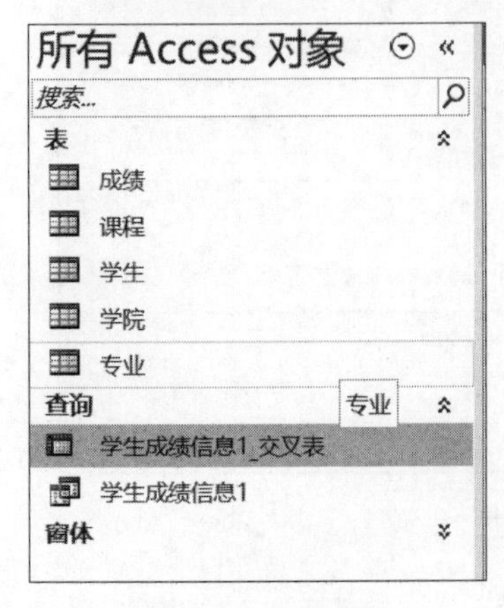

图 3.18 导航窗格

导航窗格用于组织归类数据库对象。在打开数据库或创建新数据库时,数据库对象的名称将显示在导航窗格中。数据库对象包括表、查询、窗体、报表、宏和模块。导航窗格是打开或更改数据库对象设计的主要入口。

导航窗格将数据库对象划分为多个类别,各类别中又包含多个组。某些类别是预定义的,可以从多种组选项中进行选择,还可以在导航窗格中创建用户自定义组方案。默认情况下,新数据库使用"对象类型"类别,该类别包含对应于各种数据库对象的组。

单击导航窗格右上方的下三角按钮,显示"浏览类别"菜单,如图 3.19 所示。在其中可以选择不同的查看对象的方式,例如,仅查看表,选择"表"命令。

导航窗格是操作数据库对象的入口。若要打开数据库对象或对数据库对象应用命令,在导航窗格中右击该对象,然后从快捷菜单中选择一个命令即可。快捷菜单中的命令因对象类型的不同而不同。

如果要显示“部门”表,通过导航窗格有多种操作方法。例如:

(1) 在导航窗格中选择“部门”表双击,则在右侧窗格中将显示“部门”表的数据。

(2) 选择“部门”表,然后按 Enter 键。

(3) 选择“部门”表,然后右击,在弹出的快捷菜单中选择“打开”命令。

在处理数据库对象时,可以根据需要显示或隐藏导航窗格,重复单击导航窗格右上角的 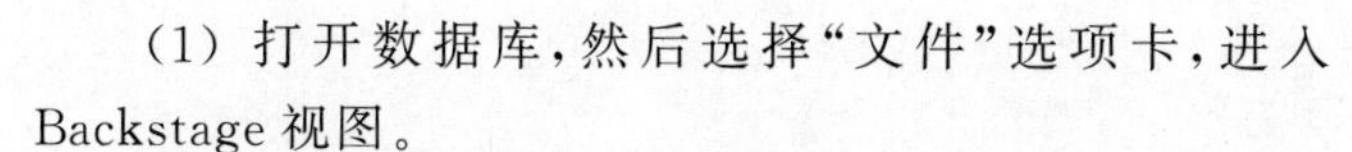 按钮或按 F11 键即可。

图 3.19　导航窗格的“浏览类别”菜单

对于导航窗格,还可以进行定制,操作方法如下所述。

(1) 打开数据库,然后选择“文件”选项卡,进入 Backstage 视图。

(2) 选择“选项”命令,弹出“Access 选项”对话框,选择“当前数据库”选项,如图 3.20 所示。

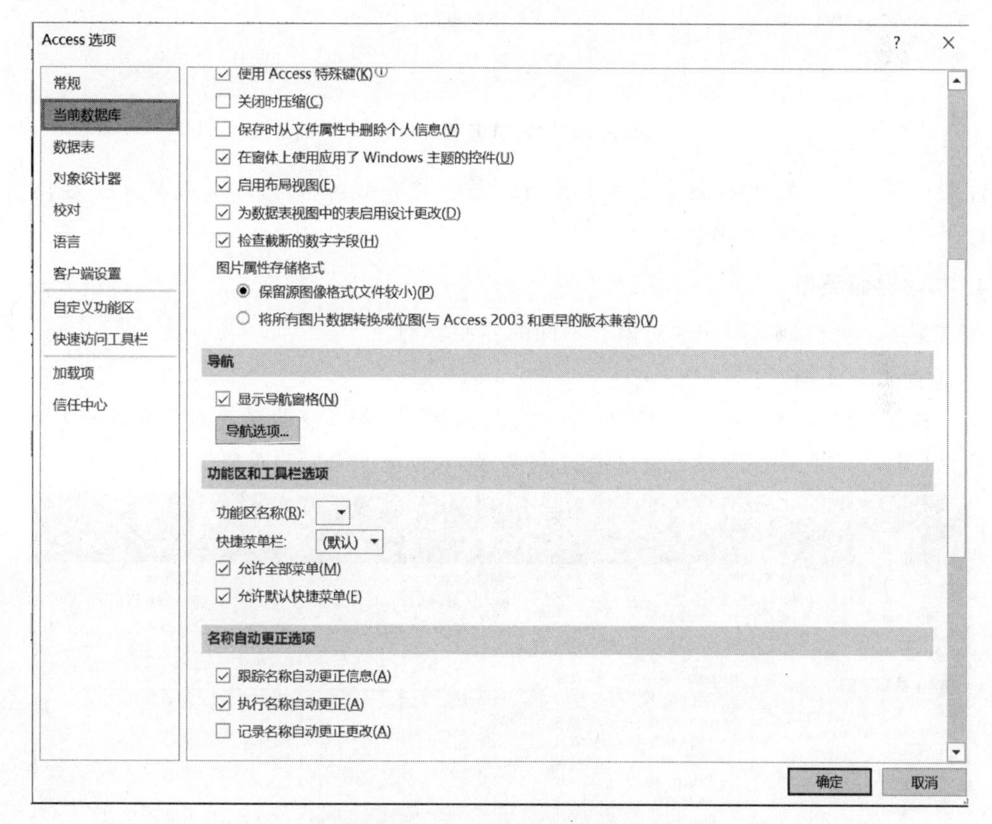

图 3.20　“Access 选项”对话框

(3) 在 Access 中打开数据库时默认显示导航窗格,如果取消选中“显示导航窗格”复选框,则打开数据库时将不会再看到导航窗格。如果想重新显示导航窗格,需要进入“Access 选项”对话框重新设置。

(4) 单击“导航选项”按钮，弹出“导航选项”对话框，如图 3.21 所示。在该对话框中可以对导航的类别、对象打开方式等进行设置。

导航选项 ? ×
分组选项
单击"类别"可更改类别显示顺序或添加组
类别(T)
表和相关视图
对象类型
自定义
"表和相关视图"组(G)
☑ 成绩
☑ 课程
☑ 学生
☑ 学院
☑ 专业
☑ 未关联的对象
添加项目(M) 删除项目(L) 添加组(A) 删除组(D) 重命名组(R)
重命名项目(E)
显示选项
☐ 显示隐藏对象(H) ☐ 显示系统对象(S)
☑ 显示搜索栏(B)
对象打开方式
○ 单击(I) ◉ 双击(C)
确定 取消

图 3.21 “导航选项”对话框

注意：导航窗格在 Web 浏览器中不可用。若要将导航窗格与 Web 数据库一起使用，必须先使用 Access 打开该数据库。

4. 其他界面类型

在 Access 主窗口中，不同的对象有不同的界面类型。

1) 选项卡式文档

当打开多个对象时，Access 默认将表、查询、窗体、报表以及关系等对象采用选项卡的方式显示，如图 3.22 所示。用户也可以通过设置 Access 选项来更改对象的显示方式。

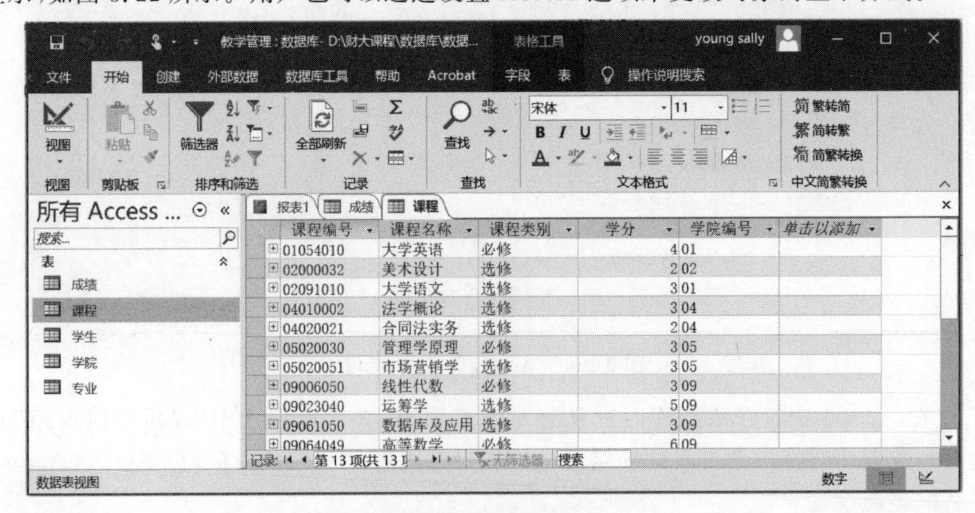

图 3.22 选项卡式显示

其操作方法如下所述。

(1) 打开数据库，然后选择“文件”选项卡，进入 Backstage 视图。

(2) 选择“选项”命令，弹出“Access 选项”对话框，选择“当前数据库”选项，如图 3.20 所示。

(3) 在“文档窗口选项”下选中“重叠窗口”单选按钮，然后单击“确定”按钮，可以用重叠窗口来代替选项卡式文档显示数据库对象。不过，如果要更改选项卡式文档设置，必须关闭数据库后重新打开，新设置才能生效。

注意：显示文档选项卡设置针对单个数据库，必须为每个数据库单独设置此选项。

2) 状态栏

窗口下部为状态栏，用于提示一些当前操作的状态信息。图 3.23 为设计视图时的状态提示。

设计视图。 F6 = 切换窗格。 F1 = 帮助。

图 3.23　状态栏

3.5　创建 Access 数据库

3.5.1　Access 数据库基础

Access 突出的特点就是作为一个桌面数据库管理系统，Access 将开发数据库系统的众多功能集成在一起，提供了可视化交互操作方式。因此，Access 不仅是一个 DBMS，也是数据库系统的开发工具，功能完备、强大，而且使用简单。

1. Access 数据库对象

Access 将一个数据库系统分成 6 种数据库对象，这 6 种对象共同组成 Access 数据库。因此，在 Access 中数据库是一个容器，是其他数据库对象的集合，也是这些对象的总称。

Access 数据库的 6 种对象是表、查询、窗体、报表、宏和模块。

(1) 表。数据库首先是数据的集合。表是实现数据组织、存储和管理的对象，数据库中的所有数据都是以表为单位进行组织管理的，数据库实际上是由若干相关联的表组成的。表也是查询、窗体、报表等对象的数据源，其他对象都是围绕表对象来实现相应的数据处理功能，因此，表是 Access 数据库的核心和基础。

建立一个数据库，首先要定义该数据库的各种表。由于数据库表之间相互关联，建立表也要定义表之间的关系。

(2) 查询。查询是实现数据处理的对象。查询的对象是表，查询的结果也是表的形式，因此，用户可以针对查询结果继续进行查询。实现查询要使用数据库语言，关系数据库的语言为结构化查询语言(SQL)。将定义查询的 SQL 语句保存下来，就得到了查询对象。

因为查询结果是表的形式，所以查询对象也可以作为进一步处理的对象。但查询对象并不真正存储数据，因此，查询对象可以理解为“虚表”，是对表数据的加工和再组织。这种特点改善了数据库中数据的可用性和安全性。

(3) 窗体。窗体用来作为数据输入输出的界面对象。在 Access 中虽然可以直接操作表，但表的结构和格式往往不满足应用的要求，并且表中的数据往往需要进一步处理。将设计好的窗体保存下来以便于重复使用，就得到了窗体对象。

窗体的基本元素是控件,用户可以设计任何符合应用需要的、各种格式的、简单美观的窗体。在窗体中可以驱动宏和模块对象,即可以编程,从而根据要求任意处理数据。

(4) 报表。报表对象用来设计实现数据的格式化打印输出,在报表对象中也可以实现对数据的统计运算处理。

(5) 宏。宏是一系列操作命令的组合。为了实现某种功能,可能需要将一系列操作组织起来,作为一个整体执行。也就是说,事先将这些操作命令组织好,命名并保存,就得到宏。宏所使用的命令都是Access已经预置好的,按照它们的格式使用即可。

(6) 模块。模块是利用程序设计语言VBA(Visual Basic Application)编写的实现特定功能的程序集合,可以实现任何需要程序才能完成的功能。

以上6种对象共同组成Access数据库(早期Access版本有7个对象,在Access 2010中取消了页对象)。其中,表和查询是关于数据组织、管理和表达的,表是基础,因为数据通过表来组织和存储,而查询实现了数据的检索、运算处理和集成;窗体可用来查看、添加和更新表中的数据;报表以特定版式分析或打印数据,窗体和报表实现了数据格式化的输入输出功能;宏和模块是Access数据库较高级的功能,用于实现对数据的复杂操作和运算、处理。本书后续内容将分章介绍各对象的应用方法。

当然,在开发一个数据库系统时,并不一定要同时用到所有这些对象。

2. Access数据库的存储

数据库对象都是逻辑概念,而Access中的数据和数据库对象以文件形式存储,称为数据库文件,其扩展名为.accdb(2007之前的版本,数据库文件的扩展名为.mdb)。一个数据库保存在一个文件中。

这样存储提高了数据库的易用性和安全性,用户在建立和使用各种对象时无须考虑对象的存储格式。

3.5.2 创建数据库

使用Access建立数据库系统的一般步骤如下所述。

(1) 进行数据库设计,完成数据库模型设计。

(2) 创建数据库文件,作为整个数据库的容器和工作平台。

(3) 建立表对象,以组织、存储数据。

(4) 根据需要建立查询对象,完成数据的处理和再组织。

(5) 根据需要设计创建窗体、报表,编写宏和模块的代码,实现输入输出界面设计和复杂的数据处理功能。

对于一个具体系统的开发来说,以上步骤并非都必须要有,但数据库文件和表的创建是必不可少的。

创建数据库的基本工作是,选择好数据库文件要保存的路径,并为数据库文件命名。在Access中创建数据库有两种方法:一是创建空白数据库;二是使用模板创建数据库。

1. 创建空白数据库

创建空白数据库是建立一个数据库系统的基础,是数据库操作的起点。

【例3.4】 创建空白的图书销售数据库,生成相应的数据库文件。

操作步骤如下所述。

① 在 Windows 下为数据库文件的存储准备好文件夹，这里的文件夹是 D 盘根目录下的 BOOKSALE。

② 启动 Access，进入 Backstage 视图，如图 3.13 所示。

③ 在“文件”选项卡中选择“新建”命令，然后在中间窗格中单击“空白数据库”选项。

④ 在弹出的“空白数据库”对话框中，单击窗口右侧的“文件名”文本框右边的文件夹浏览按钮 ，弹出“文件新建数据库”对话框，如图 3.24 所示。选择 D 盘下的 BOOKSALE 文件夹，在“文件名”文本框中输入“图书销售”，然后单击“确定”按钮。

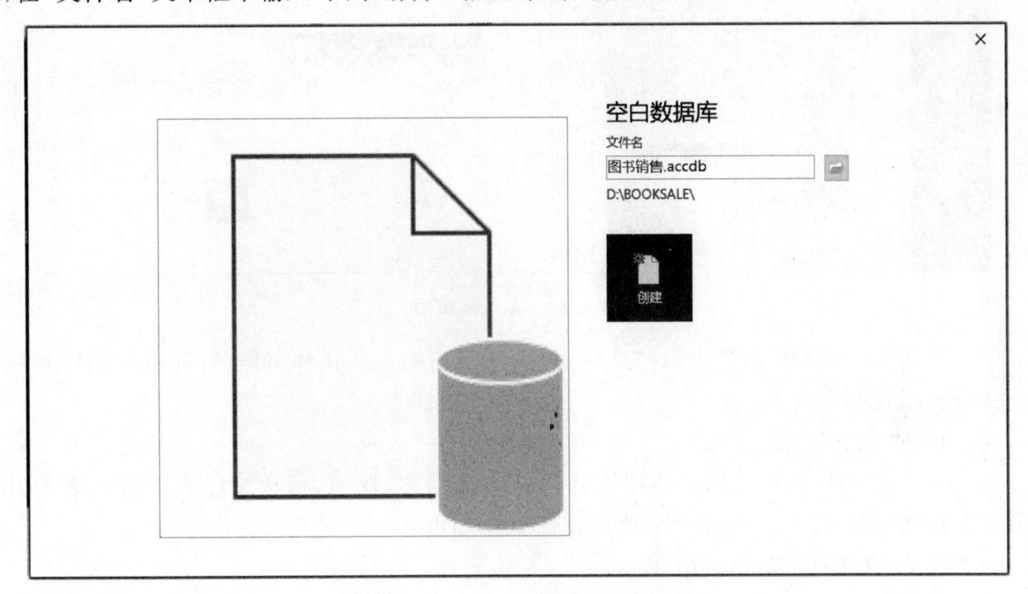

图 3.24　“文件新建数据库”对话框

⑤ 返回“空白数据库”对话框，单击“创建”按钮，空白数据库“图书销售”就建立起来了。然后，就可以在新建的数据库容器中建立其他数据库对象了，如图 3.25 所示。

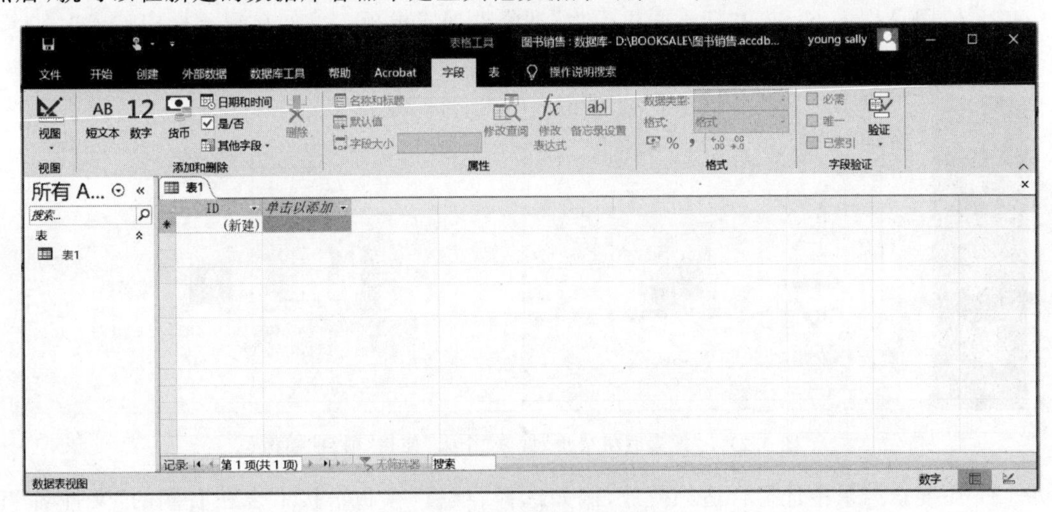

图 3.25　初始的数据库界面

2. 使用模板创建数据库

在 Access 中，还可以使用模板创建数据库。

1）根据样板模板新建数据库

Access 产品附带有很多模板，Access 模板是预先设计的数据库，它们含有专业人员设计的表、窗体和报表，可为用户创建新数据库提供很大的便利。

操作步骤如下所述。

（1）进入 Backstage 视图，选择“新建”命令，然后浏览中间窗格可用模板，如图 3.26 所示。

（2）找到要使用的模板，然后单击该模板。

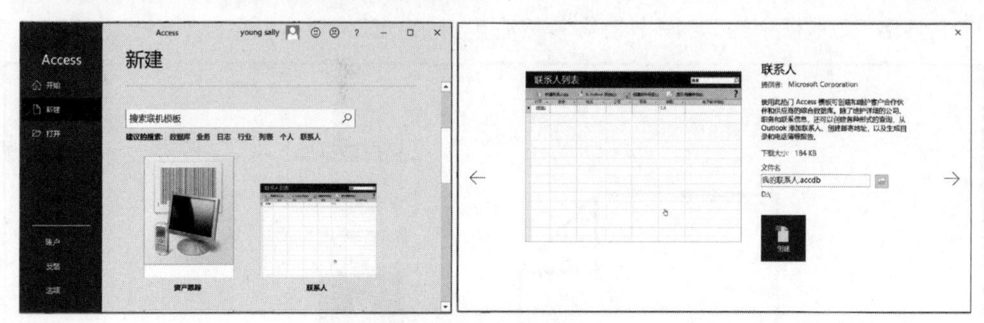

图 3.26 Access 模板

（3）在弹出的模板对话框中，在“文件名”文本框中输入路径和文件名，或者使用文件夹浏览按钮设置路径和文件名。

（4）单击“创建”按钮。

Access 将按照模板创建新的数据库并打开该数据库，这时，模板中已有的各种表和其他对象都会自动建好，用户根据需要修改数据库对象即可。

2）“搜索联机模板”新建数据库

用户可以在 Backstage 视图中，通过“搜索联机模板”获得更多 Access 模板，从“搜索联机模板”创建数据库的操作步骤如下所述。

（1）进入 Backstage 视图，选择“新建”命令。

（2）使用 Access 提供的“搜索联机模板”搜索框搜索模板。例如在搜索框中输入“个人”，并单击“搜索”按钮，如图 3.27 所示。

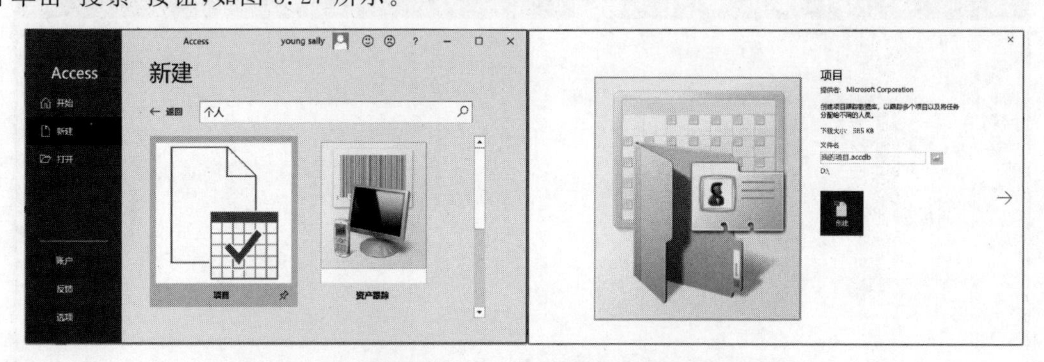

图 3.27 “搜索联机模板”搜索“个人”使用“项目”模板

（3）在搜索结果中选择合适的模板，例如选择“项目”模板。接下来在右侧的“文件名”文本框中输入路径和文件名，或者使用文件夹浏览按钮设置路径和文件名。

（4）单击“创建”按钮。

Access 将自动下载模板，并根据该模板创建新数据库，将该数据库存储到用户定义的文件夹中，然后打开该数据库。

用户使用模板可以简化创建数据库的操作，但前提是用户必须很熟悉模板的结构，并且模板与自己要建立的数据库有很高的相似性，否则依据模板建立的数据库需要大量修改，不一定能提高操作效率。

3.6　Access 数据库管理

数据库是集中存储数据的地方。对于信息处理来说，数据是最重要的资源，随着时间的增加，数据库中存储的数据会越来越多。因此，对数据库的管理非常重要。

3.6.1　数据库的打开与关闭

通常，已经建立好的数据库以文件形式存储在外存上，每次使用时首先需要将其打开。Access 提供了多种打开数据库的方法。对于桌面数据库，一般不会长时间地不间断操作使用，因此，在操作完毕后应及时关闭数据库。

1. 打开数据库

用户可用多种方法打开数据库，下面介绍三种常用的方法。

1）方法 1

若在 Windows 中找到了数据库文件，直接双击该文件，将启动 Access 并打开数据库。

2）方法 2

其操作步骤如下所述。

(1) 启动 Access，进入 Backstage 视图，如图 3.13 所示。

(2) 选择"打开"命令，弹出"打开"对话框，如图 3.28 所示。

图 3.28　"打开"对话框

(3) 单击"浏览"按钮，在弹出的"打开"对话框中查找指定的文件夹路径，选择要打开的数据库文件，如图 3.29 所示，然后单击"打开"按钮，打开数据库，并进入数据库窗口。

当一个数据库被创建或打开后，Access 会将该数据库的文件名和位置添加到最近使用文

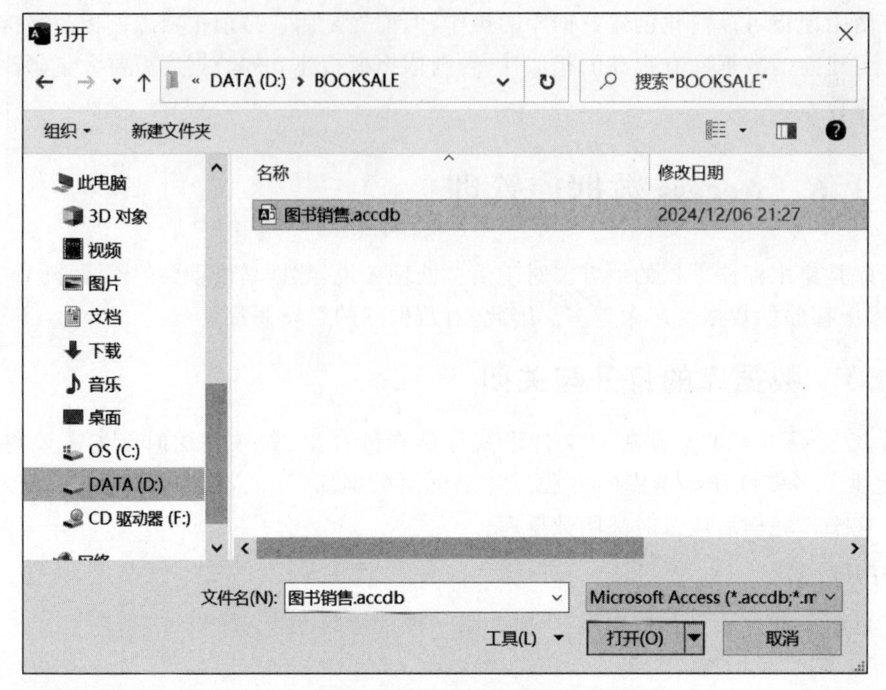

图 3.29 “打开”对话框

档的内部列表中,并显示在 Backstage 视图中。这样,当下次再打开时,可以使用方法 3。

3）方法 3

若该数据库出现在 Backstage 视图的文件列表中(见图 3.28 右侧的“图书销售.accdb”),则进入 Access 的 Backstage 视图,选择列出的数据库文件并单击,即可打开选定的文件。

2. 数据库文件的默认路径设置

文件处理是经常要做的工作。无论是创建数据库文件还是打开数据库,都需要查找文件路径。Access 或其他 Office 软件都有默认文件夹,一般是“我的文档”(My Document)。一般来说,用户总是将自己定义的文件放在指定的文件夹中,因此有必要修改文件的默认文件夹,以提高工作效率。

在 Backstage 视图中选择“选项”命令,弹出“Access 选项”对话框,选择“常规”选项,如图 3.30 所示。

在“默认数据库文件夹”文本框中输入要作为 Access 默认文件夹的路径,例如输入“D:\BOOKSALE”,单击“确定”按钮。这样,下次再启动 Access 时,“D:\BOOKSALE”就成为了默认路径。

3. 关闭数据库

数据库使用完毕后应及时关闭。关闭数据库有以下两种方法。

(1) 在 Backstage 视图中选择“关闭数据库”命令,关闭当前数据库。

(2) 在退出 Access 的时候,将关闭当前数据库。

3.6.2 数据库管理

在使用数据库的过程中,对于数据库的完整性和安全性的管理非常重要。数据库的完整性是指在任何情况下都能够保证数据库的正确性和可用性,不会由于各种原因而受到损坏。

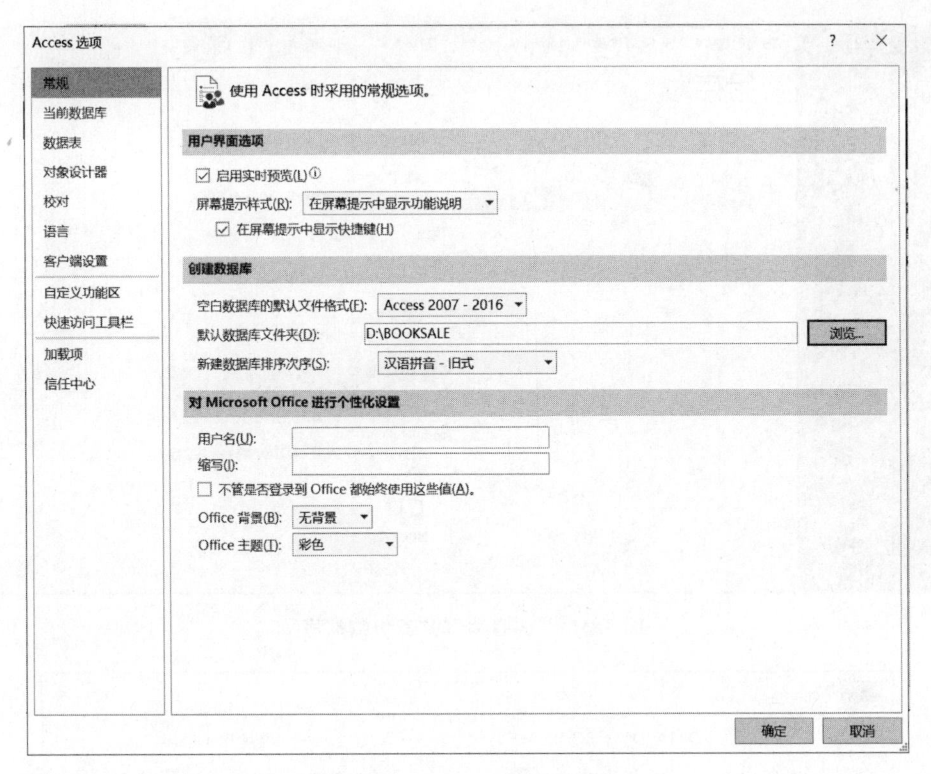

图 3.30　“Access 选项”对话框

数据库的安全性是指数据库应该由具有合法权限的人来使用，防止数据库中的数据被非法泄露、更改和破坏。

1. 数据库的备份与恢复

对于数据库中数据的完整性保护，最简单、有效的方法是进行备份。备份即将数据库文件在另外一个地方保存一份副本。当数据库由于故障或人为原因被破坏后，将副本恢复即可。不过用户要注意，一般的事务数据库中的数据经常发生变化，例如银行储户管理数据库，每天都会发生很大的变化，所以，数据库备份不是一次性的而是经常和长期要做的工作。

对于大型数据库系统，应该有很完善的备份恢复策略和机制。Access 数据库一般是中小型数据库，因此备份和恢复比较简单。

最简单的方法当然是利用操作系统（Windows）的文件复制功能。用户可以在修改数据库后，立即将数据库文件复制到另外一个地方存储。若当前数据库被破坏，通过副本将备份文件恢复即可。

另外，Access 也提供了备份和恢复数据库的方法。

【例 3.5】　备份“图书销售”数据库到“D:\数据库备份”文件夹下。

操作步骤如下所述。

(1) 在 D 盘创建“数据库备份”文件夹。

(2) 打开“图书销售”数据库，选择“文件”命令进入 Backstage 视图窗口，然后单击“另存为”按钮，选择“备份数据库”选项，如图 3.31 所示。

(3) 单击右下侧的“另存为”按钮，弹出“另存为”对话框，定位到“D:\数据库备份”文件夹，如图 3.32 所示，单击“保存”按钮，实现备份。

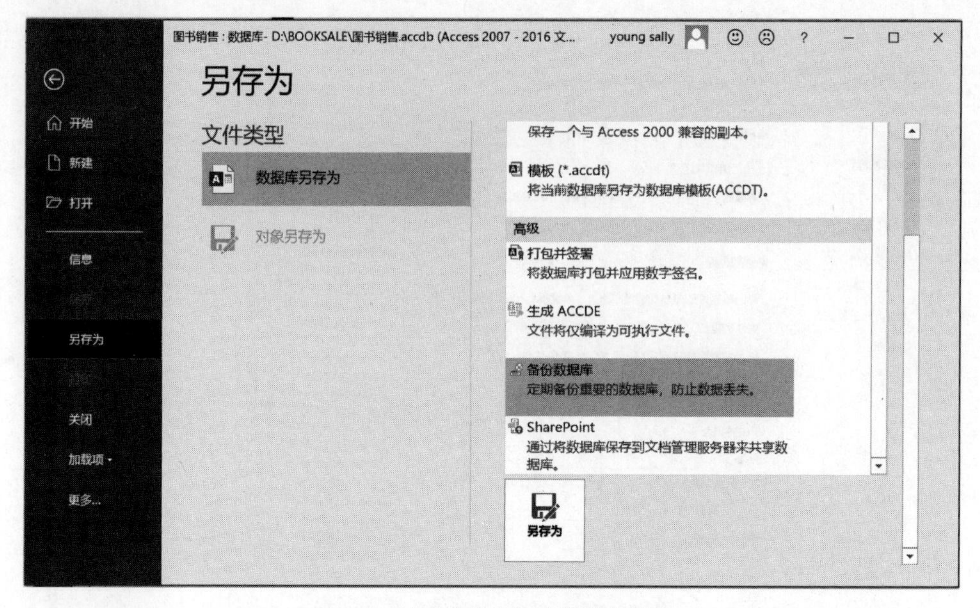

图 3.31 “另存为”的“备份数据库”

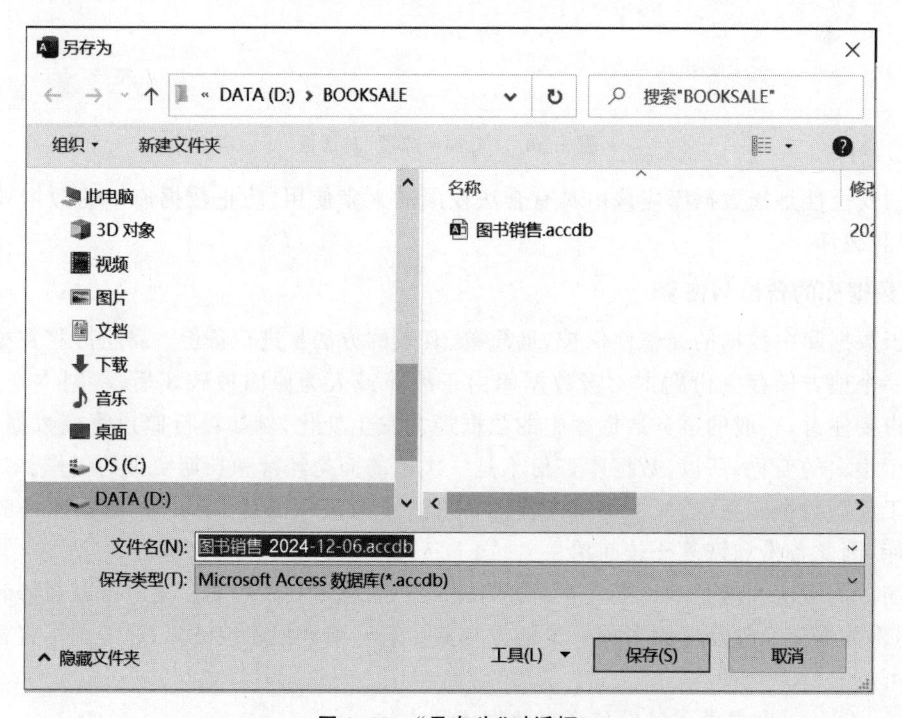

图 3.32 “另存为”对话框

备份文件实际上是将当前数据库文件加上日期后另外存储一个副本。一般来说,副本的文件位置不应该与当前数据库文件在同一磁盘上。如果同一日期有多次备份,则自动命名时会加上序号。

当需要使用备份的数据库文件恢复还原数据库时,将备份副本复制到数据库文件夹即可。如果需要改名,重新命名文件即可。

如果用户只需要备份数据库中的特定对象,例如表、报表等,可以在备份文件夹下先创建一个空的数据库,然后通过导入与导出功能,将需要备份的对象导入备份数据库(导入与导出方法见后面的有关章节）。

2. 查看和编辑数据库

对于打开的数据库，可以查看其相关信息，并编辑相应的说明信息。

查看和编辑数据库的操作方法如下所述。

（1）打开数据库，进入当前数据库的 Backstage 视图，单击“信息”选项，如图 3.33 所示。

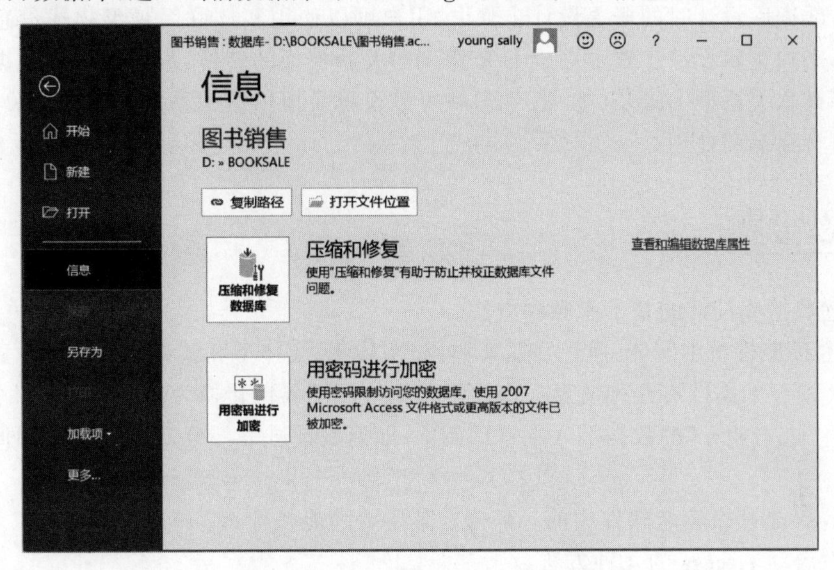

图 3.33　单击“信息”选项后的界面

（2）单击右侧的“查看和编辑数据库属性”选项，弹出数据库的属性对话框，如图 3.34 所示。通过该对话框，用户可以了解当前数据库的信息，在“摘要”选项卡中编辑关于当前数据库的说明文字。

图书销售.accdb 属性

常规　摘要　统计　内容　自定义

标题(T): 图书销售

主题(S):

作者(A): Sally Yang

主管(M):

单位(O):

类别(E):

关键词(K):

备注(C):

超链接基础(H):

模板:

确定　取消

图 3.34　数据库属性对话框

本章小结

本章介绍了数据存储中关系数据库的设计方法和详细步骤，并以 Access 为例，详细地介绍了 Access 的特点、Access 的启动和工作界面，以及数据库的概念、存储、创建和管理等操作。在进行数据库设计时的概念设计步骤中，用户可以使用实体联系模型描述信息系统的需求。在接下来的逻辑设计步骤中完成 E-R 模型向关系模型的转换，最终建立起数据库的关系模型。选择某款关系型 DBMS(如 Access)就可以很容易地依据关系模型建立起关系数据库，并对数据进行存储和处理。

思考题

1. 简述数据库设计的基本步骤和方法。
2. 简述 E-R 模型中实体、属性、域、实体码、实体集、实体型和实体联系的概念。
3. E-R 模型的属性有几种情形？怎样使非单值原子属性转换为单值原子属性？
4. 如将“进书业务”的数据加入本章示例中，如何设计进书部分 E-R 模型？如何转换为关系模型？
5. Access 是什么套装软件中的一部分？其主要功能是什么？
6. 列举启动 Access 的几种方法。
7. Access 的操作界面主要由哪几部分组成？
8. 功能区有何特点？
9. Backstage 视图有何作用？
10. Access 数据库如何存储？
11. Access 数据库有几种数据库对象？每种对象的基本作用是什么？
12. 什么是导航窗格？如何隐藏导航窗格？
13. 创建 Access 数据库的基本方法有哪几种？
14. 如何设置打开数据库文件的默认路径？
15. 为什么要进行数据库备份？简述备份 Access 数据库的几种方法及其主要操作过程。
16. 怎样查看当前数据库的属性？

第4章 表与关系

在数据存储中，数据库是长期存储的相关联的数据的集合。而数据库中组织数据存储与表达数据的对象是表(Table)，因此，建立数据库首先要建立数据库中的表。表对象是数据库中最基本和最重要的对象，是其他对象的基础。

4.1 Access数据库的表对象及创建方法

第1章已经对Access的表对象的结构做了基本分析。一个数据库可有若干表，每个表都有唯一的表名。表是满足一定要求的由行和列组成的规范的二维表，表中的行也称为记录，列也称为字段。

表中所有的记录都具有相同的字段结构。一般来说，表的每个记录不重复。为此，表中要指定用于记录的标识，称为表的主键。主键是一个字段或者多个字段的组合。一个表的主键取值是绝不重复的，如图书表的主键是"图书编号"。

表中的每列字段都有一个字段名，在一个表内字段名不能相同，在不同表内可以重名。字段只能在事先规定的取值集合内取值，同一列字段的取值集合必须是相同的。在Access中用来表示字段取值集合的基本概念是"数据类型"。此外，字段的取值还必须符合用户对于每个字段的值的实际约束规定。

一个数据库中多个表之间通常相互关联。一个表的主键在另外一个表中，作为将两个表关联起来的字段，称为外键。外键与主键之间必须满足参照完整性的要求。如图书表中，"出版社编号"就是外键，对应出版社表的主键。

创建表的工作包括确定表名、字段结构、表之间的关系，以及为表输入数据记录。

在Access中提供了多种方式建立数据表，以满足用户不同的需求。具体来说，可有6种方式建立表。

(1) 第1种和Excel一样，直接在数据表中输入数据。Access会自动识别存储在该表中各列数据的数据类型，并据此设置表的字段属性。

(2) 第2种是通过表模板，应用Access内置的表模板来建立新的数据表。

(3) 第3种是通过"SharePoint列表"，在SharePoint网站建立一个列表，然后在本地建立一个新表，再将其连接到SharePoint列表中。

(4) 第4种是通过表的"设计视图"创建表，该方法需要完整地设置每个字段的各种属性。

(5) 第 5 种是通过“字段”模板设计建立表。

(6) 第 6 种是通过导入外部数据建立表。

用户可以根据自己的实际情况选择适当的方法来建立符合要求的 Access 表。在创建表的这些方法中,最基本的方法是在表的设计视图中创建。对于其他一些方法建立的表,有的还需要在设计视图中对表的结构进行修改调整。

4.2 数据类型

数据类型是数据处理的重要概念。DBMS 事先将其所能够表达和存储的数据进行了分类,一个 DBMS 的数据类型的多少是该 DBMS 功能强弱的重要指标,不同的 DBMS 在数据类型的规定上各有不同。

长文本
短文本
数字
日期/时间
货币
自动编号
是/否
OLE对象
超链接
附件
计算
查阅向导...

图 4.1 数据类型

在 Access 中创建表时,可以选择的项目如图 4.1 所示。

数据类型规定了每一类数据的取值范围、表达方式和运算种类。所有数据库中要存储和处理的数据都应该有明确的数据类型。因此,创建一个表的主要工作之一就是为表中的每个字段指定其数据类型。

有一些数据,例如“员工编号”,可以归类到不同的类型,既可以指定其为短文本型,也可以指定其为数字型,因为它是全数字编号。这样的数据到底应指定为哪种类型,要根据它自身的用途和特点来确定。

有些不能算作基本数据类型,如“计算”“查阅向导”等。

因此,要想最合理地管理数据,就要深入理解数据类型的意义和规定。

在 Access 中关于数据类型规定的说明如表 4.1 所示。其中,数字类型可进一步细分为不同的子类型。不特别指明,存储空间以字节为单位。

表 4.1 数据类型

数据类型名		存储空间	说明
短文本		0～255	处理文本数据,可由任意字符组成。在表中由用户定义长度
长文本		0～65 535	用于长文本,例如注释或说明
数字	字节	1	在表中定义字段时首先定义为数字,然后在“字段大小”属性中进一步定义具体的数字类型。各类型数值的取值范围如下。 字节:0～255,是 0 和正数; 整型:$-32\ 768 \sim 32\ 767$; 长整型:$-2\ 147\ 483\ 648 \sim 2\ 147\ 483\ 647$; 单精度型:$-3.4\times10^{38} \sim 3.4\times10^{38}$; 双精度型:$-1.797\times10^{308} \sim 1.797\times10^{308}$; 同步复制 ID:自动; 小数:1～28 位数,其中小数位 0～15 位
	整型	2	
	长整型	4	
	单精度型	4	
	双精度型	8	
	同步复制	16	
	小数	8	
日期/时间		8	用于日期和时间
货币		8	用于存储货币值,并且计算期间禁止四舍五入
自动编号		4/16	用于在表中自动插入唯一顺序(每次递增 1)或随机编号。一般存储为 4 字节,用于“同步复制 ID”(GUID)时存储 16 字节
是/否		1b	用于“是/否”“真/假”“开/关”等数据。不允许取 Null 值
OLE 对象		≤1GB	用于使用 OLE 协议的在其他程序中创建的 OLE 对象(如 Word 文档、Excel 电子表格、图片、声音或其他二进制数据)

续表

数据类型名	存储空间	说　明
超链接	≤64 000	用于超链接，超链接可以是 UNC 路径或 URL
附件		
计算		根据表达式求值
查阅向导	4	用于创建允许用户使用组合框选择来自其他表或来自值列表的值的字段，在数据类型列表中选择此选项，将会启动向导进行定义

(1) 短文本型和长文本型。短文本型用来处理文本字符信息，可以由任意的字母、数字及其他字符组成。在表中定义短文本字段时，长度以字符为单位，最多 255 个字符，由用户定义。长文本型主要用于在表中存储长度差别大或者大段文字的字段。长文本字段最多可存储 65 535 个字符。

(2) 数字型和货币型。数字型和货币型数据都是数值，由 0～9、小数点、正负号等组成，不能有除 E 以外的其他字符。数字型又进一步分为字节、整型、长整型、单精度型、双精度型、小数等，不同子类型的取值范围和精度有区别。货币型用于表达货币。

数值表达有普通表示法和科学记数法。普通表示如 123，－3456.75 等。科学记数法用 E 表示指数，如 1.345×10^{32} 表示为 1.345E＋32 等。数值和货币值在显示时可以设置不同的显示格式。

自动编号型相当于长整型，一般只在表中应用。该类型字段在添加记录时自动输入唯一编号的值，且不能更改。很多时候自动编号型字段作为表的主键。

自动编号字段有三种类型编号方式，即每次增加固定值的顺序编号、随机编号及"同步复制 ID"(也称作 GUID，全局唯一标识符)。最常见的自动编号方式为每次增加 1；随机自动编号将生成随机号，且该编号对表中的每条记录都是唯一的。"同步复制 ID"的自动编号用于数据库同步复制，可以为同步副本生成唯一的标识符。

所谓数据库同步复制是指建立 Access 数据库的两个或更多特殊副本的过程。副本可同步化，即一个副本中数据的更改，均被送到其他副本中。

(3) 日期/时间型。可以同时表示日期和时间，也可以单独表示日期或时间数据。

如 2024 年 8 月 8 日表示为 2024-8-8；

晚上 8 点 8 分 0 秒表示为 20:8:0，其中 0 秒可以省略；

两者合起来，表示为 2024-8-8 20:8。

日期与时间之间用空格隔开。日期的间隔符号还可以用"/"。日期/时间型数据在显示时，也可以设置多种格式。

(4) 是/否型。用于表达具有真或假的逻辑值，或者是相对两个值。作为逻辑值的常量，可以取的值有 True 与 False、On 与 Off、Yes 与 No 等。这几组值在存储时实际上都只存一位。True、On、Yes 存储的值是－1，False、Off 与 No 存储的值为 0。

(5) OLE 对象型。用于存放多媒体信息，如图片、声音、文档等。例如，要存储员工的照片，要将某个 Microsoft Word 文档整个存储，就要使用 OLE 对象。

在应用中若要显示 OLE 对象，可以在界面对象如窗体或报表中使用合适的控件。

(6) 超链接型。用于存放超链接地址。用户定义的超链接地址最多可以有 4 部分，各部分之间用数字符号(＃)分隔，含义是：显示文本＃地址＃子地址＃屏幕提示。

下面的例中包含"显示文本""地址""屏幕提示"，省略了"子地址"，但用于子地址的分隔符

“#”不能省略,如:

清华大学出版社#http://www.tup.tsinghua.edu.cn/##出版社网站

若超链接字段中存放上述地址,字段中将显示“清华大学出版社”;鼠标指向该字段时屏幕会提示“出版社网站”。单击超链接,将进入 http://www.tup.tsinghua.edu.cn/网站。

(7) 附件。用于将图像、电子表格文件、文档、图表等任何受操作系统支持的文件类型作为附件,附加到数据库记录中。

(8) 计算。引用表中其他字段的表达式,由其他字段的值计算本字段的值。

(9) 查阅向导。查阅向导不是一种独立的数据类型,而是应用于“短文本”“数字”“是/否”三种类型字段的辅助工具。当定义查阅向导字段时,会自动弹出一个向导,由用户设置查阅列表。查阅列表用于将来输入记录的字段值时供用户参考,可以从表中选择一个值的列表,起提示作用。

4.3 表的创建

Access 提供了多种创建表的方法,有的方法先输入数据,然后设定表结构;有的方法先定义结构,然后再输入数据。但无论哪种方法,在创建表时都应该事先完成表的物理设计,即将表的表名、各字段的名称及类型,以及字段和表的全部约束规定,包括表之间的关系都设计出来,在实际创建表时遵循物理设计的规定创建,这样创建的数据库才是符合用户要求的。

4.3.1 数据库的物理设计

数据库的物理设计是设计所有表的物理结构以及表之间的相互关系。按照结构化设计方法,物理设计是在逻辑设计的基础上,结合 DBMS 的规定,设计可上机操作的表结构。

【例 4.1】 根据第 3 章“图书销售”数据库的逻辑设计,结合实际设计“图书销售”数据库的表结构。

“图书销售”数据库的关系模型如下所述。

部门(部门编号,部门名,办公电话)

员工(工号,姓名,性别,生日,部门编号,职务,薪金)

出版社(出版社编号,出版社名,地址,联系电话,联系人)

图书(图书编号,ISBN,图书名,作者,出版社编号,版次,出版时间,图书类别,定价,折扣,数量,备注)

售书单(售书单号,售书日期,工号)

售书明细(售书单号,图书编号,数量,售价折扣)

在数据字典(进行需求分析时完成)中,各属性的取值应该有明确的规定。

本例中表结构的设计如表 4.2～表 4.7 所示。

表 4.2 部门

字段名	类型	宽度	小数位	主键/索引	参照表	约束	Null 值
部门编号	短文本	2		↑(主)			
部门名	短文本	20					
办公电话	短文本	18					√

表 4.3 员工

字段名	类型	宽度	小数位	主键/索引	参照表	约束	Null 值
工号	短文本	4		↑(主)			
姓名	短文本	10					
性别	短文本	2				男或女	
生日	日期/时间						
部门编号	短文本	2		↑	部门		√
职务	短文本	10					√
薪金	短文本					≥800	

表 4.4 出版社

字段名	类型	宽度	小数位	主键/索引	参照表	约束	Null 值
出版社编号	短文本	4		↑(主)			
出版社名	短文本	26					
地址	短文本	40					
联系电话	短文本	18					√
联系人	短文本	10					√

表 4.5 图书

字段名	类型	宽度	小数位	主键/索引	参照表	约束	Null 值
图书编号	短文本	13		↑(主)			
ISBN	短文本	22					
图书名	短文本	60					
作者	短文本	30					
出版社编号	短文本	4			出版社		
版次	字节型					≥1	
出版时间	短文本	7					
图书类别	短文本	12					
定价	货币					>0	
折扣	单精度型						√
数量	整型					≥0	
备注	长文本						√

表 4.6 售书单

字段名	类型	宽度	小数位	主键/索引	参照表	约束	Null 值
售书单号	短文本	10		↑(主)			
售书日期	日期/时间						
工号	短文本	4			员工		

表 4.7 售书明细

字段名	类型	宽度	小数位	主键/索引	参照表	约束	Null 值
售书单号	短文本	10		↑	售书单		
图书编号	短文本	13			图书		
数量	整型						
售价折扣	单精度型					0.0～1	√

以上各表设计，除字段名外，其他都属于约束，包括各字段的类型和长度，指定表的主键、索引、外键及其参照表，是否取空值，以及表达式约束等。因此，物理设计指明了数据库的约束要求。

在设计表中,用户需要给表和字段命名。Access 对于表名、字段名和其他对象的命名制定了相应的规则。命名一般规定如下所述。

(1) 名称长度最多不超过 64 个字符,名称中可以包含字母、汉字、数字、空格及特殊的字符(除句号(.)、感叹号(!)、重音符号(`)和方括号([ ])之外)的任意组合,但不能包含控制字符(ASCII 值为 0~31 的控制符)。首字符不能以空格开头。

(2) 在 Access 项目中,表、视图或存储过程的名称中不能包括双引号(")。

在命名时要注意,虽然字段、控件和对象名等名称中可以包含空格,也可以用非字母、汉字开头,但是由于 Access 数据库有时要在应用程序中使用,或者导出为其他 DBMS 的数据库,而其他 DBMS 的命名更严格,这样,在这些应用中可能会出现名称错误。

因此,一般情况下,命名的基本原则是以字母或汉字开头,由字母、汉字、数字以及下画线等少数几个特殊符号组成,并且不超过一定的长度。

另外,命名对象时不应和 Access 保留字相同。所谓保留字,就是 Access 已使用的词汇。否则,会造成混淆或发生处理错误。例如词汇“name”是控件的属性名,如果有对象也命名为“name”,那么在引用时就可能出现系统理解错误,导致达不到预期结果。

4.3.2 应用设计视图创建表

1. 创建表的基本过程

启动设计视图创建表的基本步骤如下所述。

(1) 进入 Access 窗口,在选项卡功能区单击“创建”按钮,进入“创建”选项卡,如图 4.2 所示。

图 4.2 “创建”选项卡功能区

(2) 单击“表设计”按钮,启动表设计视图,如图 4.3 所示。

(3) 在设计视图中按照表的设计,定义各字段的名称、数据类型,设置字段属性等。

(4) 定义主键、索引等,设置表的属性。

(5) 对表命名并保存。

如果新创建的表和其他表之间有关系,还应建立与其他表之间的关系。当然,也可以在创建完所有表之后,再建立全部表之间的关系。

【例 4.2】 根据例 4.1 对“图书销售”数据库的物理设计,在设计视图中创建表。

下面以“图书”表为例,介绍表的创建过程。

根据事先完成的物理设计,依次在“字段名称”栏中输入图书表的字段,选择合适的数据类型,并在各字段的“字段属性”部分做进一步的设置,如图 4.3 所示。

在定义表结构时,用户应该清楚地了解设计视图的组成。

设计视图分为上、下两个部分。其中,上面的部分用来定义字段名、数据类型,并对字段进行说明(字段名前的方块按钮称为“字段选择器”);下面的部分用来对各字段的属性进行详细设置,不同数据类型的字段属性有一些差异。

在给字段选择数据类型时,有些字段只有一种选择,但有些字段可以有多种选择,这时要

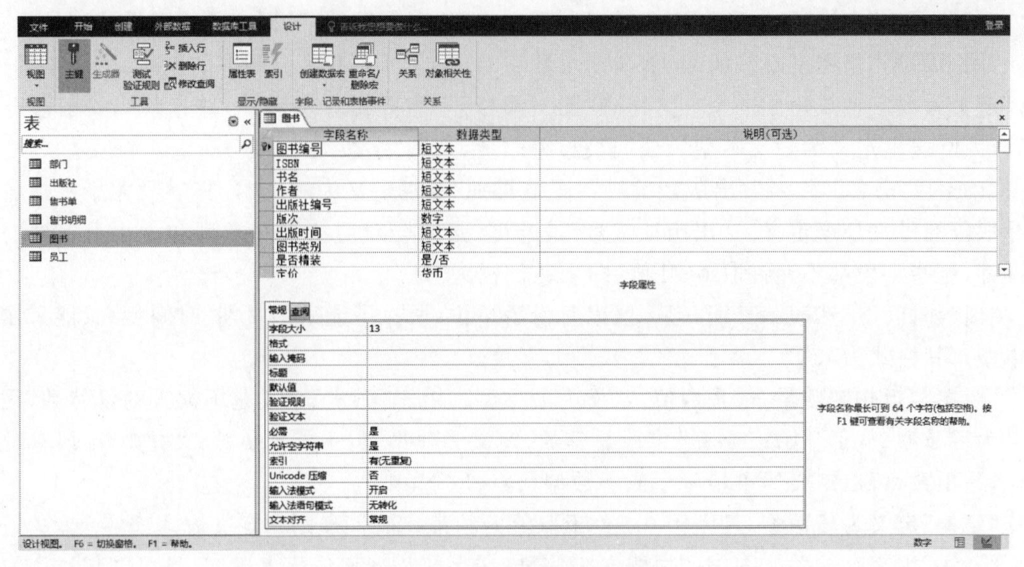

图 4.3 创建表的设计视图

根据该字段要存放的数据的处理特点加以选择。在确定数据类型后，就可以在“字段属性”栏中对该字段做进一步设置。

“字段属性”栏中有两个选项卡：“常规”和“查阅”。“常规”选项卡用于设置属性。对于每个字段的“字段属性”，由于数据类型不同，需要设置的属性也有差别，有些属性每类字段都有，有些属性只针对特定的字段。表 4.8 列出了“字段属性”的主要选项以及有关说明。部分属性后面有进一步的应用说明。

表 4.8 字段属性

属 性 项	设 置 说 明
字段大小	定义短文本型长度、数字型的子类型、自动编号的子类型
格式	定义数据的显示格式和打印格式
输入掩码	定义数据的输入格式
小数位数	定义数字型和货币型数值的小数位数
标题	在数据表视图、窗体和报表中替代字段名显示
默认值	指定字段的默认取值
验证规则	定义对于字段存放数据的检验约束规则，是一个逻辑表达式
验证文本	当字段输入或更改的数据没有通过检验时，要提示的文本信息
必需	“是”或“否”选择，指定字段是否必须有数据输入
允许空字符串	对于短文本、长文本、超链接类型字段，是否允许输入长度为 0 的字符串
索引	指定是否建立单一字段索引。可选择无索引、可重复索引、不可重复索引
Unicode 压缩	对于长文本、短文本、超链接类型字段，是否进行 Unicode 压缩
新值	只用于自动编号型，指定新的值产生的方式：递增或随机
输入法模式	定义焦点移至字段时是否开启输入法
智能标识	定义智能标识。是否型和 OLE 对象没有智能标识
文本对齐	定义数据在表中的对齐方式，包括常规、左、居中、右、分散

“查阅”选项卡是只应用于“短文本”“数字”“是/否”三种数据类型的辅助工具，用来定义当有“查阅向导”时作为提示的控件类别，用户可以从“文本框”“组合框”“列表框”(是/否型字段使用“复选框”)指定控件。

对于“图书”表字段的定义及其属性设置,应依照“图书销售”数据库的物理设计。

“图书编号”是图书唯一的编码,全部由数字组成,起标识和区分图书的作用。“图书编号”可以定义为数字型或短文本型。考虑到“图书编号”不需要做算术运算,并且编码一般是分层设计,因此这里定义为短文本型。根据最长编码,定义其“字段大小”为 13。

“ISBN”“书名”“作者”“出版社编号”“图书类别”等都定义为短文本型,字段大小根据各自实际取值的最大长度定义。“出版社编号”是外键,必须与对应主键在类型和大小上一致。根据设计,这些字段都不允许取 Null 值,即“必需”栏为“是”。

“出版时间”虽然表示日期,但一般以月份为单位,所以不能采用日期/时间型,只能采用短文本型。其格式为“××××.××”,长度为 7 位。

“版次”“折扣”“数量”都是数值,定义为数字型。由于“版次”字段是不太大的自然数,因此定义为字节型,从 1 开始;“数量”字段是整数,定义为整型,但不能为负数;“折扣”字段存放百分比,是小数,可以定义为单精度型或小数型,允许取 Null 值。

“定价”定义为货币型,且大于 0。关于取值的约束在验证规则中定义表达式实现。

“备注”用来存储关于图书的说明文字信息,文字的长度无法事先确定,且可能超过 255 个字符,因此采用长文本型。允许取 Null 值。

这样,依次在设计视图中设置,完成字段的定义。

接下来,定义主键。单击“图书编号”字段,然后单击“表设计”工具栏中的主键按钮,在表设计器中最左边的“字段选择器”上出现主键图标(见图 4.3)。

单击快速工具栏的“保存”按钮,弹出“另存为”对话框,如图 4.4 所示。输入“图书”,单击“确定”按钮。这样,图书表的结构就建立起来了。

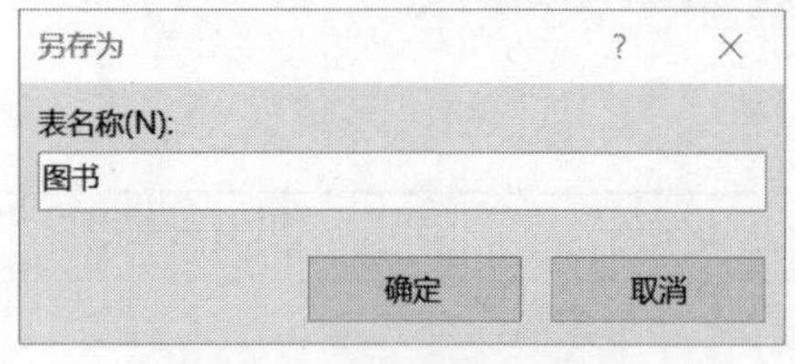

图 4.4 定义表名并保存

另外,在创建空数据库时,Access 会自动创建一个初始表“表 1”。在“开始”选项卡中单击“视图”按钮下方的下三角按钮,会显示一个视图切换列表,如图 4.5 所示。

单击“设计视图”,弹出如图 4.4 所示的“另存为”对话框,为表命名后,单击“确定”按钮,即可进入该表的设计视图。

采用同样的方式,创建物理设计中的所有表,这样,数据库框架就建立起来了。

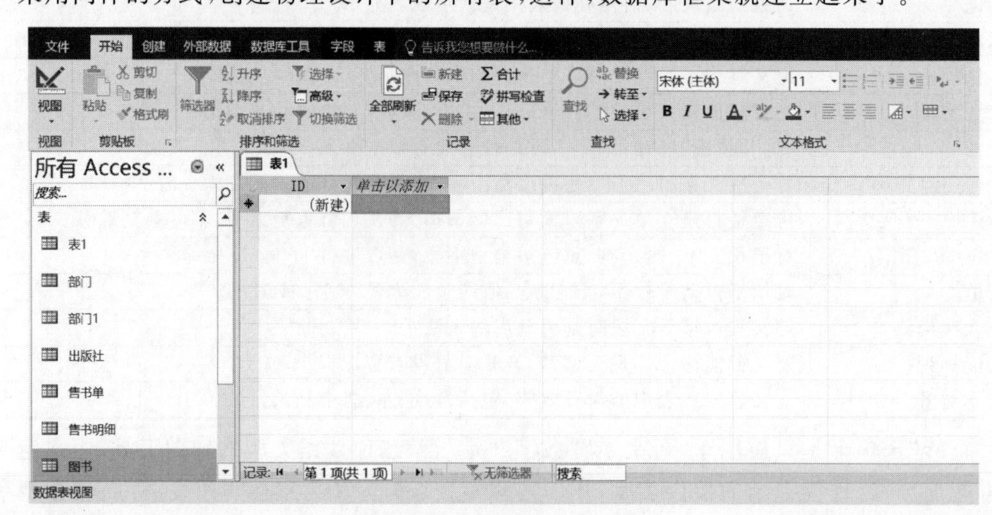

图 4.5 从初始表进入设计视图

2. 主键和索引

1）建立主键

主键是表中最重要概念之一。主键有以下三个作用。

(1) 唯一标识每条记录，因此作为主键的字段不允许有重复值和取 Null 值。

(2) 主键可以被外键引用。

(3) 定义主键将自动建立一个索引，可以提高表的处理速度。

每个表在理论上都可以定义主键。一个表最多只能有一个主键。主键可以由一个或几个字段组成。如果表中没有合适字段作为主键，那么可以使用多个字段的组合，或者特别增加一个记录 ID 字段。

当建立新表时，如果用户没有定义主键，Access 在保存表时会弹出提示框以询问是否要建立主键，如图 4.6 所示。若单击“是”按钮，Access 将自动为表建立一个 ID 字段并将其定义为主键。该主键具有“自动编号”数据类型。

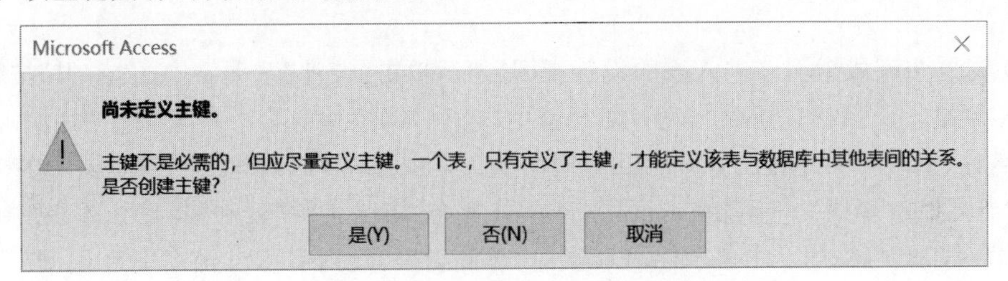

图 4.6　定义表的主键提示对话框

当使用多个字段建立主键时，操作步骤如下：按住 Ctrl 键，依次单击要建立主键的字段选择器，选中所有主键字段，然后单击“主键”按钮。

作为主键定义的标识是在主键的字段选择器上显示一把钥匙，如图 4.3 所示。

主键是一种数据约束。主键实现了数据库中实体完整性的功能，同时可作为参照完整性中的被参照对象。定义一个主键，同时也是在主键字段上建立了一个“无重复”索引。

2）建立索引

索引是一个字段属性。给字段定义索引有两个基本作用：

(1) 利用索引可以实现一些特定的功能，如主键就是一个索引。

(2) 建立索引可以明显提高查询效率，更快地处理数据。

当一个表中建立了索引，Access 就会将索引信息保存在数据库文件中专门的位置。一个表可以定义多个索引。在索引中保存每个索引的名称、定义索引的字段项和各索引字段所在的对应记录编号。索引本身在保存时会按照索引项值从小到大(即升序(Ascending))或从大到小(即降序(Descending))的顺序排列，但索引并不改变表记录的存储顺序。索引存储的结构示意如图 4.7 所示。

索引名称 1		…	索引名称 *m*	
索引项 1	物理记录	…	索引项 *m*	物理记录
索引值 1	对应记录 1	…	索引值 1	对应记录 1
索引值 2	对应记录 2		索引值 2	对应记录 2
…	…		…	…
索引值 *n*	对应记录 *n*		索引值 *n*	对应记录 *n*

图 4.7　索引存储的结构示意

由于索引字段是有序存放的,当查询该字段时,就可以在索引中进行,这比没有索引的字段只能在表中查询快很多。由于数据库最主要的操作是查询,因此,索引对于提高数据库的操作速度是非常重要和不可缺少的手段。但要注意,索引会降低数据更新操作的性能,因为修改记录时,如果修改的数据涉及索引字段,Access 会自动地同时修改索引,这样就增加了额外的处理时间,所以对于更新操作多的字段要避免建立索引。在建立索引时,Access 分为“有重复”和“无重复”索引。“无重复”索引就是建立索引的字段是不允许有重复值的。当用户希望不允许某个字段取重复值时,就可以在该字段上建立“无重复”索引。

在 Access 中,可以为一个字段建立索引,也可以将多个字段组合起来建立索引。

(1) 建立单字段索引。在该表的设计视图中,选中要建立索引的字段,然后在“字段属性”的“索引”栏中选择“有(有重复)”或者“有(无重复)”即可。

有重复索引字段允许重复取值,无重复索引字段的值都是唯一的,如果在建立索引时已有数据记录,但不同记录的该字段数据有重复,则不可以再建立无重复索引,除非先删掉重复的数据。

(2) 建立多字段索引。进入表的设计视图,然后单击“设计”选项卡中的“索引”按钮,弹出“索引”对话框。将鼠标定位到“索引”对话框的“索引名称”列的第一个空白栏中,输入多字段索引的名称,然后在同一行的“字段名称”列的组合框中选择第 1 个索引字段,在“排序次序”列中选择“升序”或“降序”。接着在下面的行中,分别在“字段名称”列和“排序次序”列中选择第 2 个索引字段和次序、第 3 个索引字段和次序,以此类推,直到字段设置完毕为止,最后设置索引的有关属性。

【例 4.3】 在“图书”表中为“图书类别”和“出版时间”字段创建索引。

① 在导航窗格的“图书”表上右击,弹出快捷菜单,如图 4.8 所示。

② 选择“设计视图”命令,启动设计视图。在设计视图中单击“设计”功能区中的“索引”按钮,弹出如图 4.9 所示的图书表的“索引”对话框。

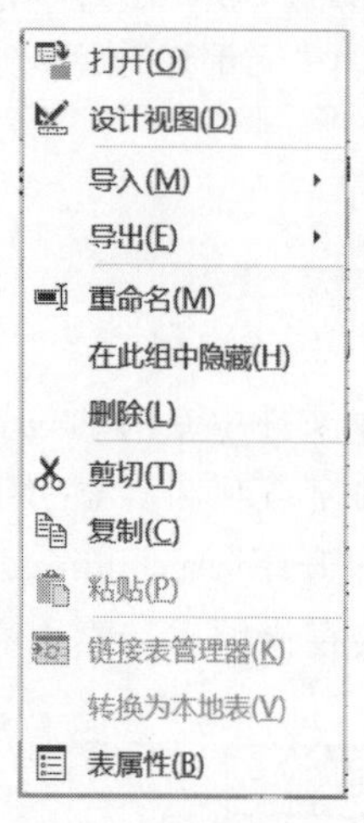

图 4.8 快捷菜单

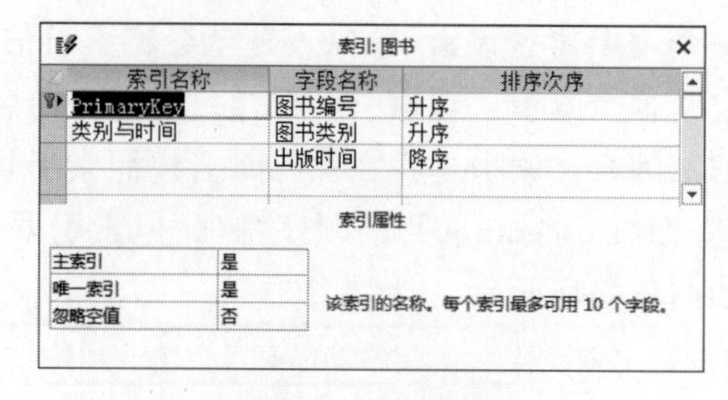

图 4.9 创建索引

③ 在“索引名称”中输入该索引的名称。索引名称最好能够反映索引的字段特征,这里定为“类别与时间”。然后在“字段名称”中依次选择“图书类别”“出版时间”,并分别设置排序次序为“升序”与“降序”,以保证其排序。

注意:这个索引不是主索引。也不能定义为唯一索引(即无重复索引),因为“图书类别”

和“出版时间”两项合起来，可能会有重复值。

④ 单击☒按钮关闭窗口。退出表设计视图时，Access 会要求保存。这样，索引就建立起来了。

在“索引”对话框中还可以定义主键索引、单字段索引；也可以定义索引为有重复索引和无重复索引。所以，主键也可以通过这个对话框定义。

3）删除主键及索引

删除主键的操作方法如下：在表设计视图中选中主键字段，单击功能区中的“主键”按钮，即可撤销对主键的定义。但是，如果主键被其他建立了关系的表作为外键引用，则无法删除，除非先取消关系。

删除索引的操作方法如下所述。

① 删除单字段索引直接在表设计视图中进行。选中建立了索引的字段，在“字段属性”的索引栏中选择“无”，然后保存，索引即被删除。

② 删除多字段索引。首先进入“索引”对话框，选中索引行，然后右击，在弹出的快捷菜单中选择“删除行”命令。之后关闭对话框，并保存，索引就被删除了。

用户也可以通过“索引”对话框删除主键和单索引，操作方法与上述类似，在此不再赘述。

另外，在“索引”对话框中还可以修改已经定义的索引，在其中增加索引字段或减少索引字段。

3. 定义表时有关数据约束的字段属性

为了保证数据库数据的正确性和完整性，关系数据库中采用了多种数据完整性约束规则。实体完整性通过主键来实现；参照完整性通过建立表的关系来实现；而域完整性和其他由用户定义的完整性约束是在 Access 表定义时通过多种字段属性来实施的，与之相关的字段属性有“字段大小”“默认值”“必需”“允许空字符串”“验证规则”“验证文本”等。“索引”属性也有约束的功能。

(1) “字段大小”属性。在 Access 中，很多数据类型的存储空间大小是固定的，由用户定义或选择“字段大小”属性的数据类型，包括“短文本”、“数字”或“自动编号”。

短文本型字段的长度最长可达 255 个字符，应根据文本需要的最大可能长度定义。对于数字型，“字段大小”属性有 7 个选项，其名称、大小如表 4.1 所示，默认类型是长整型。对于自动编号型，“字段大小”属性可以设置为“长整型”或“同步复制 ID”。

“字段大小”属性值的选择应根据实际需要而定，但应尽量设置尽可能小的“字段大小”属性值，因为较小的字段运行速度较快并且节约存储空间。

注意：对短文本型字段，Access 以实际输入的字符数来决定所需的磁盘存储空间。例如，“图书名称”字段最多仅需 6 个中文字符，则该字段的“字段大小”属性值应为 6。

(2) “默认值”属性。除了“自动编号”“OLE 对象”“附件”类型以外，其他基本数据类型的字段可以在定义表时定义一个默认值。默认值是与字段的数据类型相匹配的任何值。如果用户不定义，有些类型自动有一个默认值，例如数字型和货币型字段的“默认值”属性设置为 0，长文本型和短文本型字段的设置为 Null(空)。

使用默认值的作用：一是提高输入数据的速度。当某个字段的取值经常出现同一个值时，就可以将这个值定义为默认值，这样在输入新的记录时就可以省去输入，默认值会自动加入记录中。二是用于减少操作的错误，提高数据的完整性与正确性。当有些字段不允许无值时，默认值可以帮助用户减少错误。

例如，在“员工”表中，如果女性比男性多，那么可以为“性别”字段设置“默认值”属性为“女”。这样，当添加新记录时，如果是女员工，对于“性别”字段可以直接按 Enter 键。

(3) “必需”属性。该属性用于规定字段中是否允许有 Null 值。如果数据必须被输入字段中，即不允许有 Null 值，则应设置属性值为“是”。Access 默认该属性值为“否”。

(4) “允许空字符串”属性。该属性针对“长文本”“短文本”“超链接”等类型字段，设置是否允许空字符串(" ")输入。所谓空字符串是指长度为 0 的字符串，注意要把空字符串(" ")和 Null 值区分开。Access 默认该属性值为“是”。

(5) “验证规则”和“验证文本”属性。这是两个相关的属性，“验证规则”属性允许用户定义一个表达式来限定将要存入字段的值。

所谓表达式，是指数据处理中用来完成计算求值的运算式。Access 的表达式主要由字段名、常量、运算符和函数组成。根据计算结果值的类型不同，表达式可分为文本(或字符)型表达式、数值(包括货币)表达式、日期/时间表达式和逻辑(即是/否型)表达式等。

所谓常量，就是出现在表达式中明确的值。不同类型的常量值的表示方式不同，文本型常量由定界符 ASCII 码的单引号“'”或双引号“"”前后括起来；数字型常量直接写出；日期/时间型常量用“#”前后括起来；是否型常量用 0 或 −1 表示。

验证规则是一个逻辑表达式，一般情况下，由比较运算符和比较值构成，默认用当前字段进行比较。比较值是常量。如果省略运算符，默认运算符是“=”。多个比较运算要通过逻辑运算符连接，构成较复杂的验证规则。关于表达式的进一步讨论见后续章节。

用户可以直接在“验证规则”栏内输入表达式，也可以使用 Access 的“表达式生成器”生成表达式。

在定义了一个验证规则后，用户针对该字段的每个输入值或修改值都会带入表达式中运算，只有运算结果为“是”的值才能够存入字段；如果运算结果为“否”，界面中将弹出一个提示框提示输入错误，并要求重新输入。

“验证文本”属性允许用户指定提示的文字，所以，“验证文本”属性与“验证规则”属性配套使用。如果用户不定义“验证文本”属性，Access 将提示默认文本。

【例 4.4】 在“图书”表中为“折扣”和“数量”字段定义验证规则和验证文本。

① 设置“折扣”字段。“折扣”字段的类型是单精度型，取值范围为 1%～100%，因此，在定义“折扣”字段时，在“验证规则”栏中输入“>=0.01 and <=1.00”，在“验证文本”栏中输入文字“折扣必须在 1%(0.01)～100%(1.00)”。

② 设置“数量”字段。由于书的数量是整数，这里的类型是整型。但数量不能为负数，所以“验证规则”应该是“>=0”。“验证文本”栏中可输入文字“存书数量不能为负数”。

除了直接输入外，还可以采用“表达式生成器”输入，在此以“折扣”字段为例。在“图书”表设计视图中选中“折扣”字段，在“字段属性”的“验证规则”栏右边单击 ... 按钮，弹出“表达式生成器”对话框，如图 4.10 所示。

在左上角的文本框中输入“>=0.01 and <=1.00”，其中运算符可以单击相应按钮输入，然后单击“确定”按钮，完成设置。

4. “格式”属性的应用

当用户打开表，就可以查看整个表的数据记录。每个字段的数据都有一个显示的格式，这

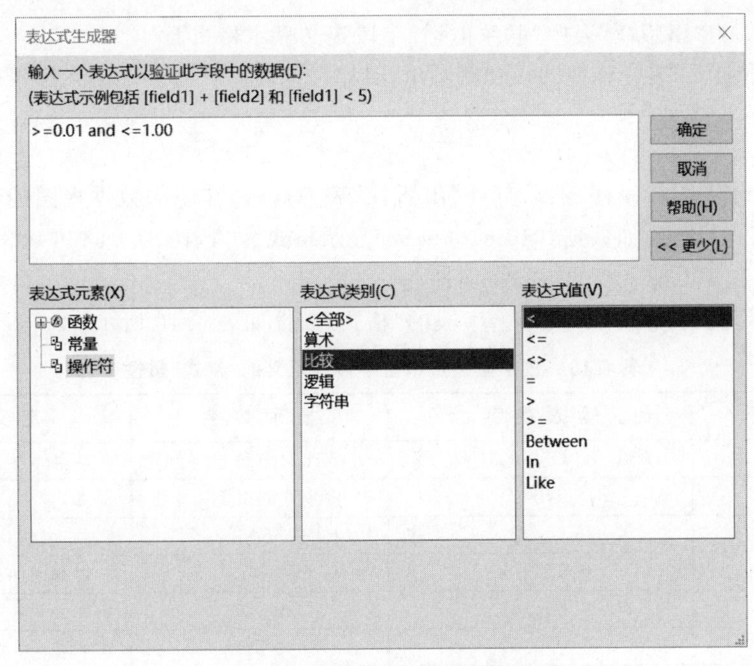

图 4.10 “表达式生成器”对话框

个格式是 Access 为各类型数据预先定义的，也就是数据的默认格式。但不同的用户有不同的显示要求，因此，Access 提供“格式”属性用于定义字段数据的显示和打印格式，允许用户为某些数据类型的字段自定义“格式”属性。

“格式”属性适用于“短文本”“长文本”“数字”“货币”“日期/时间”“是/否”等数据类型。Access 为设置“格式”属性提供了特殊的格式化字符，不同字符代表不同的显示格式。

设置“格式”属性只影响数据的显示格式而不会影响数据的输入和存储。

1）短文本型和长文本型字段的“格式”属性

短文本型和长文本型字段的自定义“格式”属性最多由两部分组成，各部分之间需用分号分隔。第一部分用于定义文本的显示格式，第二部分用于定义空字符串及 Null 值的显示格式。表 4.9 列出了短文本型和长文本型字段可用的格式字符。

表 4.9 短文本型和长文本型字段的格式字符

格式字符	说明
@	字符占位符。用于在该位置显示任意可用字符或空格
&	字符占位符。用于在该位置显示任意可用字符。如果没有可用字符要显示，Access 将忽略该占位符
<	使所有字符显示为小写
>	使所有字符显示为大写
－、＋、$、()、空格	可以在“格式”属性中的任何位置使用这些字符，并且将这些字符原文输出
"文本"	可以在“格式”属性中的任何位置使用双引号括起来的文本。文本原文输出
\	将其后跟随的第一个字符原文输出
!	用于执行左对齐
*	将其后跟随的第一个字符作为填充字符
[颜色]	用方括号中的颜色参数指定文本的显示颜色。有效颜色参数为黑色、蓝色、绿色、青色、红色、紫红色、黄色和白色。颜色参数必须与其他字符一起使用

【例 4.5】 为“出版社”表中“联系电话”字段定义显示格式。

① 进入“出版社”表设计视图，在“联系电话”字段的“格式”属性中输入以下代码：

```
"Tel"(@@@)@@@@@-@@@@[红色]
```

② 关闭设计视图并保存，然后打开“出版社”表。这时，在表的数据视图的“联系电话”字段中将显示红色的数据，如数据“010-64660880”显示格式为“Tel(010)-6466-0880”。

2）数字型和货币型字段的“格式”属性

Access 预定义的数字型和货币型字段的“格式”属性如表 4.10 所示。

表 4.10 数字型和货币型字段预定义的“格式”属性

格式类型	输入数字	显示数字	定义格式
常规数字	87 654.321	87 654.321	######.###
货币	876 543.21	￥876 543.21	￥#,##0.00
欧元	876 543.21	€ 876 543.21	€ #,##0.00
固定	87 654.32	87 654.32	######.##
标准	87 654.32	87 654.32	###,###.##
百分比	0.876	87.6%	###.##%
科学记数	87 654.32	8.765 432E+04	#.####E+00

如果没有为数值或货币值指定“格式”属性，Access 便以“常规数字”格式显示数值，以“货币”格式显示货币值。

若用户自定义了“格式”属性，自定义“格式”属性最多可以由四部分组成，各部分之间需要用分号分隔。第一部分用于定义正数的显示格式，第二部分用于定义负数的显示格式，第三部分用于定义零值的显示格式，第四部分用于定义 Null 值的显示格式。

表 4.11 列出了数字型和货币型字段的格式字符。

表 4.11 数字型和货币型字段的格式字符

格式字符	说明
.	用来显示放置小数点的位置
,	用来显示千位分隔符的位置
0	数字占位符。如果在该位置没有数字输入，则 Access 显示 0
#	数字占位符。如果在该位置没有数字输入，则 Access 忽略该数字占位符
—、+、$、()、空格	可以在“格式”属性中任何位置使用这些字符并且将这些字符原文输出
"文本"	可以在“格式”属性中任何位置使用双引号括起来的文本并且原文输出
\	将其后跟随的第一个字符原文输出
*	将其后跟随的第一个字符作为填充字符
%	将数值乘以 100，并在数值尾部添加百分号
!	用于执行左对齐
E—或 e—	用科学记数法显示数字。在负指数前显示一个负号，在正指数前不显示正号。它必须同其他格式化字符一起使用，如 0.00E—00
E+或 e+	用科学记数法显示数字。在负指数前显示一个负号，在正指数前显示正号。它必须同其他格式化字符一起使用，如 0.00E+00
[颜色]	用方括号中的颜色参数指定显示颜色。有效颜色参数为黑色、蓝色、绿色、青色、红色、紫红色、黄色和白色。颜色参数必须与其他字符一起使用

【例 4.6】 为“图书”表中“折扣”字段定义百分比和红色显示格式。

操作方法如下：进入“图书”表设计视图，在“折扣”字段的“格式”属性中输入“#.#%[红色]”。

3）日期/时间型字段的“格式”属性

Access 为日期/时间型字段预定义了 7 种“格式”属性，如表 4.12 所示。

表 4.12 日期/时间型字段预定义的“格式”属性

格式类型	显示格式	说　明
常规日期	2024-8-18 18:30:36	前半部分显示日期，后半部分显示时间。如果只输入了时间没有输入日期，那么只显示时间；反之，只显示日期
长日期	2024 年 8 月 18 日	与 Windows 控制面板的“长日期”格式设置相同
中日期	24-08-18	以 yy-mm-dd 形式显示日期
短日期	2024-8-18	与 Windows 控制面板的“短日期”设置相同
长时间	18:30:36	与 Windows 控制面板的“长时间”设置相同
中时间	下午 6:30	把时间显示为小时和分钟，并以 12 小时时钟方式计数
短时间	18:30	把时间显示为小时和分钟，并以 24 小时时钟方式计数

如果没有为日期/时间型字段设置“格式”属性，Access 将以“常规日期”格式显示日期/时间值。

若用户自定义了日期/时间型字段的“格式”属性，自定义“格式”属性最多可由两部分组成，它们之间需用分号分隔。第一部分用于定义日期/时间的显示格式，第二部分用于定义 Null 值的显示格式。表 4.13 列出了日期/时间型字段的格式字符。

表 4.13 日期/时间型字段的格式字符

格式字符	说　明
:	时间分隔符
/	日期分隔符
c	用于显示常规日期格式
d	用于把某天显示成一位或两位数字
dd	用于把某天显示成固定的两位数字
ddd	显示星期的英文缩写(Sun～Sat)
dddd	显示星期的英文全称(Sunday～Saturday)
ddddd	用于显示“短日期”格式
dddddd	用于显示“长日期”格式
w	用于显示星期中的日(1～7)
ww	用于显示年中的星期(1～53)
m	把月份显示成一位或两位数字
mm	把月份显示成固定的两位数字
mmm	显示月份的英文缩写(Jan～Dec)
mmmm	显示月份的英文全称(January～December)
q	用于显示季节(1～4)
y	用于显示年中的天数(1～366)
yy	用于显示年号后两位数(01～99)
yyyy	用于显示完整年号(0100～9999)
h	把小时显示成一位或两位数字

续表

格式字符	说明
hh	把小时显示成固定的两位数字
n	把分钟显示成一位或两位数字
nn	把分钟显示成固定的两位数字
s	把秒显示成一位或两位数字
ss	把秒显示成固定的两位数字
tttt	用于显示“长时间”格式
AM/PM、am/pm	用适当的 AM/PM 或 am/pm 显示 12 小时制时钟值
A/P、a/p	用适当的 A/P 或 a/p 显示 12 小时制时钟值
AMPM	采用 Windows 控制面板的 12 小时时钟格式
-、+、$、()、空格	可以在“格式”属性中的任何位置使用这些字符并且将这些字符原文输出
"文本"	可以在“格式”属性中的任何位置使用双引号括起来的文本并且原文输出
\	将其后跟随的第一个字符原文输出
!	用于执行左对齐
*	将其后跟随的第一个字符作为填充字符
[颜色]	用方括号中的颜色参数指定文本的显示颜色。有效颜色参数为黑色、蓝色、绿色、青色、红色、紫红色、黄色和白色。颜色参数必须与其他字符一起使用

【例 4.7】 将“员工”表中“生日”字段定义为长日期并以红色显示。

操作方法如下：进入“员工”表设计视图，在“生日”字段的“格式”属性中输入“dddddd[红色]”。

4）是/否型字段的“格式”属性

Access 为是/否型字段预定义了三种“格式”属性，如表 4.14 所示。

表 4.14 是/否型字段预定义的“格式”属性

格式类型	显示格式	说明
是/否	Yes/No	系统默认设置。Access 在字段内部将 Yes 存储为-1,No 存储为 0
真/假	True/False	Access 在字段内部将 True 存储为-1,False 存储为 0
开/关	On/Off	Access 在字段内部将 On 存储为-1,Off 存储为 0

Access 还允许用户自定义是/否型字段的“格式”属性。自定义的“格式”属性最多可以由三部分组成，它们之间用分号分隔。第一部分空缺；第二部分用于定义逻辑“真”的显示格式，通常为逻辑真值指定一个包括在双引号中的字符串(可以含有[颜色]格式字符)；第三部分用于定义逻辑“假”的显示格式，通常为逻辑假值指定一个包括在双引号中的字符串(可以含有[颜色]格式字符)。

5.“输入掩码”属性的应用

“输入掩码”属性可用于“短文本”“数字”“货币”“日期/时间”“是/否”“超链接”等类型。定义“输入掩码”属性有以下两个作用。

(1) 定义数据的输入格式。

(2) 输入数据的某一位上允许输入的数据类型。

如果某个字段同时定义了“输入掩码”和“格式”属性，那么在为该字段输入数据时，“输入掩码”属性生效；在显示该字段数据时，“格式”属性生效。

“输入掩码”属性最多由三部分组成，各部分之间用分号分隔。第一部分定义数据的输入格式。第二部分定义是否按显示方式在表中存储数据。若设置为0,则按显示方式存储;若设置为1或将第二部分空缺,则只存储输入的数据。第三部分定义一个占位符,以显示数据输入的位置。用户可以定义一个单一字符作为占位符,默认占位符是一个下画线。

表4.15列出了用于设置"输入掩码"属性的输入掩码字符。

表4.15　输入掩码字符

输入掩码	说明
0	数字占位符。必须输入数字(0～9)到该位置,不允许输入"+"和"-"符号
9	数字占位符。数字(0～9)或空格可以输入到该位置,不允许输入"+"和"-"符号。如果在该位置没有输入任何数字或空格,Access将忽略该占位符
#	数字占位符。数字、空格、"+"和"-"符号都可以输入到该位置。如果在该位置没有输入任何数字,Access认为输入的是空格
L	字母占位符。必须输入字母到该位置
?	字母占位符。字母能够输入到该位置。如果在该位置没有输入任何字母,Access将忽略该占位符
A	字母数字占位符。必须输入字母或数字到该位置
a	字母数字占位符。字母或数字能够输入到该位置。如果在该位置没有输入任何字母或数字,Access将忽略该占位符
&	字符占位符。必须输入字符或空格到该位置
C	字符占位符。字符或空格能够输入到该位置。如果在该位置没有输入任何字符,Access将忽略该占位符
.	小数点占位符
,	千位分隔符
:	时间分隔符
/	日期分隔符
<	将所有字符转换成小写
>	将所有字符转换成大写
!	使"输入掩码"从右到左显示。可以在"输入掩码"的任何位置上放置感叹号
\	用来显示其后跟随的第一个字符
"Text"	可以在"输入掩码"属性中任何位置使用双引号括起来的文本,并且原文输出

【例4.8】　为"出版社"表的"出版社编号"字段定义"输入掩码"属性。

由于"出版社编号"是全数字短文本型字段,位数固定,所以在"出版社编号"的"输入掩码"属性栏输入"0000",表示必须输入4位数字,并且只能由0～9的数字组成。

除了可以使用表4.15列出的输入掩码字符自定义"输入掩码"属性以外,Access还提供了"输入掩码向导"引导用户定义"输入掩码"属性。单击"输入掩码"属性栏右边的…按钮即启动"输入掩码向导",最终定义的效果与手动定义的相同。

6. 其他字段属性的使用

(1)"标题"属性。"标题"属性是一个辅助属性。当在数据表视图、报表或窗体等界面中需要显示字段时,直接显示的字段标题就是字段名。如果用户觉得字段名不醒目或不明确,希望用其他文本来标识字段,可以通过定义"标题"属性来实现。用户输入的"标题"属性的文本将在显示字段名的地方代替字段名。

在实际应用中,一般使用英文或拼音定义字段,然后定义"标题"属性来辅助显示。

(2)"小数位数"属性。"小数位数"属性仅对数字型和货币型字段有效。小数位的数目为

0～15,这取决于数字型或货币型字段的大小。

对于"字段大小"属性为"字节"、"整型"或"长整型"的字段,"小数位数"属性值为0;对于"字段大小"属性为"单精度型"的字段,"小数位数"属性值可以设置为0～7位小数;对于"字段大小"属性为"双精度型"的字段,"小数位数"属性值可以设置为0～15位小数。

如果用户将某个字段的数据类型定义为"货币",或在该字段的"格式"属性中使用了预定义的货币格式,则小数位数固定为两位。但是用户可以更改这一设置,在"小数位数"属性中输入不同的值即可。

(3)"新值"属性。"新值"属性用于指定在表中添加新记录时"自动编号"型字段的递增方式。用户可以将"新值"属性设置为"递增",这样,表每增加一条记录,该"自动编号"型字段值就加1;也可以将"新值"属性设置为"随机",这样,每增加一条记录,该"自动编号"型字段值将被指定为一个随机数。

(4)"输入法模式"属性。"输入法模式"属性仅适用于"长文本""短文本""日期/时间"型字段,用于定义当焦点移至字段时是否开启输入法。

(5)"Unicode压缩"属性。"Unicode压缩"属性用于定义是否允许对"长文本""短文本""超链接"型字段进行Unicode压缩。

Unicode是一个字符编码方案,该方案使用两个字节编码代表一个字符,因此,它比使用一个字节代表一个字符的编码方案需要更多的存储空间。为了弥补Unicode字符编码方案所造成的存储空间开销过大,尽可能少地占用存储空间,可以将"Unicode压缩"属性设置为"是"。"Unicode压缩"属性值是一个逻辑值,默认值为"是"。

(6)"文本对齐"属性。"文本对齐"属性用于设置数据在数据表视图中显示时的对齐方式,默认为"常规",即数字型数据右对齐,文本型等其他类型左对齐。用户可设置的方式有"常规""左""右""居中""分散"等对齐方式。

7. "查阅"选项卡与"显示控件"属性的使用

除上述字段属性外,Access还在"查阅"选项卡中设置了"显示控件"属性。该属性仅适用于"短文本""是/否""数字"型字段。"显示控件"属性用于设置这三种字段的显示方式,将这三种字段与某种显示控件绑定以显示其中的数据。表4.16列出了这三种数据类型所拥有的"显示控件"属性值。

表4.16 "显示控件"属性值

数据类型	显示控件			
	文本框	复选框	列表框	组合框
短文本	√(默认)		√	√
是/否	√	√(默认)		√
数字	√(默认)		√	√

其中,"短文本"和"数字"型字段可以与"文本框""列表框""组合框"控件绑定,默认控件是"文本框";"是/否"型字段可以与"文本框""复选框""组合框"控件绑定,默认控件是"复选框"。至于要将某个字段与何种控件绑定,主要应从方便使用的角度去考虑。

使用文本框,用户只能在这个文本框中输入数据。但对于一些字段,它的数据可能是在一个限定的值集合中取值,这样,就可以采用其他列表框等其他控件辅助输入。

【例4.9】 为"员工"表"性别"字段定义"男""女"值集合的列表框控件绑定。

① 性别字段只在“男”“女”两个值上取值。进入“员工”表的设计视图，选中“性别”字段，选择“查阅”选项卡，如图 4.11 所示。

② 设置“显示控件”栏。其中包括文本框、列表框、组合框。在此选择“列表框”。

③ 设置“行来源类型”。其中包括“表/查询”“值列表”“字段列表”。在此选择“值列表”。

④ 设置“行来源”。由于行来源类型是“值列表”，在此输入取值集合“"男";"女"”。

⑤ 单击快速工具栏的中的“保存”按钮保存表的设计。

⑥ 在功能区的“视图”下拉按钮上单击，显示下拉列表，如图 4.12 所示。然后单击“数据表视图”，将设计视图切换到数据表视图。

员工

字段名称	数据类型
工号	短文本
姓名	短文本
性别	短文本
生日	日期/时间
部门编号	短文本
职务	短文本
薪金	货币
聘用日期	数字
证件类型	短文本

常规　查阅

显示控件	列表框
行来源类型	值列表
行来源	"男";"女"
绑定列	1
列数	1
列标题	否
列宽	
允许多值	否
允许编辑值列表	否
列表项目编辑窗体	
仅显示行来源值	否

图 4.11　字段属性的“查阅”选项卡

图 4.12　视图切换列表

⑦ 在“员工”表的数据表视图输入或修改记录时，“性别”字段将自动显示“值列表”，用户只能在列出的值中选择，如图 4.13 所示，这具有提高输入效率和避免输入错误的作用。

员工

工号	姓名	性别	生日	部门编号	职务	薪金
0102	张蓝心	男	1978年3月20日	01	总经理	￥8,400.0
0301	李建设	男	0年10月15日	03	经理	￥5,932.5
0402	赵也声	女	77年8月30日	04	业务员	￥4,410.0
0404	章曼雅	女	1985年1月12日	04	经理	￥9,037.0
0704	杨明	男	1973年11月11日	07	保管员	￥2,205.0
1101	王宜淳	女	1974年5月18日	03	主管	￥4,410.0
1103	张其	男	1987年7月10日	11	业务员	￥1,953.0
1202	石破天	男	1984年10月15日	12	经理	￥3,003.0
1203	任德芳	女	1988年12月14日	12	业务员	￥2,058.0
1205	刘东珏	男	1990年2月26日	12	业务员	￥1,953.0
*						

图 4.13　绑定了“显示控件”的数据表视图

【例 4.10】　为“售书单”表的“工号”字段定义显示控件绑定。

由于“售书单”表的“工号”字段是一个外键，只能在“员工”表列出的工号中取值。为了提高输入速度和避免输入错误，可以利用查阅属性将“工号”与“员工”表的“工号”字段绑定，当输入“售书单”数据时,对“工号”字段进行限定和提示。

操作步骤如下所述。

① 在导航窗格中选择“售书单”并双击,打开“售书单”的数据表视图,通过视图切换进入“售书单”表的设计视图。

② 选择“工号”字段,选择“查阅”选项卡,并将“显示控件”属性设置为“组合框”。

③ 将“行来源类型”属性设置为“表/查询”。

④ 将“行来源”属性设置为“员工”。

⑤ 将“绑定列”属性设置为1,该列将对应“员工”表设计视图的第1个字段“工号”。这里如果设置为2,则表示绑定的是“员工”表设计视图的第2个字段。建议将绑定例如员工的“工号”字段设置成其表设计视图中出现的第1个字段。

⑥ 将“列数”属性定为2。这样,在“数据表”视图中“工号”字段绑定的组合框中将显示2列。这2列字段为“员工”表设计视图中按顺序出现的前2个字段。需注意,这里列数表明的是组合框中显示的“员工”表中的列数,如设定为3,则按设计视图字段出现顺序显示3列。

设计如图4.14所示。保存表设计,至此,完成了将“工号”字段与“组合框”控件的绑定工作,并且组合框中的选项是“员工”表的“工号”字段中的数据。

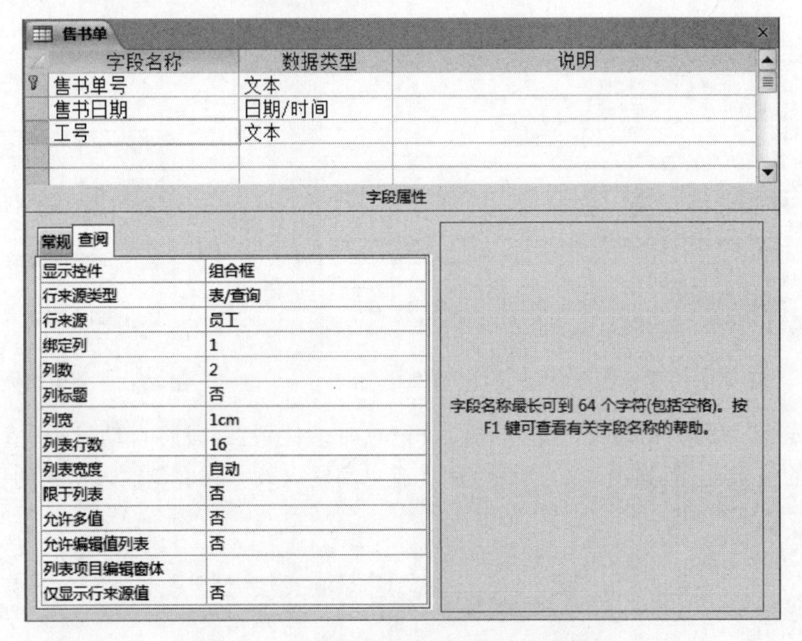

图 4.14　选择“查阅”选项卡时的设计视图

切换到“售书单”的数据表视图中,可以看到,当进入“工号”字段时,可以在“组合框”中下拉出“员工”表的“工号”和“姓名”两列字段,如图4.15所示。在输入或修改时,可以选择一个工号,这样既不需要用键盘输入,也不会出错。

这里存在的不足是,“售书单”表的“工号”字段绑定了所有的员工,而实际上需要绑定的只是职务为“营业员”的员工,因此最好能够先从“员工”表中筛选出“营业员”,然后再绑定。这种功能可以通过“查询”来实现,参见第5章。

8. 表属性的设置与应用

当表的所有字段设置完成后,有时候需要对整个表进行设置,该设置在“属性表”对话框中进行。在表的设计视图中单击功能区的“属性表”按钮，弹出如图 4.16 所示的“属性表”对话框。

售书单

售书单号	售书日期	工号
TS12100012	2024/01/01	1202
TS12100145	2024/01/01	
TS12104003	2024/03/10	
TS12104004	2024/03/10	
TS12200103	2024/04/04	
TS12200342	2024/04/05	
TS12201321	2024/04/25	
TS12204302	2024/05/07	
TS12205021	2024/06/16	
TS12208002	2024/05/07	
TS12301107	2024/07/14	1203
TS12304189	2024/08/20	1205

0102	张蓝
0301	李建设
0402	赵也声
0404	章曼雅
0704	杨明
1101	王直淳
1103	张其
1202	石破天
1203	任德芳
1205	刘东珏

图 4.15 绑定了“显示控件”的数据表视图

属性表

所选内容的类型: 表属性

常规

断开连接时为只读	否
子数据表展开	否
子数据表高度	0cm
方向	从左到右
说明	
默认视图	数据表
验证规则	
验证文本	
筛选	
排序依据	
子数据表名称	[自动]
链接子字段	
链接主字段	
加载时的筛选器	否
加载时的排序方式	是

图 4.16 “属性表”对话框

“属性表”对话框中主要栏的基本意义和用途如下所述。

(1) “子数据表展开”栏定义在数据表视图中显示本表数据时是否同时显示与之关联的子表数据。

(2) “子数据表高度”栏定义其显示子表时的显示高度，0cm 是采用自动高度。

(3) “方向”栏定义字段显示的排列是从左向右还是从右向左。

(4) “说明”栏可以填写对表的有关说明性文字。

(5) “默认视图”是在表对象窗口中双击该表时默认的显示视图，一般是直接显示该表所有记录的“数据表”。另外，在这里可以更改默认视图，用户可以在下拉列表框中选择“数据透视表”或“数据透视图”。

当一个表完成设计后打开时，共有两种视图可以切换，如图 4.12 所示。其中的“设计视图”用于表结构的设计修改，其他视图用于表数据的显示。在功能区的“开始”或“设计”选项卡中都可以进行切换操作。

(6) “验证规则”和“验证文本”栏与字段属性类似，用于用户定义的完整性约束设置，区别是字段属性定义的只针对一个字段，如果要对字段间的有效性进行检验，就必须在这里设置。这里的“验证规则”可以引用表的任何字段。

(7) “筛选”和“排序依据”栏用于对表显示记录时进行限定，本章后面有介绍。

(8) 与“子数据表”有关的栏目参见 4.4 节的关系中的内容。

(9) 与“链接”有关的栏目参见有关“链接表”的内容。

4.3.3 用其他方法创建表

除表设计视图外，Access 还提供了其他创建表的方法。

1. 使用数据表视图创建表

“数据表视图”是以行列格式显示来自表或查询的数据的窗口，是表的基本视图。本方法是直接进入表的数据表视图输入数据，然后根据数据的特点来设置调整各字段的类型。这种方法适合已有完整数据的表的创建。

基本操作方法如下所述。

(1) 创建新的空数据库时,会自动建立一个“表 1”的初始表并进入其数据表视图。或者,用户单击“创建”选项卡“表格”组的“表”按钮,Access 将创建一个新表(可能暂时命名为“表 2”“表 3”等),并进入数据表视图窗口,如图 4.17 所示。

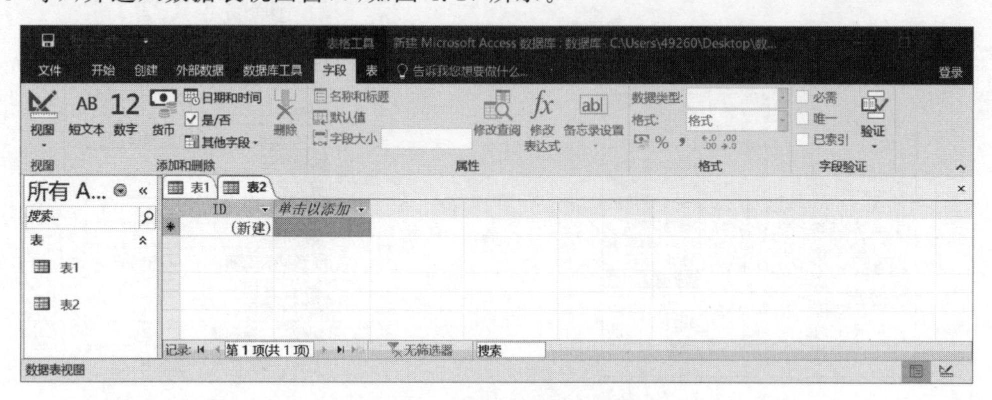

图 4.17 新表的数据表视图

(2) 直接在空白格里输入数据,输入完毕后按 Enter 键或 Tab 键,将自动在其右侧添加新的空白格,直到本行输入结束。而第 1 列的 ID 值,Access 会自动加入。

(3) 转到下一行,接着输入即可。

(4) 输入完毕后,当单击快速工具栏中的“保存”按钮时,系统都会提示命名存储表,用户命名后,单击“确定”按钮保存即可。

2. 使用字段模板创建表

在上述使用数据表视图创建表的过程中,可以应用 Access 新增的字段模板,在添加字段的同时对字段的数据类型等做进一步设置。

基本操作方法如下所述。

(1) 创建一个新的空白表,并进入数据表视图窗口,如图 4.17 所示。

(2) 选择“表格工具”下的“字段”选项卡,在“添加和删除”组中单击“其他字段”右侧的下三角按钮,显示要建立的字段类型,如图 4.18 所示。

(3) 选择当前字段的数据类型并单击,并给字段命名为“字段 1”“字段 2”(依次增加),然后在后面增加一列“单击以添加”列。

(4) 用户若想同时给字段命名,可以选中字段,快速地在字段名上单击两次,或者右击,在弹出的如图 4.19 所示的快捷菜单中选择“重命名字段”命令,这时将进入字段名的编辑状态,用户可输入字段名。

(5) 用户也可以直接在新增字段上指定类型。在“单击以添加”列上单击,弹出数据类型列表,如图 4.20 所示,然后选择其中合适的字段类型并单击,则当前新增字段就被设定为所选类型。

(6) 依次确定表的所有字段,然后输入数据并存盘即可。

3. 使用 Access 内置的表模板建立新表

Access 内置了一些表的模板,若用户要创建的表与某个模板接近,可先通过模板直接创建,然后再修改调整。

图 4.18　字段模板

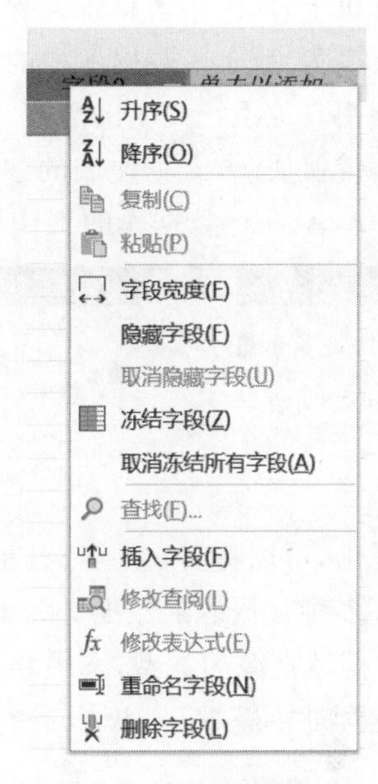

图 4.19　字段快捷菜单

使用模板方式创建表的操作方法如下所述。

(1) 在功能区选择“创建”选项卡,如图 4.2 所示。

(2) 单击左边“模板”组中的“应用程序部件”按钮,弹出模板列表,如图 4.21 所示。

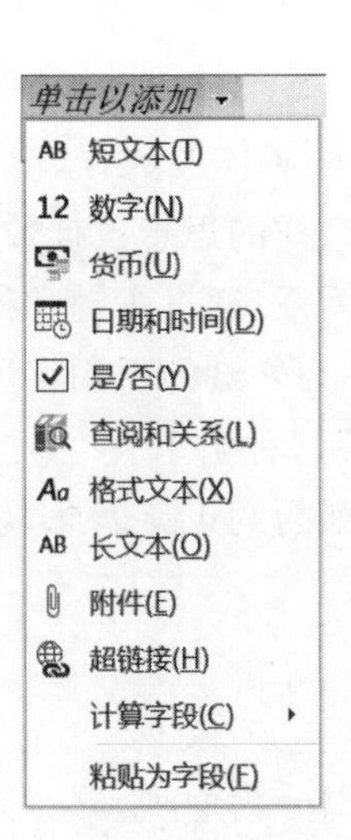

图 4.20　快速指定新增字段类型

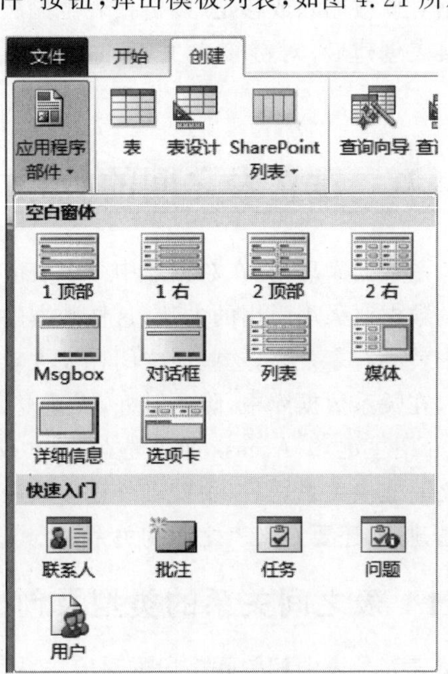

图 4.21　模板列表

(3) 选择模板,如单击“用户”图标,则自动添加用户表。由于这里显示的模板是综合了表、查询、窗体等多种对象的应用程序部件,因此,在添加表的同时还会添加模板中包含的各种部件。

(4) 根据需要,对各种对象进行进一步的修改。

4. 通过导入或链接外部数据创建表

在计算机上,以二维表格形式保存数据的软件很多,其他的数据库系统、电子表格等二维表都可以转换为 Access 数据库中的表。Access 提供"导入/链接表"方式创建表的功能,从而可以充分利用其他系统产生的数据。

"导入/链接表"方式创建表的基本操作步骤如下所述。

(1) 进入 Access 数据库的工作界面,在功能区选择"外部数据"选项卡,如图 4.22 所示。

图 4.22 "外部数据"选项卡

可以看出,可以将 Excel 表、其他 Access 数据库、文本文件、XML 文件,以及支持 ODBC 的数据库等多种数据源的数据导入或链接到 Access 中。

(2) 根据数据源的类型,选中相应的按钮并单击,启动导入/链接向导。

(3) 根据向导提示,一步步进行相应的设置,就可将外部数据导入或链接到当前数据库中。

导入与链接的区别如下:导入是将外部数据源的数据复制到当前数据库中,然后就与数据源没有任何关系了;链接方式并不是将外部数据复制过来,而是建立与数据源的链接通道,从而可以在当前数据库中获取外部源数据。所以,"链接表"方式能够反映源数据的任何变化。如果源数据对象被删除或移走,则链接表也无法使用。

在链接表创建后,对链接表的操作都会转换为对源表的操作,所以有一些操作将受到限制。

4.4 建立表之间的关系

按照关系数据库理论,在数据库中一个表应该尽量只存放一种实体的数据。当某个表需要另外表的数据时采用引用的方法,这样数据的冗余最小。按照这样的思想设计数据库,在一个数据库中就会有多个表,这些表之间存在大量引用和被引用的关系,通过主键和外键进行联系(事实上,在关系数据库中,除主键外,无重复索引字段也可以作为外键的引用字段。为了简便,以下只介绍主键)。Access 通过建立父子(或主子)关系来实现这种引用。

在表之间建立关系之后,主键和外键应该满足参照完整性规则的约束。因此,创建数据库不仅仅是创建表,还要定义表之间的关系,使其满足完整性的要求。

4.4.1 表之间关系的类型及创建

根据父表和子表中相关联字段的对应关系,表之间的关系可以分为两种,即一对一关系和一对多关系。

(1) 一对一关系。在这种关系中,父表中的每条记录最多只与子表中的一条记录相联系。在实际工作中,一对一关系使用得很少,因为存在一对一关系的两个表多数情况下可以合并为一个表。

若要在两个表之间建立一对一关系，父表和子表发生联系的字段都必须是各自表中的主键或无重复索引字段。

(2) 一对多关系。这是最普通、最常见的关系。在这种关系中，父表中的每条记录都可以与子表中的多条记录联系，但子表的记录只能与父表的一条记录联系。

若要在两个表之间建立一对多关系，父表的联系字段必须是主键或无重复索引字段。

表之间的联系字段可以不同名，但必须在数据类型和字段属性设置上相同。

【例 4.11】 建立"图书销售"数据库中"出版社"表与"图书"表之间的关系。

在"图书销售"数据库中，首先应创建完成相关的表。

选择"数据库工具"选项卡，如图 4.23 所示，单击"关系"按钮，启动"关系"窗口。在"关系"窗口中右击，弹出的快捷菜单如图 4.24 所示，然后选择"显示表"命令，弹出"显示表"对话框，如图 4.25 所示。

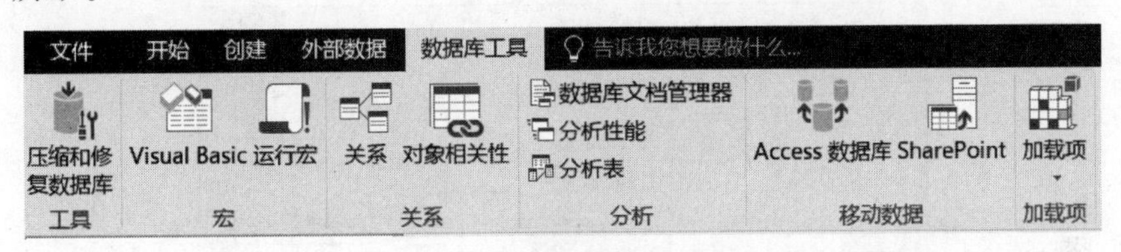

图 4.23 "数据库工具"选项卡

显示表(T)...
全部显示(L)
保存布局(S)
关闭(C)

图 4.24 "关系"窗口快捷菜单

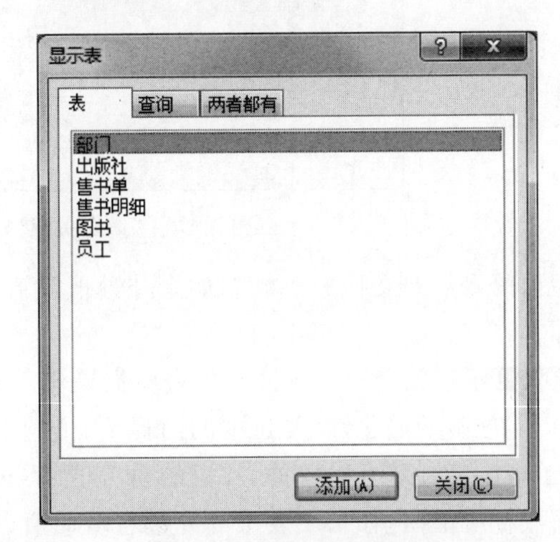

图 4.25 "显示表"对话框

在"显示表"对话框中选中"出版社"表，单击"添加"按钮，再双击"图书"表，依次将两个表添加到"关系"窗口，最后关闭"显示表"对话框，如图 4.26 所示。

从父表中选中被引用字段拖动到子表对应的外键字段上。这里选中"出版社"表的"出版社编号"字段拖动到"图书"表的"出版社编号"上，这时弹出"编辑关系"对话框，如图 4.27 所示。

在"编辑关系"对话框中，左边的表是父表，右边的相关表是子表。下拉列表框中列出发生联系的字段，关系类型是"一对多"。

如果要全面实现"参照完整性"，可以设置"编辑关系"对话框中的复选框。

(1) 实施参照完整性——针对子表数据操作。

选中"实施参照完整性"复选框，这样，在子表中添加或更新数据时，Access 将检验子表新

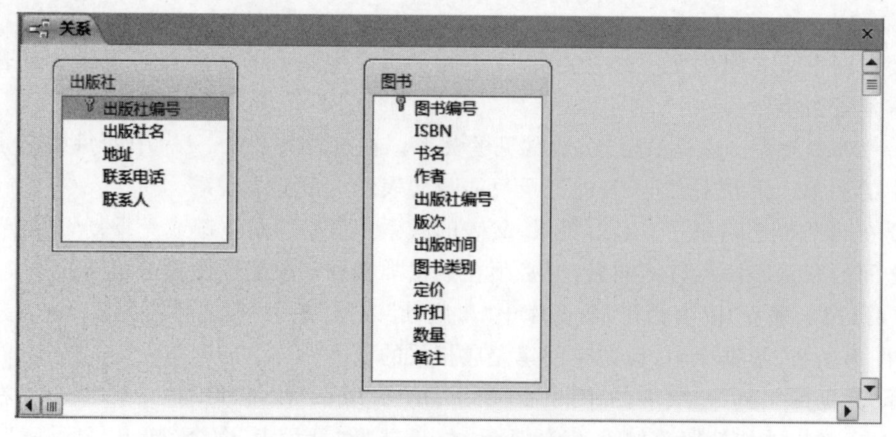

图 4.26 “关系”操作窗口

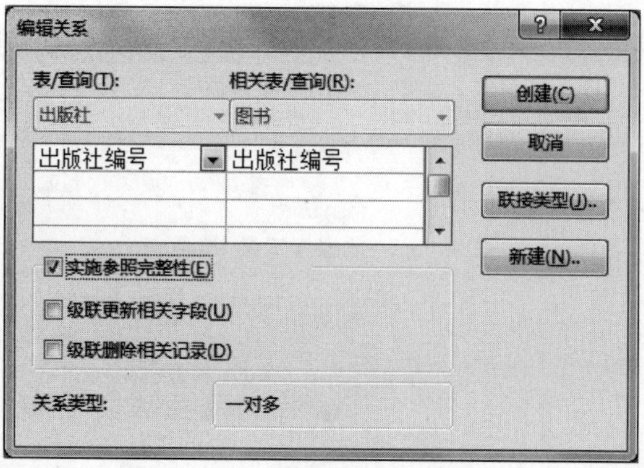

图 4.27 “编辑关系”对话框

加入的外键值是否满足参照完整性。如果外键值没有与之对应的主键值，Access 将拒绝添加或更新数据。

(2) 级联更新相关字段——针对父表数据操作。

在选中“实施参照完整性”复选框的前提下，可选中该复选框。其含义是，当父表修改主键值时，如果子表中的外键有对应值，外键的对应值将自动级联更新。如果不选中该复选框，那么当父表修改主键值时，如果子表中的外键有对应值，则 Access 拒绝修改主键值。

(3) 级联删除相关记录——针对父表数据操作。

在选中“实施参照完整性”复选框的前提下，可选中该复选框。其含义是，当父表删除主键值时，如果子表中的外键有对应值，外键所在的记录将自动级联删除。如果不选中该复选框，那么当父表删除主键值而子表中的外键有对应值时，则 Access 拒绝删除主键值。

如果不选中“实施参照完整性”复选框，虽然在“关系”窗口中也会建立两个表之间的关系连线，但 Access 不会检验输入的数据，即不强制实施参照约束。

设置完毕后，单击“创建”按钮，就建立了“出版社”表和“图书”表之间的关系。

按照以上类似的操作方法，依次建立所有有联系的表的关系，这样，整个数据库的全部关系就建立起来了。图 4.28 所示为“图书销售”数据库中的全部关系示意图。

由第 3 章的分析可知，“售书单”实际上是与“图书”发生多对多的联系，即一个售书单中可有多种图书，一种图书可出现在不同的售书单中。在这里，Access 建立的关系是一对多的关

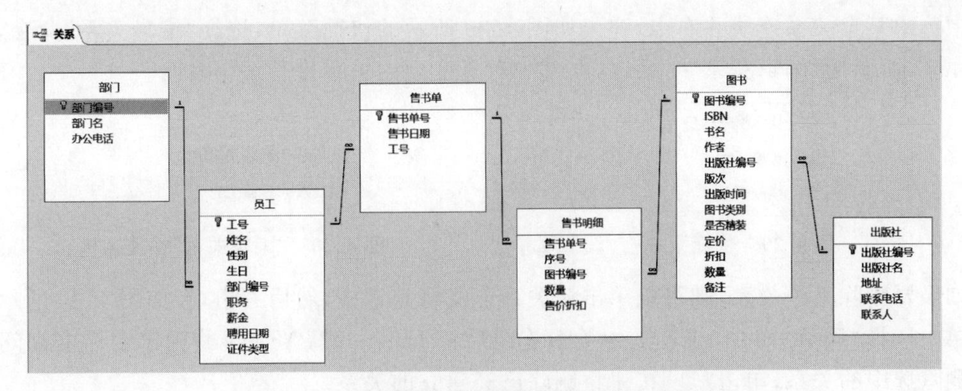

图 4.28 “图书销售”数据库中的全部关系示意

系。为此，建立一个“售书明细”表，该表是“售书单”与“图书”的连接表，将多对多关系转换为两个表对连接表的一对多关系。这就是关系数据库表达实体及其联系的方法。

在以后的数据库操作中，Access 将按照用户设置严格实施参照完整性。

由于完整性约束与数据库数据的完整性和正确性息息相关，因此，用户应该在创建数据库时预先设计好所有的完整性约束要求。在定义表时，应同时定义主键、约束和验证规则、外键和参照完整性，这样，当输入数据记录时，所有设置的规则将发挥作用，最大限度地保证数据的完整性和正确性。

如果用户是先输入数据再修改表的结构并定义完整性约束，若存在数据不能满足约束要求，则完整性约束将建立不起来。

4.4.2 对关系进行编辑

对于已经建立了关系的数据库，如果有需要可以对关系进行修改和维护。

1. 在“关系”窗口中隐藏或显示表

在“关系”窗口中，当有很多表时，可以隐藏一些表和关系的显示以突出其他表和关系。在需要隐藏的表上右击，弹出如图 4.29 所示的快捷菜单，选择“隐藏表”命令，则被选中的表及其关系都会从“关系”窗口中消失。

如果要重新显示隐藏的表及其关系，可以在“关系”窗口中选中某个表，然后右击，弹出如图 4.29 所示的快捷菜单，选择“显示相关表”命令，这样将重新显示与该表建立了关系而被隐藏的所有表和关系。

另外，单击功能区中的“所有关系”按钮，被隐藏的所有表及其关系都重新显示在“关系”窗口中。

2. 添加或删除表

将新的表加入“关系”窗口中的操作如下。在“关系”窗口的空白处右击，在弹出的快捷菜单中选择“显示表”命令，或者单击功能区“设计”选项卡中的“显示表”按钮，弹出如图 4.25 所示的“显示表”对话框，将需要加入的表选中，然后单击“添加”按钮。

对于在“关系”窗口中不需要的表，选中后按 Delete 键删除即可。需要注意的是，有关系的父表是不能被删除的，必须先删除关系；删除有关系的子表将同时删除关系。

3. 修改或删除已建立的关系

如果要修改某个关系的设置，可以按如下方法操作：选中关系连线并双击，或者在“关系”

窗口中选中某个关系连线并右击，弹出如图 4.30 所示的快捷菜单，选择“编辑关系”命令，弹出如图 4.27 所示的“编辑关系”对话框，在其中对已建立的关系进行编辑修改。

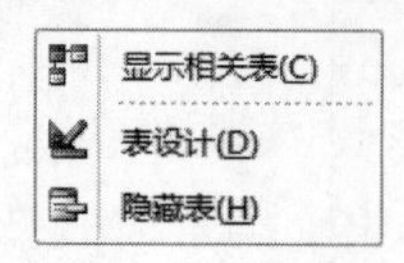

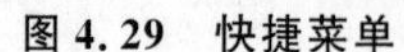

图 4.29 快捷菜单

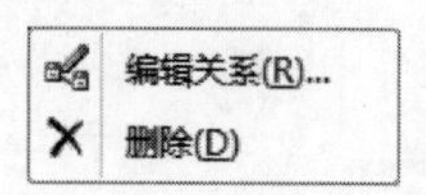

图 4.30 “编辑关系”快捷菜单

如果要删除某个关系，则可以单击该关系连线将其选中，然后右击，在如图 4.30 所示的快捷菜单中选择“删除”命令，或者选中关系连线后按 Delete 键，Access 将弹出对话框询问是否永久删除选中的关系，单击“是”按钮将删除已经建立的关系。

4.5 表的操作

当表建立后，就可以对表进行各种操作了。

在 Access 数据库中，数据表视图是用户操作表的主要界面，可以随时输入记录，或编辑、浏览表中已有的记录，还可以查找和替换记录以及对记录进行排序和筛选。数据表视图是可格式化的，用户可以根据需要改变记录的显示方式，如改变记录的字体、字型及字号，调整字段显示次序，隐藏或冻结字段等。

4.5.1 表记录的输入

1. 数据表视图及操作

图 4.31 为“图书”表的数据表视图。

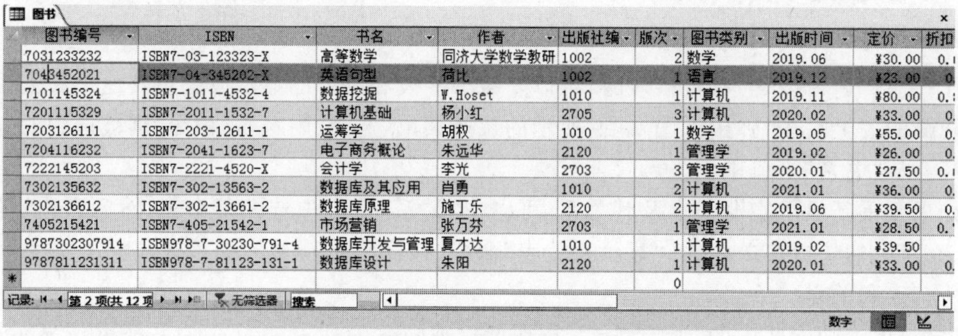

图书编号	ISBN	书名	作者	出版社编	版次	图书类别	出版时间	定价	折扣
7031233232	ISBN7-03-123323-X	高等数学	同济大学数学教研	1002	2	数学	2019.06	¥30.00	0.
7043452021	ISBN7-04-345202-X	英语句型	荷比	1002	1	语言	2019.12	¥23.00	0.
7101145324	ISBN7-1011-4532-4	数据挖掘	W.Hoset	1010	1	计算机	2019.11	¥80.00	0.
7201115329	ISBN7-2011-1532-7	计算机基础	杨小红	2705	3	计算机	2020.02	¥33.00	0.
7203126111	ISBN7-203-12611-1	运筹学	胡权	1010	1	数学	2019.05	¥55.00	0.
7204116232	ISBN7-2041-1623-7	电子商务概论	朱远华	2120	1	管理学	2019.02	¥26.00	0.
7222145203	ISBN7-2221-4520-X	会计学	李光	2703	3	管理学	2020.01	¥27.50	0.
7302135632	ISBN7-302-13563-2	数据库及其应用	肖勇	1010	2	计算机	2021.01	¥36.00	0.
7302136612	ISBN7-302-13661-2	数据库原理	施丁乐	2120	2	计算机	2019.06	¥39.50	0.
7405215421	ISBN7-405-21542-1	市场营销	张万芬	2703	1	管理学	2021.01	¥28.50	0.
9787302307914	ISBN978-7-30230-791-4	数据库开发与管理	夏才达	1010	1	计算机	2019.02	¥39.50	
9787811231311	ISBN978-7-81123-131-1	数据库设计	朱阳	2120	1	计算机	2020.01	¥33.00	0.
*					0				

记录: 第 2 项(共 12 项) 无筛选器 搜索 数字

图 4.31 “图书”表的数据表视图界面

在数据表视图中，每行显示一条记录，每列头部显示字段名。如果定义表时为字段设置了“标题”属性，那么“标题”属性的值将替换字段名。

数据表视图设置有记录选择器、记录浏览按钮，以及记录滚动条、字段滚动条。记录选择器用于选择记录以及显示当前记录的工作状态。记录浏览按钮包含 6 个控件(第一条记录、上一条记录、当前记录、下一条记录、尾记录、新记录)，用于指定记录。

在数据表视图左边的记录选择器上可看到三种不同的标记：深色标记“当前记录”；“编辑记录”标记 表明正在编辑当前记录；“新记录”标记 * 表明输入新记录的位置。

在数据表视图中，如果打开的表与其他表存在一对多的表间关系，Access 将会在数据表视图中为每条记录在第一个字段的左边都设置一个展开指示器“+”号，单击“+”号可以显示与该记录相关的子表记录。在 Access 中，这种多级显示相关记录的形式可以嵌套，最多可以设置 8 级嵌套。

在数据表视图中，若要为表添加新记录，应首先单击数据表视图中的“新记录”按钮，Access 即将光标定位到新记录行上，新记录行的记录选择器上会显示“新记录”标记。一旦用户开始输入新记录，记录选择器上的标记将变成“编辑记录”标记，直到输入完新记录，光标移动到下一行。

若要输入多条记录，每输入完一条记录，直接下移光标就可以继续输入。

输入完毕后，关闭窗口进行保存，或者单击快速工具栏中的“保存”按钮进行保存。

在实际应用 Access 数据库时，要存入表的数据都是实际发生的数据。对于实际应用来说，数据的正确性和界面友好(符合用户习惯的格式)是很重要的。所以，Access 应用系统一般会根据实际设计符合用户习惯的输入界面，同时还要进行输入检验，以保证数据输入的正确性，提高输入速度，这个功能由 Access 的窗体对象实现。

由于 Access 的设计特点是可视化、易于交互操作，因此很多用户也直接操作数据表视图，本章前面介绍的“查阅显示控件”就是输入记录时非常重要的一种手段。

对于某些字段，尽量设置“输入掩码”“验证规则”“默认值”等属性，将极大地提高输入速度和正确性。

如果输入的记录值中有外键字段，必须注意字段值要满足参照完整性约束。

2. OLE 对象字段的输入

作为“OLE 对象”型字段，可以存储的对象非常多。例如，如果在“图书”表中增加“图书封面”字段，这是一幅图片；增加“图书简介”字段，可能是一篇 Word 文档；增加“电子课件”，可能是 PPT 文档，这些都可以是“OLE 对象”型字段。

在数据表视图上输入“OLE 对象”型字段值一般有两种方法。

方法一，首先利用“剪切”或“复制”将对象放置在“剪贴板”中，然后在输入记录的“OLE 对象”型字段上右击，弹出快捷菜单，如图 4.32 所示。选择“粘贴”命令，该对象就保存在了表中。

方法二，在输入记录的“OLE 对象”型字段上右击，弹出快捷菜单，选择“插入对象”命令，弹出如图 4.33 所示的对话框。

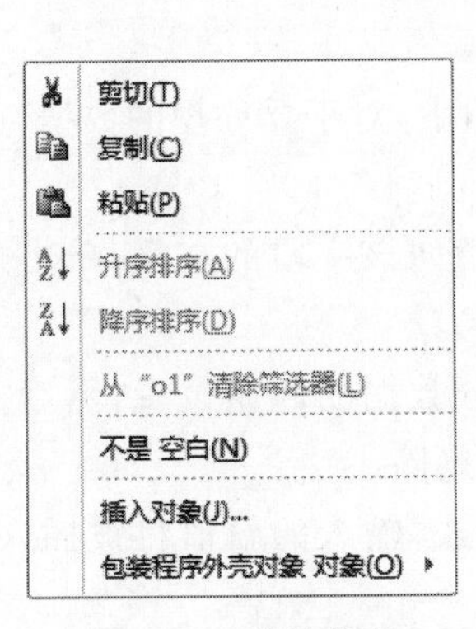

图 4.32 快捷菜单

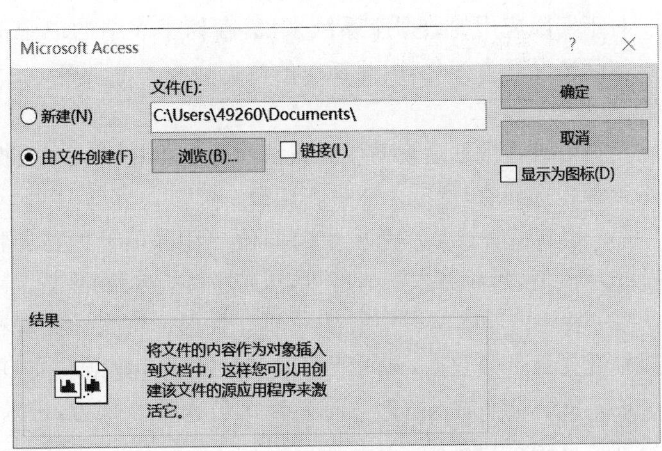

图 4.33 “由文件创建对象”对话框

该对话框左边有两个单选按钮，即“新建”和“由文件创建”。选中“由文件创建”单选按钮，则该对象已经作为文件事先存储在磁盘上。单击“浏览”按钮,查找到要存储的文件,然后单击“确定”按钮,文件就作为一个“包”存储到 Access 表记录中。如果选中“链接”复选框,则 Access 采用链接方式存储该“包”对象。

如果选中“新建”单选按钮,则在中间的“对象类型”列表中选择要建立的对象,然后单击“确定”按钮,Access 将自动启动与该对象有关的程序来创建一个新对象。例如选择“Microsoft Excel 工作表”,Access 将自动启动 Excel 程序,用户可以创建一个 Excel 电子表,在退出 Excel 时,这个电子表就保存在 Access 表的当前记录中了。

对于所有“OLE 对象”值的显示或处理,都使用创建和处理该对象的程序。

3. 附件字段的输入

附件字段是将其他文件以附件的形式保存在数据库中。其操作方法如下所述。

(1) 在输入记录的“附件”型字段上右击,弹出如图 4.34 所示的快捷菜单,选择“管理附件”命令,弹出如图 4.35 所示的“附件”对话框。

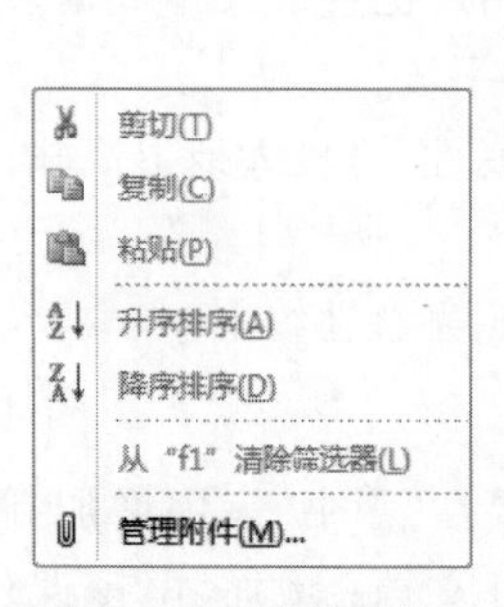

图 4.34 快捷菜单

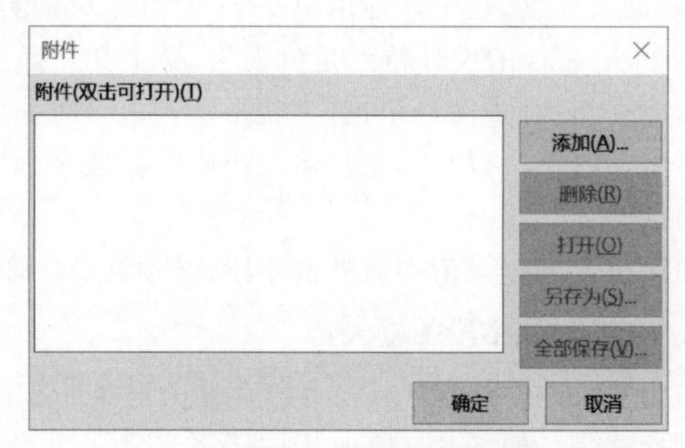

图 4.35 “附件”对话框

(2) 单击“添加”按钮,弹出“选择文件”对话框,用户找到需要存储的文件后,单击“打开”按钮,将文件置于“附件”列表中。注意,可以添加多个文件。

(3) 单击“确定”按钮,所有文件将保存到数据库中。

4.5.2 表记录的修改和删除

对于实际应用的数据库系统来说,存储于表中的记录都是实际业务或管理数据的体现。由于实际情况经常变化,因此相应的数据也在不断改变。Access 允许用户修改和删除表中的数据。

用户可以在数据表视图中修改或删除数据记录。在数据表视图中,对于要处理的数据,用户必须首先选择它,然后才能进行编辑。

(1) 用新值替换某一字段中的旧值或删除旧值。首先将光标指向该字段的左侧,单击选择整个字段值,然后输入新值即可,或按 Delete 键删除整个字段值。

(2) 替换或删除字段中的某一部分数据。将光标放置在该部分数据的起始位置,然后拖曳鼠标选择该部分数据,输入新值即可替换原有数据或按 Delete 键删除。

(3) 在字段中插入数据。将光标定位在插入位置,进入插入模式,输入的新值将被插入,其后的所有字符均右移。

(4) 使用 Esc 键取消对记录的编辑修改。按一次 Esc 键可以取消最近一次的编辑修改;连续按两次 Esc 键将取消对当前记录的全部修改。

(5) 在记录选择器上选中某记录，然后右击，在弹出的快捷菜单中选择“删除记录”命令，或者选中记录后按 Delete 键，可删除记录。注意，被引用记录不能删除。

4.5.3 对表的其他操作

对于表的进一步操作，主要包括浏览数据记录，对记录进行排序、筛选等。

1. 浏览表记录

在数据表视图中可以浏览相关表的记录，还可以设置主/子表的展开和折叠。

作为关系的父表，在浏览时如果想同时了解被其他表的引用情况，可以在数据表视图中单击记录左侧的展开指示器查看相关的子表。展开之后，展开指示器变成折叠指示器。当有多个子表时需要选择查看的子表，多层主/子表可逐层展开，如“出版社”－“图书”－“售书明细”表。

单击折叠指示器的“－”号，将收起已展开的子表数据，同时“－”号变成“＋”号。

2. 排序和筛选

在数据表视图中，一般按照主键的升序顺序显示表的全部数据记录。如果没有定义主键，将按照记录输入时的物理顺序显示。用户可以对记录排序重新显示记录。另外，也可以对记录进行筛选，使只有满足给定条件的记录显示出来。

1) 重新排序显示记录

基本操作如下：在数据表视图中选择用来排序的字段，然后在功能区的“开始”选项卡的“排序和筛选”组(见图 4.5)中单击“升序”或“降序”按钮，这时，将按照所选字段的升序或降序重新排列显示记录。单击“取消排序”按钮，将重新按照原来的顺序显示记录。

若一次选择相邻的几个字段(如果不相邻，可通过调整字段使它们邻接)，单击“升序”或“降序”按钮，记录将根据这几个字段从左至右的优先级，按照升序或降序排序。

如果根据几个字段的组合对记录进行排序，但这几个字段的排序方式不一样，则必须使用“高级筛选/排序”命令。例如显示“图书”表，按照“图书类别”的升序和“出版时间”的降序排列，操作步骤如下所述。

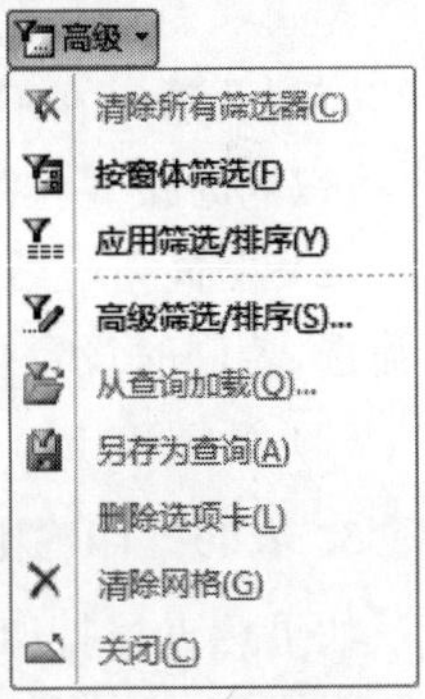

(1) 在“图书”表的数据表视图内，单击“开始”选项卡的“排序和筛选”组(见图 4.5)中的“高级”按钮，显示“高级”命令下拉菜单，如图 4.36 所示。

(2) 选择“高级筛选/排序”命令，打开“图书筛选”窗口，如图 4.37 所示。筛选窗口分为上、下两部分，上面部分是表输入区，用于显示当前表；下面部分是设计网格，用于为排序或筛选指定字段、设置排序方式和筛选条件。

高级
清除所有筛选器(C)
按窗体筛选(F)
应用筛选/排序(Y)
高级筛选/排序(S)...
从查询加载(Q)...
另存为查询(A)
删除选项卡(L)
清除网格(G)
关闭(C)

图 4.36 “高级”命令下拉菜单

(3) 在设计网格的“字段”栏的下拉列表框中指定要排序的字段。

(4) 每选择一个排序字段，就指定该字段的排序方式(升序或降序)。

(5) 重复第(3)和第(4)步操作，指定多个字段的组合来进行排序。设置的字段依次称为第一排序字段、第二排序字段……

(6) 单击功能区中的“切换筛选”按钮，Access 即根据指定字段的组合对记录进行排序。注意，只有在上一排序字段值不分大小时，下一排序字段才发挥作用。

单击“取消排序”按钮，则将重新按照原来的顺序显示记录。

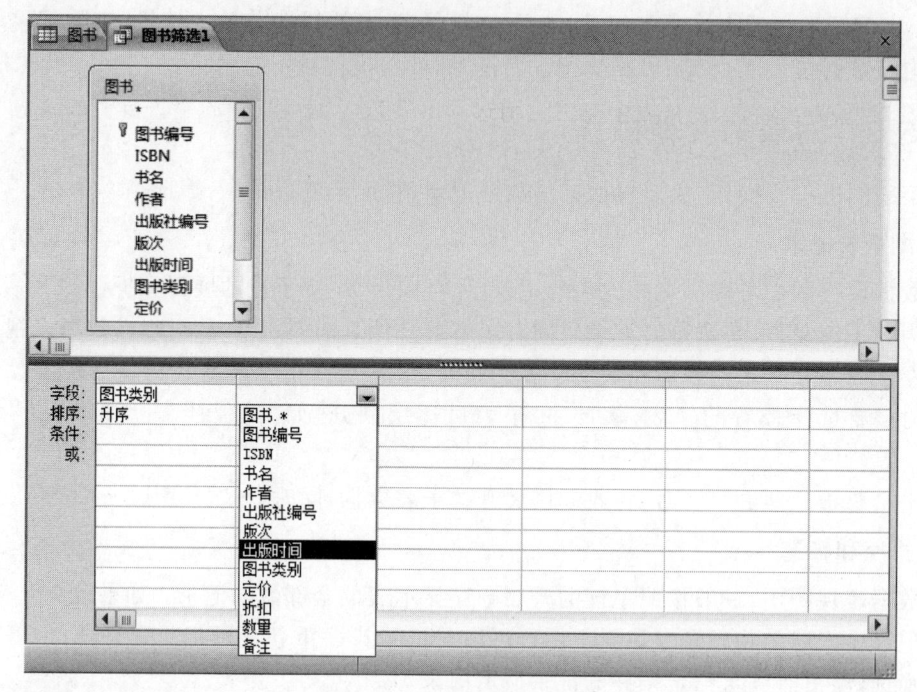

图 4.37　图书"筛选"窗口

2）筛选记录

通过筛选可以实现在数据表视图中只显示满足给定条件记录的功能。对记录进行筛选的操作与对记录进行多字段排序的操作相似，基本方法如下所述。

（1）在筛选窗口中指定参与筛选的字段，然后将筛选条件输入设计网格的"条件"行和"或"行中。

Access 规定：在"条件"行和"或"行中，在同一行中设置的多个筛选条件，它们之间存在逻辑"与"的关系。在不同行中设置的多个筛选条件，它们之间存在逻辑"或"的关系。如果有需要，可以同时设置排序，也可以设置字段只排序不参与筛选。

（2）设置完毕后，单击功能区中的"切换筛选"按钮，Access 即根据设置的筛选条件进行组合筛选，若同时设置排序，则在筛选的基础上按排序设置显示数据表。

（3）继续单击"切换筛选"按钮，Access 将重新显示该表中的所有记录。

3. 表的打印输出

如果想直接打印表中的记录，则可以将表数据在数据表视图中打开，然后选择"文件"选项卡，在 Backstage 视图中选择"打印"命令进行打印。

打印格式是数据表的基本格式，如果希望查看打印效果，可以先选择"打印预览"命令进行查看。

4.5.4　修改表结构和删除表

通过表设计视图，可以随时修改表结构。但要注意，由于表中已经保存了数据记录，与其他表可能已经建立了关系，因此修改表结构可能会受到一定的限制。

修改操作包括添加、删除字段，修改字段的定义，移动字段的顺序，添加、取消或更改主键字段，添加或修改索引等。

在表设计视图左侧的字段选择器(即字段名前的方块按钮)上右击,会弹出一个快捷菜单,如图 4.38 所示。

选择“删除行”命令,将从表中删除当前选择的字段。如果删除的字段被关系表引用,那么 Access 会提示删除前必须先解除关系,否则不允许删除。

如果要增加新的字段,可以直接在最后一个字段的后面(空白处)输入新的字段,也可以在快捷菜单中选择“插入行”命令,先插入一个空行,然后在其中输入新字段的定义。需要注意的是,如果不是空表,则表中存在的记录中其他字段有值,新定义的字段就不能定义“必填字段”属性为“是”,否则,Access 将提示检验通不过的信息。

用鼠标按住某个字段的字段选定器拖曳,可以改变字段的排列次序,那么在数据表视图中字段列的位置顺序也会更改。

选中某个字段,可以更改其字段名称、数据类型、字段属性。但要注意,若该字段已经有数据在表中,那么修改字段定义可能会引起已有数据与新定义的冲突。

选中“主键”字段,单击工具栏中的“主键”按钮,可以取消已有主键。若主键被关系表引用,则不可取消,除非先解除该关系。如果表之前没有定义主键,可以选中某个字段,单击工具栏中的“主键”按钮定义主键,前提是选定的字段没有重复值。

对于表结构的修改,必须进行保存才能生效。

当某个表不再需要时,应及时删除。在导航窗格中选中某个表,然后右击,弹出如图 4.38 所示的快捷菜单,选择“删除”命令即可删除该表;或者选中表后按 Delete 键,弹出如图 4.39 所示的对话框,单击“是”按钮,将从数据库中删除表。这种删除是不可恢复的永久删除。用户需要注意的是,若该表在关系中被其他表引用,必须先解除关系。

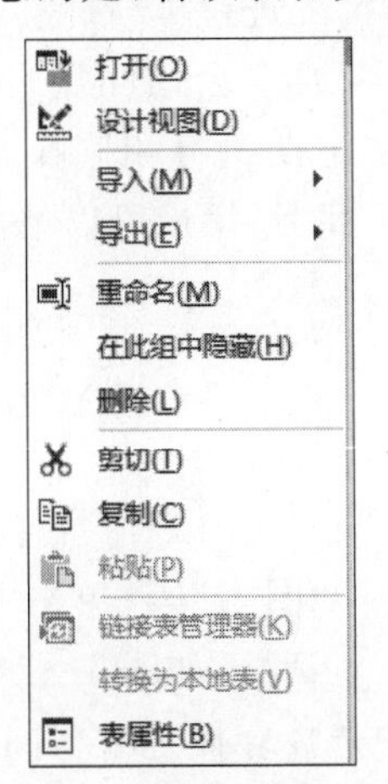

图 4.38 设计视图中的快捷菜单

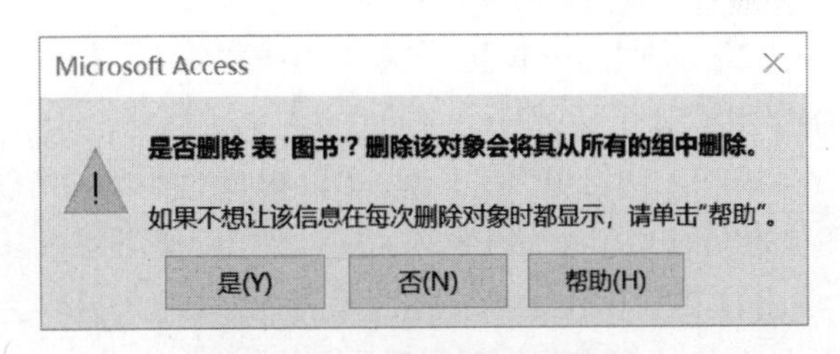

图 4.39 删除表提示对话框

4.5.5 表的导出

Access 可以和十几种不同的文件类型交换数据,主要有不同版本的 Access 数据库文件、SQL Server 数据库文件、dBASE 数据库文件,以及文本文件、XML 文件、Excel 文件、Outlook 文件等。

Access 能够通过链接、导入和导出的方式使用这些外部数据资源。导入和链接的相关内容在 4.3.3 节已经介绍过了,这里主要介绍表的导出操作。导出操作是指将当前 Access 数据库表中的数据复制到其他应用程序中。

在 Access 中,链接、导入和导出操作是通过“外部数据”选项卡中的“导入并链接”组和“导出”组完成的,如图 4.40 所示。

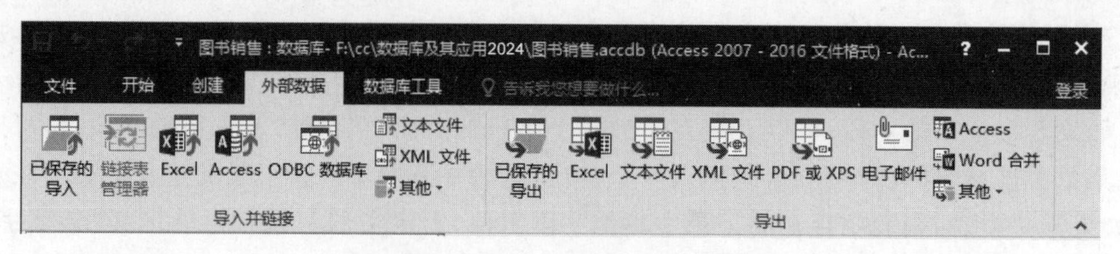

图 4.40 Access 的“外部数据”选项卡

Access 提供了丰富的导出格式。从 Access 导出数据的一般过程如下所述。

(1) 首先打开要从中导出数据的数据库,然后在导航窗格中选择要从中导出数据的对象。用户可以从表、查询、窗体或报表对象中导出数据,但并非所有的导出选项都适用于所有的对象类型。

图 4.41 其他导出格式

(2) 在“外部数据”选项卡的“导出”组中单击要导出到的目标数据类型。例如,若要将数据导出为可用 Microsoft Excel 打开的格式,单击 Excel 按钮。

单击“外部数据”选项卡的“导出”组中的“其他”按钮,可以查看允许导出的其他格式,如图 4.41 所示。

(3) 在大多数情况下,Access 都会启动“导出”向导。该向导会要求用户提供一些信息,例如目标文件名和格式、是否包括格式和布局、要导出哪些记录等,根据情况进行填写。

(4) 在该向导的最后一页,Access 通常会询问用户是否要保存导出操作的详细信息。如果需要定期执行相同操作,可选中“保存导出步骤”复选框,并填写相应信息,然后单击“关闭”按钮。此后,用户可以单击“外部数据”选项卡上的“已保存的导出”按钮重新运行此操作。

1. 导出到 Excel 文件中

【例 4.12】 将“图书销售”数据库中的“图书”表导出到一个 Excel 文件中。

其操作步骤如下所述。

① 在 Access 中打开“图书销售”数据库,然后在导航窗格中选择“图书”表,单击“外部数据”选项卡的“导出”组中的 Excel 按钮,弹出“导出-Excel 电子表格”对话框,如图 4.42 所示。

② 单击该对话框中的“浏览”按钮,在弹出的“另存为”对话框中选择存储地址,并选中“导出数据时包含格式和布局”复选框和“完成导出操作后打开目标文件”复选框,然后单击“确定”按钮,即可完成导出,并自动打开 Excel 显示导出的数据,如图 4.43 所示。

③ 此时,Access 会弹出一个对话框,如果用户在以后需要重复这一导出步骤,可以选中“保存导出步骤”复选框,然后在“另存为”文本框中为这一存储过程命名,并输入必要的说明,如图 4.44 所示。最后单击“保存导出”按钮,完成将 Access 数据表导出到 Excel 电子表格的操作。

以后,如果用户想重复这一操作,可以单击“外部数据”选项卡的“导出”组中的“已保存的导出”按钮,弹出“管理数据任务”对话框(在“已保存的导出”选项卡中可以看到之前保存的导出),如图 4.45 所示。然后选择想要运行的导出,单击“运行”按钮。

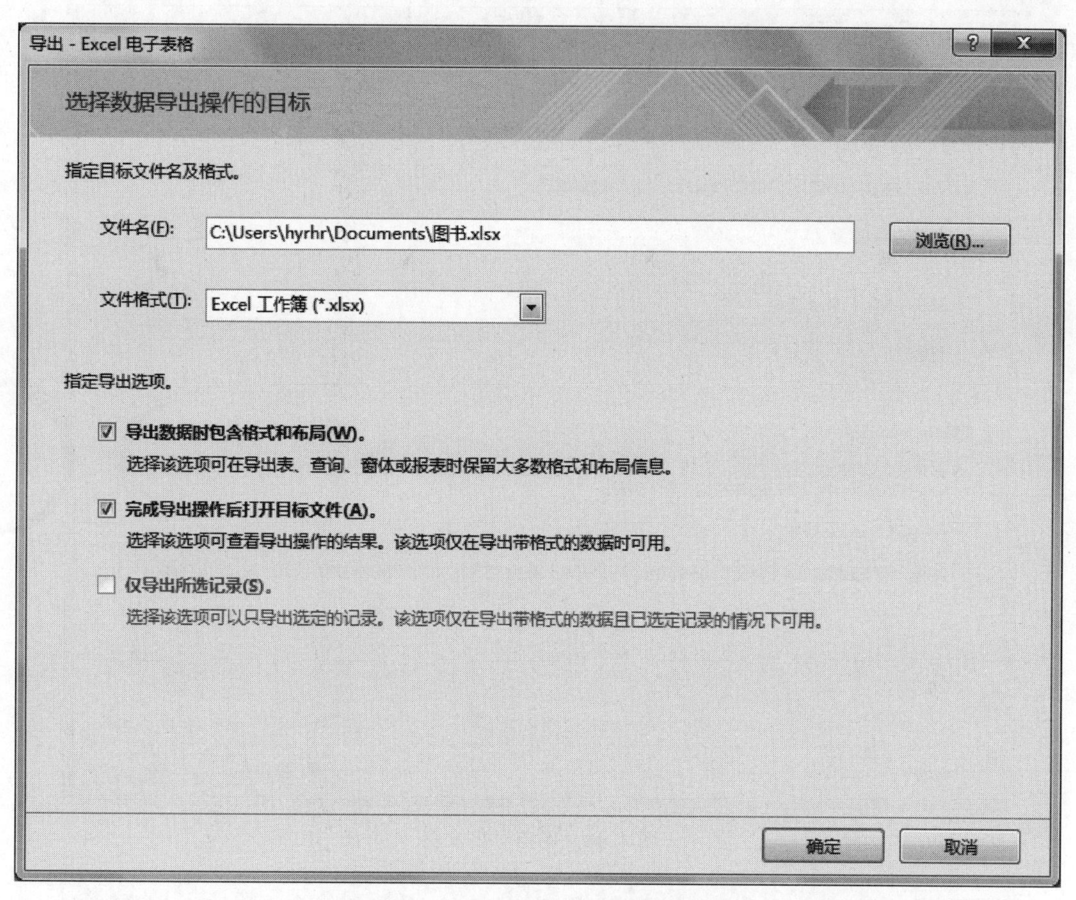

图 4.42 “导出-Excel 电子表格”对话框

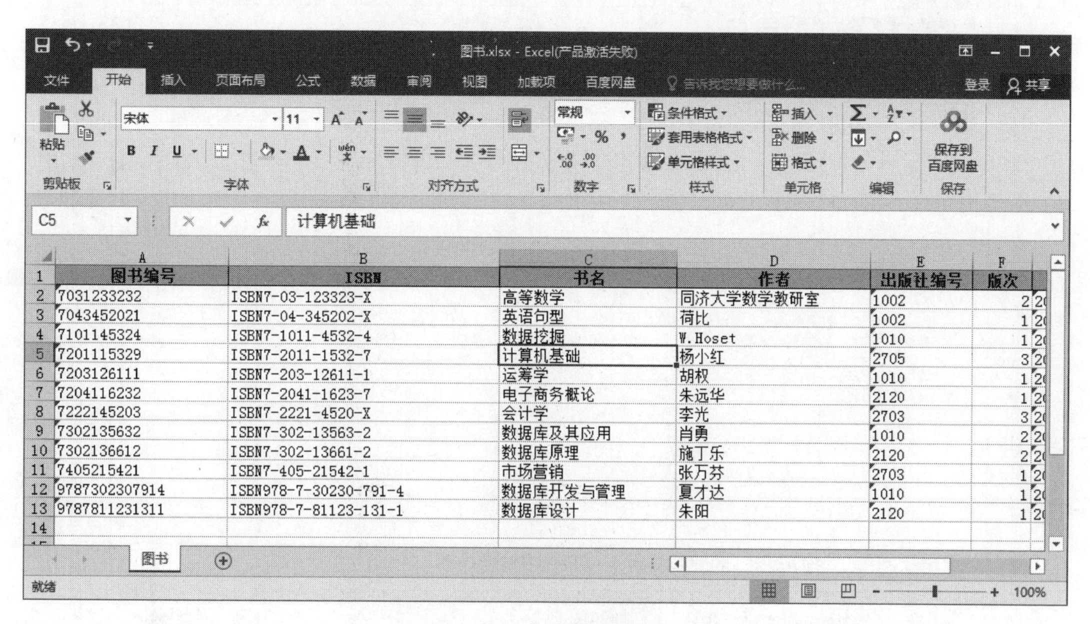

图书编号	ISBN	书名	作者	出版社编号	版次
7031233232	ISBN7-03-123323-X	高等数学	同济大学数学教研室	1002	2
7043452021	ISBN7-04-345202-X	英语句型	荷比	1002	1
7101145324	ISBN7-1011-4532-4	数据挖掘	W.Hoset	1010	1
7201115329	ISBN7-2011-1532-7	计算机基础	杨小红	2705	3
7203126111	ISBN7-203-12611-1	运筹学	胡权	1010	1
7204116232	ISBN7-2041-1623-7	电子商务概论	朱远华	2120	1
7222145203	ISBN7-2221-4520-X	会计学	李光	2703	3
7302135632	ISBN7-302-13563-2	数据库及其应用	肖勇	1010	2
7302136612	ISBN7-302-13661-2	数据库原理	施丁乐	2120	2
7405215421	ISBN7-405-21542-1	市场营销	张万芬	2703	1
9787302307914	ISBN978-7-30230-791-4	数据库开发与管理	夏才达	1010	1
9787811231311	ISBN978-7-81123-131-1	数据库设计	朱阳	2120	1

图 4.43 打开目标文件

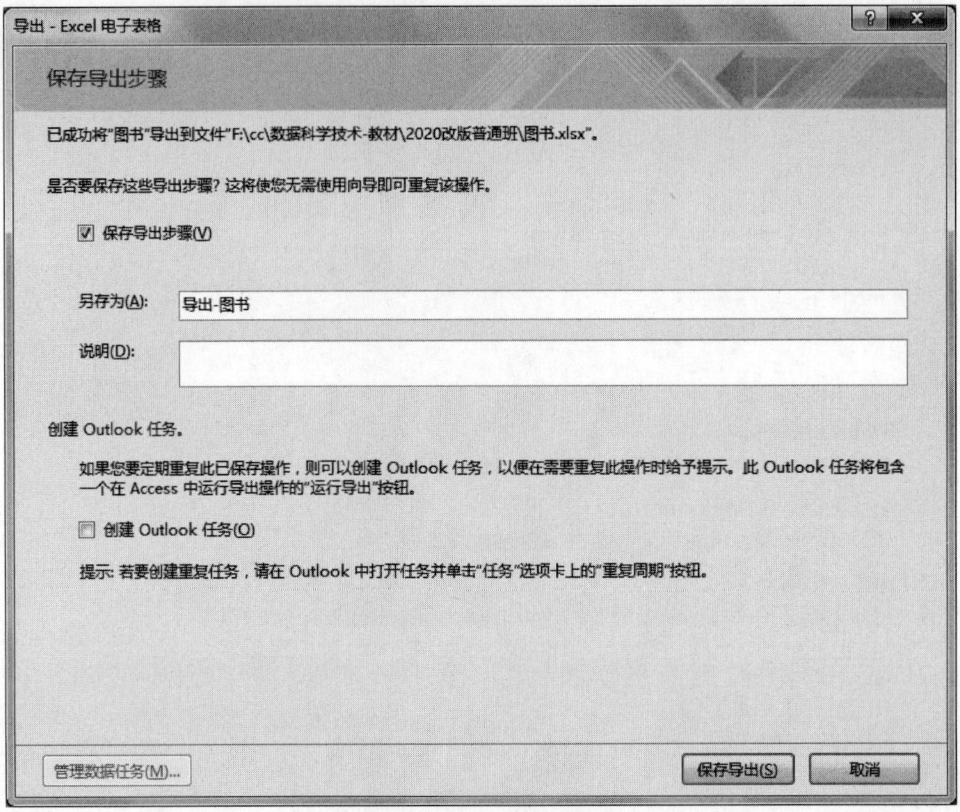

导出 - Excel 电子表格

保存导出步骤

已成功将"图书"导出到文件"F:\cc\数据科学技术-教材\2020改版普通班\图书.xlsx"。

是否要保存这些导出步骤? 这将使您无需使用向导即可重复该操作。

☑ 保存导出步骤(V)

另存为(A): 导出-图书

说明(D):

创建 Outlook 任务。

如果您要定期重复此已保存操作，则可以创建 Outlook 任务，以便在需要重复此操作时给予提示。此 Outlook 任务将包含一个在 Access 中运行导出操作的"运行导出"按钮。

☐ 创建 Outlook 任务(O)

提示: 若要创建重复任务，请在 Outlook 中打开任务并单击"任务"选项卡上的"重复周期"按钮。

管理数据任务(M)... 保存导出(S) 取消

图 4.44　保存导出步骤

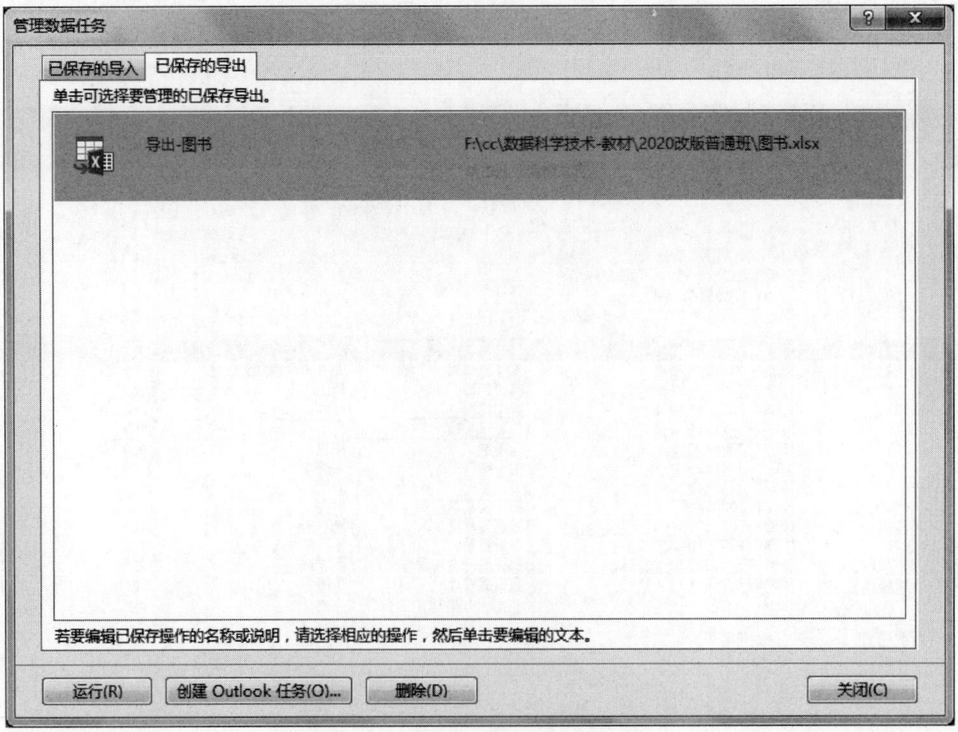

管理数据任务

已保存的导入 已保存的导出

单击可选择要管理的已保存导出。

导出-图书 F:\cc\数据科学技术-教材\2020改版普通班\图书.xlsx

若要编辑已保存操作的名称或说明，请选择相应的操作，然后单击要编辑的文本。

运行(R) 创建 Outlook 任务(O)... 删除(D) 关闭(C)

图 4.45　“管理数据任务”对话框

2. 导出到文本文件中

【例 4.13】 将“图书销售”数据库中的“图书”表导出到一个文本文件中。

其操作步骤如下所述。

① 在 Access 中打开“图书销售”数据库，然后在导航窗格中选择“图书”表，单击“外部数据”选项卡的“导出”组中的“文本文件”按钮，弹出“导出-文本文件”对话框，如图 4.46 所示。

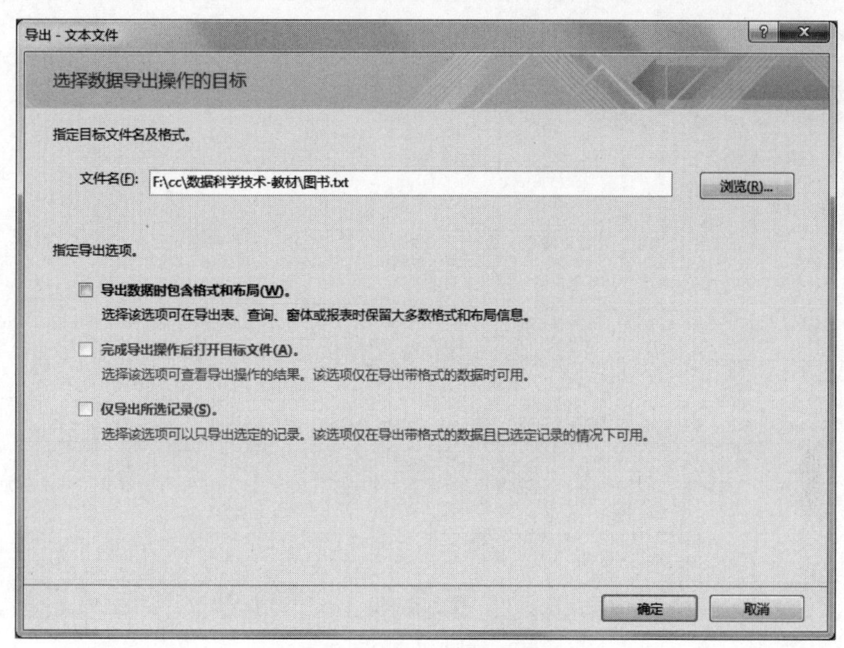

图 4.46 “导出-文本文件”对话框

② 单击该对话框中的“浏览”按钮，在弹出的“另存为”对话框中选择存储地址，然后单击“确定”按钮，弹出“导出文本向导”对话框，如图 4.47 所示。

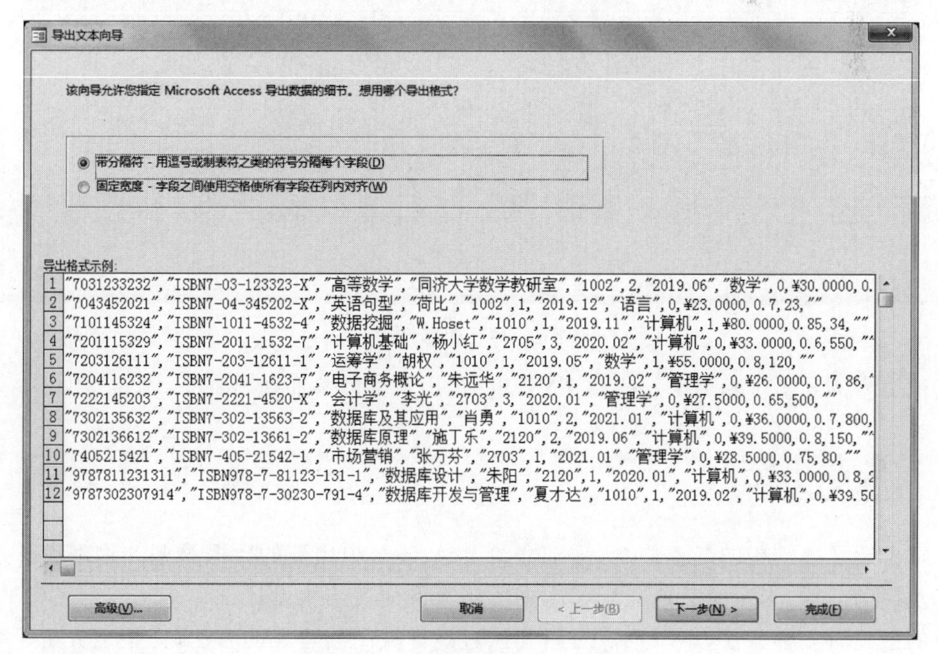

图 4.47 “导出文本向导”对话框

③ 选中“带分隔符-用逗号或制表符之类的符号分隔每个字段”单选按钮，然后单击“下一步”按钮，在下一个对话框中选择字段分隔符为“逗号”，并选中“第一行包含字段名称”复选框，如图 4.48 所示，最后单击“完成”按钮，在弹出的对话框中根据自己的需要决定是否保存导出步骤。

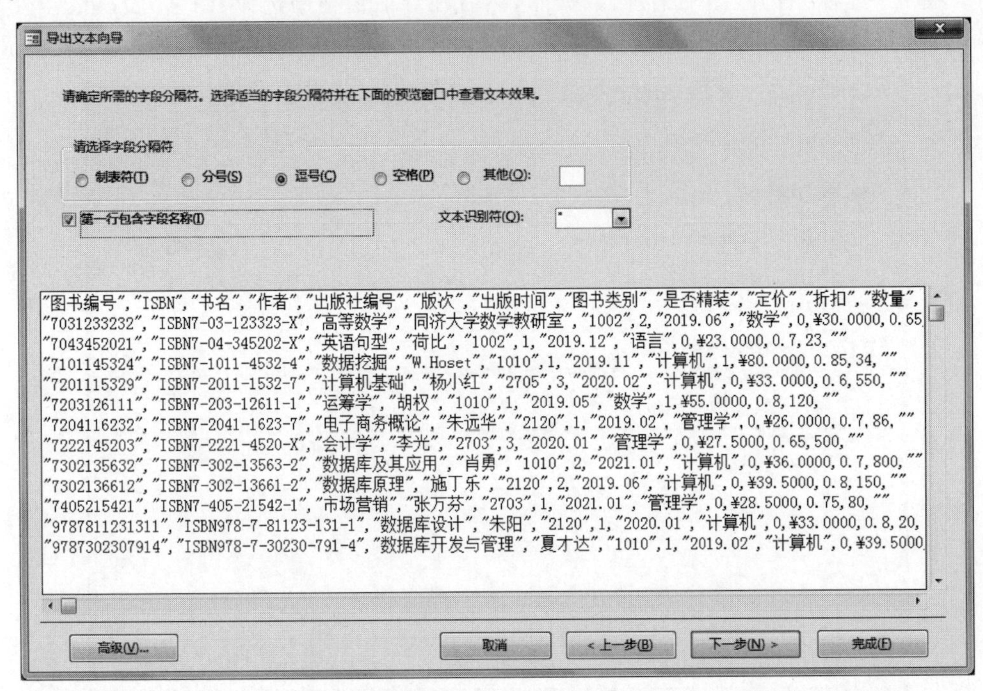

图 4.48 设置分隔符

导出后生成的“图书.txt”如图 4.49 所示。

图 4.49 图书.txt

其他类型的导出步骤与 Excel 和 TXT 近似，用户可以参照执行。

本章小结

本章介绍了表结构的基本概念，详细介绍了 Access 中用到的数据类型。物理设计是创建数据库及表的前提，本章完整地介绍了本书所用案例的表结构设计。

表的创建有多种方法，本章重点介绍了通过设计视图创建表的方法，完整地分析了字段属性的含义及应用、查阅选项的作用及应用。另外，本章简要介绍了通过数据表视图、表和字段模板、导入或链接表等方法创建表的过程。

表之间的关系是关系数据库的重要组成部分，本章全面介绍了关系的定义方法及不同设置对操作数据的影响。

关于表及关系的创建过程，其实质就是定义各种数据约束的过程，通过数据类型、默认值、是否必须输入、主键、不重复索引、主键（即外键）引用联系、验证规则等多种方法，规定了数据的域完整性、实体完整性、参照完整性以及用户的定义完整性约束规则的建立。对于创建后的表，本章以数据表视图为核心，比较全面地介绍了对表的操作和设置，以及表的导出等。

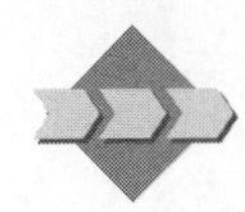

思考题

1. 简述 Access 数据库中表的基本结构。

2. 数据类型的作用有哪些？试举几种常用的数据类型及其常量表示。

3. Access 数据库中有哪几种创建表的方法？简述各种方法的特点。

4. 什么是主键？在表中定义主键有什么作用？

5. Access 数据库表之间有几种关系？它们之间有什么区别？

6. 什么是数据完整性？Access 数据库中有几种数据完整性？如何实施？

7. 在设计表时，设置“属性表”对话框的“验证规则”与字段属性中设置的“验证规则”有什么相同和不同之处？

8. 什么是索引？索引的作用是什么？

9. 什么是输入掩码？在定义表时使用输入掩码有何作用？

10. 文本型字段可以使用哪几种查阅显示控件？简述使用列表框绑定给定值集合的操作。

11. 通过导入表创建表和通过链接表创建表的主要区别是什么？在数据库窗口中如何区分这两种方式创建的表？

12. 什么是主/子表？如何查看主/子表？

13. 在定义关系时实施参照完整性的具体含义是什么？什么是级联修改和级联删除？

14. 简述多字段不同方向排序的操作过程。

15. Access 提供数据表筛选功能的作用是什么？如何实现？

16. 如果要修改表的结构，需要注意哪些方面？删除表呢？

第5章 数据存储中的查询

思想引领

查询对象是数据库中用于实现数据操作和处理的对象，数据库的操作使用结构化查询语言(SQL)。本章详细介绍SQL，以及查询对象的使用。

5.1 查询及查询对象

5.1.1 理解查询

数据库系统一般包括三大功能，即数据定义功能、数据操作功能、数据控制功能。用户通过数据库语言实现数据库系统的功能。关系数据库的标准语言是SQL。

在关系数据库中，查询(Query)有广义和狭义两种解释。广义的解释是，使用SQL对数据库进行管理、操作，都可以称为查询。狭义的查询是指数据库操作功能中查找所需数据的操作。在Access中，查询主要实现了定义功能和操作功能。

因此，Access中的查询包括了表的定义功能和数据的插入、删除、更新等操作功能，但核心功能是数据的查询。

在数据库中，表对象实现了数据的组织与存储，是数据库中数据的静态呈现，而查询对象实现了数据的动态处理，查询是在表的基础上完成的。在关系模型中，通过关系运算实现对关系的操作，对应在关系DBMS中就是通过SQL查询实现数据运算和操作。

5.1.2 SQL概述

1. SQL的发展过程

1974年，Boyce和Chamberlin提出SQL，并在IBM公司研制的关系DBMS原型System R中首先实现。经过不断修改、扩充和完善，SQL发展为关系数据库的国际标准语言。

1986年10月，美国国家标准局(America National Institute，ANSI)的数据库委员会批准将SQL作为关系数据库语言的美国标准，并公布了标准文本。1987年，国际标准化组织(ISO)通过了这一标准。此后，ANSI不断修改和完善SQL标准。

自SQL成为国际标准以后，各数据库公司纷纷推出各自的SQL软件或与SQL的接口。现今所有关系DBMS都支持SQL，虽然大多对标准SQL进行了改动，但基本内容、命令和格式完全一致。掌握SQL对使用关系数据库是非常重要的。

2. SQL 的基本功能

SQL 具有完善的数据库处理功能，其主要功能如下所述。

(1) 数据定义功能。SQL 可以方便地完成对表和关系、索引、查询的定义与维护。

(2) 数据操作功能。操作功能包括数据插入、删除、更新和查询。

(3) 数据控制功能。SQL 可以实现对数据库安全性和可用性等的控制管理。

3. SQL 的使用方式

SQL 既是自主式语言，能够独立执行，也是嵌入式语言，可以嵌入程序中使用。SQL 以同一种语法格式提供两种使用方式，使得 SQL 具有极大的灵活性，也很方便用户学习。

(1) 独立使用方式。在数据库环境下用户直接输入 SQL 命令，并立即执行。这种使用方式可立即看到操作结果，对测试、维护数据库极为方便，也适合初学者学习 SQL。

(2) 嵌入使用方式。将 SQL 命令嵌入高级语言程序中，作为程序的一部分来使用。SQL 仅是数据库处理语言，缺少数据输入输出格式控制以及生成窗体和报表的功能，缺少复杂的数据运算功能，在许多信息系统中必须将 SQL 和其他高级语言结合起来，将 SQL 查询结果用应用程序进一步处理，从而实现用户所需的各种要求。

4. SQL 的特点

SQL 主要有以下 6 个特点。

(1) 高度非过程化，是面向问题的描述性语言。用户只需将需要完成的问题描述清楚，具体处理细节由 DBMS 自动完成。即用户只需表达"做什么"，不用管"怎么做"。

(2) 面向表，运算的对象和结果都是表。

(3) 表达简洁，使用的词汇少，便于学习。SQL 定义和操作功能使用的命令动词只有 CREATE、ALTER、DROP、INSERT、UPDATE、DELETE、SELECT。

(4) 自主式和嵌入式的使用方式，方便灵活。

(5) 功能完善和强大，集数据定义、数据操作和数据控制功能于一身。

(6) 所有关系数据库系统都支持，具有较好的可移植性。

总之，SQL 已经成为当前和将来 DBMS 应用和发展的基础。

5.1.3 Access 查询的工作界面

在 Access 中，查询工作界面提供了两种方式，即 SQL 命令方式和可视交互方式。进入 Access 查询工作界面的操作如下所述。

(1) 选择"创建"选项卡，如图 5.1 所示。

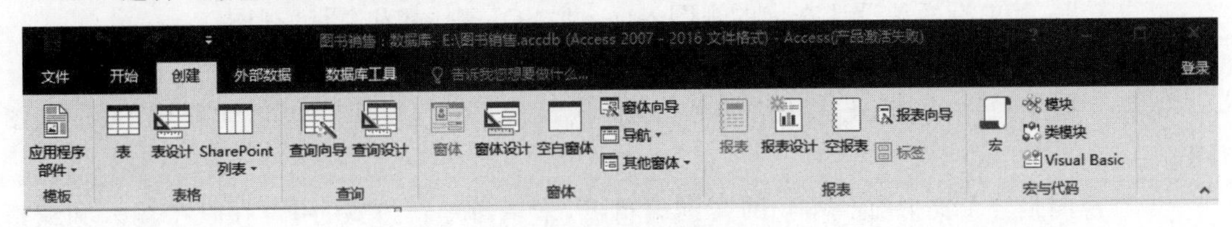

图 5.1 "创建"选项卡

(2) 单击"查询设计"按钮，Access 将创建初始查询，命名为"查询 1"，并进入"查询 1"的工作界面。由于查询的基础是表，因此首先弹出"显示表"对话框，如图 5.2 所示。

图 5.2 “显示表”对话框

(3) 依次或一次性选中要处理的表,单击“添加”按钮,将其添加到“查询 1”中。然后单击“关闭”按钮,关闭“显示表”对话框。

或者,直接单击“关闭”按钮,关闭对话框,然后再根据需要添加表。

接下来,进入“查询 1”的工作界面。

(4) 在“查询 1”功能区的“设计”选项卡中,单击“SQL 视图”下三角按钮,显示可以切换的视图界面,如图 5.3 所示。

可以看出,其中有两种设计查询的视图界面,即“SQL 视图”和“设计视图”。

图 5.3 所示为未添加表的设计视图界面,即以可视交互方式定义查询界面。

选择下拉菜单中的“SQL 视图”命令,或直接单击“SQL 视图”按钮,切换到 SQL 视图界面。

SQL 视图是一个类似“记事本”的文本编辑器,采用命令行方式,用户在其中输入和编辑 SQL 语句。SQL 语句以“;”作为结束标志。该界面工具一次只能编辑处理一条 SQL 语句,并且除错误定位和提示外,没有提供其他任何辅助性的功能。

【例 5.1】 使用 SQL 语句查询显示所有“计算机”类的图书。

在“SQL 视图”窗口中输入以下语句,如图 5.4 所示。

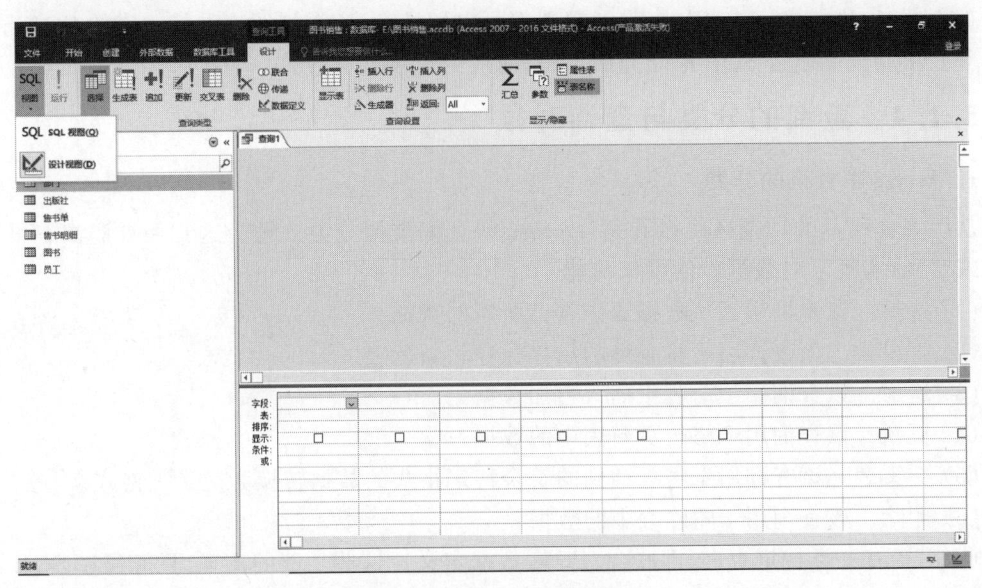

图 5.3　查询设计视图界面

```
SELECT *
FROM 图书
WHERE 图书类别 = "计算机" ;
```

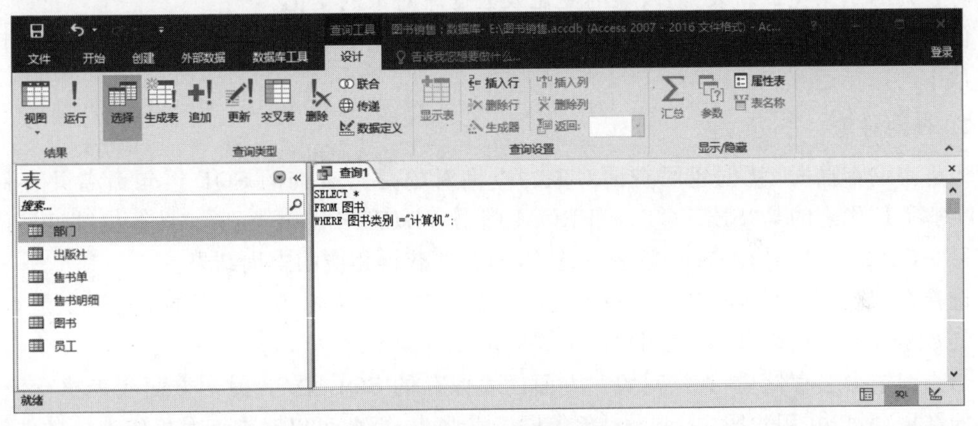

图 5.4　SQL 视图界面

单击工具栏中的“运行”按钮，Access 执行查询，SQL 视图界面变成查询结果的数据表视图界面，如图 5.5 所示。由于是以表格形式显示结果，因此该视图也称为“数据表视图”。

查询1

图书编号	ISBN	书名	作者	出版社编	版次	出版时间	图书类别	是否精装	定价	折扣	数量	备
7101145324	ISBN7-1011-4532-4	数据挖掘	W.Hoset	1010	1	2019.11	计算机	☑	¥80.00	0.85	34	
7201115329	ISBN7-2011-1532-7	计算机基础	杨小红	2705	3	2020.02	计算机	☐	¥33.00	0.6	550	
7302135632	ISBN7-302-13563-2	数据库及其应用	肖勇	1010	2	2021.01	计算机	☐	¥36.00	0.7	800	
7302136612	ISBN7-302-13661-2	数据库原理	施丁乐	2120	2	2019.06	计算机	☐	¥39.50	0.8	150	
9787811231311	ISBN978-7-81123-131-1	数据库设计	朱阳	2120	1	2020.01	计算机	☐	¥33.00	0.8	20	
9787302307914	ISBN978-7-30230-791-4	数据库开发与管理	夏才达	1010	1	2019.02	计算机	☐	¥39.50	1	15	
*					0			☐			0	

图 5.5　查询结果的数据表视图界面

单击快速工具栏中的“保存”按钮，弹出“另存为”对话框。在文本框中输入“SQL 练习 1”，单击“确定”按钮，就会在数据库中创建一个查询对象，名称为“SQL 练习 1”，并出现在导航窗格中。

Access 提供的两种工作方式在多数情况下是等价的。通过可视交互方式定义的查询还要转换为 SQL 语句去完成，因此，设计视图都可以切换到 SQL 视图查看其对应的 SQL 语句。但有一些功能只能通过 SQL 语句完成，没有对应的可视交互方式。

5.1.4 查询的分类与查询对象

1. Access 中查询的分类

从图 5.3 所示的功能区可以看到，Access 将查询类型分为 6 种。这 6 种查询都有可视交互方式定义，实现了对数据库的操作功能。

(1) 选择。该查询用于从数据源中查询所需的数据。

(2) 生成表。该查询用于将查询的结果保存为新的表。

(3) 追加。该查询用于向表中插入追加数据。

(4) 更新。该查询用于修改更新表中的数据。

(5) 交叉表。该查询用于将查询到的符合特定格式的数据转换为交叉表格式。

(6) 删除。该查询用于删除表中的数据。

此外，还有一类特定查询，即联合、传递、数据定义。这些功能的实现，只能通过 SQL 语句完成，没有等价的可视交互方式。

Access 将这些查询又分为两大类，即“选择查询”和“动作查询”。

选择查询和交叉表查询是从现有数据中查询所需数据，不会影响数据库或表的变化，属于“选择查询”；另外 4 种查询为“动作查询”，用于对指定表进行记录的更新、追加或删除操作，或者将查询的结果生成新表，涉及表的变化或数据库对象的变化。

例 5.1 是一个选择查询的实例，用于实现从图书数据中获得特定类别图书的信息，对应关系代数中的选择运算。

2. 查询对象

当将查询存储时，就创建了查询对象。查询对象是将查询的 SQL 语句命名并存储，即“SQL 练习 1”代表的是“SELECT * FROM 图书 WHERE 图书类别="计算机"”这条语句。当打开“SQL 练习 1”时，Access 就去执行该语句，并获得相应的查询结果。

选择查询有两种基本用法：一是实现从数据库中查找满足条件数据的功能；二是对数据库中的数据进行再组织，以支持用户的不同应用。

当查询被命名存储后，查询对象一方面代表保存的 SQL 语句，另一方面代表执行该语句查询的结果，所以在用户眼中，查询对象等同于一张表，因此可以对查询对象像表一样去处理。与表不同的是，查询对象的数据都来源于表，自身并没有数据，所以是一张“虚表”。

当打开查询对象时，Access 立即执行对象代表的 SQL 语句以获得查询数据集，然后向用户呈现结果。如果查询依赖的表的数据经常更新，则查询结果可能每次都不相同。查询对象可以反复执行，因此查询结果总是反映表中最新的数据。

由于查询对象可以任意定义，这样用户通过查询看到的数据集合就会多种多样，同一个数据库就以多样的形式呈现在用户面前。

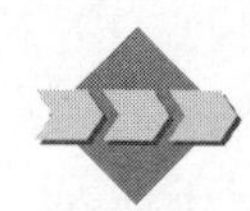

5.2 SQL 查询

Access 提供了交互方式的设计视图和命令行方式的 SQL 视图两种设计界面，但事实上最后都是使用 SQL 语句，所以只有深刻地理解和熟练地掌握 SQL，才能自如地进行数据库查询，这样，再进一步掌握可视化设计方法就轻而易举了。专业人员一般习惯于直接使用 SQL。

很多 DBMS 都提供了完善的工具供用户编辑操作 SQL 语句。Access 的“SQL 视图”相当于 SQL 工具，但是由于 Access 的可视化特点，重点放在交互的操作界面上，这个 SQL 工具很简单，是一个文本编辑器，每次只能使用一条 SQL 语句。

为了使读者更好地掌握查询，本节首先比较完整地介绍 SQL 和 SQL 查询。

(1) SQL。

SQL 由多条命令组成，每条命令的语法都较为复杂，为此在介绍命令的语法中使用了一些辅助性的符号和约定，这些符号不是语句本身的一部分。在本书后面介绍有关语句的语法时，会经常用到这些约定，它们的含义如下：

① 大写字母组成的词汇表示 SQL 命令或保留字；

② 小写字母组成的词汇或中文表示由用户定义的部分；

③ “[ ]”表示被括起来的部分可选；

④ “<>”表示被括起来的部分需要进一步展开或定义；

⑤ “|”表示两项选其一；

⑥ n… 表示…前面的项目可重复多次。

(2) 在 Access 中应用查询，基本步骤如下：

① 进入查询设计界面定义查询；

② 运行查询，获得查询结果集；

③ 如果需要重复或在其他地方使用查询的结果，将查询命名保存为一个查询对象，以后打开查询对象，就会立即执行查询并获得新的结果。

5.2.1　Access 数据运算与表达式

在数据库的查询和数据处理中，经常要对各种类型的数据进行运算，不同类型的数据运算方式和表达各不相同。因此，用户需要掌握数据运算的方法。

在 Access 中，通过表达式实施运算。所谓表达式，是由运算符和运算对象组成的完成运算求值的运算式(在第 4 章介绍过表达式的概念)。

运算对象包括常量、输入参数、表中的字段等。运算包括一般运算和函数运算。

用户可以通过以下语句来查看表达式运算的结果。

```
SELECT <表达式>[AS 名称] [,<表达式>…]
```

在“SQL 视图”窗口中输入语句和运算表达式，然后运行，将在同一个窗口中以表格的形式显示运算结果。其中，表达式根据运算结果的类型分为文本、数字、日期、逻辑等表达式。名称用于命名显示结果的列名，省略名称，将由 Access 自动命名列名。

【例 5.2】 使用 SQL 的 SELECT 语句显示“Hello,SQL!”，并运行。

进入查询设计界面，在“SQL 视图”窗口中输入以下语句：

```
SELECT "Hello,SQL!" AS 显示;
```

如图 5.6 所示，单击“运行”按钮，SQL 视图就变成显示查询结果的数据表视图界面，如图 5.7 所示。其中，列名为“显示”。如果想存储该命令，可单击快速工具栏中的“保存”按钮，弹出“另存为”对话框。在文本框中输入查询对象名，单击“确定”按钮，就会在数据库中创建一个查询对象,并出现在导航窗格中。以后只要打开查询对象,就会执行相应的命令。

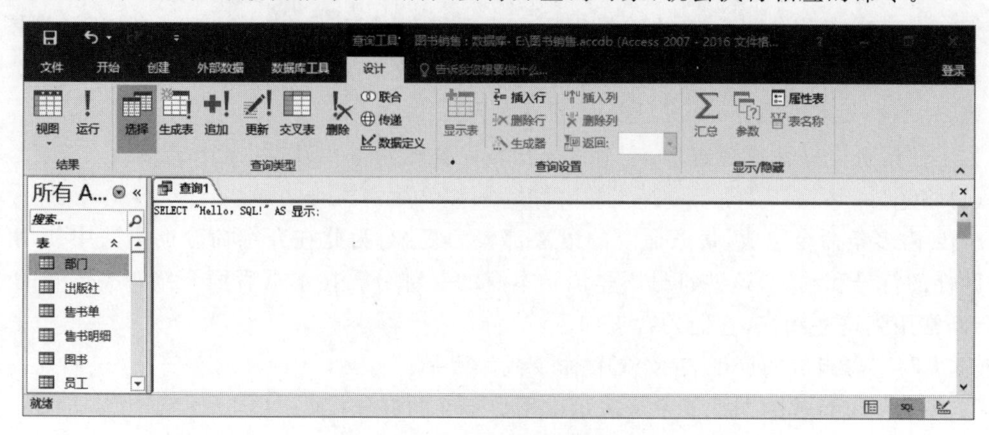

图 5.6　SQL 视图界面

图 5.7　查询结果的数据表视图界面

1. 运算符

Access 事先规定了各种类型数据运算的运算符。

(1) 数字运算符。数字运算符用来对数字型或货币型数据进行运算,运算的结果也是数字型数据或货币型数据。表 5.1 中列出了各类数字运算符及其优先级。

表 5.1　数字运算符及其优先级

优先级	运算符	说明	优先级	运算符	说明
1	()	内部子表达式	4	*、/	乘、除运算
2	+、-	正、负号	5	mod	求余数运算
3	^	乘方运算	6	+、-	加、减运算

(2) 文本运算符。文本运算符又称为字符串运算符。普通的文本运算符是"&"和"+",两者完全等价,其运算功能是将两个字符串连接成一个字符串。其他文本运算使用函数。

(3) 日期和时间运算符。普通的日期和时间运算符只有"+"和"-",它们的运算功能如表 5.2 所示。

表 5.2　日期和时间运算符

格式	结果及类型
日期+n 或日期-n	日期/时间型,给定日期 n 天后或 n 天前的日期
日期-日期	数字型,两个指定日期相差的天数
日期时间+n 或日期时间-n	日期/时间型,给定日期时间 n 秒后或 n 秒前的日期时间
日期时间-日期时间	数字型,两个指定日期时间之间相差的秒数

(4) 比较运算符。同类型数据可以进行比较测试运算,可以进行比较运算的数据类型有文

本型、数字型、货币型、日期/时间型、是/否型等。比较运算符如表 5.3 所示，比较运算的结果为是/否型，即 True 或 False。由于 Access 中用 0 表示 False、－1 表示 True，因此运算结果为 0 或－1。

表 5.3　比较运算符

运　算　符	说　　明	运　算　符	说　　明
<	小于	BETWEEN…AND…	范围判断
<=	小于或等于	[NOT] LIKE	文本数据的模式匹配
>	大于	IS [NOT] NULL	是否空值
>=	大于或等于	[NOT] IN	元素属于集合运算
=	等于	EXISTS	是否存在测试(只用在表查询中)
<>	不等于		

当文本型数据比较大小时，两个字符串逐位按照字符的机内编码比较，只要有一个字符分出大小，即整个串就分出了大小。

日期型按照年、月、日的大小区分，数值越大日期越大。

是/否型只有两个值，即 True 和 False，True 小于 False。

“BETWEEN x1 AND x2”，x1 为范围起点，x2 为终点。范围运算包含起点和终点。

LIKE 运算用来对数据进行通配比较，通配符为“*”“#”“?”，还可以使用“[]”。

对于空值判断，不能用等于或不等于 Null，只能用 IS NULL 或 IS NOT NULL。

IN 运算相当于集合的属于运算，用括号将全部集合元素列出，看要比较的数据是否属于该集合中的元素。

EXISTS 用于判断查询的结果集中是否有值。

(5) 逻辑运算符。逻辑运算是指针对“是/否”型值 True 或 False 的运算，运算结果仍为“是/否”型。由于逻辑运算最早由布尔(Boolean)系统提出，因此逻辑运算又称为布尔运算。逻辑运算符主要包括求反运算 NOT、与运算 AND、或运算 OR、异或运算 XOR 等。其中，NOT 是一元运算，有一个运算对象，其他都是二元运算。逻辑运算的优先级是 NOT→AND→OR→XOR，可以使用括号改变运算顺序。

逻辑运算的规则及结果见表 5.4。在该表中，a、b 是代表两个具有逻辑值数据的符号。

表 5.4　逻辑运算的规则及结果

a	b	NOT a	a AND b	a OR b	a XOR b
True	True	False	True	True	False
True	False	False	False	True	True
False	True	True	False	True	True
False	False	True	False	False	False

上述不同的运算可以组合在一起进行混合运算。当多种运算混合时，一般是先进行文本、数字、日期/时间的运算，再进行比较测试运算，最后进行逻辑运算。

2. 函数

除普通运算符表达的运算外，大量的运算通过函数的形式实现。Access 设计了各种类型的函数，使运算功能非常强大。

函数包括函数名、自变量和函数值三个要素。其基本格式是“函数名([<自变量>])”。

函数名用于标识函数的功能；自变量是需要传递给函数的参数，写在括号内，一般是表达式。有的函数无须自变量，称为哑参，一般和系统环境有关，具有特指的不会混淆的内涵。当省略自变量时，括号仍要保留。有的函数可以有多个自变量，之间用逗号分隔。表5.5列出了Access中常用的一些函数。

表5.5　Access中的常用函数

<table>
<tr><th>类　别</th><th>函　数</th><th>返　回　值</th></tr>
<tr><td rowspan="4">数字函数</td><td>ABS(数值)</td><td>求绝对值</td></tr>
<tr><td>INT(数值)</td><td>对数值进行取整</td></tr>
<tr><td>SIN(数值)</td><td>求正弦函数值，自变量以弧度为单位</td></tr>
<tr><td>EXP(数值)</td><td>求以e为底的指数</td></tr>
<tr><td rowspan="8">文本函数</td><td>ASC(文本表达式)</td><td>返回文本表达式最左端字符的ASCII码</td></tr>
<tr><td>CHR(整数表达式)</td><td>返回整数表示的ASCII码对应的字符</td></tr>
<tr><td>LTRIM(文本表达式)</td><td>把文本字符串头部的空格去掉</td></tr>
<tr><td>TRIM(文本表达式)</td><td>把文本字符串首尾的空格去掉</td></tr>
<tr><td>LEFT(文本表达式，数值)</td><td>从文本的左边取出指定位数的子字符串</td></tr>
<tr><td>RIGHT(文本表达式，数值)</td><td>从文本的右边取出指定位数的子字符串</td></tr>
<tr><td>MID(文本表达式，[数值1[，数值2]])</td><td>从文本中指定的起点取出指定位数的子字符串。数值1指定起点，数值2指定位数</td></tr>
<tr><td>LEN(文本表达式)</td><td>求出文本字符串的字符个数</td></tr>
<tr><td rowspan="5">日期时间函数</td><td>DATE()</td><td>返回系统当天的日期</td></tr>
<tr><td>TIME()</td><td>返回系统当时的时间</td></tr>
<tr><td>DAY(日期表达式)</td><td>返回1～31的整数，代表月中的日期</td></tr>
<tr><td>HOUR(时间表达式)</td><td>返回0～23的整数，表示一天中某个小时</td></tr>
<tr><td>NOW()</td><td>返回当时系统的日期和时间值</td></tr>
<tr><td rowspan="2">转换函数</td><td>STR(数值，[长度，[小数位]])</td><td>把数值型数据转换为字符型数据</td></tr>
<tr><td>VAL(文本表达式)</td><td>返回文本对应的数字，直到转换完毕或不能转换为止</td></tr>
<tr><td rowspan="5">财务函数</td><td>FV(rate，nper，pmt[，pv[，type]])</td><td>返回指定基于定期定额付款和固定利率的未来年金值</td></tr>
<tr><td>PV(rate，nper，pmt[，fv[，type]])</td><td>返回基于定期的、未来支付的固定付款和固定利率来指定年金的现值</td></tr>
<tr><td>NPER(rate，pmt，pv[，fv[，type]])</td><td>返回根据定期的、固定的付款额和固定利率来指定年金的期数</td></tr>
<tr><td>SYD(cost，salvage，life，period)</td><td>返回指定某项资产在指定时期用年数总计法计算的折旧</td></tr>
<tr><td>PPMT(rate，per，nper，pv[，fv[，type]])</td><td>返回根据定期的、固定的付款额和固定利率来指定给定周期的年金资金付款额</td></tr>
<tr><td>测试函数</td><td>TYPENAME(表达式)</td><td>以文本型数据返回表达式的数据类型。主要类型有：<table>
<tr><td>Byte</td><td>字节值</td><td>Integer</td><td>整数</td></tr>
<tr><td>Long</td><td>长整型数据</td><td>Single</td><td>单精度浮点数</td></tr>
<tr><td>Double</td><td>双精度浮点数</td><td>Currency</td><td>货币值</td></tr>
<tr><td>Decimal</td><td>十进制值</td><td>Date</td><td>日期值</td></tr>
<tr><td>String</td><td>文本字符串</td><td>Null</td><td>无效数据</td></tr>
<tr><td>Object</td><td>对象</td><td>Unknown</td><td>类型未知的对象</td></tr>
</table></td></tr>
</table>

关于函数的进一步说明和其他函数，请参阅Access帮助或相关资料。

3. 参数

在定义命令时，有时一些量不能确定，只有在执行命令时才能确定，则可以在命令中加入输入参数。

参数是一个标识符，相当于一个占位符。参数的值在执行命令时由用户输入确定。例如，定义命令：

```
SELECT x - 1;
```

其中，标识符 x 是一个参数。执行该命令时，首先会弹出对话框，如图 5.8 所示，要求输入参数 x 的值，然后再进行运算。

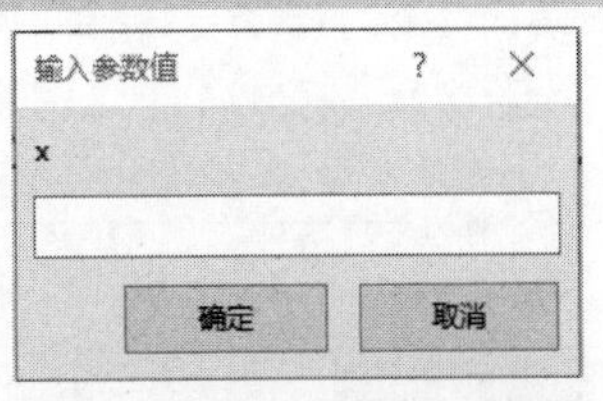

图 5.8 “输入参数值”对话框

简单的数值或文本参数可以直接在命令语句中给出。但是对于其他类型的参数，为了在输入时有确定的含义，应该在使用一个参数前明确定义。参数定义语句的语法如下：

```
PARAMETERS 参数名 数据类型
```

为了避免发生表达式语法错误的情况，对于参数最好遵守以下规定。

(1) 参数名以字母或汉字开头，由字母、汉字、数字和必要的其他字符组成。

(2) 参数都用方括号([])括起来(当参数用方括号括起来后，Access 对于参数的命名规定可不完全遵守上一条的规定)。

4. 表达式运算实例

以下实例都直接在 SQL 视图中输入并执行，每次输入执行一条语句。

【例 5.3】 在“SQL 视图”中分别输入并执行以下命令。

命令：

```
SELECT - 3 + 5 * 20/4, 125^(1/3) MOD 2;
```

结果：

```
22  1
```

命令：

```
SELECT INT( - 3 + 5^ - 2), EXP(5),SIN(45 * 2 * 3.1416/360);
```

结果：

```
- 3  148.413159102577   .707108079859474
```

【例 5.4】 在“SQL 视图”中执行以下文本运算命令。

命令：

```
SELECT "Beijing "&"2008",LEFT("奥林匹克运动会",1)
& MID("奥林匹克运动会",5,1),TRIM("奥林匹克精神"),LEN("奥林匹克运动会");
```

结果：

```
Beijing 2008,奥运,奥林匹克精神,7
```

在 Access 中，中文机内码是双字节编码，一个汉字在计算位数时算一位，单字节的 ASCII 码一个字符也算一位，在计算字符长度时要注意区分。

【例 5.5】 在“SQL 视图”中执行输入参数并进行日期和时间运算命令。

命令：

```
PARAMETERS [你的生日] DATETIME ;
SELECT now() AS 现在的时间,date() - [你的生日] AS 你生活的天数,year(date()) - year([你的生日])
AS 你的年龄;
```

若今天是 2024 年 2 月 3 日，执行命令，输入值和结果如图 5.9 和图 5.10 所示。

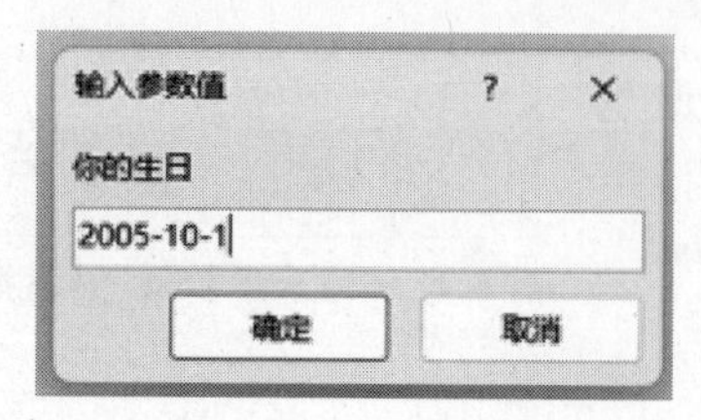

图 5.9　生日作为参数输入对话框中

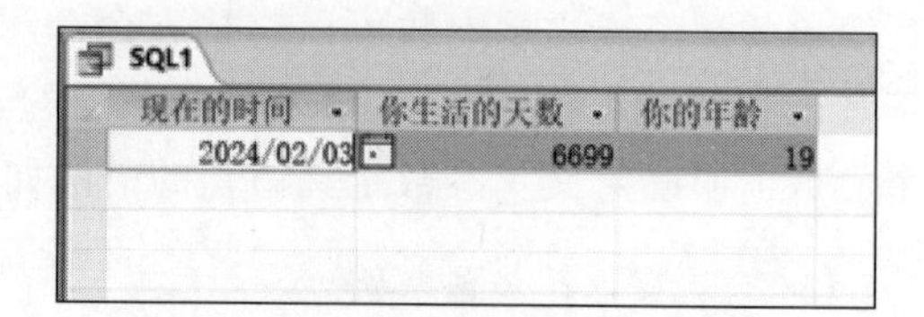

SQL1

现在的时间	你生活的天数	你的年龄
2024/02/03	6699	19

图 5.10　例 5.5 运行结果示意图

在输入文本框中，注意直接输入日期本身，要符合日期的写法，但不要加上日期常量标识“#”，该标识只有在命令中直接写日期常量时才用。

【例 5.6】　在“SQL 视图”中输入并执行比较运算以及输出逻辑常量的命令。

命令：

```
SELECT  "ABC" = "abc", "ABC"<"abc", "张三">"章三",True,True < False;
```

结果如图 5.11 所示。在写表达式时可以使用 True 和 False 等逻辑常量，但以数字的方式存储和显示，-1 表示 True，0 表示 False。字母在比较时不区分大小写。

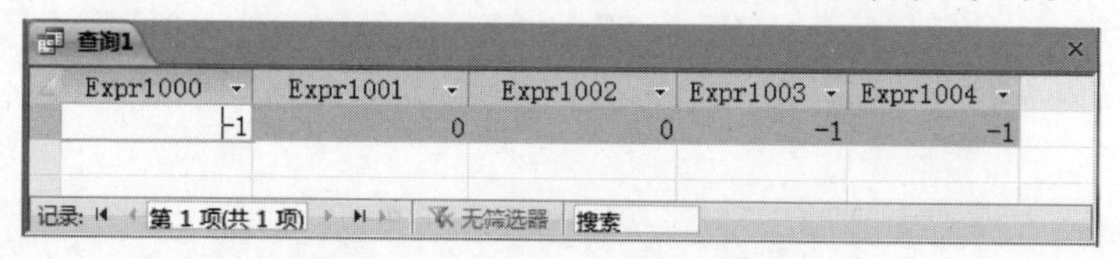

查询1

Expr1000	Expr1001	Expr1002	Expr1003	Expr1004
-1	0	0	-1	-1

记录: 第 1 项(共 1 项)　无筛选器　搜索

图 5.11　例 5.6 运行结果示意图

【例 5.7】　在“SQL 视图”中输入并执行以下逻辑运算命令。

命令：

```
SELECT -3 + 5 * 20/4 > 10 AND  "ABC"<"123" OR #2020 - 08 - 08# < DATE();
```

若当天的日期是 2024 年 2 月 3 日，执行结果为-1，也就是为“真”。

【例 5.8】　在“SQL 视图”中输入并执行以下命令。

命令：

```
SELECT VAL("123.456"),STR(123.456),TYPENAME("123"),TYPENAME(VAL("123.45"));
```

结果如图 5.12 所示。

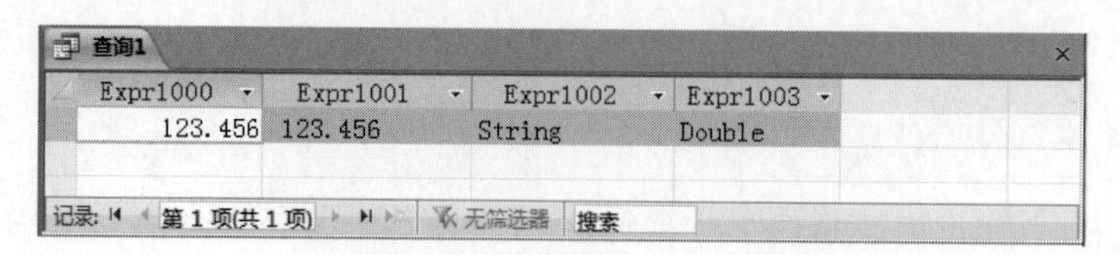

查询1

Expr1000	Expr1001	Expr1002	Expr1003
123.456	123.456	String	Double

记录: 第 1 项(共 1 项)　无筛选器　搜索

图 5.12　例 5.8 运行结果示意图

5.2.2 几种常用的 SQL 查询

SQL 的查询命令只有一条 SELECT 语句，由于用户对数据库查询的要求多种多样，因此 SELECT 的功能非常强大，并且命令的语法很复杂，以满足各种需求。

本节通过众多实例来介绍 SQL 查询的用法，例子中使用前面建立的“图书销售”数据库。

SELECT 命令的语法很复杂，这里仅列出基本结构，其详细的组成子句通过例子进行分析。

```
SELECT <输出列>[, … ]
FROM <数据源>[ … ]
[ 其他子句 ]
```

该命令的子句很多，且各种子句可以用非常灵活的方式混合使用以达到不同的查询效果。该命令中只有<输出列>和 FROM <数据源>子句是必选项，其他子句根据需要选择。

SELECT 语句的数据源是表或查询对象（最终还是来源于表），查询结果的形式仍然是行列二维表。

1. 基于单数据源的简单查询

数据源只有一个的查询相对简单。由于关系模型的设计是将不同实体数据分别放在不同表中，因此，单数据源的检索在很多时候满足不了要求。

以下例子都在“SQL 视图”中完成。

【例 5.9】 查询“员工”表中所有员工的姓名、性别、职务和薪金，输出所有字段。

命令 1：

```
SELECT 员工.姓名, 员工.性别, 员工.职务, 员工.薪金
FROM 员工;
```

结果如图 5.13 所示。该命令中包含了 SELECT 命令的两个必选项，即“输出列”和“数据源”。

查询1

姓名	性别	职务	薪金
张蓝	女	总经理	8000
李建设	男	经理	5650
赵也声	男	经理	4200
章曼雅	女	经理	5650
杨明	男	保管员	2100
王宜淳	男	经理	4200
张其	女	业务员	1860
石破天	男	业务员	2860
任德芳	女	业务员	1960
刘东珏	女	业务员	1860
*			

图 5.13 查询员工表

当指定多个字段作为输出列时，字段用逗号隔开。若查询所有字段，可用“ * ”代表表中所有的字段。

命令 2：

```
SELECT 员工.*
FROM 员工;
```

在命令中凡是涉及表中的字段,都可在字段名前加上表名前缀。例如本例的两条命令,字段名或"＊"前都有表名前缀。在SQL命令中,若字段所属的表不会弄混,则可以省略表名前缀。

【例5.10】 查询"员工"表,输出"职务"和"薪金"。

命令:

```
SELECT 职务,薪金
FROM 员工;
```

本例实现关系代数中的投影运算。分析查询结果,是对源数据表指定两列值的直接保留,所以结果中有重复行。

为了去掉重复行,在输出列前增加子句DISTINCT。

命令:

```
SELECT DISTINCT 职务,薪金
FROM 员工;
```

DISTINCT子句的作用是去掉查询结果表中的重复行。该命令的语义可理解为查询"员工"表中的所有职务及各职务的不同薪金。

【例5.11】 查询"员工"表,输出"薪金"最高的3名员工的姓名、职务及薪金。

如果要实现该功能,需要在命令中增加按"薪金"顺序排序并取前几名的功能。

命令:

```
SELECT TOP 3 姓名,职务,薪金
FROM 员工
ORDER BY 薪金 DESC;
```

结果如图5.14所示。

对查询结果排序的子句的语法如下:

```
ORDER BY <输出列> ASC|DESC [,<输出列>…]
```

对查询结果的所有行按指定字段排序并输出,ASC表示升序输出,可以省略;DESC表示降序输出。当有多列参与排序时,可依次列出。

输出列前的TOP *n* 表示保留查询结果的前 *n* 行。当没有排序子句时,就保留原始查询顺序的前 *n* 行;如果有排序子句,则先排序。可以看出,排序最后一个值相同的都保留输出。

TOP还有一种用法,即保留结果的前n%行,语法是"TOP n PERCENT"。

【例5.12】 查询"员工"表,统计输出职工人数、最高薪金、最低薪金、平均薪金。

统计人数,需要对"员工"表的行数进行统计,其他几项都要对"薪金"字段进行统计,在SQL中提供了相应的集函数来完成这些功能。

命令:

```
SELECT COUNT(*),MAX(薪金),MIN(薪金),AVG(薪金)
FROM 员工;
```

查询结果如图5.15所示。

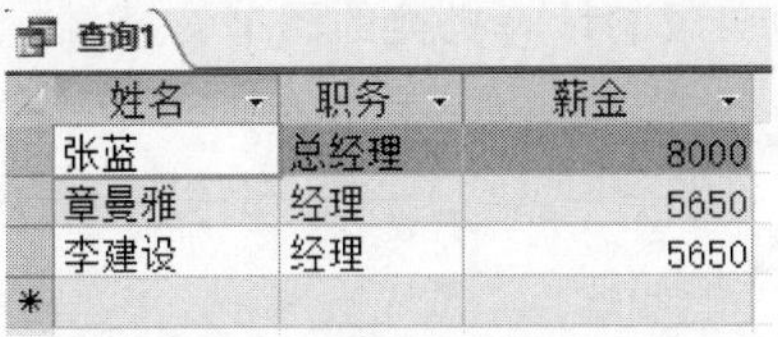

查询1

姓名	职务	薪金
张蓝	总经理	8000
章曼雅	经理	5650
李建设	经理	5650

图 5.14　排序与保留前几名

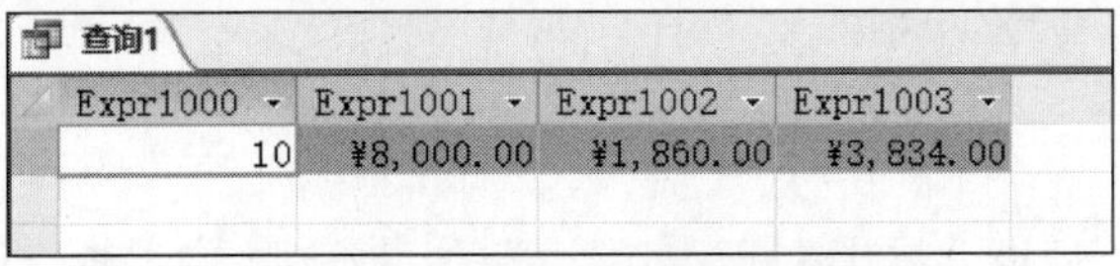

查询1

Expr1000	Expr1001	Expr1002	Expr1003
10	¥8,000.00	¥1,860.00	¥3,834.00

图 5.15　汇总计算查询结果示意图

SQL 提供的集函数和功能如表 5.6 所示。

表 5.6　SQL 提供的集函数和功能

函数格式	功　能
COUNT(*)或 COUNT(<列>)	统计查询结果的行数或结果中指定列中值的个数
SUM(<列表达式>)	求数值列、日期时间列的总和
AVG(<列表达式>)	求数值列、日期时间列的平均值
MAX(<列表达式>)	求出本列中最大值
MIN(<列表达式>)	求出本列中最小值
FIRST(<列表达式>)	求出首条记录中本列的值
LAST(<列表达式>)	求出末条记录中本列的值
STDEV(<列表达式>)	求出本列所有值的标准差
VAR(<列表达式>)	求出本列所有值的方差

在前面的查询命令中，输出列都是字段名。但本例是对表记录和字段汇总计算的结果，不能输出字段名，因此 Access 自动为每个值命名，依照顺序依次为 Expr1000，Expr1001，…，自动取的名称一般不明确，因此允许用户改名。改名方法是在输出列的后面加上命名子句，语法如下：

```
AS 新名
```

本例命令可改为：

```
SELECT COUNT( * ) AS 人数,MAX(薪金) AS 最高薪金,
MIN(薪金) AS 最低薪金,AVG(薪金) AS 平均薪金
FROM 员工;
```

查询的结果如图 5.16 所示，显然意思明确多了。

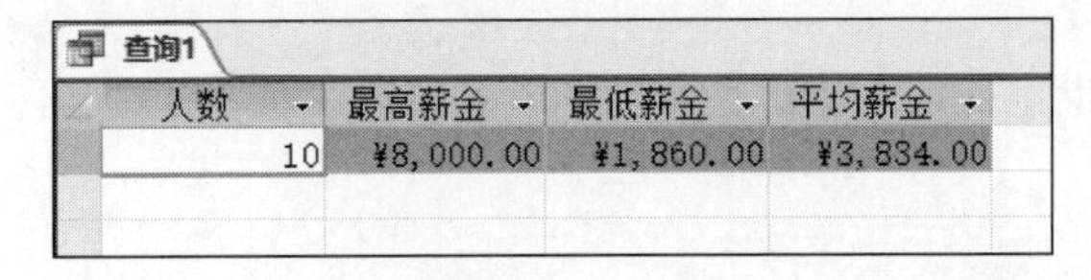

图 5.16　汇总计算查询结果中用户命名列名示意图

2. 条件查询

前面的几个查询都是无条件查询，查询完成后再对结果做进一步处理，例如排序、投影输出、汇总运算等，而很多查询需要对数据按条件筛选。

在 SELECT 命令中增加条件子句，其基本语法如下：

```
WHERE <逻辑表达式>
```

该功能对应关系代数中的选择运算。

【例 5.13】 查询所有清华大学出版社(编号为 1010)出版的计算机类的图书信息。

命令:

```
SELECT *
FROM 图书
WHERE 出版社编号 = "1010" AND 图书类别 = "计算机"
```

该命令在执行时将“图书”表的记录逐行带入逻辑表达式中运算,结果为真的记录输出。

在表示条件的逻辑表达式中,可以使用如表 5.3 所示的比较运算符。

单个的比较运算一般是字段名与同类常量比较,例如本例的命令。除使用=、>、>=、<、<=、<>等运算符外,另外几种运算的基本用法如下所述。

(1)“字段 BETWEEN <起点值> AND <终点值>”。该运算是包含起点和终点的范围运算,相当于“≥起点值”并且“≤终点值”。

(2)“字段 LIKE <匹配值>”。其中,<匹配值>要用引号括起来,值中可包含通配符。

Access 的通配符为“*”和“?”,这与标准 SQL 不同。标准 SQL 通配符为“%”和“_”。Access 对数字、文本、日期/时间数据都可以进行匹配运算。此外,“#”表示该位置可匹配一个数字,方括号描述一个范围,用于确定可匹配的字符范围。

如果<匹配值>中出现的“*”或“?”只作为普通符号,要用方括号括起来。

(3)“<字段> IS [NOT] NULL”。该运算对可能取 NULL 值的字段进行判断。当字段值为 NULL 时,无 NOT 运算的结果为 True,当字段有任何值时,有 NOT 的运算为 True。

(4)“<字段> IN (<值 1>,<值 2>,…,<值 n>)”。相当于集合的属于运算,括号内列出集合的各元素,字段值等于某个元素的运算结果为 True。

括号中的值集合也可以是查询的结果,这样就构成了嵌套子查询。

(5)“EXISTS (子查询)”。子查询结果是否为空集的判断运算。

当有多个比较式需要同时处理时,它们通过逻辑运算符 NOT、AND、OR 等连接起来构成完整的逻辑表达式。

【例 5.14】 在 WHERE 子句中使用不同条件的查询实例。

命令 1:

```
SELECT 姓名,性别,生日,职务
FROM 员工
WHERE 姓名 LIKE "张?" AND 生日 LIKE "198*";
```

其含义是查询 20 世纪 80 年代出生的张姓单名的员工的有关数据。日期也可以进行匹配运算。

命令 2:

```
SELECT *
FROM 员工
WHERE 职务 IN ("总经理","经理","副经理") AND 薪金 LIKE "4*"
ORDER BY 生日;
```

其含义是查询“经理”级、薪金以 4 开头的员工数据并按生日升序输出。货币或数字型字段也可以进行匹配运算。

3. 基于多数据源的连接查询

Access 数据库中有多个表,经常要将多个表的数据连在一起使用信息才完整。因此,

SQL 提供了多表连接查询功能，该功能实现了关系代数中的笛卡儿积和连接运算。

多数据表查询与单数据表查询原则上一样，但由于查询的结果在一张表上，而数据的来源是多张表，因此多表查询和单表查询相比，有以下不同。

(1) 在 FROM 子句中，必须写上查询所涉及的所有表名，有时可为表取别名。

(2) 必须增加表之间的连接条件(笛卡儿积除外)。连接条件一般是两个表中相同或相关的字段进行比较的表达式。

(3) 由于多表同时使用，对于多个表中的重名字段，在使用时必须加表名前缀区分，而不重名字段无须加表名前缀。Access 自动生成的 SQL 命令，所有字段都有表名前缀。

多数据源查询的主要语法在 FROM 子句中，基本语法如下：

```
FROM <左数据源>{INNER|LEFT [OUTER]|RIGHT [OUTER]} JOIN <右数据源> ON <连接条件>
```

数据源的连接分为内连接、左外连接和右外连接，可以在此基础上进行更多数据源的连接。

【例 5.15】 查询所有清华大学出版社出版的计算机类的图书信息。

例 5.13 是在单表上查询，若要通过“清华大学出版社”的名称查询其出版的图书，必须将“出版社”表和“图书”表连接起来。连接条件是两表的“出版社编号”相等。

命令：

```
SELECT 出版社名,图书.*
FROM 出版社 INNER JOIN 图书 ON 出版社.出版社编号 = 图书.出版社编号
WHERE 出版社名 = "清华大学出版社" AND 图书类别 = "计算机";
```

由于“出版社编号”分别是主键和外键，它们成为连接的条件。由于两个表中都有，所以使用时加上表名前缀。由于这是内连接运算，结果是两个连接表中满足连接条件的记录。

在数据库中，例如“部门”和“员工”可以通过“部门号”连接在一起；“售书单”和“售书明细”可以通过“售书单号”连接在一起。

【例 5.16】 查询清华大学出版社出版的图书的销售情况，输出出版社名、图书编号、图书名、作者名、版次、销售的数量等。

图书销售数据保存在“售书明细”中，所以要将“图书”与“售书明细”连接起来。

命令：

```
SELECT 图书.图书编号,书名,作者,出版社名,版次, 售书明细.数量 AS 销售量
FROM (出版社 INNER JOIN 图书 ON 出版社.出版社编号 = 图书.出版社编号)
INNER JOIN 售书明细 ON 图书.图书编号 = 售书明细.图书编号
WHERE 出版社名 = "清华大学出版社";
```

这是三表连接，所以在 FROM 子句中有三个表和两个连接子句。需要注意的是，第 1 个连接子句要用括号，即第 1 个表和第 2 个表连成一个表后再与第 3 个表连接。

【例 5.17】 查询库存计算机类图书数据及其销售数据，输出图书编号、ISBN、书名、作者、出版社编号、定价、库存折扣、库存数量、售出数量、售出折扣。

库存计算机类图书数据在“图书”表中，将“图书”与“售书明细”连接起来，可以看出图书的库存和销售对比。但是，普通连接运算只能将主键、外键相等的记录值连起来，如果某个计算机图书没有销售数据，则看不到相应的图书信息。为此，SQL 提供了左、右外连接运算功能。

命令：

```
SELECT 图书.图书编号,ISBN,书名,作者,出版社编号,定价,图书.折扣 AS 进书折扣,
图书.数量 AS 库存数量,售书明细.数量 AS 销售数量,售价折扣
FROM 图书 LEFT JOIN 售书明细 ON 图书.图书编号 = 售书明细.图书编号
WHERE 图书类别 = '计算机';
```

查询结果如图 5.17 所示，包括两个表中满足连接条件的所有记录及左边表中剩余的记录。可以看出，“数据库设计”“数据库开发与管理”等图书还没有销售记录。

查询1

图书编号	ISBN	书名	作者	出版社编号	定价	进书	库存	销售数量	售价折扣
7101145324	ISBN7-1011-4532-4	数据挖掘	W.Hoset	1010	¥80.00	.85	34	3	.95
7201115329	ISBN7-2011-1532-7	计算机基础	杨小红	2705	¥33.00	.6	550	1	.95
7201115329	ISBN7-2011-1532-7	计算机基础	杨小红	2705	¥33.00	.6	550	2	.95
7302135632	ISBN7-302-13563-2	数据库及其应用	肖勇	1010	¥36.00	.7	800	60	.75
7302136612	ISBN7-302-13661-2	数据库原理	施丁乐	2120	¥39.50	.8	150	40	.8
7302136612	ISBN7-302-13661-2	数据库原理	施丁乐	2120	¥39.50	.8	150	30	.8
9787811231311	ISBN978-7-81123-131-1	数据库设计	朱阳	2120	¥33.00	.8	20		
9787302307914	ISBN978-7-30230-791-4	数据库开发与管理	夏才达	1010	¥39.50	1	15		

记录: 第 1 项(共 8 项) 无筛选器 搜索

图 5.17　左外连接查询结果示意图

在查询结果中，左外连接保留的不满足连接条件的左表记录对应的右表输出字段处填上空值；右外连接保留的不满足连接条件的右表记录对应的左表输出字段处填上空值。

所以，用户可根据需要采用内连接或左外连接和右外连接。

Access 的 SQL 将连接查询分为以下三类。

(1) 内连接。该类连接只连接左、右表中满足连接条件的记录。

(2) 左外连接。除连接左、右表中满足连接条件的记录外，还保留左边表中不满足连接条件的所有剩余记录。

(3) 右外连接。与左外连接的区别是保留右边表中不满足连接条件的所有剩余记录。

【例 5.18】 分析以下查询实例。

命令：

```
SELECT * FROM 部门,员工;
```

该 SELECT 命令中没有连接条件，执行查询，从结果中可以看出是将两个表的所有记录两两连接并输出所有字段。这种功能完成的就是关系代数中的笛卡儿积。

另外，表可以与自身连接。

【例 5.19】 自身连接实例：查询员工的姓名、职务、部门及所在部门的经理姓名。

命令：

```
SELECT A.姓名,A.职务,部门名,B.姓名 AS 经理姓名,B.职务
FROM (员工 AS A INNER JOIN 部门 ON A.部门编号 = 部门.部门编号)
INNER JOIN 员工 AS B ON  部门.部门编号 = B.部门编号
WHERE B.职务 = "经理";
```

在该查询命令中，“员工”表要使用两次，因此可以将“员工”表看作两张完全一样的表。由于字段名完全相同，因此必须加以区分。

为此，SELECT 语句中的 FROM 子句允许为表取别名。其语法格式如下：

```
AS 表的别名
```

表的自身连接的情况比较多。例如，在“教学管理”数据库中，如果在“学生”表中增加一个“班长学号”字段，则该字段中存放的是每个班班长的学号。

如果要查询学生的学号、姓名、班长学号、班长姓名信息，则“学生”表必须自身连接。类似的例子很多。

4. 分组统计查询

表5.6列出了可以使用的统计集函数，除了可以将这些函数用于整个表之外，SQL还具有分组统计以及对统计结果进行筛选的查询功能。基本语法格式如下：

```
GROUP BY <分组字段>[,…] [ HAVING <逻辑表达式>]
```

SQL的分组统计以及HAVING子句的使用按以下方式进行。

(1) 设定分组依据字段，按分组字段值相等的原则进行分组，具有相同值的记录将作为一组。分组字段由GROUP子句指定，可以是一个，也可以是多个。

(2) 在输出列中指定统计集函数，分别对每组记录按照集函数的规定进行计算，得到各组的统计数据。注意，分组统计查询的输出列只由分组字段和集函数组成。

(3) 如果要对统计结果进行筛选，将筛选条件放在HAVING子句中。

HAVING子句必须与GROUP子句联合使用，只对统计的结果进行筛选。在HAVING子句的<逻辑表达式>中可以使用集函数。

【例5.20】 查询“员工”表，求各部门人数和平均薪金，并分析另外的查询命令。

在“员工”表中，部门编号相同的员工记录分组在一起统计人数和平均薪金。

命令：

```
SELECT 部门编号,COUNT(*) AS 人数,AVG(薪金) AS 平均薪金
FROM 员工
GROUP BY 部门编号;
```

查询结果如图5.18所示。

如果要在该查询中显示“部门名”，就必须将“部门”表与“员工”表连接起来。

命令：

```
SELECT 员工.部门编号,部门名,COUNT(*) AS 人数,AVG(薪金) AS 平均薪金
FROM 员工 INNER JOIN 部门 ON 员工.部门编号 = 部门.部门编号
GROUP BY 员工.部门编号,部门名;
```

查询结果如图5.19所示。由于增加了一个表，因此同名字段前要加前缀，输出列中除了集函数的统计值外，剩下的字段都必须出现在分组子句中。

查询1

部门编号	人数	平均薪金
01	1	¥8,000.00
03	2	¥4,925.00
04	2	¥3,730.00
07	1	¥2,100.00
11	1	¥1,860.00
12	3	¥2,226.67

记录：第1项(共6项) 无筛选器

图5.18 分组查询结果示意图

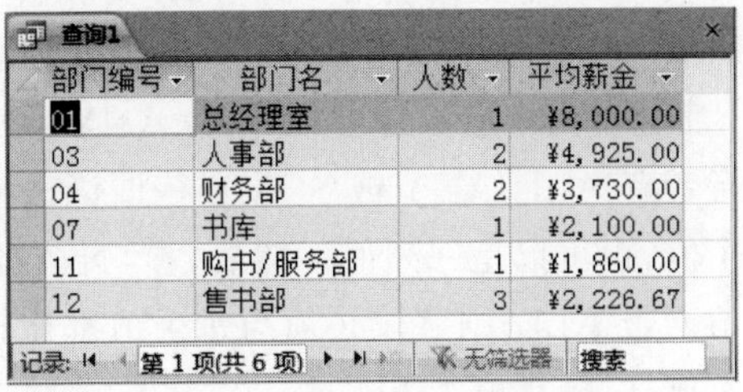

查询1

部门编号	部门名	人数	平均薪金
01	总经理室	1	¥8,000.00
03	人事部	2	¥4,925.00
04	财务部	2	¥3,730.00
07	书库	1	¥2,100.00
11	购书/服务部	1	¥1,860.00
12	售书部	3	¥2,226.67

记录：第1项(共6项) 无筛选器 搜索

图5.19 多字段分组查询结果示意图

如果用户特别关心平均薪金在2000元以下的部门有哪些，就要对统计完毕的数据再进行

筛选。这个查询功能只能用 HAVING 子句完成。

命令:

```
SELECT 员工.部门编号,部门名,COUNT( * ) AS 人数,AVG(薪金) AS 平均薪金
FROM 员工 INNER JOIN 部门 ON 员工.部门编号 = 部门.部门编号
GROUP BY 员工.部门编号,部门名
HAVING AVG(薪金)< 2000;
```

这样只有"11"部门符合查询要求。

读者试着分析,下面的命令与前面有何不同?

命令:

```
SELECT 员工.部门编号,部门名,COUNT( * ) AS 人数,AVG(薪金) AS 平均薪金
FROM 员工 INNER JOIN 部门 ON 员工.部门编号 = 部门.部门编号
WHERE 薪金< 2000
GROUP BY 员工.部门编号,部门名;
```

【例 5.21】 分析下面命令的不同含义。

```
SELECT COUNT( * ) FROM 员工
SELECT COUNT(职务) FROM 员工;
```

左边的命令表示查询"员工"表中所有的记录数,所以表示员工人数。

右边的命令统计"职务"字段的个数,注意,空值不参与统计,所有集函数在统计时都忽略空值,所以表示员工中有"职务"的人数。

其实,这是 COUNT()函数的两种用法。

【例 5.22】 统计各出版社各类图书的数量,并按数量降序排列。

命令:

```
SELECT 出版社.出版社编号,出版社名,图书类别,COUNT( * ) AS 数量
FROM 出版社 INNER JOIN 图书 ON 出版社.出版社编号 = 图书.出版社编号
GROUP BY 出版社.出版社编号,出版社名,图书类别
ORDER BY COUNT( * ) DESC;
```

在该命令中,对 COUNT(*)进行降序排序。集函数可以用在 HAVING 子句和 ORDER 子句中。

5. 嵌套子查询

在 WHERE 子句中设置查询条件时,可以对集合数据进行比较运算。如果集合是通过查询得到的,就形成了查询嵌套,相应的作为条件一部分的查询就称为子查询。

在 SQL 中,提供了以下几种与子查询有关的运算,可以在 WHERE 子句中应用。

(1) 字段 <比较运算符> [ALL | ANY | SOME] (<子查询>)。

进行带有 ALL、ANY 或 SOME 等谓词选项的查询时,首先完成子查询,子查询的结果可以是一个值,也可以是一列值。然后,参与比较的字段与子查询的全体进行比较。

若谓词是 ALL,则字段必须与每个值都比较,所有的比较都为 True,结果才为 True,只要有一个不成立,结果就为 False。

若谓词是 ANY 或 SOME,字段与子查询结果比较,只要有一个比较为 True,结果就为 True,只有每一个都不成立,结果才为 False。

注意：参与比较的字段的类型必须与子查询的结果值类型是可比的。

(2) 字段［NOT］IN (<子查询>)。

运算符IN的作用相当于数学上的集合运算符∈(属于)。首先由子查询求出一个结果集合(一个值或一列值)，参与比较的字段值如果等于其中的一个值，比较结果就为True，只有不等于其中任何一个值，结果才为False。NOT IN和IN相反，意思是不属于。

通过分析可以发现，IN与=SOME的功能相同；NOT IN与<>ALL的功能相同。但应该注意，IN运算可以针对常量集合，而ALL、ANY等谓词运算只能针对子查询。

(3)［NOT］EXISTS (<子查询>)。

前面两种方式多采用非相关子查询，而带EXISTS的子查询多采用相关子查询方式。

非相关子查询的方式是，首先进行子查询，获得一个结果集合，然后进行外部查询中的记录字段值与子查询结果的比较。这是先内后外的方式。

相关子查询的方式是，对于外部查询中与EXISTS子查询有关的表的记录，逐条带入子查询中进行运算，如果结果不为空，则这条记录符合查询要求；如果子查询结果为空，则该条记录不符合查询要求。由于查询过程是针对外部查询的记录值去进行子查询，子查询的结果与外部查询的表有关，因此称为相关子查询，这是从外到内的过程。

由于EXISTS的运算是检验子查询结果是否为空，因此运算符前面不需要字段名，子查询的输出列也无须指明具体的字段。带NOT的运算与不带NOT的运算相反。

【例5.23】 查询暂时还没有卖出的图书的信息。

出现在“售书明细”表中的图书编号是有卖出记录的。首先通过子查询求出有卖出记录的图书编号集合，然后判断没有出现在该集合中的图书编号就是还没有卖出的图书。

命令：

```
SELECT *
FROM 图书
WHERE 图书.图书编号<> ALL (SELECT 图书编号 FROM 售书明细);
```

命令中的“<> ALL”运算改为“NOT IN”也是可以的。

【例5.24】 查询单次销售最多的图书，输出书名、出版社编号、售书数量。

命令：

```
SELECT 书名,出版社编号,售书明细.数量 AS 售书数量
FROM 图书 INNER JOIN 售书明细 ON 图书.图书编号 = 售书明细.图书编号
WHERE 售书明细.数量 = (SELECT MAX(数量) FROM 售书明细);
```

子查询在“售书明细”中求出单次最大的售书数量，然后在“售书明细”表中逐个将每次的售书数量与最大值比较，相等者的图书编号与“图书”表连接，再输出指定字段。

注意：由于子查询中使用了MAX()，所以子查询的结果实际上只有一个值，因此本命令中只需使用“=”即可。在嵌套子查询中，如果确实知道子查询的结果只有一个值，则可以省去ANY、SOME或ALL。

【例5.25】 查询“售书部(12)”中薪金比“任德芳(1203)”高的员工。

这个查询要求有三种实现方法。

命令1：

```
SELECT 姓名,薪金
FROM 员工
```

```
WHERE LEFT(工号,2) = "12" AND
薪金>(SELECT 薪金 FROM 员工 WHERE 工号 = "1203");
```

命令 2：

```
SELECT A.姓名,A.薪金
FROM 员工 AS A INNER JOIN 员工 AS B ON A.薪金> B.薪金
WHERE A.部门编号 = "12" AND B.工号 = "1203";
```

命令 3：

```
SELECT A.姓名,A.薪金
FROM 员工 AS A
WHERE A.部门编号 = "12" AND EXISTS (SELECT *
FROM 员工 AS B
WHERE B.工号 = "1203" AND A.薪金> B.薪金);
```

命令 2 和命令 3 都在同一时刻将同一个“员工”表当作两个表使用，所以需要取别名加以区分。而命令 1 是非相关子查询，由于是先后使用同一个表，因此无须取别名。

命令 1 通过子查询先求出“任德芳”的薪金，然后将“售书部”的其他员工与该薪金依次比较，查出满足条件的其他员工；例 5.25 中给出的部门编号是“12”，LEFT(工号,2)用于限定部门。

命令 2 的思想是，将“员工”表看成两个表，B 表中通过条件(B.工号＝"1203")来限定只有“任德芳”一个人，同时，将 A 表中“12”部门的员工与 B 表连接，按“薪金”大于 B 表“薪金”的方式连接，满足条件的 A 表员工输出。

命令 3 是相关子查询，方法是“从外到内”。首先在外查询中确定 A 表中“12”部门的一名员工，然后带入子查询中与 B 表中“1203”员工的薪金比较。如果满足条件，子查询有一条记录，不为空。EXISTS 运算是判断是否为空，若不为空，则为真，这时外查询条件为真，输出 A 表中的该员工，然后再查下一人。依次重复该过程，直到 A 表查完。

【例 5.26】 在查询时输入员工姓名，查询与该员工职务相同的员工的基本信息。

在这个例子中，由于编写命令时不能确定员工姓名，所以可通过定义参数来实现。

命令：

```
SELECT  *  FROM 员工
WHERE 职务 = (SELECT 职务 FROM 员工
WHERE 姓名 = [XM]);
```

其中“XM”是参数。输入员工姓名到 XM，然后子查询查出其职务，所有员工再与该职务比较，结果中将包括输入者本身。

【例 5.27】 查询有哪些部门的平均工资超过全体人员的平均工资水平。

命令：

```
SELECT 员工.部门编号,部门名,AVG(薪金)
FROM 员工 INNER JOIN 部门 ON 员工.部门编号 = 部门.部门编号
GROUP BY 员工.部门编号,部门名
HAVING AVG(薪金)>(SELECT AVG(薪金)
FROM 员工);
```

子查询求出所有员工的平均工资，然后主查询按部门分组求各部门的平均工资并与子查

询结果比较。

6. 派生表查询

子查询除可以用于 WHERE 子句和 HAVING 子句的条件表达式外，还可以用于 FROM 子句中。由于查询的结果是表的形式，因此可以将查询结果作为数据源。例如，例 5.27 还有其他格式。

【例 5.28】 查询有哪些部门的平均工资超过全体人员的平均工资水平。

命令：

```
SELECT *
FROM (SELECT 员工.部门编号,部门名,AVG(薪金) AS 平均薪金
FROM 员工 INNER JOIN 部门 ON 员工.部门编号 = 部门.部门编号
GROUP BY 员工.部门编号,部门名 ) AS A
WHERE 平均薪金>(SELECT AVG(薪金) FROM 员工);
```

子查询求出各部门的平均工资，临时命名为 A，然后以 A 表的名义进行查询。

该查询的实质是将查询的结果作为数据源表进行下一步查询，该表称为派生表。派生表使得查询可以分步进行，大大增强了查询的功能。一些复杂查询可以采取分几次查询的形式进行。

7. 子查询合并

在关系代数中，并运算可以将两个关系中的数据合并在一个关系中。SQL 中提供了联合运算实现相同的功能。联合运算将两个子查询的结果合并在一起。

```
<子查询 1 > UNION [ALL]<子查询 2 >
```

在进行联合运算时，前、后子查询的输出列要对应(两者列数相同，对应字段类型相容)。省略 ALL，查询结果将去掉重复行；保留 ALL，查询结果将保留所有行。

【例 5.29】 查询"售书部"及"购书和服务部"员工的信息。

该查询可以通过设置相关条件完成，也可以使用以下命令完成。

```
SELECT 员工.*,部门名
FROM 员工 INNER JOIN 部门 ON 员工.部门编号 = 部门.部门编号
WHERE 部门名 = "售书部"
UNION
SELECT 员工.*,部门名
FROM 员工 INNER JOIN 部门 ON 员工.部门编号 = 部门.部门编号
WHERE 部门名 = "购书和服务部";
```

8. 查询结果保存到表

本节所举例子可以在查询设计界面中运行并查看查询结果，但是并没有将结果保存。当关闭查询窗口时，这些结果也将消失。

如果需要将查询结果像表一样保存，可以在 SELECT 语句中加入以下子句：

```
INTO 表名
```

注意：*在语法上该子句必须位于 SELECT 语句的输出列之后、FROM 子句之前。*

该子句将当前查询结果以命名的表保存为表对象，产生的表是独立的，与原来的表已经没

有关系。

【例 5.30】 查询各部门的平均薪金并保存到“部门平均薪金”表中。

命令：

```
SELECT 员工.部门编号,部门名,AVG(薪金) AS 平均薪金
INTO 部门平均薪金
FROM 员工 INNER JOIN 部门 ON 员工.部门编号 = 部门.部门编号
GROUP BY 员工.部门编号,部门名;
```

在“SQL 视图”中输入该命令并执行，将弹出如图 5.20 所示的对话框。单击“是”按钮，将增加表对象“部门平均薪金”，表的字段由查询输出列生成。

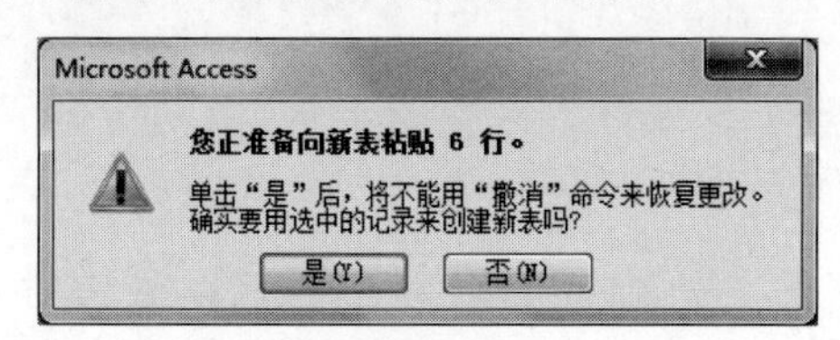

图 5.20 保存查询结果到表

不过，由于保存结果到表实际上是重复信息，占用了存储空间，并且保存的结果不能随着源数据的变化而自动更新，因此这种方法实际应用得并不多。

9. SELECT 语句总结

通过本节众多的实例，比较完整地分析了 SELECT 语句的各种基本功能及相关的子句，这些子句可以根据需要进行任意组合，以完成用户想要完成的查询需求。

SELECT 语句的完整的语法结构可以表述如下：

```
SELECT  [ALL | DISTINCT] [TOP <数值>[PERCENT]]
* | [别名.]<输出列>[AS 列名] [,[别名.]<输出列>[AS 列名] … ]
[INTO 保存表名]
FROM <数据源>[[AS] 别名] [INNER|LEFT|RIGHT JOIN <数据源>[[AS] 别名]
[ON <连接条件>… ]]
[WHERE <条件表达式>[AND | OR <条件表达式>… ]]
[GROUP BY <分组项>[,<分组项>… ] [HAVING <统计结果过滤条件>]]
[UNION [ALL] SELECT 语句]
[ORDER BY <排序列>[ASC | DESC] [,<排序列>[ASC | DESC] … ]]
```

SQL 通过这一条条语句，实现了非常多的查询功能。Access 查询对象中的众多类型的交互查询设置实际上都是基于 SELECT 语句，甚至许多查询需求完全用交互方式很难设置。因此，要掌握数据库的查询，最根本的方法就是全面掌握 SQL。

对 SELECT 子句的归纳如下所述。

(1) <输出列>是语句的必选项，直接位于 SELECT 命令的后面，包括：字段名列表，“*”代表所有字段；DISTINCT 子句用来排除重复行，使用 ALL 或者省略保留所有行；TOP 子句指定保留前面若干行。

用户可以使用 COUNT()、MAX()、MIN()、SUM()、AVG()等集函数进行汇总统计；如果使用表达式，则可以使用 AS 子句对输出列重命名。

(2) INTO 子句位于 SELECT 命令的后面，用于将查询结果保存到表。

(3) FROM 子句指明查询的<数据源>。

数据源可以是表对象和派生表，还可以是查询对象。将查询保存得到查询对象，而查询的结果是表的形式，所以查询对象可以作为数据源。

数据源有单数据源和多数据源两种类型。多数据源要进行连接，实现接查询。连接包括内连接、左外连接和右外连接三种连接方式，以及笛卡儿积。

数据源也可以与自身连接。在进行连接查询时，要注意多数据源如果列名同名，则必须加上表名前缀加以区别。

(4) WHERE 子句定义对数据源的筛选条件，只有满足条件的数据才输出。条件是由多种比较运算和逻辑运算组成的逻辑表达式。

(5) GROUP 子句用于分组统计，即按照 GROUP 指定的字段值相等为原则进行分组，然后与集函数配合使用。分组统计查询的输出列只能由分组字段和集函数统计值组成。

(6) HAVING 子句只能配合 GROUP 子句使用。与 WHERE 子句的区别在于，WHERE 条件是检验参与查询的数据，HAVING 是对统计查询完毕后的数据进行输出检验。

(7) 子查询是在 WHERE 子句或 HAVING 子句中将查询的结果集合参与比较运算。这种用法功能很强，非相关子查询使查询表述比较清晰，很常用。相关子查询设置比较复杂，但可以实现很复杂的查询要求。

(8) UNION 用于实现并运算，将两个查询的数据合并为一个查询结果。

(9) ORDER 子句用于查询结果的有序显示，只能位于 SELECT 语句的最后。“排序列”指定输出时用来排序的依据列，ASC 或省略表示升序，DESC 表示降序。

10. Access 查询对象的意义

查询对象实现定义、执行查询的功能，并可以将定义的查询保存为查询对象。查询对象保存的是查询的定义，不是查询的结果。

查询对象的用途主要有以下两种。

(1) 当需要反复执行某个查询操作时，将其保存为查询对象，这样每次选中该查询对象双击，或者右击，在弹出的快捷菜单中选择“打开”命令，就可以运行查询，查看结果。这种方式避免了每次都要定义查询的操作。另外，由于不保存结果数据，因此没有浪费存储空间。同时，由于查询对象是在打开时执行，所以总是获取数据源中最新的数据。这样，查询就能自动与数据源保持同步了。

(2) 查询对象成为其他操作的数据源。由于查询对象可以实现对数据库中数据的“重新组合”，因此可以针对不同用户的需求“定制”数据。

在数据库中使用查询对象，具有以下意义。

(1) 查询对象可以隐藏数据库的复杂性。数据库按照关系理论设计，并且是针对应用系统内的所有用户。而大多数用户只关心与自己的业务有关的部分。查询对象可以按照用户的要求对数据进行重新组织，用户眼中的数据库就是他所使用的查询对象，因此，查询对象也称为“用户视图”。通过查询对象，数据库系统实现了三级模式结构(见第 2 章)，查询对象实现了外模式的功能。

(2) 查询对象灵活、高效。基于 SELECT 语句查询可以实现种类繁多的查询表达，又可以像表一样使用，大大增加了应用的灵活程度，原则上无论用户有什么查询需求，通过定义查询对象都可以实现。同时，将其保存为查询对象，可以反复查询。

(3) 提高数据库的安全性。用户通过查询对象而不是表操作数据，查询对象是“虚表”，如果对查询对象设置必要的安全管理，就可以大大增加数据库的安全性。

【例 5.31】 建立根据输入日期查询销售数据的查询对象。

命令：

```
SELECT 售书日期,书名,定价,售书明细.数量,售价折扣,
售书明细.数量 * 售价折扣 * 定价 AS 金额,姓名 AS 营业员
FROM 图书 INNER JOIN
((员工 INNER JOIN 售书单 ON 员工.工号 = 售书单.工号)
INNER JOIN 售书明细 ON 售书单.售书单号 = 售书明细.售书单号)
ON 图书.图书编号 = 售书明细.图书编号
WHERE 售书日期 = [RQ];
```

本例根据输入日期查询当天售出图书的书名、定价、数量、折扣、金额、营业员信息，这些数据分别保存在“员工”“图书”“售书单”“售书明细”表中，通过查询将这 4 个表连接在一起。其中，售书日期作为输入参数。保存该查询，以后打开该查询对象，输入日期，就可以获得售书的信息。

5.2.3 SQL 的追加功能

SQL 除实现查询功能外，还具有对数据库的维护、更新功能。数据维护是为了使数据库中存储的数据能及时地反映现实中的状态。数据维护更新操作包括三种，即对数据记录的追加(也称为插入)、删除、更新。SQL 提供了完备的操作语句。

追加是指将一条或多条记录加入表中的操作，它有两种用法。

语法 1：

```
INSERT INTO 表 [(字段 1 [,字段 2, …])]
VALUES (<表达式 1>[, <表达式 2>, …])
```

语法 2：

```
INSERT INTO 表 [(字段 1 [,字段 2, …])]
<查询语句>
```

语法 1 是计算出各表达式的值，然后追加到表中作为一条新记录。如果命令省略字段名表，则表达式的个数必须与字段数相同，按字段顺序将各表达式的值依次赋给各字段，字段名与对应表达式的数据类型必须相容。若列出了字段名表，则将表达式的值依次赋给列出的各字段，没有列出的字段取各字段的默认值或空值。

语法 2 是将一条 SELECT 语句查询的结果追加到表中成为新记录。SELECT 语句的输出列与要赋值的表中对应的字段名称可以不同，但数据类型必须相容。

【例 5.32】 现新招一名业务员，其工号为 1204，姓名为张三，出生日期为 1990 年 6 月 20 日，性别为男，薪金为 2600 元，追加该数据记录。

命令：

```
INSERT INTO 员工
VALUES ("1204","张三","男",#1990-6-20#,"12","业务员",2600);
```

由于每个字段都有数据，因此表名后的字段列表可以省略，该记录加入“员工”表后，在员工的数据表视图中将会按照主键的顺序排列。

注意：追加的记录要遵守表创建时的完整性规则的约束，例如主键字段值不能重复；外

键字段值必须有对应的参照值等，否则追加将失败。

在实际应用系统中，用户一般通过交互界面按照某种格式输入数据，而不会直接使用INSERT命令，因此与用户"打交道"的是窗体或者数据表视图。在窗体中接收用户输入的数据后再在内部使用INSERT语句加入表中。

5.2.4 SQL的更新功能

更新操作不增加、减少表中的记录，而是更改记录的字段值。更新命令的语法如下：

```
UPDATE  表
SET 字段 1 = <表达式 1 >[,字段 2 = <表达式 2 >… ]
[ WHERE <条件>[ AND | OR <条件>… ]]
```

当省略WHERE子句时，对表中所有记录的指定字段进行修改；当有WHERE子句时，修改只在满足条件的记录的指定字段中进行。WHERE子句的用法与SELECT类似。

【例5.33】 将"员工"表中"经理"级员工的薪金增加5%。

命令：

```
UPDATE 员工 SET 薪金 = 薪金 + 薪金 * 0.05
WHERE 职务 IN ("总经理","经理","副经理");
```

这里假定职务中包含"经理"两字的为经理级员工，执行该命令将修改所有经理级员工的"薪金"字段值。

若去掉WHERE子句，则是无条件修改，将更新所有记录的"薪金"字段。

【例5.34】 将"售书部(12)"中有售书记录的员工的薪金增加8%。

命令：

```
UPDATE 员工
SET 薪金 = 薪金 + 薪金 * 0.08
WHERE 部门号 = "12" AND 工号 IN (SELECT DISTINCT 工号 FROM 售书单);
```

执行该命令，首先在子查询中通过"售书单"表将有售书记录的员工的工号找出来，然后参与条件比较。

注意：在进行更新操作时，如果更新的字段涉及主键、无重复索引、外键，以及有效性规则中有定义等字段的值，则必须符合完整性规则的要求。

5.2.5 SQL的删除功能

删除操作将数据记录从表中删除，且不可以恢复。SQL删除命令的语法如下：

```
DELETE [<列名表>] FROM  表
[WHERE <条件>[ AND | OR <条件>… ]]
```

其功能是删除表中满足条件的记录。当省略WHERE子句时，将删除表中的所有记录，但保留表的结构。这时表成为没有记录的空表。<列名表>用于列出条件中使用的列，可省略。

WHERE子句关于条件的使用与SELECT命令中的类似，例如也可以使用子查询等。

【例5.35】 删除员工"张三"。

命令：

```
DELETE FROM 员工
WHERE 姓名 = "张三" ;
```

执行该命令，Access 将弹出询问对话框，单击“是”按钮，将执行删除操作。

需要注意的是，若“张三”员工在“售书单”中有记录，这时会触发参照完整性的约束规则。如果关系定义为“级联”删除，那么“售书单”及“售书明细”中相应的记录会同步删除；若是“限制”删除，将不允许删除“张三”的记录。

因此，在进行删除操作时应注意数据完整性规则的要求，避免出现违背数据约束的情况。

【例 5.36】 删除“图书”表中没有售出记录的图书。

命令：

```
DELETE FROM 图书
WHERE 图书编号 NOT IN  (SELECT DISTINCT 图书编号 FROM 销售明细)
```

5.2.6 SQL 的定义功能

使用 SQL 的定义功能可以对表对象进行创建、修改和删除操作。

1. 表的定义

根据第 4 章中使用表设计视图创建表的操作可知，定义表包含的项目非常多。SQL 使用命令来完成表的定义，包含了交互操作中的很多选项。

表的定义包含表名、字段名、字段的数据类型、字段的所有属性、主键、外键与参照表、表的约束规则等。

SQL 定义表命令的基本语法如下：

```
CREATE TABLE 表名
(字段名 1 <字段类型>[(字段大小[,小数位数])] [NULL | NOT NULL]
[PRIMARY KEY] [UNIQUE] [REFERENCES 参照表名(参照字段)] [DEFAULT <默认值>]
[,字段名 2 <字段类型>[(字段大小 [,小数位数]) … ] …
[,<主键定义>] [,<外键及参照表定义>] [,<索引定义>])
```

字段类型要用事先规定的代表符来表示，Access 中可以使用的数据类型及代表符见表 5.7。代表符与替代词的意义相同，命令中不区分大小写。

表 5.7　表定义命令中使用的字段类型代表符说明

数据类型名		代表符	说明
文本		Text	替代词 String
长文本		Memo	
数字	字节	Byte	
	整型	Smallint	
	长整型	Long	替代词 Int
	单精度型	Single	替代词 Real
	双精度型	Double	替代词 Float
	小数	Decimal	与 ANSI SQL 兼容
日期/时间		Datetime	

续表

数据类型名	代 表 符	说 明
货币	Money	替代词 Currency
自动编号	Autoincrement	
是/否	Bit	替代词 Logical、YesNo
OLE 对象	OLEObject	替代词 LongBinary

(1) 除文本型外,一般类型不需要用户定义字段大小,有个别 Access 数据类型在 SQL 中没有对应的代表符。

(2) PRIMARY KEY 将该字段创建为主键,UNIQUE 为该字段定义无重复索引。

(3) NULL 选项允许字段取空值,NOT NULL 选项不允许字段取空值。但定义为 PRIMARY KEY 的字段不允许取 NULL 值。

(4) DEFAULT 子句指定字段的默认值,默认值类型必须与字段类型相同。

(5) REFERENCES 子句定义外键,并指明参照表及其参照字段。

(6) 当主键、外键、索引等由多字段组成时,必须在所有字段都定义完毕后再定义。所有这些定义的字段或项目用逗号隔开,同一个项目内用空格分隔。

以上各功能均与表设计视图有关内容对应。

【例 5.37】 建立"图书销售"数据库的"客户"表。

假定在"图书销售"数据库中建立"客户"表。客户有不同类型,与不同部门建立联系,其关系模式如下:

客户(客户编号,姓名,性别,生日,客户类别,收入水平,电话,联系部门,备注)

根据这些字段的特点,在 SQL 视图中输入如下命令:

```
CREATE TABLE 客户
(客户编号 TEXT(6) PRIMARY KEY,
姓名 TEXT(20) NOT NULL,
性别 TEXT(2),
生日 DATE,
客户类别 TEXT(8),
收入水平 MONEY,
电话 TEXT(16),
联系部门 TEXT(2) REFERENCES 部门(部门编号),
备注 MEMO)
```

其中,"客户编号"是主键,"联系部门"字段存放所联系的"部门编号",是外键,参照"部门"表的"部门编号"字段。

执行命令后,可以看到,所定义的表与用设计视图定义的完全相同。

使用 SQL 命令定义表,读者可以与表设计视图的交互方式对照。

2. 定义索引

SQL 可以单独定义表的索引,定义索引的基本语法如下:

```
CREATE [UNIQUE] INDEX 索引名
ON 表名 (字段名  [ASC|DESC][, 字段名  [ASC|DESC], … ]) [WITH PRIMARY]
```

其含义是在指定的表上创建索引。使用 UNIQUE 子句将建立无重复索引。用户可以定义多字段索引,ASC 表示升序,DESC 表示降序。WITH PRIMARY 子句将索引指定为主键。

3. 表结构的修改

一般而言,定义好的表结构比较稳定,在一段时间内较少发生改变,但有时也可能需要修改表结构或约束。

修改表结构主要修改以下几项内容。

(1) 增加字段。

(2) 删除字段。

(3) 更改字段的名称、类型、宽度,增加、删除或修改字段的属性。

(4) 增加、删除或修改表的主键、索引、外键及参照表等。

SQL 提供了 ALTER 命令用来修改表结构,修改表结构的基本语法如下:

```
ALTER TABLE 表名
ADD COLUMN   字段名<类型>[(<大小>)] [NOT NULL] [<索引>]  |
ALTER COLUMN 字段名<类型>[(<大小>)]  |
DROP COLUMN <字段名>
```

修改表结构的命令与 CREATE TABLE 命令的很多项目相同,这里只列出了主要的几项内容。

注意:当修改或删除的字段被外键引用时,可能会使修改失败。

4. 删除表或索引

对于已建立的表和索引可以删除。删除命令的语法格式如下:

```
DROP {TABLE 表名| INDEX 索引名 ON 表名}
```

注意:如果被删除表被其他表引用,删除命令可能会执行失败。

本节不详细介绍 Access 中 SQL 除查询外的其他功能,感兴趣的读者可以查阅相关资料。

5.3 选择查询

SQL 为数据库提供了功能强大的操作语言。Access 为了方便用户,提供了可视化操作界面,允许用户通过可视化操作而无须写命令的方式来设置查询。用户在查询的“设计视图”窗口中交互操作定义查询,Access 自动在后台生成对应的 SQL 语句。

Access 将查询分为“选择查询”和“动作查询”两大类。对照 5.2 节的介绍,SELECT 语句对应于“选择查询”;“交叉表”和“生成表”查询是在 SELECT 查询的基础上做进一步处理;INSERT、UPFATE 和 DELTE 语句分别对应“追加”“更新”“删除”查询,属于“动作查询”。

5.3.1 创建选择查询

1. 创建选择查询的基本步骤

(1) 在功能区中选择“创建”选项卡。

(2) 单击“查询设计”按钮,Access 将创建暂时命名的查询,例如“查询 1”“查询 2”等,并进入查询工作界面,同时弹出“显示表”对话框。

(3) 确定数据源。从对话框中可以看出,数据源可以是表或查询对象。

在“显示表”对话框中选择要查询的表或查询对象,单击“添加”按钮。如果只选一个表或查询，就是单数据源查询；如果选多个表或查询，就是多数据源连接查询，如图 5.21 所示。

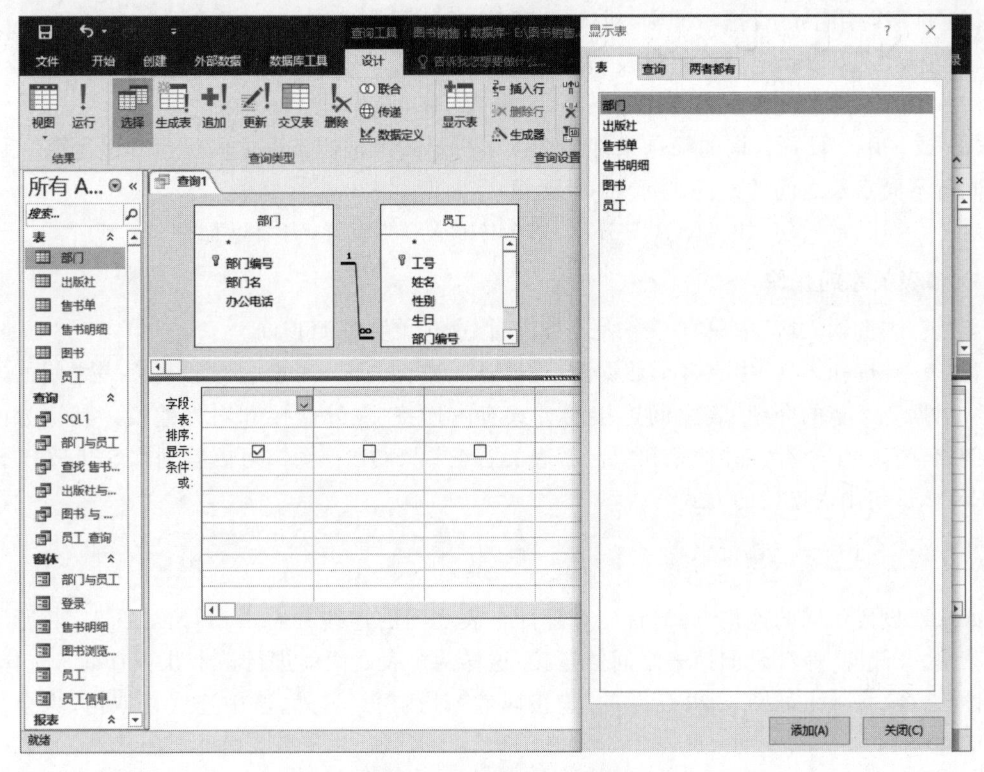

图 5.21　查询设计视图界面

表或查询可以重复选择，Access 会自动命名别名并实现自身连接。

最后单击“关闭”按钮关闭“显示表”对话框，并进入到选择查询的设计视图。

在设置查询的过程中，可以随时单击功能区中的“显示表”按钮，或者右击，选择快捷菜单中的“显示表”命令，弹出“显示表”对话框，用于添加数据源。

(4) 定义查询。在“设计视图”中，通过直观的操作构造查询(设置查询所涉及的字段、查询条件以及排序等)。

(5) 运行查询。随时单击功能区中的“运行”按钮，设计视图界面会变成查询结果显示界面，然后单击“设计视图”返回到设计视图。

(6) 保存为查询对象。单击“保存”按钮，弹出“另存为”对话框，命名查询对象并单击“确定”按钮，从而创建一个查询对象。

在构建查询的过程中可以随时切换到“SQL 视图”查看对应的 SELECT 语句。

2. 设计视图界面

选择查询通过可视化界面实现 SELECT 语句中各子句的定义。

该视图分为上、下两个部分，上半部分是“表/查询输入区”，用于显示查询要使用的表或其他查询对象，对应 SELECT 语句的 FROM 子句；下半部分是设计网格，用于确定查询结果要输出的列和查询条件等。

在设计网格中，Access 初始设置了以下 6 栏。

(1) 字段。指定字段名或字段表达式。所设置的字段或表达式可用于输出列、排序、分组、查询条件中，即 SELECT 语句中需要字段的地方。

(2) 表。指定字段来自哪一个表。

(3) 排序。用于设置排序准则,对应 ORDER BY 子句。

(4) 显示。用于确定所设置字段是否在输出列出现。选中该复选框,字段将作为输出列。

(5) 条件。用于设置查询的筛选条件,对应 WHERE 子句。

(6) 或。用于设置查询的筛选条件。在以多行形式出现的条件之间进行 OR 运算;反之,对于同行不同字段之间的条件进行 AND 运算。

对于针对其他子句(如 GROUP BY、HAVING 等)的设置,需要增加栏目。

3. 多表关系的操作

当"表/查询输入区"中只有一个表或查询时,这是单数据源查询。

若"表/查询输入区"中有多个数据源,需要连接查询,Access 会自动设置多表之间的连接条件。根据 5.2 节的介绍,表之间连接的方式有内连接、左外连接和右外连接。默认为内连接。例如,图 5.21 中有"部门"表和"员工"表。若查看"SQL 视图",可以看到在 SELECT 语句的 FROM 子句中内连接的方式。

```
部门 INNER JOIN 员工 ON 部门.部门编号 = 员工.部门编号
```

如果要设置不同的连接方式,首先选择两个表之间的连线并右击,弹出如图 5.22 所示的快捷菜单。"删除"命令是删掉表之间的连接,这样两个表之间就进行笛卡儿积查询。选择"连接属性"命令,将弹出如图 5.23 所示的"连接属性"对话框。另外,选中连线后双击,也会弹出该对话框。

图 5.22 快捷菜单

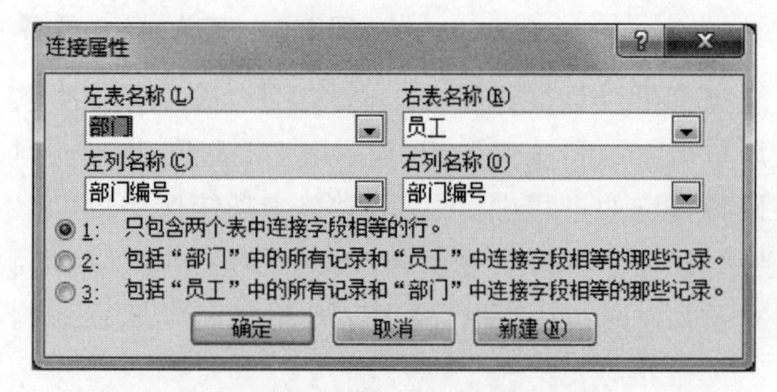

图 5.23 选择不同的连接方式

在该对话框中,可以选择左表及其连接字段、右表及其连接字段,然后是连接方式。下面的三个单选按钮用来选择三种连接方式,分别对应内连接、左外连接和右外连接。

4. "字段"、"表"、"显示"与"排序"栏的操作

在设计网格中,在"字段"栏中设置查询所涉及的字段或表达式的方法如下所述。

(1) 在"字段"栏的下拉列表框中选择一个字段。

(2) 从"表/查询输入区"的某个表中选择字段并双击,将该字段添加到"字段"栏中,或选中字段将其拖曳到"字段"栏中。

(3) 从"字段"栏中选择"*",或从表中拖曳"*"到"字段"栏,可设置一个表的所有字段。

(4) 如果是表达式或常量作为输出列,直接在"字段"栏中输入即可。若表达式中有字段,则应在"表"栏中设置字段所在的表。例如"字段"栏为"[薪金]*1.1","表"栏为"员工"。

在用上述各种方式设置字段时,有的会同时确定"表"栏的值,表明字段来自哪个表。查看"SQL 视图"可以看出,所有字段前面都有表名前缀。

设置“字段”栏同时会选中“显示”栏的复选框，默认情况下，Access 显示所有在设计网格中设定的字段。但是，有些字段可能仅用于条件或排序，而不用来显示，这时要去掉“显示”栏复选框中的“√”标记。

用于排序的字段在“排序”栏下拉列表框中选择“升序”或“降序”。

有些字段可以同时设置多种用途，也可以根据需要重复设置同一个字段。

5. “条件”栏的操作

在 SELECT 语句中，表达查询条件是比较复杂的部分。在设计视图中定义查询条件，都在“条件”栏中进行设置。

条件的基本格式是“字段名 <运算符> <表达式>”。

在设置比较运算时，如果在条件处省略运算符，则直接写值，默认的运算符是“=”，对应的表达式含义是字段 = <值>。

其他的运算符都不能缺少，直接写的值必须符合对应类型的常量的写法。例如，要设置“定价超过 50 元的图书”条件，应该在“定价”字段下输入“> 50”。

多项条件用逻辑运算符 AND 或者 OR 连接起来。在设计网格中，同一行设置的条件以 AND 连接，不同行的条件以 OR 连接。在一个条件中如果一个字段多次出现，参与 OR 运算的就在同一列定义，参与 AND 运算的就需要在不同的列中重复指定该字段。

【例 5.38】 查询由“清华大学出版社”出版的“数学”或“计算机”类别的图书信息，输出书名、作者名、出版社名、图书类别、出版时间、定价，按“定价”升序排序。

操作步骤如下所述。

① 进入查询设计视图，在“显示表”对话框中选择“出版社”表和“图书”表，然后关闭“显示表”对话框。

② 依次选中“书名”“作者”“出版社名”“图书类别”“出版时间”“定价”字段并拖曳到“字段”栏，同时“表”和“显示”栏也被选中。

③ 在“出版社名”字段下的“条件”栏中输入“="清华大学出版社"”，在“图书类别”字段下的“条件”栏中输入“="数学"”。

④ 继续在“出版社名”字段下的“条件”的下一行输入“="清华大学出版社"”，在“图书类别”字段下的“条件”的下一行输入“="计算机"”。

⑤ 在“定价”字段的“排序”下选择“升序”，查看“SQL 视图”，SQL 命令如下：

```
SELECT 图书.书名, 图书.作者, 出版社.出版社名, 图书.图书类别, 图书.出版时间, 图书.定价
FROM 出版社 INNER JOIN 图书 ON 出版社.出版社编号 = 图书.出版社编号
WHERE (((出版社.出版社名) = "清华大学出版社") AND ((图书.图书类别) = "数学"))
OR (((出版社.出版社名) = "清华大学出版社") AND ((图书.图书类别) = "计算机"))
ORDER BY 图书.定价;
```

如果将其中的 WHERE 子句改为：

```
WHERE ((出版社.出版社名) = "清华大学出版社") AND
(((图书.图书类别) = "数学") OR ((图书.图书类别) = "计算机"))
```

其功能一样。再去查看设计视图，可以看到，在“图书类别”字段下条件没有分两行，而是“条件”的第 1 栏变成了“"数学" OR "计算机"”。

因此，用户也可以在条件中输入运算符。

6. 查询对象及其编辑

创建好查询,单击功能区中的“运行”按钮,或者在“视图”按钮上单击,选择“数据表视图”命令,即可查看运行查询的结果。

如果需要保存,则单击工具栏中的“保存”按钮,将其保存为查询对象。以后既可以反复打开运行同一个查询,也可以将其作为其他数据库操作与表类似的数据源。

对于已保存的查询对象,可以进行编辑修改。在导航窗格选中查询对象并右击,会弹出一个快捷菜单,如图 5.24 所示。

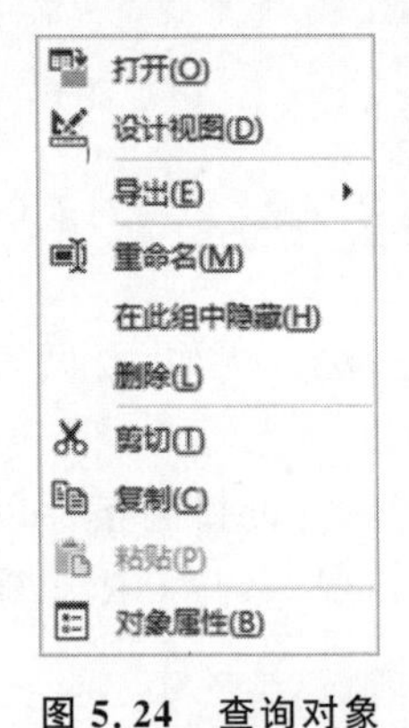

图 5.24　查询对象快捷菜单

选择“重命名”命令可以更改名称;选择“删除”命令将删除查询对象。注意,若该对象被其他查询引用则不可删除。

选择“设计视图”命令,将进入该查询的设计视图,这时可以对查询进行编辑修改。

选择“打开”命令,将运行查询并进入数据表视图,然后可通过视图切换列表进入设计视图。在导航窗格中选择查询对象并双击,可直接运行查询并进入数据表视图。

在查询设计视图中,可以移动字段列、撤销字段列、插入新字段。

移动字段可以调整其显示次序。在设计网格中,每个字段名上方都有一个长方块,即字段选择器。当将鼠标移动到字段选择器时,指针变成向下的箭头,选中整列,然后拖曳到适当的位置放开即可。

撤销字段列是在设计网格中删除已设置的字段。将鼠标移到要删除字段的字段选择器上并单击,然后按 Delete 键,该字段便被删除了。

如果要在设计网格中插入字段,在“表/查询输入区”中选中字段,然后拖曳到设计网格的“字段”栏中要插入的位置,即可将该字段插入到这一列中,原有字段以及右边字段会依次右移。

若双击“表/查询输入区”中的某一字段,该字段便直接被添加到设计网格的末尾。

对于已经定义的字段,可以直接在设计网格中修改设置。

修改完毕后,单击工具栏中的“保存”按钮保存修改。

5.3.2　选择查询的进一步设置

对于查询的更多选项,可以在设计视图中进一步设置。

1. DISTINCT 和 TOP 的功能

设置 DISTINCT 和 TOP 子句的操作方法如下所述。

(1) 单击功能区中的“属性表”按钮,弹出“属性表”对话框,如图 5.25 所示。

属性表 ×

所选内容的类型: 查询属性

常规

说明	
默认视图	数据表
输出所有字段	否
上限值	All
唯一值	否
唯一的记录	否
源数据库	(当前)
源连接字符串	
记录锁定	不锁定
记录集类型	动态集
ODBC 超时	60
筛选	
排序依据	
最大记录数	
方向	从左到右
子数据表名称	
链接子字段	
链接主字段	
子数据表高度	0cm
子数据表展开	否
加载时的筛选器	否
加载时的排序方式	是

图 5.25　查询属性表

(2) 该对话框用来对查询的整体设计进行设置。如果要在查询中设置 DISTINCT 子句,将“唯一值”栏的值改为“是”。如果要设置 TOP 子句,在“上限值”栏中进行选择,此时会出现一个下拉列表,下拉列表中有数值和百分比两

种方式的典型值,可选择其中的某一个值,如果该值不符合要求,则在栏中输入值。

(3) 关闭“属性表”对话框,设置生效。

2. 输出列的重命名和为表取别名

在定义查询输出列时,有些列需要重新命名,在 SELECT 语句中是在输出列后面增加“AS 新列名”子句实现的。

在设计视图中,若要重命名字段,可以采用两种方法。

方法:在“字段”栏的字段或表达式前,直接加上“新列名:”前缀。例如,若“字段”栏上输入的是“AVG(薪金)”,需要命名为“平均薪金”,则可以输入:

```
平均薪金: AVG(薪金)
```

方法:利用“属性表”对话框。在设计视图中首先将光标定位在要命名的字段列上,然后单击功能区中的“属性表”按钮,弹出“属性表”对话框,如图 5.26 所示。在“标题”栏中输入名称,关闭对话框,这样便完成了为字段重新命名的操作。运行查询时,可以看到新名称代替了原来的字段名。

如果需要对表取别名,在 SELECT 语句中是在表名后加上“AS 新表名”。在设计视图中,是在“表/查询输入区”中选中要改名的表,单击功能区中的“属性表”按钮,弹出如图 5.27 所示的“属性表”对话框。在该对话框的“别名”栏中,默认名就是表名。输入需要的别名,关闭该对话框,这样设计视图中所有用到该表的地方都会使用新取的名称。

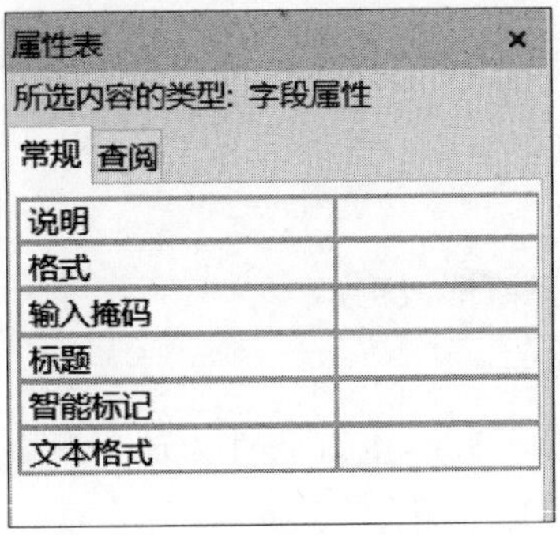

属性表
×
所选内容的类型: 字段属性
常规
查阅
说明
格式
输入掩码
标题
智能标记
文本格式

图 5.26　字段属性表

属性表
×
所选内容的类型: 字段列表属性
常规
别名
员工
来源

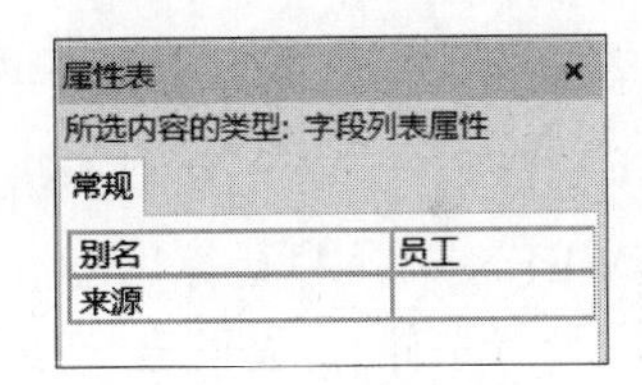

图 5.27　重命名表

3. 参数

在设计查询时,如果条件中用到了很确定的值,则直接使用其常量。如果用到了只有执行查询时才能由用户确定的值,则应使用参数。参数可以用在所有查询操作需要输入值的地方,使用参数增加了查询的灵活性和适用性。对于同一个查询,用户可以在查询运行时输入不同的参数值,从而完成不同的查询任务。

参数在查询设计时是一个标识符。该标识符不能与字段等其他名称重名,可以用“[ ]”括起来。在执行查询时首先会弹出如图 5.8 所示的“输入参数值”对话框,要求用户先输入值再参与运算。

如图 5.28 所示,查询“员工”表中指定姓名的员工的信息。员工姓名在执行查询时输入,所以输出列是所有字段,而第 2 列的“姓名”字段只作为条件的比较字段,不显示。在“条件”行采用参数,用“[XM]”表示。

每个参数应该都有确切的数据类型。为了使查询中使用的参数名称有明确的规定,可以在使用参数前先予以定义。单击功能区中的“参数”按钮(见图5.29),弹出“查询参数”对话框,在其中定义将要用到的参数名称及其类型,如图5.30所示。输入参数并选择相应类型后,单击“确定”按钮。

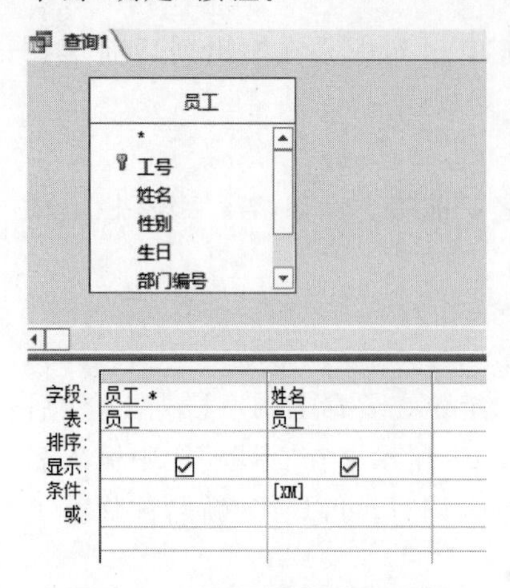

图5.28 在设计网格使用参数

图5.29 参数按钮

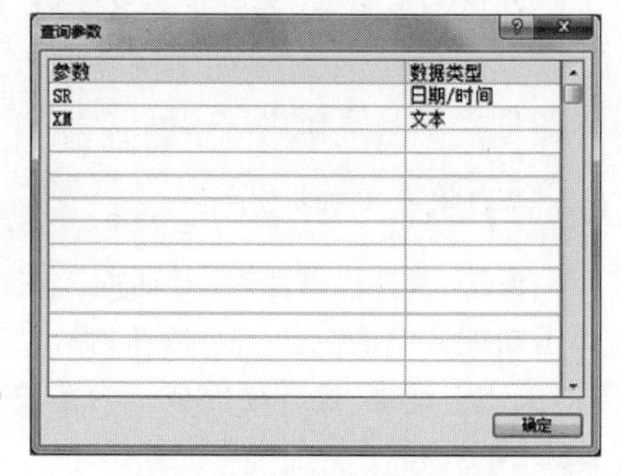

图5.30 “查询参数”对话框

当定义有参数后,无论用户是否在查询中用到参数,在运行查询时,Access都会要求用户首先输入定义的所有参数的值,并自动按照定义的类型检验输入数据是否符合要求,然后再去执行查询。

对于每个输入参数值的提示,可以执行下列操作之一。

(1) 若要输入一个参数值,则输入其值。

(2) 若输入的值就是创建表时定义的该字段的默认值,则输入“DEFAULT”。

(3) 若要输入一个空值,则输入“NULL”。

(4) 若要输入一个零长度字符串或空字符串,则将该框留空。

4. BETWEEN…AND、IN、LIKE和IS NULL运算

BETWEEN…AND运算用于指定一个值的范围。例如,查询条件为员工薪金为2000～2500元,在设置条件时,先设定“薪金”字段,然后直接在“条件”栏中输入:

```
BETWEEN  2000  AND  2500
```

IN运算用于集合。例如,查找员工的几种特定职务之一,可以将这些职务列出组成一个集合,用括号括起来。在“职务”字段列下面输入:

```
IN ("总经理","经理","副经理","主任")
```

LIKE用于匹配运算。“?”表示该位置可匹配任意一个字符,“*”表示该位置可匹配任意一个字符,“#”表示该位置可匹配一个数字。方括号描述一个范围,用于确定可匹配的字符范围。

例如,[0-3]可匹配数字0、1、2、3,[A-C]可匹配字母A、B、C。感叹号(!)表示除外。例如,[!3-4]表示可匹配除3、4之外的任何字符。

在设计视图的“条件”行中,LIKE运算后的匹配串应该用方括号括起来。

例如,条件“电话 LIKE "1[0-2]*"”表示查询的第1个字符为1,第2个字符为0(或者1、2),从第3位开始可以是任意符号。

IS［NOT］NULL 运算用于判断字段值是否为空值。对于判断空值与否的字段，直接在“条件”栏中输入 IS NULL 或者 IS NOT NULL。

5. 在查询中执行计算

在选择查询设计时，“字段”栏除了可以设置查询所涉及的字段外，还可以设置包含字段的表达式，利用表达式获得表中没有直接存储的、经过加工处理的信息。需要注意的是，在表达式中，字段要用方括号(［］)括起来。另外，Access 会自动为该表达式命名，格式为“表达式：”。用户可以按照重命名方法重新为列命名。

【例 5.39】 设计根据输入日期查询销售数据的查询并保存为查询对象，输出售书日期、书名、定价、数量、售价折扣、金额。

这些数据存放在“图书”“售书单”“售书明细”表中。除金额外，其他字段都可以从表中获得，金额的值等于“售书数量×定价×售价折扣”。具体操作步骤如下所述。

① 进入设计视图，将“售书单”“售书明细”“图书”这三个表依次加入设计视图中。

② 依次定义字段，分别将售书日期、书名、定价、数量、售价折扣放入“字段”栏内，同时自动设置“表”栏和“显示”栏。

③ 在最后一列输入“［售书明细］.［数量］*［定价］*［售价折扣］”。

④ 这时，Access 自动调整并为该表达式命名。由于查询的售书日期要由用户输入，于是在“售书日期”列的“条件”栏中输入参数“［RQ］”。

⑤ 将最后一列“表达式 1”重命名，替换为“金额”，完成整个设计，如图 5.31 所示。

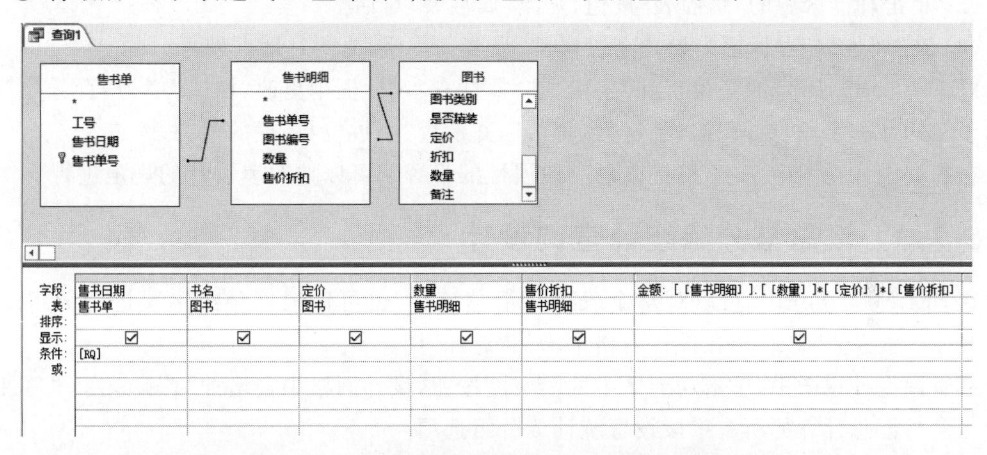

图 5.31　在查询设计视图中定义有表达式的查询

⑥ 单击“保存”按钮，在“另存为”对话框中输入查询名“根据日期查询售书数据”。

⑦ 运行该查询，首先弹出“输入参数值”对话框，输入日期后，就会在数据表视图中显示查询结果。

6. 查询的字段属性设置

在查询设计中，表的字段属性是可继承的。也就是说，在表设计视图中定义的某字段的字段属性，在查询中同样有效。如果某个字段在查询中输出，而字段属性不符合查询的要求，那么 Access 允许用户在查询设计视图中重新设置字段属性。

例如，在例 5.39 中设计了有计算的查询。运行时，输入日期“2024/1/1”，其数据表视图如图 5.32 所示，其“售价折扣”和“金额”的显示格式都是默认格式。

查询1

	售书日期	书名	定价	数量	售价折扣	金额
	2024/1/1	语句型	¥23.00	1	0.85	19.5500005483627
	2024/1/1	市场营销	¥28.50	2	0.8	45.600000679493
	2024/1/1	高等数学	¥30.00	3	0.8	72.0000010728836
	2024/1/1	数据挖掘	¥80.00	3	0.95	227.999997138977
	2024/1/1	会计学	¥27.50	3	1	82.5
*						

图 5.32 未定义字段属性的查询结果

进入该查询的设计视图,修改“售价折扣”和“金额”的字段属性,重新运行,其数据表视图如图 5.33 所示,显示格式发生了变化。

查询1

	售书日期	书名	定价	数量	售价折扣	金额
	2024/1/1	语句型	¥23.00	1	85.000%	¥19.55
	2024/1/1	市场营销	¥28.50	2	80.000%	¥45.60
	2024/1/1	高等数学	¥30.00	3	80.000%	¥72.00
	2024/1/1	数据挖掘	¥80.00	3	95.000%	¥228.00
	2024/1/1	会计学	¥27.50	3	100.000%	¥82.50
*						

图 5.33 定义了字段属性的查询结果

设置字段属性的操作步骤如下所述。

(1) 在查询设计视图中,将光标定位到要设置字段属性的字段列上。

(2) 单击功能区中的“属性表”按钮,弹出“属性表”对话框。

(3) 在“属性表”对话框中设置字段属性,设置完毕后,关闭对话框即可。

对于图 5.33 所示的“售价折扣”字段,在“属性表”对话框中更改“格式”栏为“百分比”;对于求金额的计算字段,更改“格式”栏为“货币”,并设置“小数位数”栏的值为 2。

在查询设计视图中,关于可更改的字段属性的设置都可以按照表设计的规定进行。

5.3.3 汇总与分组统计查询设计

在 SELECT 语句中,可以对整个表进行汇总统计,也可以根据分组字段进行分组统计。如果要建立汇总查询,必须在设计网格中增加“总计”栏。

在查询设计视图中,单击功能区中的“合计”按钮,设计网格中会增加“总计”栏。“总计”栏用于为参与汇总计算的所有字段设置统计或分组选项。

【例 5.40】 设计查询,统计所有女员工的人数、平均薪金、最高薪金、最低薪金。

① 进入查询设计视图,将“员工”表添加到设计视图中。

② 单击工具栏上的“合计”按钮,增加“总计”栏。

③ 将“性别”作为分组字段放置在“字段”栏中,然后针对“工号”计数,在“总计”栏的下拉列表中选择“计数”。依次设置“薪金”字段,分别设置为“平均值”“最大值”“最小值”。设置结果如图 5.34 所示。

最后的“性别”用于设置“女”员工条件,对应的 SELECT 语句如下:

```
SELECT 员工.性别, COUNT(员工.工号), AVG(员工.薪金), MAX(员工.薪金), MIN(员工.薪金)
FROM 员工
WHERE (员工.性别) = "女"
GROUP BY 员工.性别;
```

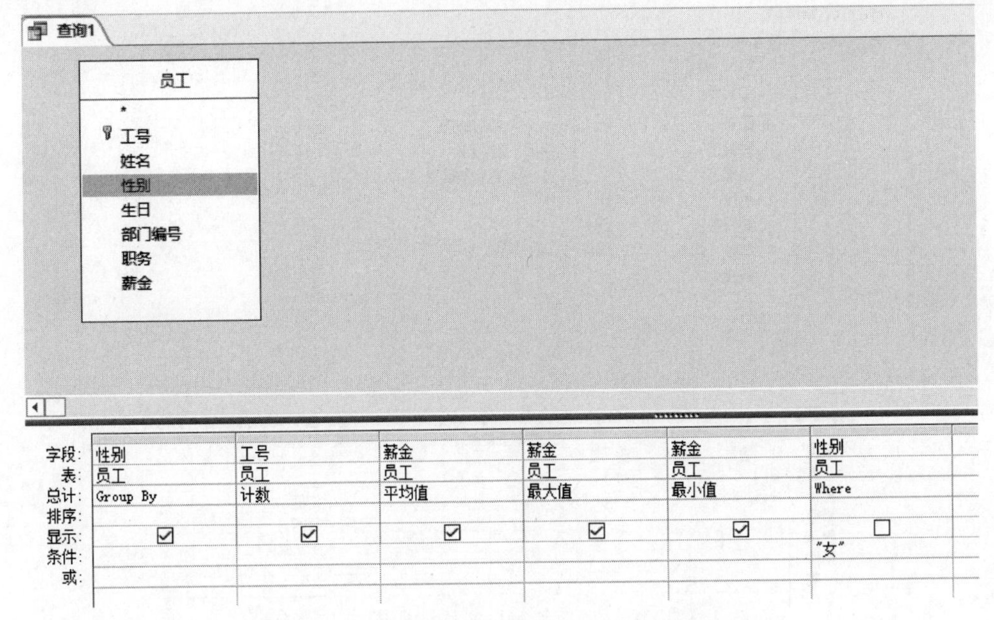

图 5.34　在查询设计视图中定义汇总统计查询

运行查看数据表视图，可以看到，统计字段都已经自动命名。

在“总计”栏的下拉列表中共有 12 个选项。

(1) 分组。该选项用于 SELECT 语句的 GROUP BY 子句中，指定字段为分组字段。

(2) 总计。该选项对应 SUM()函数，为每一组中指定的字段进行求和运算。

(3) 平均。该选项对应 AVG()函数，为每一组中指定的字段求平均值。

(4) 最小值。该选项对应 MIN()函数，为每一组中指定的字段求最小值。

(5) 最大值。该选项对应 MAX()函数，为每一组中指定的字段求最大值。

(6) 计数。该选项对应 COUNT()函数，计算每一组中记录的个数。

(7) 标准差。该选项对应 STDEV()函数，根据分组字段计算每一组的统计标准差。

(8) 方差。该选项对应 VAT()函数，根据分组字段计算每一组的统计方差。

(9) 第一条记录。该选项对应 FIRST()函数，获取每一组中首条记录该字段的值。

(10) 最后一条记录。该选项对应 LAST()函数，获取每一组中最后一条记录该字段的值。

(11) 表达式。该选项用于在设计网格的“字段”栏中建立计算表达式。

(12) 条件。该选项作为 WHERE 子句中的字段，用于限定表中的哪些记录可以参加分组汇总。

【例 5.41】 统计各部门平均工资并输出平均工资不高于 2600 元的部门。

① 进入查询设计视图，将“部门”“员工”表添加到设计视图中。

② 单击工具栏上的“合计”按钮，增加“总计”栏，设置结果如图 5.35 所示。

注意：在“薪金”字段下的“条件”栏中设置“<=2600”，对应 SELECT 语句中的 HAVING 子句。这是与例 5.40 不同的地方，例 5.40 的条件出现在 WHERE 子句中。

【例 5.42】 统计各部门女员工的平均工资，输出各部门的部门名、女员工平均工资。

此例和例 5.41 非常类似，不同的是首先需要筛选女员工的记录，再对女员工记录根据部门号进行分组统计。设置结果如图 5.36 所示。

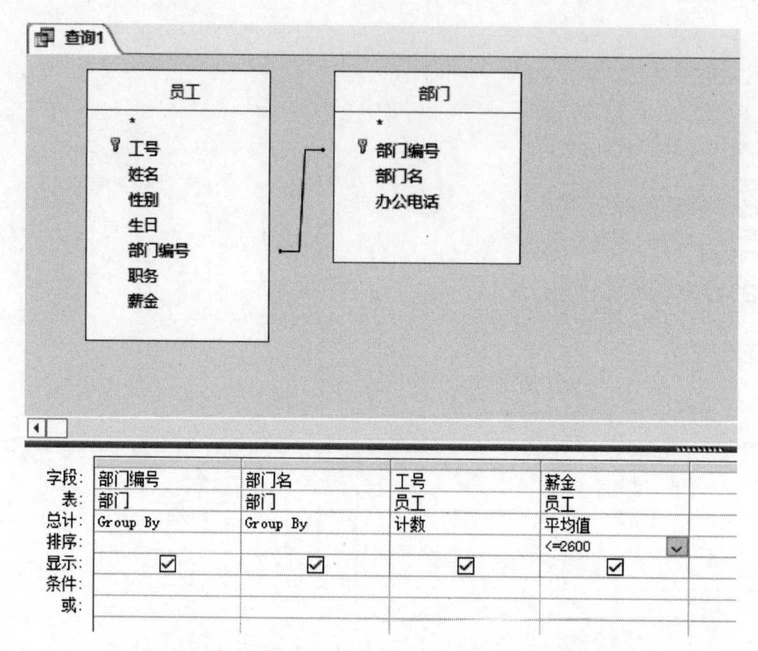

图 5.35 在查询设计视图中定义分组统计查询

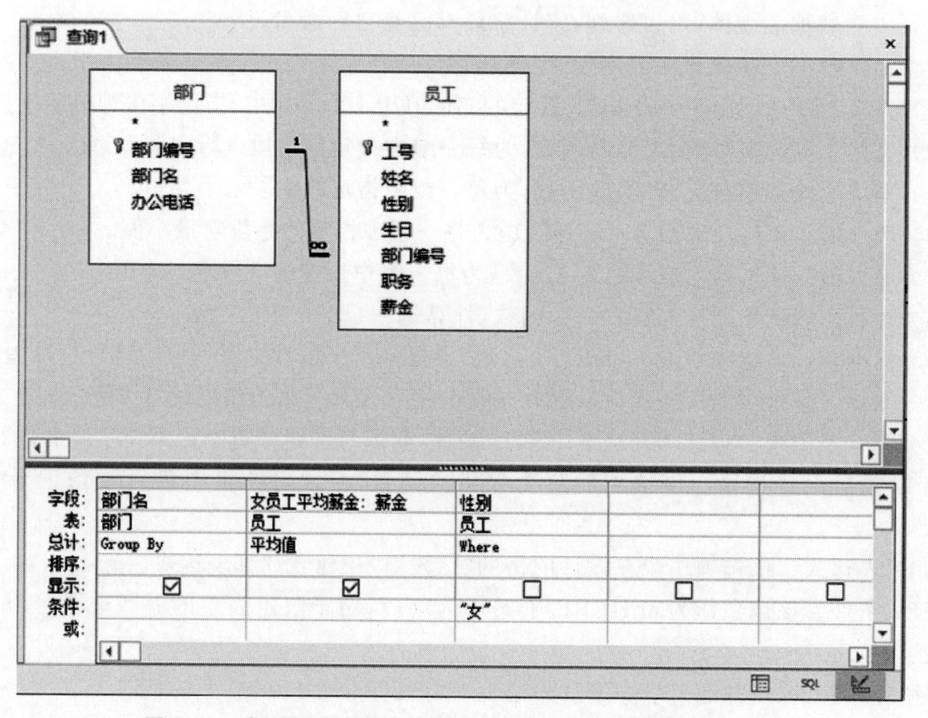

图 5.36 在查询设计视图中定义 WHERE 条件的分组统计查询

5.3.4 子查询设计

出现在 SELECT 语句的 WHERE 子句中的子查询,在设计时也放在"条件"栏中。

【例 5.43】 查询在售书记录中出现的员工信息。

进入查询设计视图,将"员工"表添加到设计视图中。由于"售书单"表出现在子查询中,所以无须添加。查询设计的结果如图 5.37 所示,对应的 SELECT 语句如下:

```
SELECT 员工.*
FROM 员工
WHERE (((员工.工号) IN (SELECT 工号 FROM 售书单)));
```

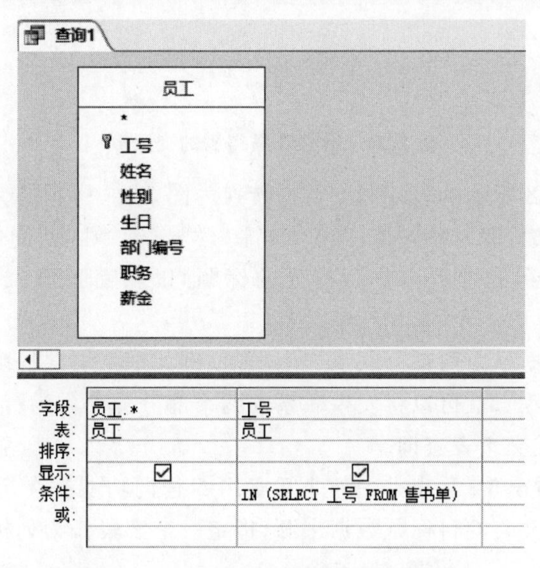

图 5.37　在查询设计视图中定义子查询

5.3.5　交叉表查询

交叉表查询是一种特殊的汇总查询。图 5.38 所示为关系数据库中关于多对多数据设计最常见的表。在“教学管理”数据库中，“成绩”表存放学生选课的数据，每个学生都可以选修多门课程，每行是一名学生选修一门课的成绩。

所有 Access 对象
搜索...
表
成绩
课程
学生
学院
专业
查询
学生成绩信息1_交叉表
学生成绩信息1
窗体
成绩

成绩

学号	课程编号	成绩
10041138	02091010	74
10041138	04010002	83
10053113	01054010	85
10053113	02091010	80
10053113	09064049	75
10053113	05020030	90
10053113	09061050	82
11042219	02091010	85
11042219	01054010	78
11042219	09061050	72
11093305	09064049	92
11093305	01054010	86
11093305	05020030	70
11093305	09065050	90
11093317	09064049	78
11093317	01054010	87
11093325	01054010	76
11093325	09065050	81

记录: 第 1 项(共 27 项　无筛选器　搜索

数据表视图

图 5.38　学生选修的课程及成绩表

在输出时人们希望将每名学生的所有成绩数据放在同一行，如图 5.39 所示。这种查询输出功能就是交叉表查询的功能。

学生成绩信息1_交叉表

学号	姓名	大学英语	大学语文	法学概论	高等数学	管理学原理	数据结构	数据库及应
10041138	华美		74	83				
10053113	唐李生	85	80		75	90		82
11042219	黄耀	78	85					72
11093305	郑家谋	86			92	70	90	
11093317	凌晨	87			78			
11093325	史玉磊	76		75	82		81	
12041136	徐栋梁	88						85
12053131	林惠萍	77						66
12055117	王燕	92			85			88

图 5.39　转换成绩得到的交叉表

那么，怎样将图 5.38 所示的表存储的数据转换为图 5.39 所示的交叉表查询格式呢？

交叉表由三部分组成，即行标题值(图 5.39 中“学号”和“姓名”的值作为每行的开头)、列标题值(图 5.39 中第一行的课程名作为每列的标题)以及交叉值(成绩填入行与列交叉的位置)。

如果表中存储的数据是由两部分联系产生的值(例如学生与课程联系产生的分数、员工与商品联系产生的销售值等)，就可以将发生联系的两个部分分别作为行标题、列标题，将联系的值作为交叉值，从而生成交叉表查询。

从图 5.39 中可以看出，交叉表是一种非常实用的查询功能。在定义查询时，指定源表的一个或多个字段作为交叉表的行标题数据来源，指定一个字段作为列标题数据来源，指定一个字段作为交叉值的来源。

思考：图 5.38 中只有“学号”和“课程编号”字段，而交叉表中增加了“姓名”字段，并将“课程编号”更换为课程名称，这是怎样做到的？

【例 5.44】 查询每天各售书员工的销售金额，并生成交叉表。

根据题意，售书日期为行标题，员工姓名为列标题，销售金额为交叉值。金额要通过“售书明细”和“图书”表进行计算。具体操作步骤如下所述。

进入查询设计视图，由于本查询涉及“员工”“售书单”“售书明细”“图书”表，在“显示表”对话框中依次将这 4 个表加入设计视图。

单击功能区的“查询类型”栏中的“交叉表”按钮，在设计网格中增加“交叉表”栏和“总计”栏，设计结果如图 5.40 所示。

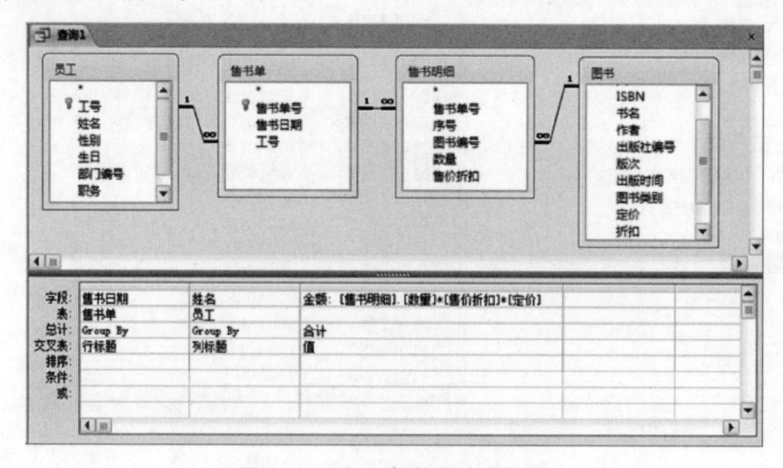

图 5.40　交叉表查询设计视图

在设计网格中，第 1 列为“售书日期”字段，在该列的“总计”栏中选择 Group By 选项，在“交叉表”栏中选择“行标题”选项。

第 2 列为“姓名”字段，在该列的“总计”栏中选择 Group By 选项，在“交叉表”栏中选择“列标题”选项。

第 3 列是求金额的计算表达式。

```
金额: [售书明细].[数量] * [售价折扣] * [定价]
```

如果要将同一个人同一天的销售额汇总，在该列的“总计”栏中选择“合计”选项，然后在“交叉表”行中选择“值”选项。由于金额是货币型，因此单击功能区中的“属性表”按钮启动“属性表”对话框，设置“格式”为“货币”，如图 5.41 所示。

运行查询，交叉表如图 5.42 所示，每天每人的销售情况一目了然。

属性表

所选内容的类型: 字段属性

常规 | 查阅

说明	
格式	货币
输入掩码	
标题	
智能标记	
文本格式	

图 5.41 “金额”列字段属性

查询1

售书日期	刘东珏	任德芳	石破天
2024/1/1			¥447.65
2024/3/10		¥6,397.50	
2024/4/4		¥58.85	
2024/4/5	¥1,264.00		
2024/4/25	¥156.20		
2024/5/7	¥1,611.00	¥43.55	
2024/6/16		¥97.70	
2024/7/14		¥18,480.00	
2024/8/20	¥27.50		

图 5.42 交叉表查询数据表视图

5.4 查询向导

除查询设计视图外，Access 还提供了查询向导。查询向导采用交互问答方式引导用户创建选择查询，使得创建选择查询的工作更加简单易行。当然，完全使用查询向导不一定能够达到用户的要求，可以在向导的基础上进入查询设计视图进行修改。

在功能区的“创建”选项卡中单击“查询向导”按钮，弹出“新建查询”对话框，如图 5.43 所示。其中，共有 4 种查询向导，即简单查询向导、交叉表查询向导、查找重复项查询向导和查找不匹配项查询向导。

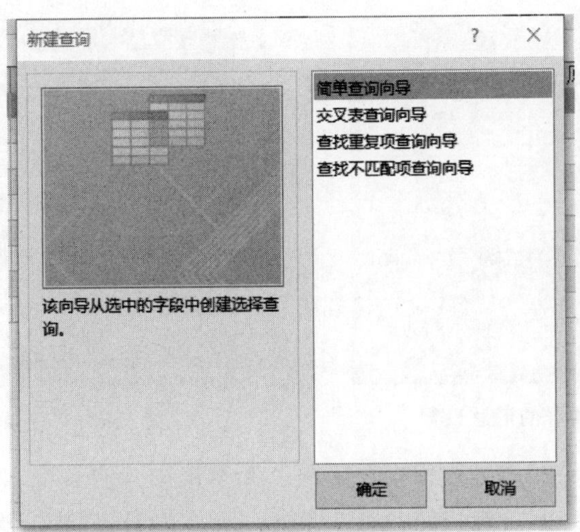

图 5.43 查询向导的“新建查询”对话框

5.4.1 简单查询向导

利用简单查询向导创建选择查询的操作步骤如下所述。

(1) 选择“创建”选项卡,单击“查询向导”按钮,弹出“新建查询”对话框。

(2) 选择“简单查询向导”选项,单击“确定”按钮,弹出“简单查询向导”对话框 1,如图 5.44 所示。

(3) 在该对话框中选择查询所涉及的表和字段。首先在“表/查询”下拉列表框中选择查询所涉及的表,然后在“可用字段”列表框中选择字段并单击“>”按钮,将所选字段添加到“选定字段”列表框中。重复操作,选择所需的各表,直到添加完所需的全部字段。

(4) 单击“下一步”按钮,弹出“简单查询向导”对话框 2,如图 5.45 所示。

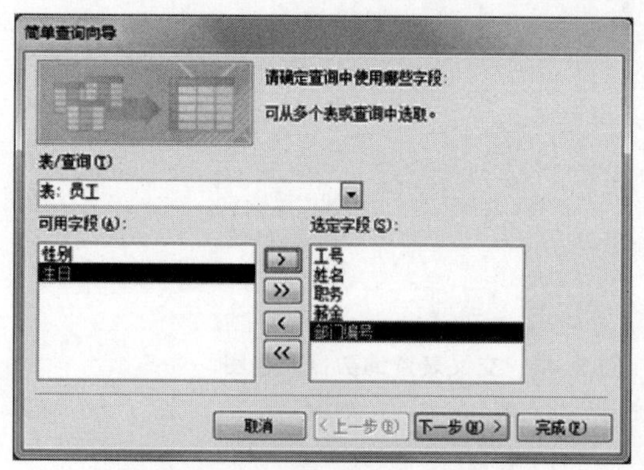
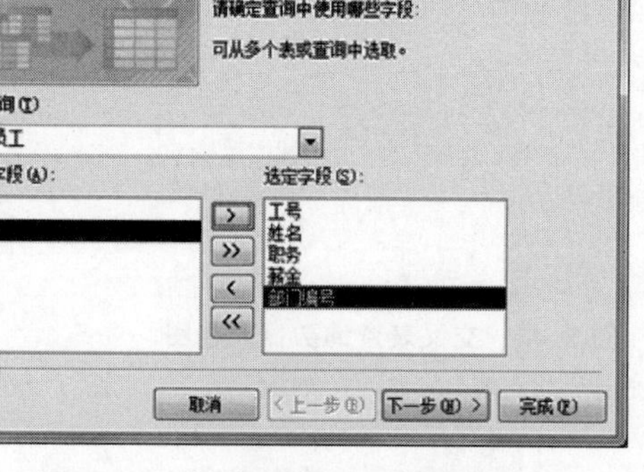

图 5.44 “简单查询向导”对话框 1

图 5.45 “简单查询向导”对话框 2

(5) 如果要创建选择查询,应选中“明细”单选按钮。

如果要创建汇总查询,应选中“汇总”单选按钮,然后单击“汇总选项”按钮,弹出“汇总选项”对话框,如图 5.46 所示。

(6) 在“汇总选项”对话框中为汇总字段指定汇总方式,然后单击“确定”按钮,返回第 2 个“简单查询向导”对话框。

(7) 单击“下一步”按钮,弹出“简单查询向导”对话框 3,如图 5.47 所示。

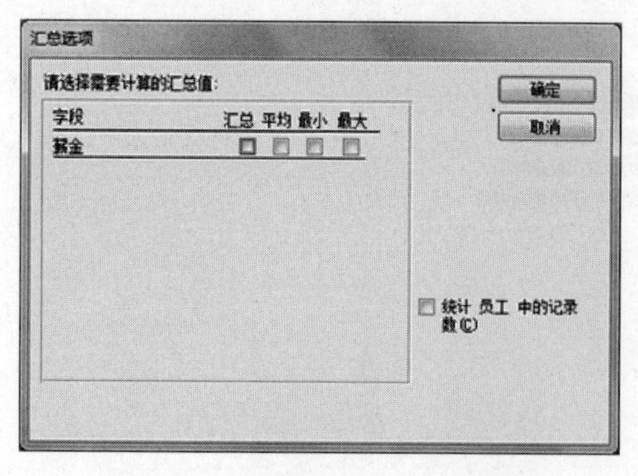

图 5.46 简单查询向导的汇总设置

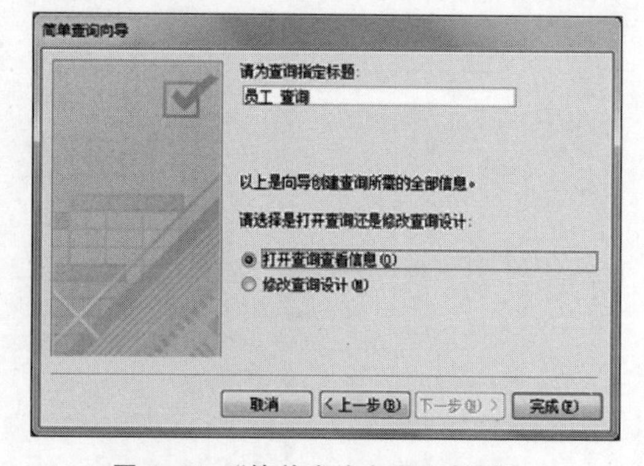

图 5.47 “简单查询向导”对话框 3

在该对话框中,可以在“请为查询指定标题:”文本框中为查询命名。如果要运行查询,则应选中“打开查询查看信息”单选按钮;如果要进一步修改查询,则应选中“修改查询设计”单选按钮。

（8）单击“完成”按钮，Access 生成简单查询。

5.4.2　交叉表查询向导

交叉表查询向导引导用户通过交互方式创建交叉表查询，不过只能在单个表或查询中创建交叉表查询。如果用户需要做复杂的处理，应在交叉表查询设计视图中创建。

例如，利用向导创建如图 5.39 所示的学生成绩交叉表查询的操作步骤如下所述。

（1）打开“教学管理”数据库。由于该交叉表查询涉及三个表，因此，应先创建一个包含学号、姓名、课程编号、课程名称、成绩的三表连接的选择查询。将该查询命名为“学生成绩信息1”(若通过交叉表设计视图，则无须创建此查询)。

（2）在“创建”选项卡的“查询”组中单击“查询向导”按钮，弹出如图 5.43 所示的“新建查询”对话框。选择“交叉表查询向导”选项，单击“确定”按钮，弹出“交叉表查询向导”对话框 1，在对话框 1 中选择作为数据源的表或查询，这里选中“查询”单选按钮，如图 5.48 所示。

（3）单击“下一步”按钮，弹出“交叉表查询向导”对话框 2，在对话框 2 中，选择交叉表查询的行标题，如图 5.49 所示。

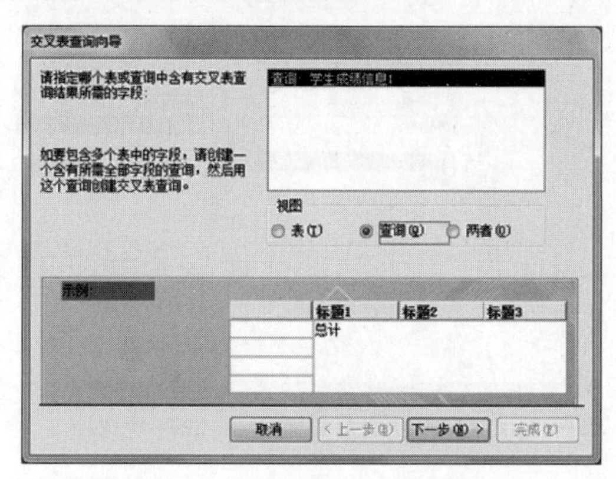

图 5.48　“交叉表查询向导”对话框 1

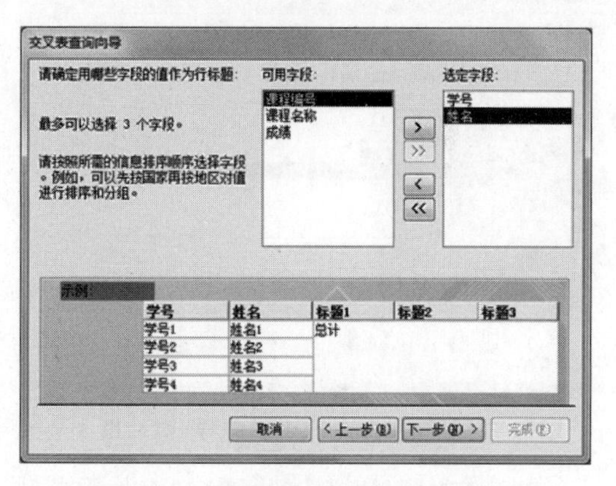

图 5.49　“交叉表查询向导”对话框 2

（4）单击“下一步”按钮，弹出“交叉表查询向导”对话框 3，在对话框 3 中，选择交叉表查询的列标题，这里选择“课程名称”，如图 5.50 所示。

（5）单击“下一步”按钮，弹出“交叉表查询向导”对话框 4，在对话框 4 中，选择作为交叉值的汇总字段以及汇总方式，这里选择“成绩”，因为每个学生每门课只有一个成绩，所以选择 Avg 或 Sum 等都是一样的，如图 5.51 所示。

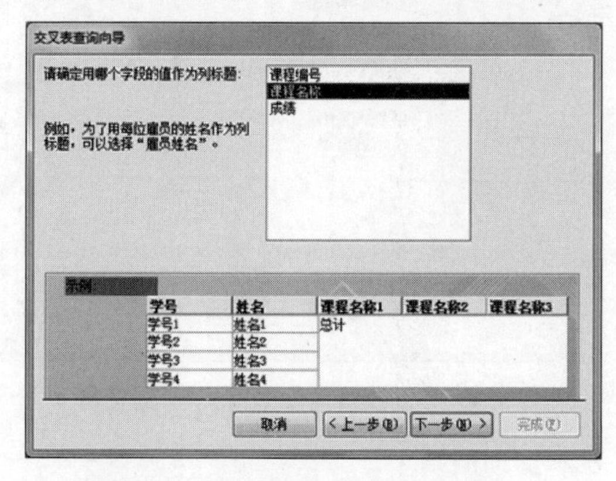

图 5.50　“交叉表查询向导”对话框 3

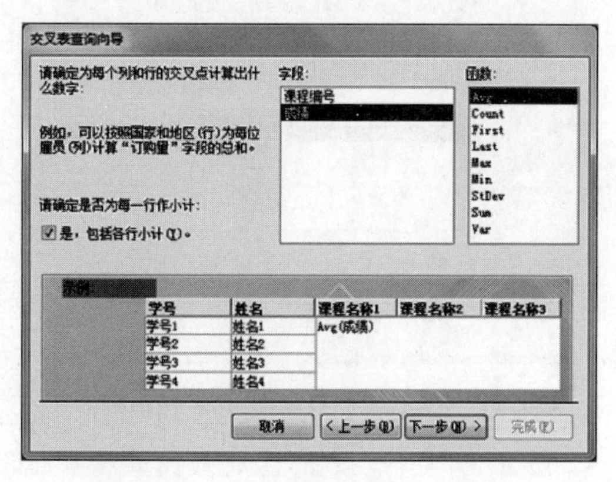

图 5.51　“交叉表查询向导”对话框 4

(6) 单击“下一步”按钮，弹出“交叉表查询向导”对话框 5，在对话框 5 中，在“请指定查询的名称”文本框中为查询命名，然后选中“查看查询”单选按钮，单击“完成”按钮，生成交叉表查询。

5.4.3 查找重复项查询向导

通过查找重复项查询向导可以创建一个特殊的选择查询，用于在同一个表或查询中查找指定字段具有相同值的记录。

【例 5.45】 查询是否有图书在不同的“售书明细”中都有记录。

该查询表示同一个编号的图书在不同的售书单中都有，操作步骤如下所述。

① 启动“新建查询”对话框。

② 在“新建查询”对话框中选择“查找重复项查询向导”选项，单击“确定”按钮，弹出“查找重复项查询向导”对话框 1，在对话框 1 中，选择“售书明细”表，如图 5.52 所示。

③ 单击“下一步”按钮，弹出“查找重复项查询向导”对话框 2，在对话框 2 中，选择“图书编号”字段，如图 5.53 所示。

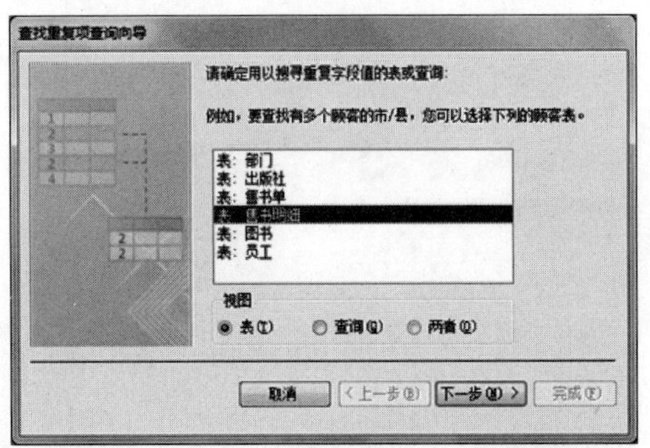
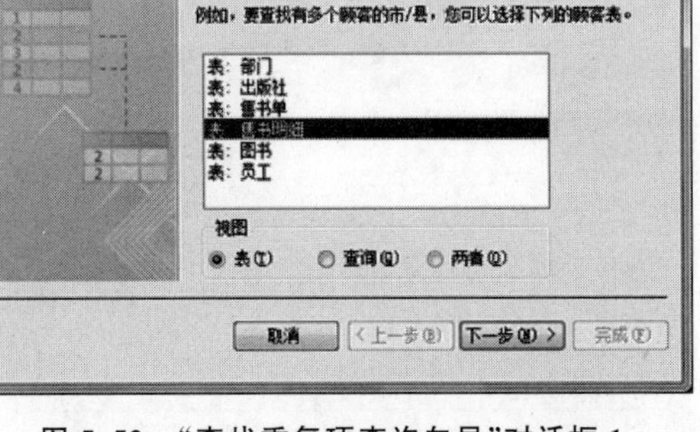

图 5.52 “查找重复项查询向导”对话框 1

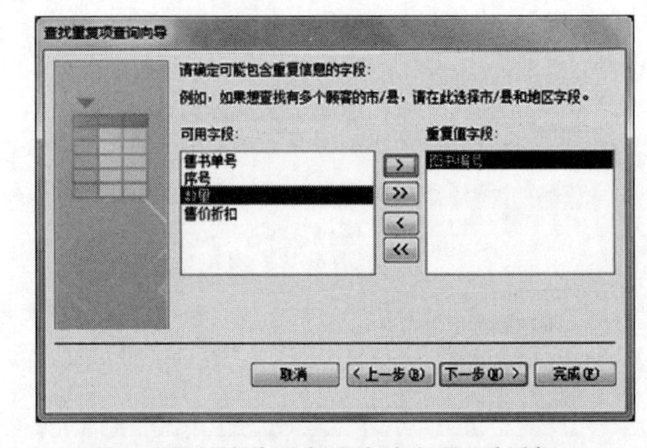

图 5.53 “查找重复项查询向导”对话框 2

④ 单击“下一步”按钮，弹出“查找重复项查询向导”对话框 3，在对话框 3 中，选择需要显示的其他字段。本查询需要显示不同的“售书单号”和“数量”，所以选择“售书单号”和“数量”字段，如图 5.54 所示。

⑤ 单击“下一步”按钮，弹出“查找重复项查询向导”对话框 4，在对话框 4 中，对要生成的查询命名，然后选中“查看结果”单选按钮，如图 5.55 所示。

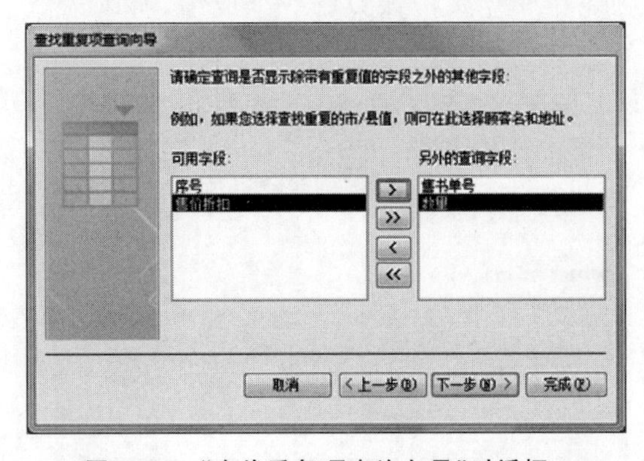

图 5.54 “查找重复项查询向导”对话框 3

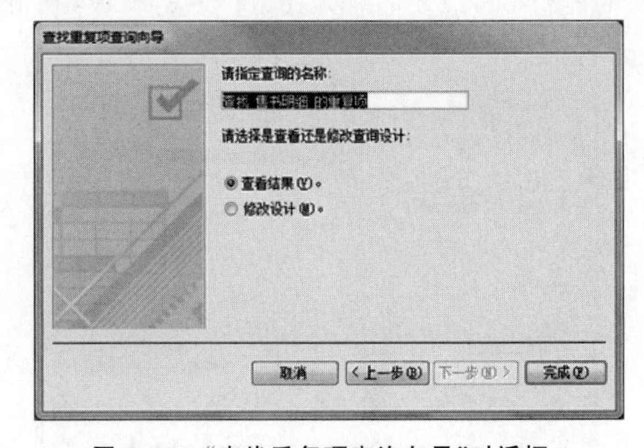

图 5.55 “查找重复项查询向导”对话框 4

⑥ 单击“完成”按钮，生成查找重复项查询并显示查询的结果。

从结果中可以很清楚地看到出现在一次以上售书单中的同一个编号图书的信息。

5.4.4　查找不匹配项查询向导

通过查找不匹配项查询向导可以创建一个特殊的选择查询，用于在两个表中查找不匹配的记录。所谓不匹配记录，是指在两个表中根据共同拥有的指定字段筛选出来的一个表有而另一个表没有相同字段值的记录。两个表共同拥有的字段一般是主键和外键。没有匹配的记录，通常意味着一个主键值没有被引用。

【例 5.46】　查询“图书”表中没有销售记录的图书。

没有销售的图书，意味着在“售书明细”表中没有对应数据的记录。操作步骤如下所述。

① 启动“新建查询”对话框。

② 在“新建查询”对话框中选择“查找不匹配项查询向导”选项，单击“确定”按钮，弹出“查找不匹配项查询向导”对话框 1，在对话框 1 中选择“图书”表，如图 5.56 所示。

③ 单击“下一步”按钮，弹出“查找不匹配项查询向导”对话框 2，在对话框 2 中，选择与“图书”表相关的“售书明细”表，如图 5.57 所示。

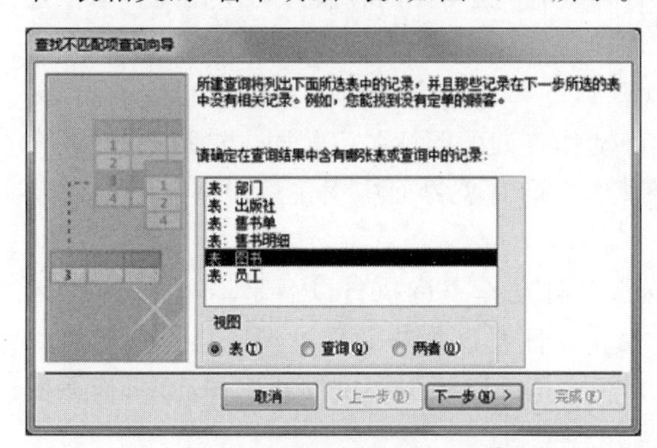

图 5.56　“查找不匹配项查询向导”对话框 1

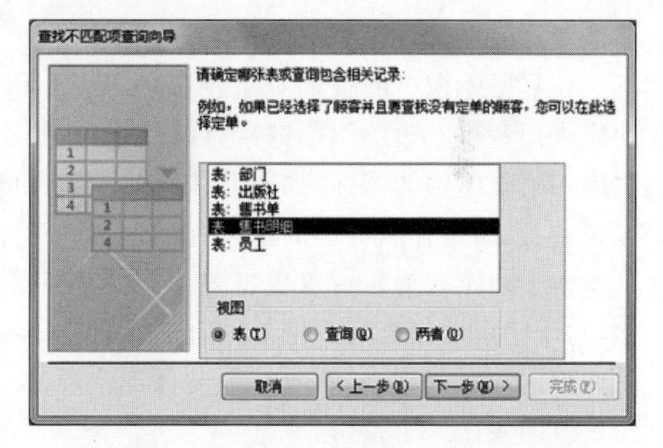

图 5.57　“查找不匹配项查询向导”对话框 2

④ 单击“下一步”按钮，弹出“查找不匹配项查询向导”对话框 3，在对话框 3 中，选择用于匹配的字段，这里选择“图书编号”字段。若是其他字段，选中后单击 <=> 按钮，如图 5.58 所示。

⑤ 单击“下一步”按钮，弹出“查找不匹配项查询向导”对话框 4，在对话框 4 中，选择要显示的其他字段，例如，书名、作者、出版社编号等，如图 5.59 所示。

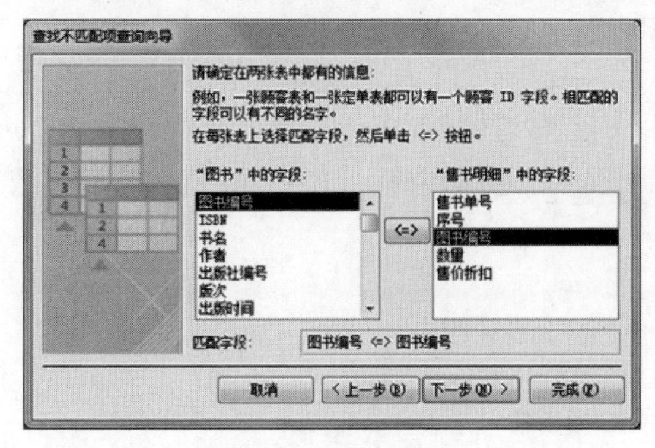

图 5.58　“查找不匹配项查询向导”对话框 3

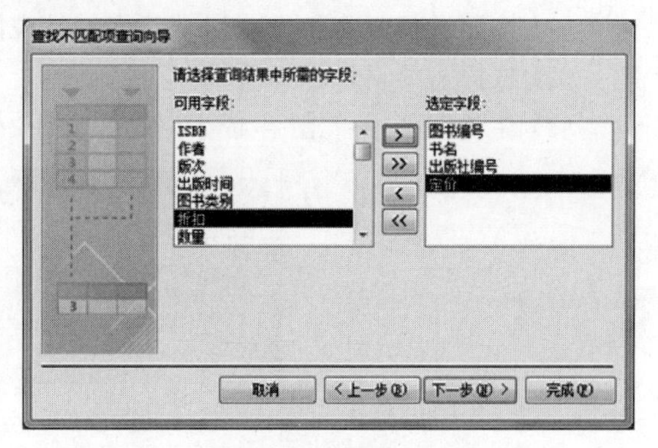

图 5.59　“查找不匹配项查询向导”对话框 4

如果只想查看查询结果，单击“完成”按钮，则执行查询，显示结果。

若单击“下一步”按钮,将弹出“查找不匹配项查询向导”对话框5。

⑥ 在对话框5中,在“请指定查询名称”文本框中为查询命名。如果要进一步修改查询,应选中“修改设计”单选按钮。如果要运行查询,应选中“查看结果”单选按钮,运行查询显示结果,并保存查询设计。

如果仔细分析对应的SELECT语句,可以发现,这种查询实际上是外连接查询。

5.5 动作查询

在Access中将生成表查询、追加查询、删除查询、更新查询都归结为动作查询(Action Query),因为这几种查询都会对数据库有所改动。其中,生成表查询是将选择查询的结果保存到新的表中,对应SELECT语句的INTO子句。其他三种查询则分别对应SQL中的INSERT、DELETE、UPDATE语句。

一般来说,在建立动作查询之前可以先建立相应的选择查询,这样可以查看查询结果集是否符合用户要求,若符合则再执行相应的动作查询命令,将选择查询转换为动作查询。动作查询也可以保存为查询对象。

在数据库窗口的查询对象界面中,用户可以看到每一个查询名称的左边都有一个图标。动作查询名称左边的图标都带有感叹号,并且4种动作查询的图标各不相同,类似于它们各自对应的菜单项中的图标,如图5.3所示。用户可以从查询对象界面中很快地辨认出哪些是动作查询,以及是什么类型的动作查询。

由于动作查询执行以后将改变指定表的记录,并且动作查询执行以后是不可逆转的,因此,对于使用动作查询要格外慎重。方法一是考虑先设计并运行与动作查询所要设置的筛选条件相同的选择查询,看看结果是否符合要求;方法二是可以考虑在执行动作查询前,为要操作更改的表做一个备份。

5.5.1 生成表查询

生成表查询是把从指定的表或查询对象中查询出来的数据集生成一个新表。由于查询能够集中多个表的数据,因此这种功能在需要从多个表中获取数据并将数据永久保留时是比较有用的。与SELECT语句对比,该功能实现SELECT语句中INTO子句的功能。

创建生成表查询的基本操作步骤如下所述。

(1) 按照选择查询的方式启动查询设计视图。

(2) 根据需要设计选择查询。

(3) 在功能区中单击“生成表”按钮,弹出“生成表”对话框,如图5.60所示。

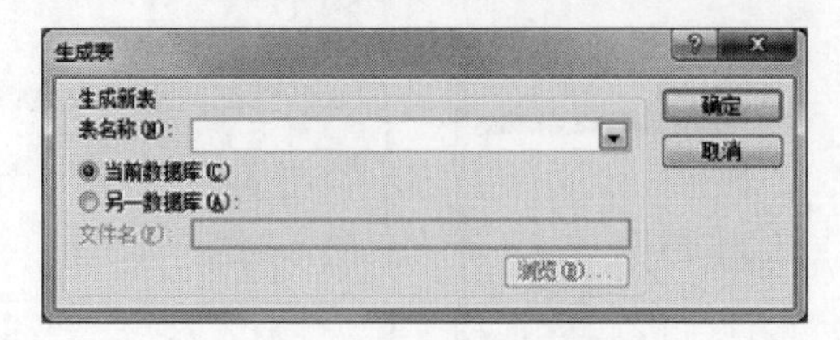

图5.60 “生成表”对话框

(4) 在“生成表”对话框的“表名称”下拉列表框中输入新表的名称。如果要将新表保存到当前数据库中,应选中“当前数据库”单选按钮。如果要将新表保存到其他数据库中,应选中

“另一数据库”单选按钮,并在“文件名”文本框中输入数据库的名称。

如果表的名称是已经存在的表,可以通过下拉列表选择。在运行查询时,产生的新的数据将覆盖原表中的数据。

然后单击“确定”按钮,完成设计。

(5) 单击工具栏中的“保存”按钮,将该查询保存为查询对象。

若单击“运行”按钮,则执行查询,从而生成新的表。在导航窗格中选择该查询对象并双击,也可以执行该查询。重复执行该查询,则新的数据生成的表将替换旧的生成表。

如果要进一步查看新表的记录,可以到表对象中打开新表的数据表视图。

需要注意的是,利用生成表查询建立新表时,新表中的字段从生成表查询的源表中继承字段名称、数据类型以及字段大小属性,但是不继承其他的字段属性以及表的主键,如果要定义主键或其他的字段属性,应到表的设计视图中进行。

5.5.2 追加查询

SQL 的 INSERT 语句用于实现对表记录的添加功能。INSERT 语句有两种语法:一种是追加一条记录;另外一种是追加一个查询的结果。

在可视化操作时,第 1 种语法通过数据表视图完成,第 2 种语法通过追加查询完成。

追加查询将查询结果添加到一个表中,目标表必须是已经存在的表。这个表可以是当前数据库中的,也可以是另外数据库中的。在使用追加查询时,必须遵循以下规则。

(1) 如果目标表有主键,追加的记录在主键字段上不能取空值或与原主键值重复。

(2) 如果目标表属于另一个数据库,必须指明数据库的路径和名称。

(3) 如果在查询的设计网格的“字段”栏中使用了针对某个表的星号(*),就不能在另外的“字段”栏中再次使用该表的单个字段。否则,Access 不能添加记录,认为是在试图两次增加同一字段内容到同一记录。

(4) 如果目标表中有“自动编号”字段,追加查询中不要包含“自动编号”字段。

【例 5.47】 追加查询实例。

假定在“图书销售”数据库中创建了一个表,名称和字段如下:

图书销售情况(售书日期,书名,作者,定价,数量,售价折扣)

将数据库中的 2024 年 7 月 1 日以后销售的数据追加到该表中的操作步骤如下所述。

① 启动查询设计视图。

② 通过“显示表”对话框添加“售书单”“售书明细”“图书”表。

③ 设计选择查询,分别从不同表中将售书日期、书名、作者、定价、数量、售价折扣字段加入设计网格中,并在“售书日期”字段下输入条件。

```
">= #2024-7-1#"
```

查询设计如图 5.61 所示。该查询的结果就是要追加的数据,可以运行查看结果。

④ 在功能区中单击“追加”按钮,弹出“追加”对话框,在“表名称”下拉列表框中输入目标表名“图书销售情况”,也可以在下拉列表中选择目标表的名称,如图 5.62 所示。

如果目标表在其他数据库中,应选中“另一数据库”单选按钮,并在“文件名”文本框中输入数据库的名称。

⑤ 单击“确定”按钮,在设计网格中增加“追加到”栏,“追加到”栏用于设置查询结果中的

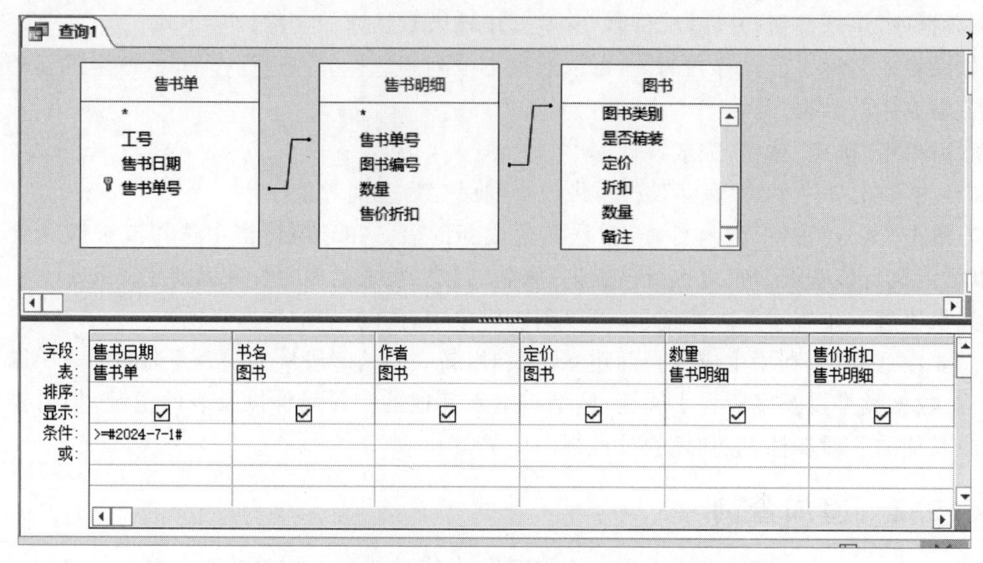

图 5.61　选择查询设计视图

图 5.62　“追加”对话框

字段与目标表字段的对应关系。本例由于字段名相同,Access 会自动加入对应的字段名,用户也可以重新设定。目标表和查询的对应字段可以同名,也可以不同名。

⑥ 若单击工具栏中的“保存”按钮,可命名保存该追加查询为查询对象。

⑦ 若单击“运行”按钮,则执行该追加查询。这时会弹出追加提示框,单击“是”按钮,完成追加。用户可以在导航窗格中选择“图书销售情况”表查看追加的数据。

5.5.3　更新查询

更新查询是在指定表中对满足条件的记录进行更新操作。在数据表视图中也可逐条修改记录,但是这种方法效率较低,且容易出错。在修改大批量数据时,应使用更新查询。

【例 5.48】　使用更新查询对“业务员”员工的薪金增加 5%。

具体操作步骤如下所述。

① 启动查询设计视图,将“员工”表添加到查询设计视图中。

② 在查询设计视图中,将“职务”字段加入到设计网格中,并在“条件”栏中输入条件“业务员”,可以运行查看结果。

③ 在“查询类型”组中单击“更新”按钮,在设计网格中增加“更新到”栏。

④ 将“薪金”字段加入设计网格中,并在对应的“更新到”栏中输入更新表达式,如图 5.63 所示。

```
[薪金] * 1.05
```

⑤ 若单击工具栏中的“保存”按钮，可命名保存更新查询为查询对象。

⑥ 若单击“运行”按钮，将弹出更新记录提示框，如图 5.64 所示。若单击“是”按钮，将更新表中的记录；若单击“否”按钮，将不执行更新查询。

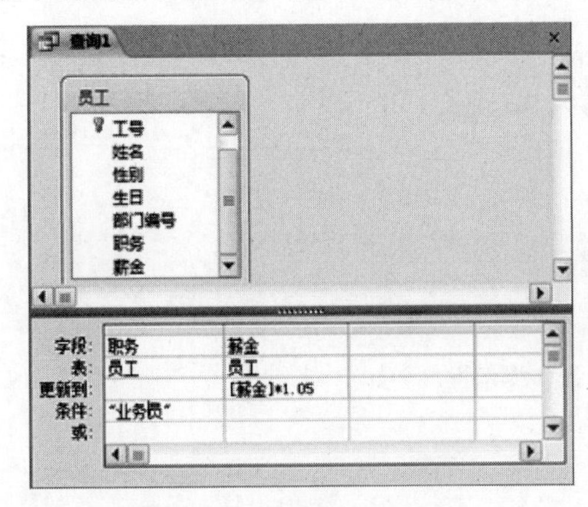

图 5.63　更新查询设计视图

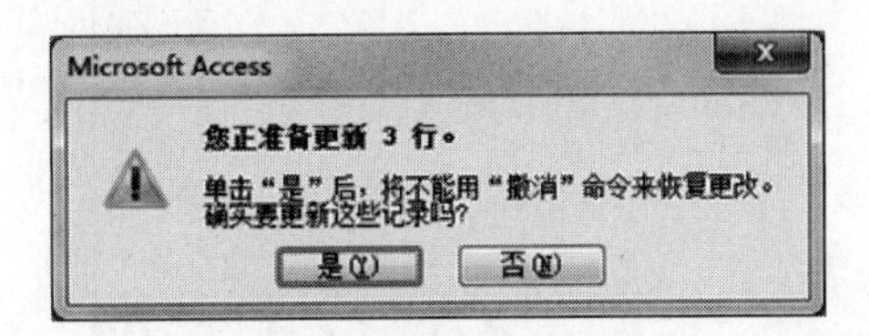

图 5.64　更新操作提示框

用户可以在数据表视图中浏览被更新的表。另外，还有一种更快捷、有效的方法，就是在功能区中单击“查询类型”组中的“选择”按钮，Access 将更新查询变更为选择查询。运行这个选择查询，便能看到更新结果。

说明：在“更新查询”设计网格的“更新到”行中，可以同时为几个字段输入更新表达式，从而同时为多个字段进行更新修改操作。

5.5.4　删除查询

删除查询是在指定表中删除符合条件的数据记录。由于表之间可能存在关系，因此在删除时要考虑表之间的关联性(相关内容已经在第 4 章中完整介绍)。由于删除查询将永久、不可逆地从表中删除数据，对于删除查询操作要特别慎重。

【例 5.49】　设计删除查询，删除“图书”表中“2024 年 1 月”以前出版的图书。

建立删除查询的基本操作步骤如下所述。

① 进入查询设计视图，添加“图书”表到设计视图中。

② 单击功能区的“查询类型”组中的“删除”按钮，在设计网格中会增加“删除”栏。“删除”栏中包含 Where 和 From 两个选项，通常设置 Where 关键字，以确定记录的删除条件。

③ 在查询设计视图中定义删除条件，如图 5.65 所示。由于删除操作的危害性，可以先设计等价条件的选择查询，运行查看查询结果，若符合要求，然后再设置删除条件。

④ 若单击工具栏中的“保存”按钮，将保存删除查询为查询对象。

⑤ 若执行该删除查询，单击功能区中的“运行”按钮，将弹出删除操作提示框，如图 5.66 所示。单击“是”

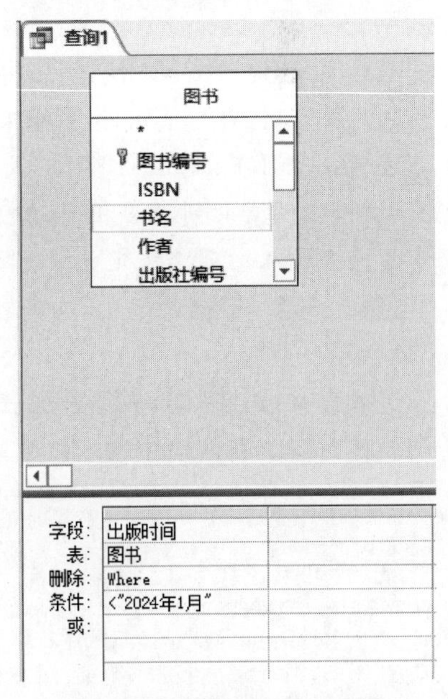

图 5.65　删除查询设计视图

按钮,将完成在指定“图书”表中删除满足条件记录的操作。不过,若记录被引用,则应遵循参照完整性的删除规则。单击“否”按钮,则不执行删除操作。

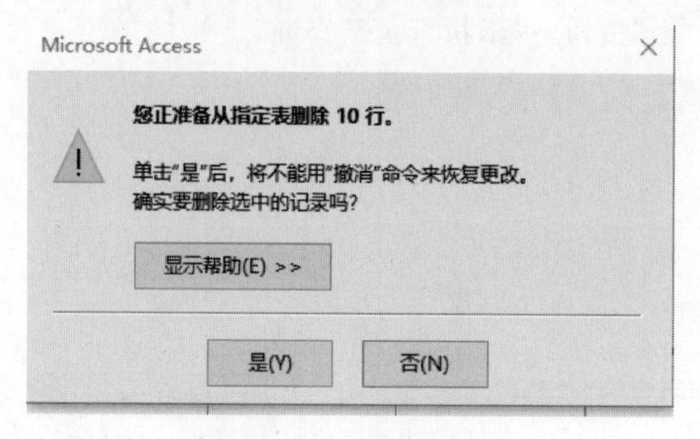

图 5.66 删除操作提示框

5.6 SQL 特定查询

Access 的特定查询包括联合查询、传递查询和数据定义查询。这三种查询必须使用 SQL 语句,没有可视化定义方式。

启动这三种查询之一的方法,就是进入查询设计视图,不添加表,单击功能区的“查询类型”组中对应的命令按钮,此时会进入该查询的设计窗口。设计窗口是一个文本编辑器,在其中输入 SQL 语句,然后执行查询语句,也可以作为查询对象保存。

5.6.1 联合查询

联合查询用于实现“查询合并”运算。利用 SELECT 语句中提供的联合运算,可以将多个表或查询的数据记录合并到一起。在 Access 中,联合运算的完整语法如下:

```
[TABLE] 表 1 | 查询 1  UNION [ALL] [TABLE] 表 2 | 查询 2  [UNION …]
```

其含义是,通过 UNION 运算,将一个表或查询的数据记录与另一个表或查询的数据记录合在一起。若省略 ALL 子句,运算结果将不含重复记录;若增加 ALL 子句,将保留重复记录。

注意:UNION 前后的“表 1”或“查询 1”的结构与“表 2”或“查询 2”的结构要对应(并非要完全相同,但两者的列数应相同,对应字段的类型要相容),运算结果的字段名和类型、属性按照表 1 或查询 1 的列名来定义。

【例 5.50】 根据例 5.47 的内容,将 2024 年 7 月 1 日前的图书销售记录与“图书销售情况”表合并在一起。

进入查询设计视图,无须添加表,单击功能区的“查询类型”组中的“联合”按钮,进入联合查询设计窗口。在窗口中输入以下联合运算的 SQL 语句。

```
TABLE 图书销售情况
UNION
SELECT 售书日期,书名,作者,定价,售书明细.数量,售价折扣
FROM 图书 INNER JOIN (售书单 INNER JOIN 售书明细
ON 售书单.售书单号 = 售书明细.售书单号)
ON 图书.图书编号 = 售书明细.图书编号
WHERE 售书日期<#2024-7-1#
```

用户可以在数据表视图和 SQL 视图中切换，以查看查询结果或命令定义。

5.6.2　传递查询

传递查询并不是新的类型，而是用于将查询语句发送到 ODBC（Open DataBase Connectivity，开放数据库互联）数据库服务器上，即位于网络上的其他数据库中。使用传递查询，不必与服务器上的表进行连接，就可以直接使用相应的数据。

所谓 ODBC 数据库服务器，是微软公司提供的一种数据库访问接口。ODBC 以 SQL 为基础，提供了访问不同 DBMS 中数据库的方法，使得不同系统中的数据访问与共享变得容易，并且不用考虑不同系统之间的区别。

在使用传递查询时，要对 ODBC 进行设置，可在设计查询时在“属性表”对话框中进行设置。在进入传递查询窗口后，单击功能区中的“属性表”按钮，将弹出“属性表”对话框，如图 5.67 所示。在该对话框中设置“ODBC 连接字符串”，然后在传递查询设计窗口中定义 SQL 语句。

属性表　×

所选内容的类型：查询属性

常规

说明	
ODBC 连接字符串	ODBC;
返回记录	是
日志消息	否
ODBC 超时	60
最大记录数	
方向	从左到右
子数据表名称	
链接子字段	
链接主字段	
子数据表高度	0cm
子数据表展开	否

图 5.67　传递查询属性表

关于传递查询的详细使用，可参考其他资料。

5.6.3　数据定义查询

数据定义查询实现的是表定义功能。表设计视图的交互操作很方便，功能也很强大。

数据定义查询使用 SQL 的创建语句创建表，在 5.2.6 节中已有完整介绍，由于在“数据定义查询”设计视图中使用 SQL 的方法与之完全相同，这里不再重复。

本章小结

本章完整地介绍 Access 查询对象的意义、基础和用法。查询对象是数据库中数据重新组织、数据运算处理、数据库维护的最主要的对象，其基础是 SQL。

本章首先介绍 SQL，并将表达式运算作为 SQL 的组成部分。SQL 包括数据定义和数据操作功能。本章通过众多实例，全面介绍了数据定义、数据查询、数据维护的命令及用法，展示了单表、多表连接，以及分组汇总、子查询等多种操作数据的方法，这是本书非常重要的特色。

在此基础上，还介绍了各种类型的可视交互查询设计视图的使用方法，包括选择查询、交叉表查询、生成表查询、追加查询、删除查询、更新查询、SQL 特定查询等。通过本章的深入学习，读者能够对关系数据库和 SQL 的应用有深刻的认识，并能熟练地应用 Access 管理数据。

本章的窗体、报表、宏和模块作为扩展阅读供读者阅读参考（详见下方二维码）。

窗体

报表

宏和模块

思考题

1. 简述 Access 查询对象的意义和作用。
2. 简述 SQL 的特点和基本功能。
3. 简述启动查询对象 SQL 视图的方法。
4. 什么是参数？在 SQL 命令中怎样定义参数？
5. 什么是表达式？
6. 在 SELECT 语句中,DISTINCT 与 TOP 子句有何作用？
7. LIKE 运算的作用是什么？匹配符号有哪些？
8. 什么是连接查询？如何表达连接查询？
9. SELECT 语句中的 HAVING 子句有何作用？一定要和 GROUP 子句联用吗？
10. 动作查询有哪几种？分别对应 SQL 的什么命令？
11. 什么是交叉表？
12. 在保存查询后,能否对查询进行修改操作？
13. Access 有哪些特定查询？数据定义查询的作用是什么？对应哪些 SQL 语句？

第二篇

数据分析技术与人工智能方法

第6章 智能数据分析语言——Python

思想引领

本章主要对数据分析的重要工具 Python 语言进行介绍，包括 Python 的安装与配置和 Python 语言基础，并在此基础上为读者介绍 AI Studio 平台——一种基于 Python 语言的人工智能平台。学完本章内容，读者将会对 Python 语言有基本的认识，能够掌握 AI Studio 平台的基本使用方法，比如运行和创建一个简单的项目等。

6.1 Python 语言概述

Python 作为一种跨平台、开源免费、社区丰富、解释型的高级编程语言，已经成为大数据分析和人工智能的入门级语言。本章将首先介绍 Python 语言的基本内容，然后介绍如何搭建 Python 开发环境，并对 Python 的基本语法、变量、数据类型、函数、模块等进行简单介绍。

6.1.1 Python 简介

Python(英国发音/'paɪθən/，美国发音/'paɪθɑːn/)的本义是巨蟒、蟒蛇的意思，Python 图标如图 6.1 所示。Python 是由荷兰人 Guido van Rossum 于 1989 年发明的一种面向对象的解释型高级编程语言。其设计理念优雅、明确、简单，因此，目前网络上流传着“人生苦短，我用 Python”的说法。

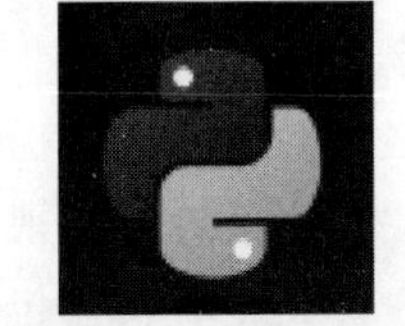

图 6.1 Python 图标

TIOBE 排行榜素有编程界的“琅琊榜”之称（该榜每月更新一次）。自 2022 年以来，Python 在 TIOBE 编程语言排行榜上基本是位列前三的语言。注意，TIOBE 指数并不代表语言的好坏，开发者可以使用该榜单检查自身的编程技能是否需要更新，或者在开始构建新软件时对某一语言做出选择。

Python 语言之所以流行，主要有以下三个原因。

1. 简单易学

Python 语法简单，代码十分容易被读写，这一特点对于初学者或编程者都具有极大的吸引力。完成同一个任务，C 语言要写 1000 行代码，Java 只需要写 100 行，而 Python 可能只要 20 行。既然都能实现同样的功能，为什么不选择一种更加简单的编程语言呢？

2. 强大的胶水语言特性

当一个软件系统使用多种编程语言来完成时，如何将不同的语言进行连接呢？常用的做法是将不同语言编写的模块打包起来，在最外层使用 Python 来调用这些封闭好的包，这就是胶水语言的特性。由于 Python 的胶水语言特性,可以调用 C/C++、Java、C# 等语言开发的功能为自己的 Python 程序所用,十分方便。

3. 强大的第三方库

基本上想通过计算机实现任何功能,Python 官方库里都有相应的模块进行支持,直接下载调用后,在基础库的基础上再进行开发,大大降低开发周期,避免重复编程。

当然,任何一种编程语言都兼具优缺点。由于 Python 是一种解释型语言,大多数情况下 Python 代码的运行效率会低于 Java 或 C/C++ 等编译型语言。此外,Python 语言还存在对多处理器支持不友好及代码无法加密等问题。

6.1.2 为何使用 Python 做数据分析

1. Python 拥有一个巨大而活跃的科学计算社区

Python 在数据分析和交互、探索性计算以及数据可视化等方面都有非常成熟的库和活跃的社区,使 Python 成为数据处理任务的重要解决方案。在科学计算方面,Python 拥有 NumPy、Pandas、Matplotlib、Scikit-Learn、iPython 等一系列非常优秀的库和工具,特别是 Pandas 在处理数值型数据方面有着无与伦比的优势,逐渐成为各行业数据处理任务的首选库。

2. Python 拥有强大的通用编程能力

不同于 R 或者 MATLAB,Python 不仅在数据分析方面能力强大,在爬虫、Web、自动化运维甚至游戏等很多领域都有广泛的应用。这就令公司使用一种技术完成全部服务成为可能,有利于各个技术组之间的业务融合。例如,用 Python 的爬虫框架 Scrapy 爬取数据,然后交给 Pandas 做数据处理,最后使用 Python 的 Web 框架 Django 给用户进行展示,这一系列任务可以全部用 Python 完成,能大大提高公司的技术效率。

3. Python 是人工智能时代的通用语言

在人工智能火热的今天,Python 已经成为了最受欢迎的编程语言。得益于 Python 简洁、丰富的库和社区,大部分深度学习框架都优先支持 Python 语言编程。例如,当今最火热的深度学习框架 PyTorch 是一个基于 Python 的开源深度学习框架,它以动态计算图、直观的接口和强大的 GPU 加速能力著称,提供了灵活高效的方式来构建和训练深度学习模型。PyTorch 广泛应用于计算机视觉、自然语言处理、强化学习等多个领域,是学术界和工业界常用的工具之一。其核心特性包括张量计算、自动微分系统、神经网络模块和优化器等,使得用户可以方便地定义、训练和部署深度学习模型。

6.2 Python 的安装与配置

Python 是一种跨平台的编程语言,它可以运行在 Windows、Linux、OS X 等操作系统中,但是在不同的操作系统平台上,Python 的安装存在一些区别。实际上,由于大多数的 Linux 和 OS X 操作系统平台上都默认安装了 Python,而 Windows 操作系统并没有默认安装 Python,因此,本节主要讲解在 Windows 平台上搭建 Python 的编程环境。

6.2.1 Windows 系统中下载并安装 Python

请扫描左侧二维码查看扩展资料,学习如何在 Windows 系统中下载并安装 Python。

6.2.2　第一个 Python 程序

学习编程语言的第一个程序，一般都是在屏幕上显示消息“hello world!”。用 Python 语言编写这样的程序，只需要在交互式命令执行终端输入如图 6.2 所示的一行代码，然后按 Enter 键即可。

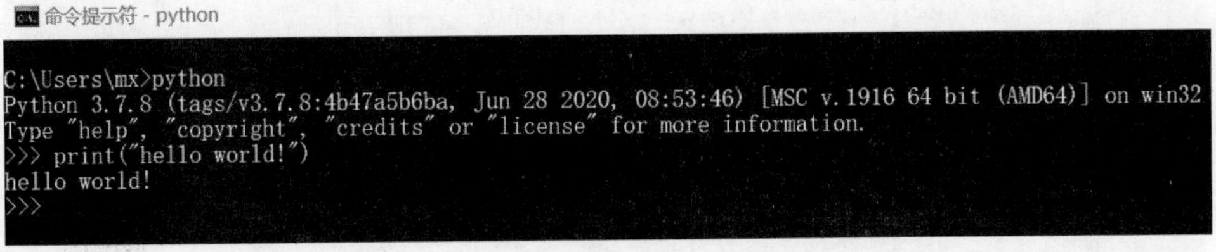

命令提示符 - python
C:\Users\mx>python
Python 3.7.8 (tags/v3.7.8:4b47a5b6ba, Jun 28 2020, 08:53:46) [MSC v.1916 64 bit (AMD64)] on win32
Type "help", "copyright", "credits" or "license" for more information.
>>> print("hello world!")
hello world!
>>>

图 6.2　在命令行窗口中输出“hello world!”

除了运行 cmd.exe 进入 Python 交互式命令执行终端，也可以通过 Python 安装程序自带的集成开发环境(Integrated DeveLopment Environment，IDLE)来进行交互式命令执行，也可以使用第三方开发工具来进行 Python 编程。而对于科研人员，则更倾向使用 Jupyter Notebook 来进行 Python 编程。例如，数据挖掘领域中最热门的比赛 Kaggle 里的资料都是 Jupyter 格式。下面将对 Python 自带的集成开发工具 IDLE 进行介绍。

1. Python 开发工具 IDLE

IDLE 是 Python 自身提供的用于开发 Python 程序的开发工具，利用 IDLE 可以较为方便地创建、运行、测试和调试 Python 程序。

1）启动方法

在 Windows 10 系统的“开始”栏中，选择 P 开头的字母，单击 Python 3.7，在弹出的下拉列表中单击 IDLE (Python 3.7 64-bit)选项，启动 IDLE 开发工具，如图 6.3 所示。

Python 3.7
最近添加
IDLE (Python 3.7 64-bit)
Python 3.7 (64-bit)
最近添加
Python 3.7 Manuals (64-bit)
最近添加
Python 3.7 Module Docs (64-bit)
最近添加

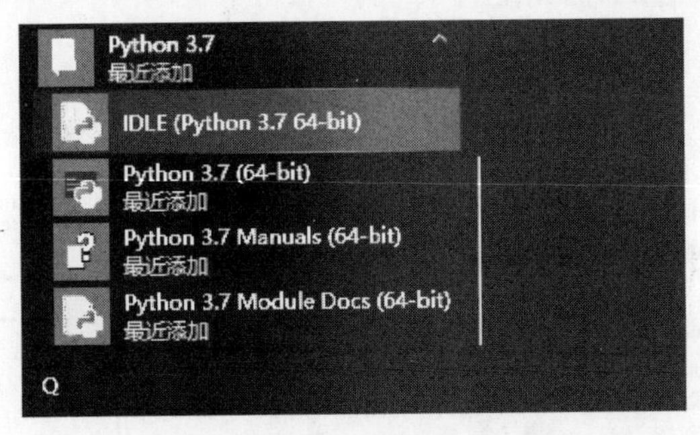

图 6.3　在“开始”栏中打开 IDLE

2）主窗口

运行 Python IDLE 后，首先进入 Shell 程序窗口，如图 6.4 所示。

Python 3.7.8 Shell
File Edit Shell Debug Options Window Help
Python 3.7.8 (tags/v3.7.8:4b47a5b6ba, Jun 28 2020, 08:53:46) [MSC v.1916 64 bit (AMD64)] on win32
Type "help", "copyright", "credits" or "license()" for more information.
>>>

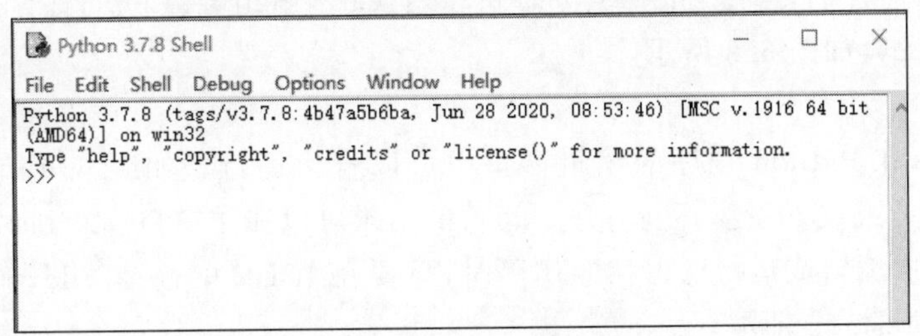

图 6.4　Shell 程序窗口界面

Shell 程序窗口是 IDLE 开发工具的主要工作窗口，通过该窗口可以完成创建、运行、测试和调试 Python 程序等功能。在 Shell 程序窗口中输入一条 Python 语句，例如输入"3＋5"的基本算术运算，按 Enter 键，Python 程序会立即执行这条语句进行输出，如图 6.5 所示。

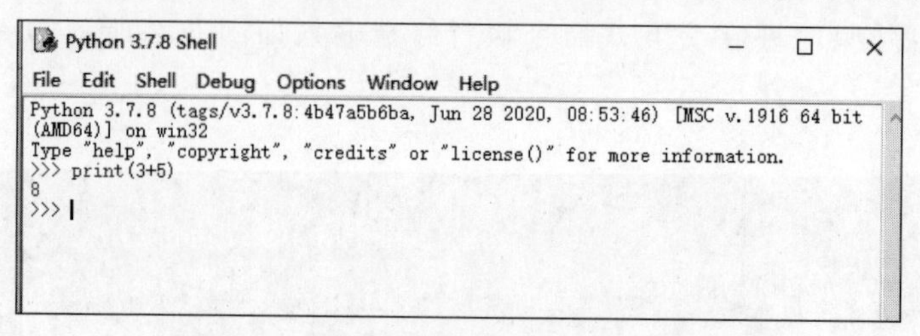

图 6.5 在 Shell 窗口中输出一个运算例子

3）编辑文件

由于在 Shell 程序窗口中编写的 Python 代码不能保存和修改，可以选择 File→New File 命令，打开 Python 代码编辑器，如图 6.6 所示。

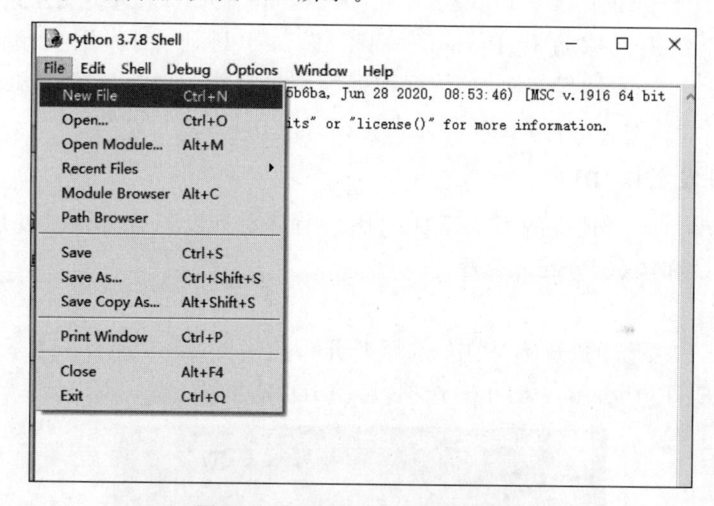

图 6.6 打开 Python 代码编辑器

代码编辑器是编写 Python 代码的文本编辑器，使用代码编辑器可以保存和修改编写的 Python 代码。代码编辑器界面如图 6.7 所示。

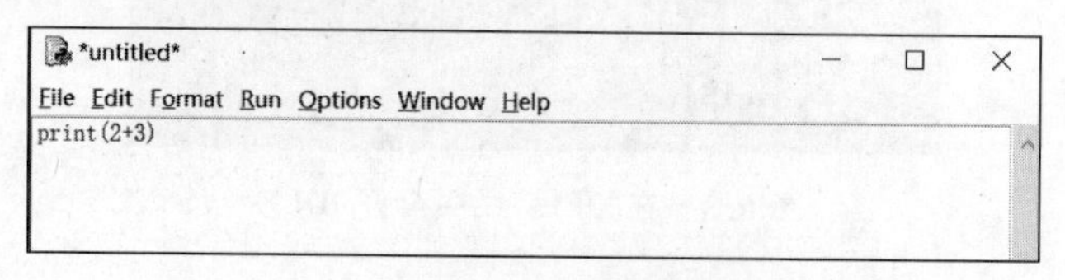

图 6.7 Python 代码编辑器界面

编写 Python 程序后，选择 File→Save 命令，或按 Ctrl＋S 组合键，进行保存。保存 Python 程序文件名为 test.py，如图 6.8 所示。

4）运行文件

保存文件后，在 Python 程序的编辑窗口中可以直接运行。如图 6.9 所示，选择 Run→Run Module 命令，或按 F5 键，运行程序。运行的结果可以在主窗口中看到，如图 6.10 所示。

以后需要再次编辑或运行已保存的代码时，只要在 IDLE 中选择 File→Open 命令，打开刚才保存的文件 test.py 即可。

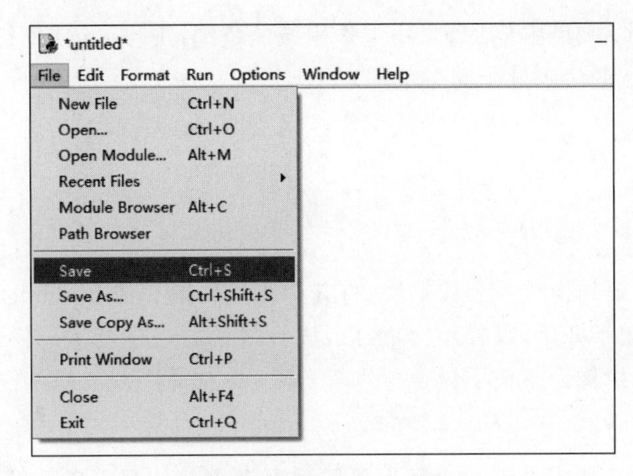

图 6.8　保存 Python 程序

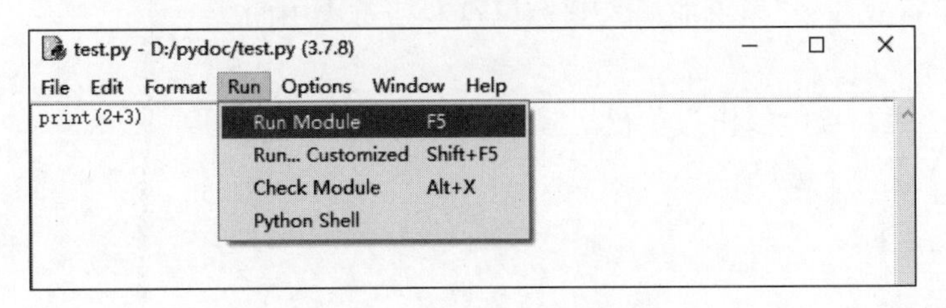

图 6.9　运行 Python 程序

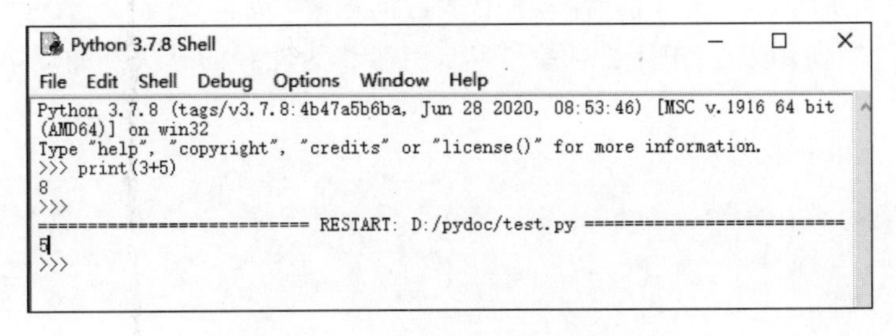

图 6.10　运行 Python 程序的结果

2. Anaconda

由于 Python 基础环境提供的功能非常简单，在使用时一般需要安装大量的第三方模块，如果不想自己安装，可以选择使用 Python 的集成发行版本 Anaconda，其中集成了许多 Python 常用的第三方模块/库(Jupyter Notebook 模块)，免去了初学者安装的烦恼，读者可直接使用。

Anaconda 是一个开源的 Python 发行版本，其包含了 conda、Python 等 180 多个科学包及其依赖项。Anaconda 可以便捷地获取包，且能够对包进行管理。请扫描右侧二维码，查看扩展阅读资料，学习安装 Anaconda。

6.3　Python 语言基础

6.3.1　Python 语法特点

1. 缩进

Python 中的缩进(Indentation)决定了代码的作用域范围。这一点和传统的 C/C++有很大的不同(传统的 C/C++使用花括号来决定作用域的范围;Python 使用缩进空格来表示作用域的范围,相同缩进行的代码处于同一范围)。

```
if True:
    print("Hello world!")          #缩进一个 Tab 的占位
else:                              #与 if 对齐
    print("Hello teacher!")        #缩进一个 Tab 的占位
```

缩进相同的一组语句构成一个代码块,将其称为代码组。像 if、while、def 和 class 这样的复合语句,首行以关键字开始,以冒号(:)结束,该行之后的一行或多行代码构成代码组,我们将首行及后面的代码组称为一个子句。

2. 注释

在 Python 语言中,较为常用的注释为单行注释和多行注释。Python 语言允许用户在任何地方插入空字符或注释,但不能插入到标识符和字符串中间。

1) 单行注释

Python 中使用井号(#)作为单行注释的符号,语法格式为:

```
#这是一个注释
>>> print("Hello,World")
```

2) 多行注释

多行注释指的是可以一次性注释程序中多行的内容(包含一行)。多行注释的语法有两种,分别是'''和""",使用三个单引号或者三个双引号作为注释的开头和结尾,可以一次性注释多行内容。

```
'''
这是多行注释,用三个单引号
这是多行注释,用三个单引号
'''
"""
这是多行注释,用三个双引号
这是多行注释,用三个双引号
"""
>>> print("Hello, World!")
```

3. 标识符与关键字

现实生活中,人们常用一些名称来标记事物,例如,每种水果都有一个名称来标识。同理,若希望在程序中表示一些事物,需要开发人员自定义一些符号和名称,这些符号和名称叫作标识符。例如,变量名、函数名等都是标识符。Python 中的标识符由字母、数字和下画线“_”组成,其命名方式需要遵守一定的规则,具体如下所述。

(1) 标识符由字母、下画线和数字组成,且不能以数字开头。示例代码如下:

```
fromTo12        #合法的标识符
from#12         #不合法的标识符,标识符不能包含“#”符号
2ndobj          #不合法的标识符,标识符不能以数字开头
```

(2) Python 中的标识符是区分大小写的。例如,andy 和 Andy 是不同的标识符。

(3) Python 中的标识符不能使用关键字。

在 Python 中，具有特殊功能的标识符称为关键字。关键字是 Python 自使用的，不允许开发者自己定义和关键字相同名字的标识符。

Python 中的关键字如下：

```
False       def         if          raise
None        del         import      return
True        elif        in          try
and         else        is          while
as          except      lambda      with
assert      finally     nonlocal    yield
break       for         not
class       from        or
continue    global      pass
```

6.3.2　变量

1. Python 中的变量

在 Python 中，变量严格意义上应该被称为"名字"，也可以理解为标签。如果将值"abc"赋值给 a，那么 a 就是变量。在大多数编程语言中，都把这一过程称为"把值存储在变量中"，意思是在计算机内存中的某个位置，当需要用"abc"这个值时，不需要准确地知道它们到底在哪里，只要知道这些值的名字"a"，就可以通过这个名字来引用它。这个过程就像快递员取快递一样，内存就像一个巨大的货架，在 Python 中定义变量就如同给快递盒子贴标签。你的快递存放在货架上，上面贴着写有你名字的标签。当你来取快递时，并不需要知道它们存放在这个大型货架的具体位置，只需要报名字，快递员就能迅速找到并给你。

2. 变量的定义与使用

在 Python 中，无须声明变量名及其类型，直接赋值即可创建各种类型的变量。例如：

```
>>> m = "Hello world!"            #创建了字符串变量 m,并赋值为"Hello world!"
>>> x = 3                         #创建了整型变量 x,并赋值为 3
```

变量的命名规则遵循标识符的命名规则。在使用变量的过程中，最容易出现如下命名错误："NameError：name 'mesage' is not defined"。例如：

```
>>> message = "Welcome to our Python world!"
>>> print(mesage)
Traceback (most recent call last):
  File "<pyshell#2>", line 1, in <module>
    print(mesage)
NameError: name 'mesage' is not defined
```

如果出现这样的错误，那么表明变量名的书写有错误，仔细比较改正错误后，程序就可以正常运行了。

在 Python 中，每个变量在使用之前都必须赋值，变量只有在赋值之后才会被创建。使用=可以给变量赋值，=左边是变量名，=右边是变量的值。例如：

```
>>> counter = 100
>>> miles = 1000.0
>>> name = "John"
```

以上实例中,100、1000.0 和"John"分别赋值给变量 counter、miles 和 name。

6.3.3 常用数据类型

在内存中存储的数据可以有多种类型。例如,一个人的姓名可以用字符型存储,年龄可以用数值型存储,婚姻状况可以使用布尔型存储。这里的字符型、数值型、布尔型都是 Python 语言中提供的基本数据类型。下面将对基本数据类型进行介绍。

1. 整数

整数包括正整数、负整数和零,不带小数点。在 Python 语言中,整数的取值范围是很大的。Python 中的整数还可以以几种不同的进制进行书写。0+"进制标志"+数字代表不同进制的数。现实中有如下 4 种常用的进制标志。

(1) 0o[0O]数字:表示八进制整数,如 0o16、0O16。

(2) 0x[0X]数字:表示十六进制整数,如 0x4B、0X4B。

(3) 0b[0B]数字:表示二进制整数,如 0b110、0B110。

(4) 不带进制标志:表示十进制整数。

在现实应用中,整型数据类型的最大用处应是实现数学运算。例如,下面代码演示了在 Python 中使用整型的过程。

```
>>> 4 + 3                #加法
7
>>> 4 - 3                #减法
1
>>> 4 * 3                #乘法
12
>>> 4/8                  #除法,得到一个浮点数
0.5
>>> 4//8                 #除法,得到一个整数
0
>>> 4 % 7                #取余
3
>>> 4 ** 2               #乘方
16
```

2. 浮点数

浮点数由整数部分与小数部分组成,主要用于处理包括小数点的数,例如 1.414、0.5、−1.732 等。浮点型也可以使用科学记数法来表示(1.42e2 表示 $1.42\times10^2=142$)。当按照科学记数法表示时,一个浮点数的小数点位置是可变的,如 2.13×10^9 和 21.3×10^8 是相等的。对于比较大或比较小的浮点数,一般采用科学记数法表示,2.13×10^9 可记作 2.13e9 或 21.3e8,0.0000078 可记作 7.8e−6 等。

3. 字符串类型

字符串是以''或""括起来的任意文本,如'abc',"xyz"等。注意,''或""本身只是一种表示方式,不是字符串的一部分,因此,字符串'abc'只有 a、b、c 这 3 个字符。如果'本身也是一个字符,那就可以用""括起来。例如,"I'm OK"包含的字符是 I、'、m、空格、O、K 这 6 个字符。如果字符串内部既包含'又包含"怎么办?可以用转义字符\来标识,例如'I\'m "OK"!'表示的字

符串内容是 I'm "OK"!。例如,定义两个字符串类型变量,并且利用 print()函数输出,示例代码及结果如下:

```
>>> Chinese = '你好世界'
>>> English = "Hello world"
>>> print(Chinese)
你好世界
>>> print(English)
Hello world
```

4. 布尔类型

布尔值只有 True、False 两种值(注意大小写),要么是 True,要么是 False,分别表示数字中的 1 和 0。布尔类型在 if、while、for 等控制语句的条件表达式中比较常见。

布尔值可以用 and、or 和 not 进行运算。

and 运算是与运算,只有 and 两侧的值都为 True,and 运算结果才是 True。

or 运算是或运算,只要其中有一个为 True,or 运算结果就是 True。

not 运算是非运算,它是一个单目运算符,把 True 变成 False,False 变成 True。

6.3.4　运算符和表达式

在 Python 语言中,将具有运算功能的符号称为运算符。而表达式则是由值、变量和运算符组成的式子。表达式的作用就是将运算符的运算作用表现出来。下面将对 Python 语言中的基本运算符和表达式进行简单介绍。

1. 算术运算符和算术表达式

算术运算符有加(+)、减(-)、乘(*)、除(/)和取模(%)以及其他操作的运算符,用于完成基本的算术运算,表 6.1 列出了所有的算术运算符。

表 6.1　算术运算符

运　算　符	描　　述	实　　例
+	加	2+1 输出结果为 3
-	减	1-2 输出结果为-1
*	乘	1*2 输出结果为 2
/	除	1/2 输出结果为 0.5
%	取模(返回除法的余数)	5%2 输出结果为 1
**	幂(返回 x 的 y 次幂)	2**3 为 2 的三次方
//	取整除(返回商的整数部分)	11//2 输出结果为 5,11.0//2 输出结果为 5.0

2. 赋值运算符和赋值表达式

赋值运算除了一般的赋值运算(=)外,还包括各种复合赋值运算,如+=、-=、*=、/=等。其功能是把赋值号右边的值赋给左边变量所在的存储单元。使用"="连接的式子称为赋值表达式。表 6.2 列出了所有的赋值运算符。

表 6.2 赋值运算符

运算符	描述	实例
=	简单的赋值运算符	c=a+b 将 a+b 的运算结果赋值给 c
+=	加法赋值运算符	c+=a 等效于 c=c+a
-=	减法赋值运算符	c-=a 等效于 c=c-a
*=	乘法赋值运算符	c*=a 等效于 c=c*a
/=	除法赋值运算符	c/=a 等效于 c=c/a
%=	取模赋值运算符	c%=a 等效于 c=c%a
**=	幂赋值运算符	c**=a 等效于 c=c**a
//=	取整除赋值运算符	c//=a 等效于 c=c//a

3. 比较运算符和比较表达式

在 Python 语言中,比较运算符也被称为关系运算符,使用比较运算符可以表示两个变量或常量之间的关系,运算的结果是布尔型,即 True 或 False。比较表达式就是用比较运算符将两个表达式连接起来的式子,被连接的表达式可以是算术表达式、比较表达式、逻辑表达式和赋值表达式。在 Python 语言中,一共有 6 个比较运算符,如表 6.3 所示。

表 6.3 比较运算符

运算符	描述	实例
==	等于,比较对象是否相等	(4==4)返回 True
!=	不等于,比较两个对象是否不相等	(4!=3)返回 True
>	大于,返回 x 是否大于 y	(4>3)返回 True
<	小于,返回 x 是否小于 y	(4<3)返回 False
>=	大于或等于,返回 x 是否大于或等于 y	(4>=3)返回 True
<=	小于或等于,返回 x 是否小于或等于 y	(4<=3)返回 False

4. 逻辑运算符和逻辑表达式

Python 语言中的逻辑运算符为 and、or 和 not。逻辑运算符用于表示两个布尔值之间的逻辑关系,逻辑运算结果是布尔类型,也称布尔运算。假设变量 a 的值为 10,变量 b 的值为 20,表 6.4 描述了三种逻辑运算符的处理过程。

表 6.4 逻辑运算符

运算符	逻辑表达式	描述	实例
and	x and y	布尔"与"。如果 x 为 False,则 x and y 返回 False,否则它返回 y 的计算值	(a and b)返回 20
or	x or y	布尔"或"。如果 x 为非 0,则返回 x 的值,否则它返回 y 的计算值	(a or b)返回 10
not	not x	布尔"非"。如果 x 为 True,则返回 False;如果 x 为 False,则返回 True	not(a and b)返回 False

5. 运算符的优先级

当一个表达式中包含多种运算符时,运算符的优先级决定了运算顺序。在 Python 语言中,优先级高的运算符先运算,优先级低的运算符后运算。上文所述运算符的优先级顺序如表 6.5 所示。从上到下,运算符的优先级依次降低。

表 6.5　运算符优先级表

运　算　符	描　　述
**	指数(最高优先级)
* / % //	乘、除、取模和取整除
+ -	加法减法
<= < > >= <> == !=	比较运算符
= %= /= //= -= += *= **=	赋值运算符
not and or	逻辑运算符

6.3.5　常用序列结构

1. 列表

1) 列表的概念

序列是 Python 中最基本的数据结构,列表和元组是其中最常见的两种内置类型。列表(List)由一系列按特定顺序排列的元素组成,元素之间可以没有任何关系,即列表的数据项不需要具有相同的数据类型。值得注意的是,列表中每个元素都是可变的,可以被修改,且元素是有序的,每个元素都对应一个位置。列表元素用方括号括起来,元素之间用英文逗号分隔。因此,创建一个列表,只要在方括号中使用逗号分隔的不同的数据项即可,代码如下:

```
>>> all_in_list = [1, 'a word', True,0.5]        #创建一个列表
>>> print(all_in_list)                           #输出列表
[1, 'a word', True,0.5]
```

2) 列表的基础操作

(1) 访问列表元素。

在 Python 语言中访问列表数据,可以直接使用下标索引访问列表中的单个数据项,也可以使用截取运算符访问子列表。访问运算符包括"[]"和"[:]"运算符,用于访问列表中的单个数据项,或者它的一个子列表。

访问元素需要用到元素索引,列表的索引从 0 开始,上例中 all_in_list = [1, 'a word', True, 0.5]元素的索引依次是 0,1,2,3。也可以倒着索引,此时最后一个元素的索引为-1,则上例中 all_in_list = [1, 'a word', True, 0.5]元素的索引依次是-4,-3,-2,-1。需要注意的是索引要在正确的范围内,不然会抛出 IndexError 错误。

```
>>> res = all_in_list[0]                 #通过列表的索引访问数据
>>> print(res)
1
```

若想要同时访问多个元素,则需要用到切片。通过切片取出列表中的部分元素,其结果仍然是一个列表。切片符号为":",切片符号两侧为两个元素索引。对于列表的切片而言,这两个索引包含头但不包含尾。

```
>>> res = all_in_list[0:2]               #通过切片访问列表中索引为 0,1 的数据
>>> print(res)
[1, 'a word']
```

(2) 列表元素的更新。

更新列表元素可以采用访问列表元素的方法,在赋值运算符(=)左边使用访问运算符可以更新单个数据项或多个数据项,也可以用 append()方法顺序添加新的元素到列表,还可以使用 insert()方法在指定的位置插入一个元素到列表。

使用赋值语句和访问运算符可以对指定的单个列表元素或多个列表元素更新。

```
>>> all_in_list[0] = 2                  # 将列表中的第一个元素更新为数字 2
>>> print(all_in_list)
[2, 'a word', True, 0.5]
```

在列表中动态添加元素时,可以使用 append()方法和 insert()方法。

```
>>> all_in_list.append('hello world')         # 在列表中新增一个元素'hello world'
>>> all_in_list.insert(0, 'Python')           # 在列表索引为 0 的位置新增一个元素'Python'
>>> print(all_in_list)
['Python', 2, 'a word', True, 0.5, 'hello world']
```

(3) 列表元素的删除。

删除匹配元素内容的数据项,可以使用列表的 remove()方法,也可以使用 pop()方法移除列表中的一个元素。如需要删除指定位置或范围的列表元素则可以使用 del()方法,del()方法也可以删除整个列表。

remove()方法是列表提供的内置方法,使用 remove()方法可以删除列表中与指定内容相匹配的第一项元素。remove()方法删除列表元素的语法为 dataList.remove(obj)。其中,dataList 为列表变量名称,remove()方法为列表方法,参数 obj 为指定的内容(如字符串、数值等对象)。

```
>>> all_in_list.remove('a word')                  # 将列表中的元素'a word'删除
>>> print(all_in_list)
['Python', 2, True, 0.5, 'hello world']
```

del()方法不仅能删除单个或多个列表元素,也可以删除整个列表。一般来说,编写程序时不需要删除整个列表,因为当列表出了作用域(如程序结束、函数调用完成等),Python 会自动删除该列表。

del()方法删除列表元素的语法为 del dataList[i] 或 del dataList[start:end]。其中,del 为方法名,dataList 为列表变量名称,i 为待删除列表元素的索引,start 是起始索引,end 是终止索引。

del()方法删除列表的语法为 del dataList。其中,del 为方法名,dataList 为列表变量名称。

```
>>> del all_in_list[0:2]                # 删除列表中索引为 0 和 1 的元素
>>> print(all_in_list)
[True, 0.5, 'hello world']
```

pop()方法是列表提供的内置删除方法,使用方式和 del()方法相同。不同的是 pop()在删除元素的同时,会返回该元素的值。

```
>>> obj = all_in_list.pop(1)            # 删除列表中索引为 1 的元素
>>> print(all_in_list)
>>> print(obj)                          # 输出返回元素的值
```

```
[True, 'hello world']
0.5
```

(4) 列表的排序和比较。

在实际应用中,经常需要对列表进行排序。Python 提供了列表的 sort()方法对列表进行排序,排序完成后,列表内的元素顺序被改变。其默认排序规则是,如果列表中的元素都是数字,则按照从小到大升序排序;如果元素都是字符串,则会按照字符表顺序升序排序。需要注意的是,sort()方法会直接更改原列表。

```
>>> L = ['A', 'C', 'B', 'D']          #创建一个列表 L
>>> print(L)                          #输出列表
>>> L.sort()                          #使用 sort()方法对列表进行排序
>>> print(L)                          #输出排序后的列表
['A', 'C', 'B', 'D']
['A', 'B', 'C', 'D']
```

(5) 列表的成员关系操作。

在列表操作中,成员操作符"in"和"not in"用于判断一个对象的值是否出现或不出现在列表中,若出现则返回 True,否则返回 False。

```
>>> print('a' in all_in_list)
>>> print('a' not in all_in_list)
False
True
```

(6) 列表的运算。

列表的运算如表 6.6 所示。例如,"+"号用于组合列表,"*"号用于重复列表。

表 6.6 列表的运算

Python 表达式	结　果	说　明
len([1, 2, 3])	3	求长度
[1, 2, 3] + [4, 5, 6]	[1, 2, 3, 4, 5, 6]	组合
['Python'] * 3	['Python', 'Python', 'Python']	重复
3 in [1, 2, 3]	True	元素是否存在于列表中
for x in[1, 2, 3, 4, 5]: print(x)	1 2 3 4 5	迭代

2. 元组

Python 的元组与列表类似,不同之处在于元组的元素不能修改,所以不能对元组进行排序,也不能追加和删除元素。一旦用一组元素创建一个元组,它就会一直保持不变。

1) 元组的基础操作

(1) 创建元组。

列表使用方括号创建,而元组使用圆括号创建。元组的创建很简单,只需要在括号中添加元素,并使用逗号隔开即可,甚至不使用圆括号也可以表示元组。注意,当元组只有一个元素时,需要在元素后面添加逗号,否则括号会被当作运算符使用。

```
>>> tup1 = ()                          #空元组
>>> tup2 = ('Python', 1, True, 0.5)    #创建元组使用圆括号,用英文逗号分隔
>>> tup3 = 'Python', 1, True, 0.5      #不使用圆括号也可以创建元组
```

```
>>> tup4 = (1, )          # 当元组只有一个元素时需要在元素后添加逗号
>>> print(tup1)
>>> print(tup2)
>>> print(tup3)
>>> print(tup4)
()
('Python', 1, True, 0.5)
('Python', 1, True, 0.5)
(1, )
```

(2) 访问元组。

元组的访问方式和列表一样,可以通过索引访问元素,切片等规则也同样适用。使用索引值可以访问元组中的单个数据。

```
>>> tup = ('Python', 1, True, 0.5)
>>> print(tup[0])
'Python'
```

也可以通过输入起始和结束的索引值,访问N个元素。

```
>>> tup = ('Python', 1, True, 0.5)
>>> print(tup[0:2])
('Python', 1)
```

(3) 修改元组。

元组中的元素值是不允许修改的,但是可以通过对整个元素重新赋值,达到效果。

```
>>> tup = ('Python', 1, True, 0.5)
>>> print(tup)
>>> tup = ('hello world', 1, True, 0.5)       # 对整个元素重新赋值
>>> print(tup)
('Python', 1, True, 0.5)
('hello world', 1, True, 0.5)
```

除此之外,还可以对元组进行连接组合。

```
>>> tup1 = ('Python', 1)
>>> tup2 = (True, 0.5)
>>> tup3 = tup1 + tup2
>>> print(tup3)
('Python', 1, True, 0.5)
```

(4) 删除元组。

元组中的元素值是不允许删除的,只能使用del语句来删除整个元组,否则会输出异常信息。

```
>>> tup = ('Python', 1, True, 0.5)
>>> del tup
>>> print(tup)
NameError: name 'tup' is not defined              # tup 元组已被删除,出现变量未定义错误
```

2) 元组的运算

与列表一样,元组之间可以使用"+"号和"*"号进行运算。这就意味着它们可以组合和

复制，运算后会生成一个新的元组。

3. 字典

在 Python 程序中，字典用于存储一系列键值（即 key：value）对，其中键和值一一对应，通过使用键来访问与之相关联的值。字典可以存储任意类型的对象。

1）创建字典

字典的每个键值对内的键和值一一对应，不同的键值对用英文冒号分隔，每个键值对之间使用英文逗号分隔，整个字典包括在花括号中，格式为 dict＝{key1：value1，key2：value2}。比如用字典来表示某位同学的成绩，具体代码如下：

```
>>> dict = {'数学': '99', '语言': '90', '英文': '98'}
```

Python 对值没有要求，可以取任何数据类型。对键的要求是不可变且唯一，只能用字符串、数字或元组等不可变对象，如果出现重复，则最后一个键值会替换前面的键值。

```
>>> dict = {'h': 'hi', 2020:[20, 20], 'h': 'hello', 'w': 'world'}
>>> dict
{'h': 'hello', 2020: [20, 20], 'w': 'world'}
```

2）访问字典

Python 字典中的元素无先后顺序，通过键去访问对应的值，如果键不存在，则会抛出异常信息。

```
>>> dict = {'Name': 'Lee', 'Age': 20, 'Class': 'First'}
>>> print("dict['Name']: ", dict['Name'])
>>> print("dict['Age']: ", dict['Age'])
dict['Name']:  Lee
dict['Age']:  20
>>> dict = {'Name': 'Lee', 'Age': 20, 'Class': 'First'}
>>> print("dict['Gender']: ", dict['Gender'])
---------------------------------------------------------------------------
KeyError   Traceback (most recent call last)
< iPython - input - 9 - 5951b2f96d67 > in < module >
      1 dict = {'Name': 'Lee', 'Age': 20, 'Class': 'First'}
----> 2 print("dict['Gender']: ", dict['Gender'])
      3
KeyError: 'Gender'
```

3）修改字典

向字典添加新内容的方法是增加新的键值对，修改则是通过键去修改对应的值。

```
>>> dict = {'Name': 'Lee', 'Age': 20, 'Class': 'First'}
>>> dict['Gender'] = "Male"            #添加
>>> dict['Age'] = 21                   #修改更新
>>> print("dict['Age']: ", dict['Age'])
>>> print("dict['Gender']: ", dict['Gender'])
dict['Age']:  21
dict['Gender']:  Male
```

4）删除字典元素

删除字典中的单一元素用 del 语句，而字典清空只需一项操作即使用 clear()方法。

```
>>> dict = {'Name': 'Lee', 'Age': 20, 'Class': 'First'}
>>> del dict['Class']                    #删除字典中键为'Class'的键值对
>>> print(dict)
{'Name': 'Lee', 'Age': 20}
>>> dict = {'Name': 'Lee', 'Age': 20, 'Class': 'First'}
>>> dict.clear()                         #清空字典
>>> print(dict)
{}
```

4. 列表、元组和字典的区别与联系

列表是处理一组有序项目的数据结构，即可以在一个列表中存储一个序列的项目。一旦一个列表被创建了，就可以进行添加元素、删除元素等操作，即列表是可变的数据类型。

列表和元组有很多相似的地方，操作也差不多。不过列表是可变序列，元组为不可变序列。也就是说，列表主要用于对象长度不可知的情况，而元组用于对象长度已知的情况，而且元组元素一旦创建便不可修改。

字典主要应用于需要对元素进行标记的对象，这样在使用时便不必记住元素在列表中或者元组中的位置，只需要利用键来访问对象中相应的值。与列表相比，字典查找和插入的速度极快，不会随键的增加而增加。但是，字典需要占用大量的内存，内存消耗较多。在海量数据中查找元素时，最好将数据创建为字典，字典最大的价值是查询功能，通过键查找到相应的值。表6.7展示了列表、元组和字典的区别与联系。

表6.7 列表、元组和字典的区别与联系

类　　别	列表(List)	元组(Tuple)	字典(Dictionary)
可否读写	读写	只读	读写
可否重复	可重复	可重复	可重复(键不能重复)
是否有序	有序	有序	无序，自动正序
初始化	list[1,'Python']	tup(1,Python)	dict{'a':1, 'b':2}
元素读取方式	list[0:2]	tup[0]	dict['a']

6.3.6 循环控制语句

1. 条件语句

1) if 语句

在上述程序中，语句都是逐条执行的。而在实际编程时，经常需要检查一系列条件，让程序选择是否执行特定的语句块。例如，在 Python 程序中，可以根据 if 语句后面的布尔表达式的结果值来选择将要执行的代码语句。

每条 if 语句的核心都是一个值为 True 或 False 的表达式，这种表达式被称为条件测试。Python 根据条件测试的值为 True 还是 False 来决定是否执行 if 语句中的代码。如果条件测试的值为 True，Python 就执行紧跟在 if 语句后面的代码；如果值为 False，Python 就忽略这些代码。

简单的 if 语句形式如下：

```
>>> if conditional_test:
        do something
```

其中,conditional_test 可包含任何条件测试,而紧跟其后的缩进代码块则可执行任意操作。

(1) 检查变量值是否为特定值。

大多数条件测试都将一个变量的当前值与特定值进行比较。简单的条件测试检查变量的值是否与特定值相等。

```
>>> fruit = "apple"
>>> if fruit == "apple":
        print("This is an apple!")
This is an apple!
```

或者要判断两个值是否不等,可结合使用感叹号和等号(!=),其中的感叹号表示非,在很多编程语言中都是如此。下面再使用一条 if 语句来演示如何使用不等运算符。

```
>>> status = "safe"
>>> if status != "safe":
        print("dangerous!")
```

(2) 检查多个条件。

在有些条件测试中可能要检查多个条件,例如,有时需要在所有条件都为 True 时才执行相应的操作,而有时只需要其中一些条件为 True 时就执行相应的操作。在这些情况下,可以使用关键字 and 和 or。

以两个条件为例,要检查是否两个条件都为 True,可使用关键字 and 将两个条件合二为一;如果每个条件都通过了,则整个表达式就为 True;如果至少有一个条件没有通过,则整个表达式就为 False。关键字 or 也能够用于检查多个条件,但只要有一个条件满足,整个表达式就为 True。仅当两个条件都没有通过时,使用 or 的表达式才为 False。

例如,要检查两位同学的成绩是否都在 90 分及以上,可使用下面的例子。

```
>>> score_0 = 91
>>> score_1 = 86
>>> if score_0 >= 90 and score_1 >= 90:
        print("yes!")
```

下面的例子再次检查两位同学的成绩,但检查的条件是至少有一位同学的成绩在 90 分及以上。

```
>>> score_0 = 91
>>> score_1 = 86
>>> if score_0 >= 90 or score_1 >= 90:
        print("yes!")
yes!
```

2) if…else 语句

编程中经常需要在条件测试通过时执行一个操作,并在没有通过时执行另一个操作;在这种情况下,可使用 Python 提供的 if…else 语句。if…else 语句类似于简单的 if 语句,但其中的 else 语句能够在指定条件测试未通过时执行其他操作。

如下代码的作用是,在确定一个人的姓名是 Jack 时会显示欢迎信息,而当其姓名不是 Jack 时会显示另外一条消息。

```
>>> name = "Alice"
>>> if name == "Jack":
        print("Welcome, Jack!")
    else:
        print("Hello, stranger!")
Hello, stranger!
```

此时,没有执行 if 语句代码块(因为条件为假),而是执行了 else 语句代码块。

3) if…elif…else 语句

在实际编程中还会碰到需要检查超过两个条件的情形,此时可使用 Python 提供的 if…elif…else 语句。Python 只执行 if…elif…else 结构中的一个代码块,它依次检查每个条件测试,直到遇到通过了的条件测试。测试通过后,Python 将执行紧跟在它后面的代码块,并跳过余下的测试。

来看一个根据成绩分数段进行评级的例子:

- 成绩在 60 分以下(不包含 60 分),评级为 C;
- 成绩在 60～80 分(不包含 80 分),评级为 B;
- 成绩在 80 分及以上,评级为 A。

```
>>> score = 86
>>> if score < 60:
        print("Your grade is C!")
    elif score >= 60 and score < 80:
        print("Your grade is B!")
    else:
        print("Your grade is A!")
Your grade is A!
```

在这个示例中,第一处 if 语句条件测试的结果为 False,因此不执行其代码块;第二处 elif 语句条件测试的结果也为 False,因此不执行其代码块;第三处 else 语句条件测试的结果为 True,因此将执行该代码块。

2. 循环语句

至此,已学习了如何在条件为真(或假)时执行相应的操作。现在将学习如何让程序不断执行重复操作,以解决实际问题。为此,需要使用循环语句。

1) while 循环语句

while 循环语句将循环执行一段代码块,直到指定的条件不满足为止。例如,可以使用 while 循环语句来输出 1～100 的整数,代码如下:

```
>>> number = 1
>>> while number <= 100:
        print(number)
        number += 1
```

使用 while 循环语句,可以让程序依照用户输入进行循环操作。如下面的程序所示,在程序中定义了一个退出值"#",只要用户输入的不是这个值,程序就接着运行如下代码。

```
>>> name = "init"
>>> while name != "#":
        name = input("Please enter a name:")
        print(name)
```

在上述例子中，首次遇到循环时，name 是一个自定义的字符串，不等于退出值，因此 Python 进入这个循环。执行到代码行 name＝input("Please enter a name:")时，Python 显示提示消息，并等待用户输入。不管用户输入是什么，都将存储到变量 name 中并打印出来。接下来，Python 重新检查 while 循环语句中的条件。只要用户输入的不是退出值“#”，Python 就会再次显示提示消息并等待用户输入。等到用户输入退出值“#”后，Python 就停止执行 while 循环语句，而整个程序也到此结束。

在 Python 程序中，可以使用 break 语句或 continue 语句来退出 while 循环语句。其中，无论条件测试的结果如何，break 语句会立即退出 while 循环语句，不再执行循环中余下的代码。例如，使用 break 语句修改上例中循环输出字符串 name 的例子，但不改变程序的功能。此时，当用户输入"#"后，由于执行了 break 语句，程序会立即退出 while 循环语句。

```
>>> name = "init"
>>> while True:
        name = input("Please enter a name:")
        if name == "#":
            break
        else:
            print(name)
```

而如果要返回到循环开头，并根据条件测试结果决定是否继续执行循环，可使用 continue 语句，它不像 break 语句那样不再执行余下的代码并退出整个循环，而是结束当前这次循环。例如，要从 1～20 中只打印其中奇数的循环，程序运行结果为：1 3 5 7 9 11 13 15 17 19。

```
>>> number = 0
>>> while number < 20:
        number += 1
        if number % 2 == 0:
            continue
        print(number)
```

2）for 循环语句

while 循环语句非常灵活，可用于在条件为真时循环执行代码块。但还有一种需求是为列表（或其他可迭代对象）中的每个元素都执行相同代码块，这时可以使用 for 循环语句。可迭代对象基本上都可以使用 for 循环进行遍历。

有时需要打印出列表中的每个元素进行查看，使用 for 循环对列表进行遍历时有以下两种方法。

```
>>> fruits = ["apple", "banana", "peach", "orange", "pear"]
>>> for fruit in fruits:                    #方法一
        print(fruit)
apple
banana
peach
orange
pear
>>> for index in range(len(fruits)):        #方法二
        print(fruits[index])
apple
```

```
banana
peach
orange
pear
```

第一种方法使用关键字 in 来遍历列表中的每个元素，这行代码让 Python 从列表 fruits 中按顺序每次取出一个元素，并将其存储在变量 fruit 中，然后使用 print()函数将其打印出来，直到遍历完所有元素，程序结束。

第二种方法则是通过元素下标来遍历列表。首先通过 len()函数获得列表 fruits 的长度，再通过 range()函数获得所有元素下标的范围，并通过 for 循环从元素下标列表中按顺序每次取出一个元素下标，将其存储在变量 index 中，然后使用 fruits[index]的方式取得每一个元素并打印出来。

要退出 for 循环语句，也可以使用 break 语句或 continue 语句。同理，使用 break 语句立即退出 for 循环语句，而使用 continue 语句则结束当前这次循环。

6.3.7 函数

函数是一个可以实现特定功能的代码块，通过函数名来调用，可以有零个或多个输入参数，也可以有零个或一个返回值。一般分为如下三种情况。

1. 无参数输入，无返回值

如下面的 greetings. py 程序中，用函数实现一组字符串的输出，代码如下：

```
def greetings():
    print("Season's greetings and best wishes for the New Year!")

>>> greetings()
```

输出结果为：

```
Season's greetings and best wishes for the New Year!
```

2. 有参数输入，无返回值

在下面的 greetings1. py 程序中，用函数实现根据输入的参数，输出一组字符串。因为输入的参数 names 为一个列表，所以结合 for 循环语句对列表中的每个人进行了问候，代码如下：

```
def greetings(names):
    for name in names:
        print(name + ',',"Season's greetings and best wishes for the New Year!")
names = ["David", "Tom", "Alice"]
>>> greetings(names)
```

输出结果为：

```
David, Season's greetings and best wishes for the New Year!
Tom, Season's greetings and best wishes for the New Year!
Alice, Season's greetings and best wishes for the New Year!
```

3. 有参数输入，有返回值

如下面的 pure_text. py 程序中，用函数实现将输入的文本全部变为小写，并去除里面的

标点符号，返回一组字符串，代码如下：

```
def pure_text(texts):
    texts = texts.lower()
    for ch in texts:
        if ch in ",.!?<>:;'{}[]()":
            texts = texts.replace(ch,'')
    return texts
texts = "To be, or not to be - that is the question: Whether it is nobler in the mind to suffer! The
slings and arrows of outrageous fortune. Or to take arms against a sea of troubles. And by opposing
end them."
texts = pure_text(texts)
print(texts)
```

执行后的结果如下所示：

```
to be or not to be - that is the question whether it is nobler in the mind to suffer the slings and
arrows of outrageous fortune or to take arms against a sea of troubles and by opposing end them
```

6.3.8 模块

1. 什么是模块

模块是一个包含所有自定义的函数和变量的文件，其扩展名是.py。通常情况下，把能够实现某一特定功能的代码放置在一个文件中作为一个模块，从而方便其他程序和脚本导入并使用该模块中的函数等功能。这也是使用 Python 标准库的方法。

1) import 语句

创建模块后，就可以在其他程序中使用该模块了，简单的 import 语句即可完成模块的导入，语法如下：

```
import module1[, module2[, …moduleN]
```

先看一个简单的例子，导入 math 模块，通过 math.cos()调用 cos()函数，并计算 cos(π)，其中 math.pi 是 π 值。

```
>>> import math
>>> print(math.cos(math.pi))
-1.0
```

2) from…import 语句

Python 的 from…import 语句可以从模块中导入一个指定的部分到当前命名空间中，语法如下：

```
from module_name import name1[, name2[, …nameN]]
```

例如，可以从 math 模块中只导入 sin()函数和 cos()函数。

```
>>> from math import sin, cos
>>> print(sin(1/2 * pi))
>>> print(cos(2 * pi))
1.0
1.0
```

此时程序中可以直接使用 math 模块中的 sin()函数、cos()函数和 pi 值,而不需要通过 math. sin()、math. cos()和 math. pi 的方式了。

2. 自定义模块

任何 Python 程序都可作为模块导入。假设编写了如下代码所示的程序,并将其保存在文件 hello. py 中,这个文件的名称(不包括扩展名. py)将成为我们自定义模块的名称。

```
>>> def hello():
        print("Hello, world!")
```

文件的存储位置也很重要,假设将这个文件存储在目录 D:\Python 中,要告诉 Python 解释器去哪里查找这个模块,可执行如下命令。

```
>>> import sys
>>> sys.path.append("D:\\Python")
```

上述代码告诉解释器,除了通常要查找的位置外,还应到目录 D:\Python 中去查找模块。通过这样的方式,就可以导入存放在任意文件目录下的模块了。

```
>>> import hello
>>> hello.hello()
Hello, world!
```

3. 第三方模块的下载与安装

除了内建的模块外,Python 还有大量的第三方模块。基本上,所有的第三方模块都会在 PYPI 上注册,只要找到对应的模块名字,即可用 pip 对其进行安装。下面以模块 pyecharts 为例,演示如何进行第三方模块的下载与安装。

在命令行下通过 pip 安装,安装语句为 pip install pyecharts -U,具体如图 6.11 所示。

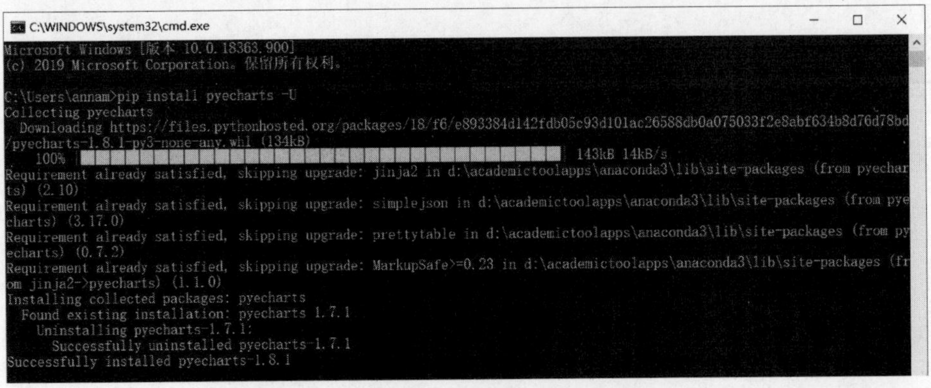

```
C:\WINDOWS\system32\cmd.exe
Microsoft Windows [版本 10.0.18363.900]
(c) 2019 Microsoft Corporation。保留所有权利。

C:\Users\annam>pip install pyecharts -U
Collecting pyecharts
  Downloading https://files.pythonhosted.org/packages/18/f6/e893384d142fdb05c93d101ac26588db0a075033f2e8abf634b8d76d78bd
/pyecharts-1.8.1-py3-none-any.whl (134kB)
    100% |████████████████████████████████| 143kB 14kB/s
Requirement already satisfied, skipping upgrade: jinja2 in d:\academictoolapps\anaconda3\lib\site-packages (from pyechar
ts) (2.10)
Requirement already satisfied, skipping upgrade: simplejson in d:\academictoolapps\anaconda3\lib\site-packages (from pye
charts) (3.17.0)
Requirement already satisfied, skipping upgrade: prettytable in d:\academictoolapps\anaconda3\lib\site-packages (from py
echarts) (0.7.2)
Requirement already satisfied, skipping upgrade: MarkupSafe>=0.23 in d:\academictoolapps\anaconda3\lib\site-packages (fr
om jinja2->pyecharts) (1.1.0)
Installing collected packages: pyecharts
  Found existing installation: pyecharts 1.7.1
    Uninstalling pyecharts-1.7.1:
      Successfully uninstalled pyecharts-1.7.1
Successfully installed pyecharts-1.8.1
```

图 6.11 通过 pip 安装 pyecharts 模块

安装成功后即可以导入 pyecharts 模块并使用了。Echarts 是一个由百度开源的数据可视化 JavaScript 库,凭借良好的交互性,精巧的图表设计,得到了众多开发者的认可。有关 pyecharts 的更多详细内容请查看官方网站(网址详见前言二维码)。下面以画某一案由的案件数量随时间变化的柱状图为例,来介绍如何使用 pyecharts。

```
>>> from pyecharts import options as opts
>>> from pyecharts.charts import Bar
```

```
>>> from pyecharts.faker import Faker
>>> year = [2010, 2011, 2012, 2013, 2014, 2015, 2016, 2017, 2018, 2019, 2020]   #横坐标
>>> num = [20,15, 20, 29, 73, 47, 67, 43, 81, 54, 6]                            #纵坐标
>>> c = (
        Bar()
        .add_xaxis(year)
        .add_yaxis("案件数量", num)
        .set_global_opts(
            title_opts = opts.TitleOpts(title = "案件数量变化趋势分析图"),
        )
        .render("案件趋势.html")
)
```

执行上述程序后，得到绘制的柱状图如图 6.12 所示。

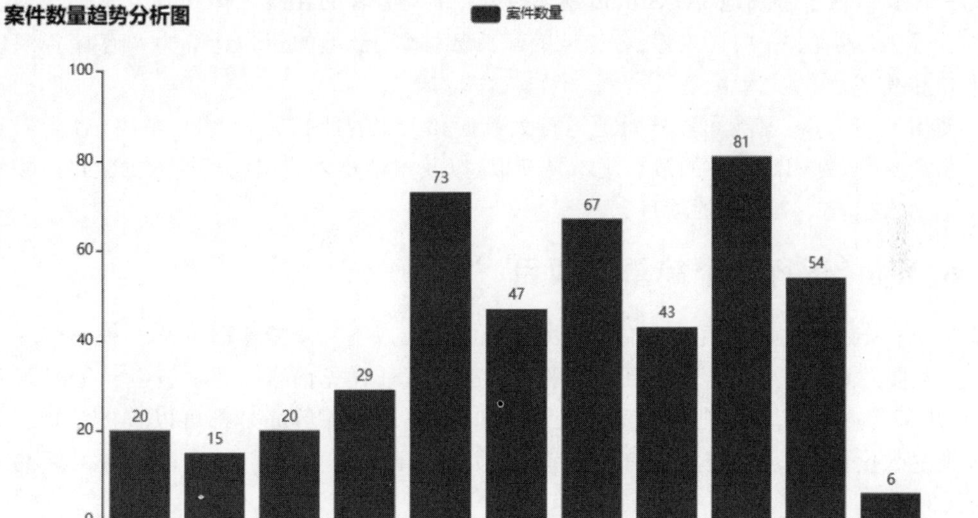

图 6.12 使用 pyecharts 绘制柱状图

6.3.9 基本输入输出

1. 使用 input ()函数输入数据

input()函数是 Python 提供的一个内置函数，它从标准输入读入一行文本，默认的标准输入是键盘，还可以接收一个 Python 表达式作为输入，并将运算结果返回。

```
>>> str = input("请输入: ")
>>> print("你输入的内容是: ", str)
>>> print("1 + 1 的结果是: ", 1 + 1)
请输入: hello Python!
你输入的内容是:  hello Python!
1 + 1 的结果是:  2
```

2. 使用 print ()函数输出数据

默认的情况下，在 Python 中，使用内置的 print()函数可以将结果输出到 IDLE 或者标准控制台上。其基本语法格式为：print(输出内容)。其中，输出的内容可以是数字和字符串(字符串需要使用引号括起来)，此类内容将直接输出；也可以是包含运算符的表达式，此类内容

将计算结果输出。例如：

```
>>> print("hello Python!")
>>> print(6)
>>> print(5 * 4)
hello Python!
6
20
```

6.4 AI Studio 平台介绍

百度的 AI Studio(Artificial Intelligence Studio,人工智能平台)是集成了大数据和人工智能的云计算平台。特别地,AI Studio 还是针对 AI 学习者的在线一体化开发实训平台。该平台集合了 AI 教程、AI 项目工程、各领域的经典数据集、云端的超强运算力及存储资源以及比赛平台和社区。

使用 AI Studio 平台可以轻松地运行大数据和人工智能相关的项目,解决 AI 学习过程中的一系列难题,例如高质量的数据集不易获取,以及本地难以使用大规模数据集进行模型训练等。下面来运行一个简单的项目。

6.4.1 运行一个简单的项目

在 AI Studio 上运行项目只需要在浏览器中完成以下三步操作即可。

(1) 使用百度账号登录 AI Studio 平台。平台网址详见前言二维码。登录账号为百度账号,使用百度搜索、百度贴吧、百度云盘、百度知道、百度文库等账号都可以直接登录。如果没有注册过百度账号,可以通过短信快捷登录,或者注册后再登录。AI Studio 登录后的界面如图 6.13 所示。

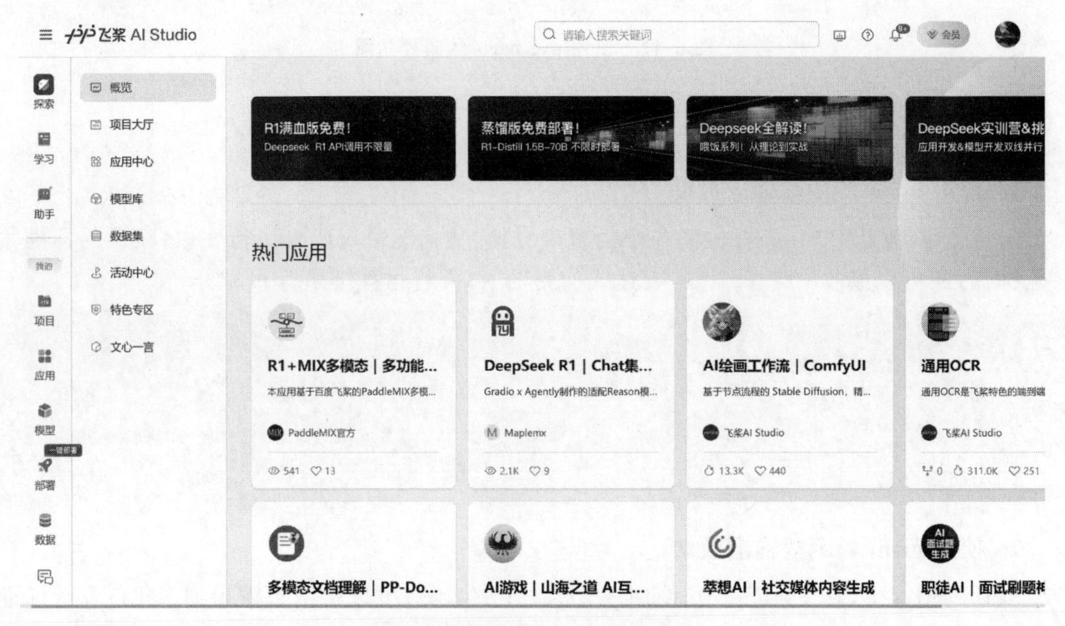

图 6.13 AI Studio 登录后的界面

（2）找到要运行的项目并保存至“我的项目”。首先单击界面左上角的“项目大厅”按钮，在搜索框中输入“机器学习入门鸢尾花分类”，可以看到已创建的鸢尾花分类项目，如图 6.14 所示。

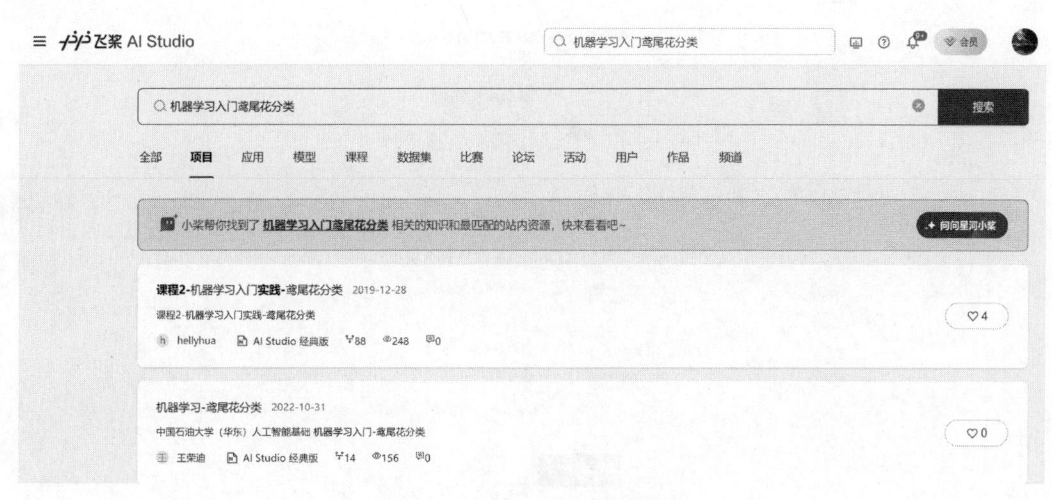

图 6.14　AI Studio 中搜索项目

将“公开项目”保存为“我的项目”。需要通过 fork 操作来完成：单击项目标题进入鸢尾花分类项目，单击页面右上角的 fork 按钮，弹出“fork 项目”对话框，如图 6.15 所示。单击“创建”按钮即可将该公开项目保存为“我的项目”。

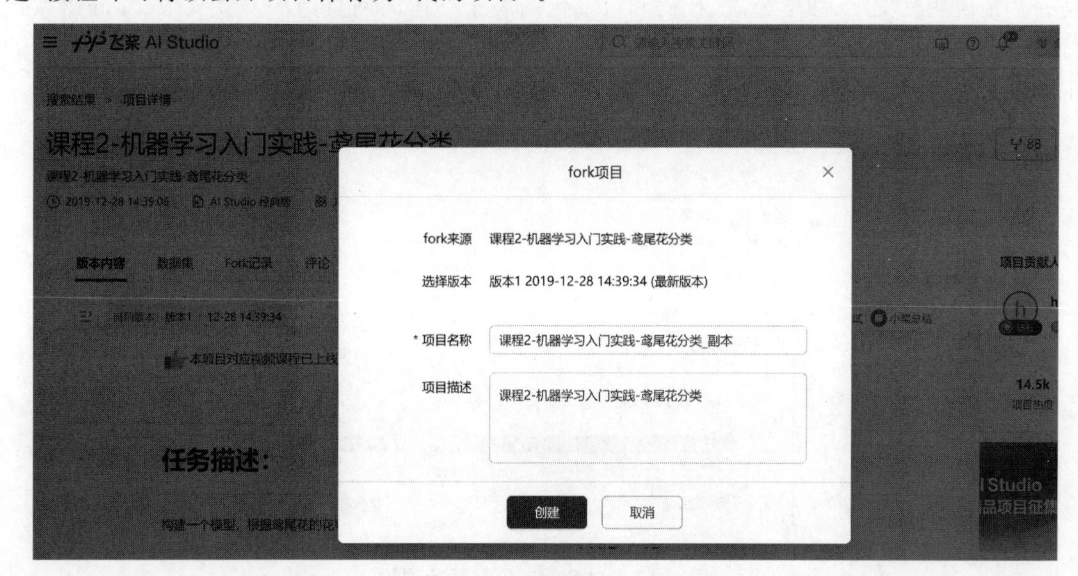

图 6.15　“fork 项目”对话框

（3）运行项目。通过 fork 操作创建项目后，可以直接开始运行项目，也可以在“我的项目”里面找到 fork 的项目进行运行。总之，要运行项目首先要保存到“我的项目”里面，也就是建立好项目的副本后，才能运行或修改等。

单击“启动环境”按钮，弹出“选择运行环境”对话框，如图 6.16 所示。“基础版”是免费的，其他环境则需要支付一定的费用。很显然对于大型的项目，需要大量计算资源，而鸢尾花案例对计算能力要求不高，可以直接选择“基础版”运行。

图 6.16　AI Studio 平台“选择运行环境”对话框

单击“确定”按钮，开始启动本地项目环境，启动成功后进入 AI Studio 项目运行界面，如图 6.17 所示。AI Studio 项目采用 Python 语言编写，程序的运行环境为 Notebook。Notebook 是一个集说明性文字、数学公式、代码和可视化图表于一体的网页版的交互式 Python 语言运行环境。即 Notebook 允许用户把所有与程序代码相关的文本、图片、公式以及程序段运行的中间结果全都放在一个 Web 文档里面，还可以轻松地对其进行修改和共享。

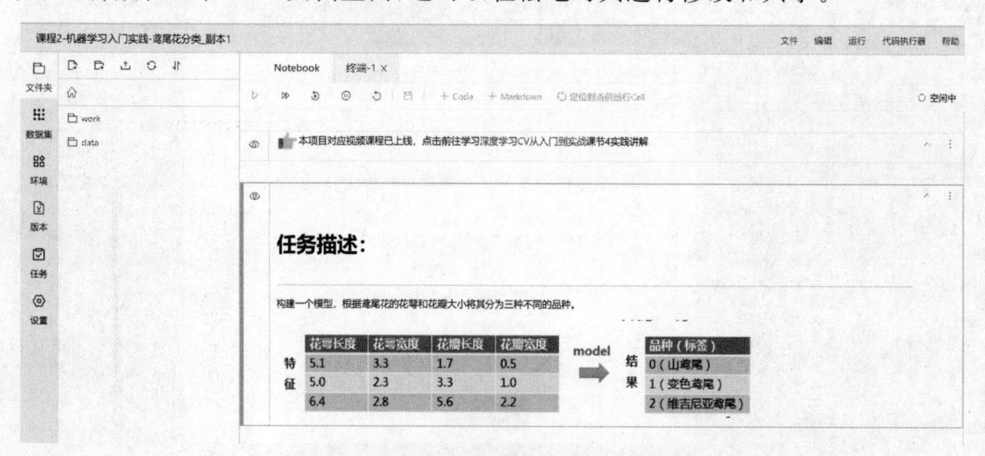

图 6.17　AI Studio 项目运行界面

Notebook 环境中包括代码单元格和标签单元格，只有代码单元格能够执行。单击右上角的“运行”菜单下的“全部执行”子菜单，即可运行该项目。代码单元格执行的结果显示在该代码单元格下方。

6.4.2　新建一个简单的项目

在 AI Studio 上新建项目只需要在浏览器中完成以下三步操作即可。

(1) 单击项目大厅页面的“创建项目”按钮，如图 6.18 所示。

图 6.18　创建项目

（2）选择项目类型，配置环境，完善项目描述，然后，单击“创建”按钮，如图 6.19 和图 6.20 所示。创建时可根据个人需要添加数据集或创建数据集。

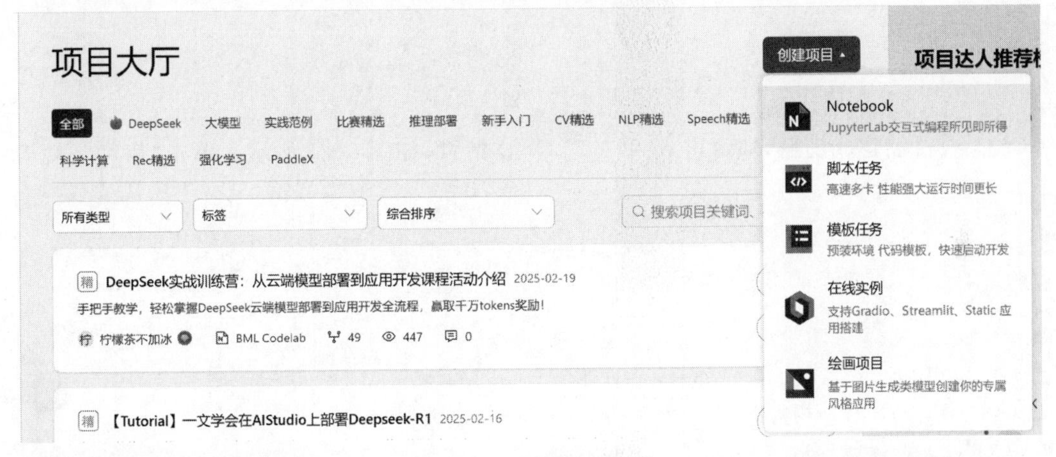

图 6.19　选择项目类型

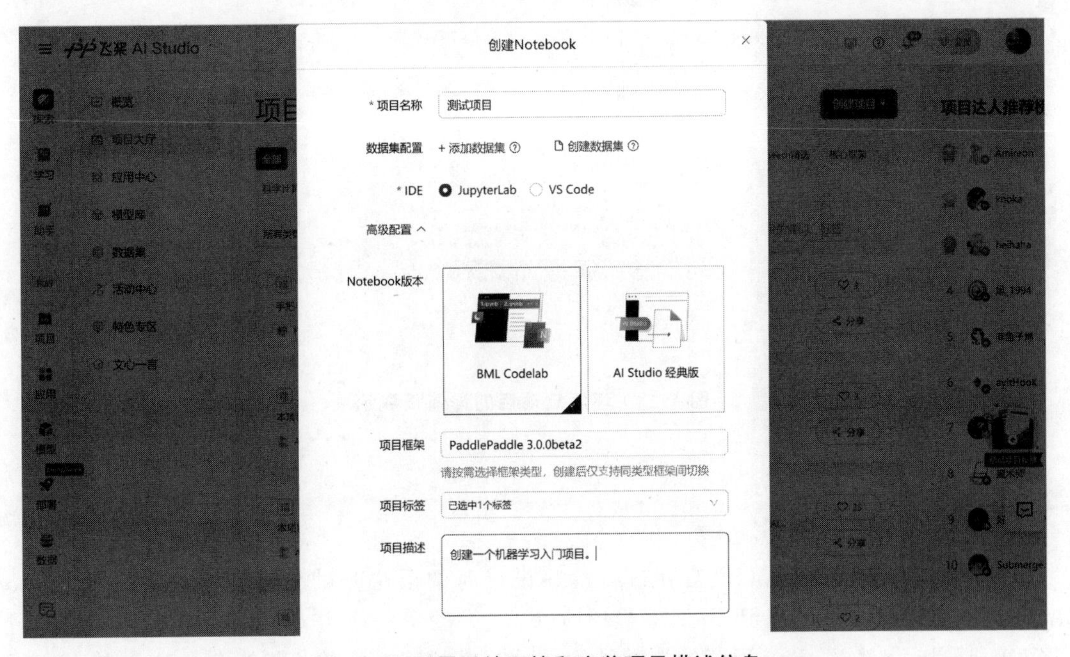

图 6.20　配置系统环境和完善项目描述信息

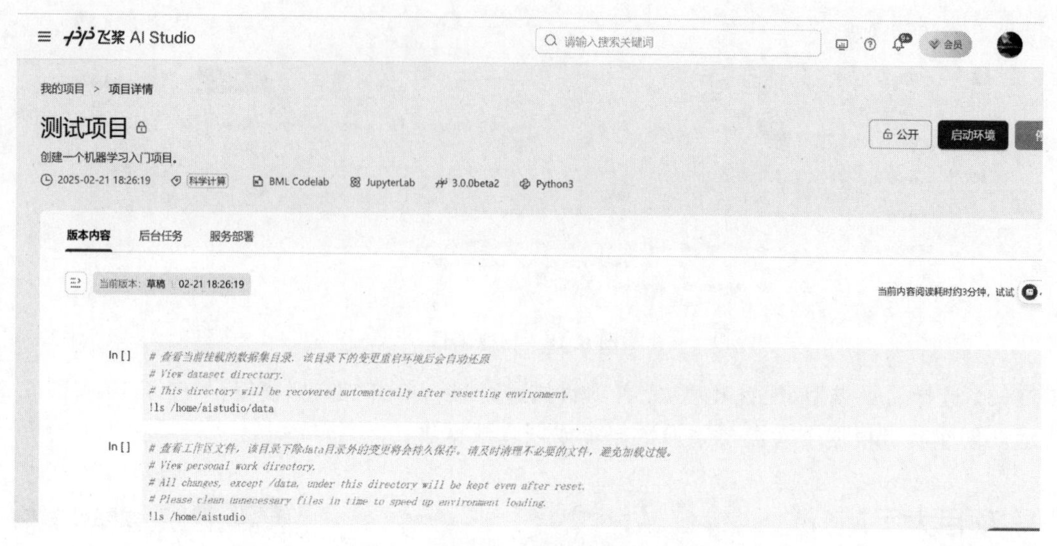

图 6.21 创建项目

（3）项目创建成功后，即可进入“我的项目”详情页，如图 6.21 所示。单击“启动环境”后，如图 6.22 所示。

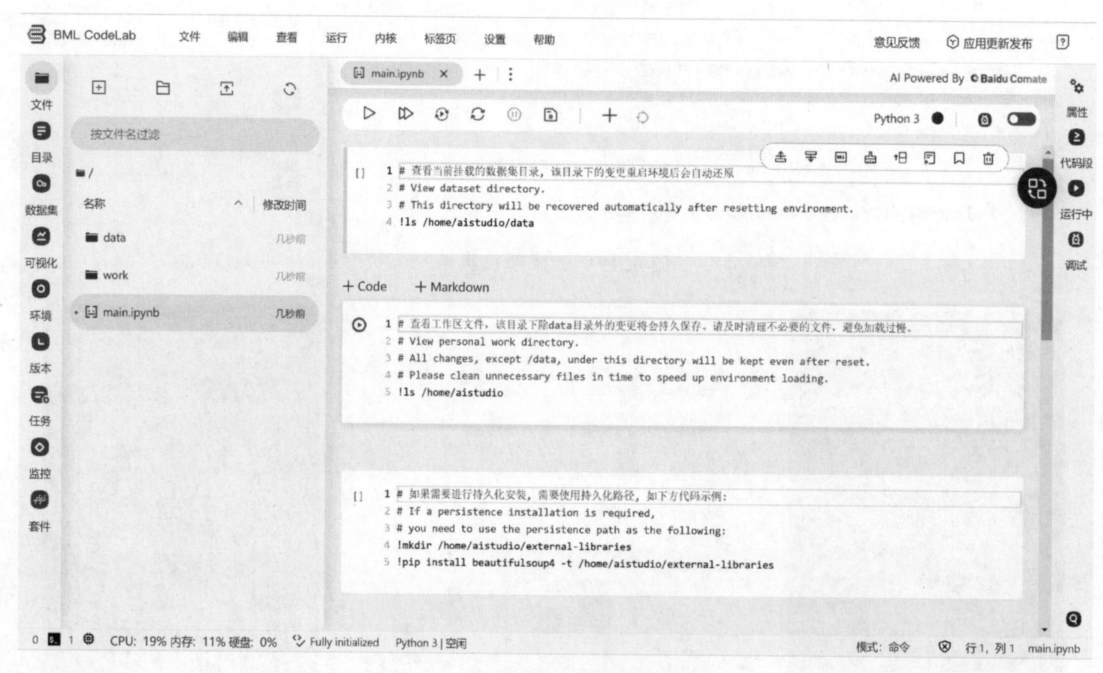

图 6.22 环境启动后的详情页展示

本章小结

本章首先介绍了 Python 语言在进行程序设计时的语法基础和操作示例。对于 Python 语法基础，主要介绍了搭建 Python 编程环境、Python 变量的使用、Python 中的不同数据类型的定义和操作示例、Python 程序的控制结构、函数、模块和基本输入输出等内容。其次，介绍了一种大数据和人工智能的云计算平台 AI Studio 的使用方法，包括如何运行一个现有项目，

以及如何新建一个自己的项目。

通过本章的学习，希望能够掌握 Python 语言的基本语法，为后续章节中涉及的智能数据分析方法与技术打下良好的编程基础。在学习 Python 的过程中，除了要学会本章介绍的基础语法内容，还需要学习模仿一些已有的 Python 案例应用，逐步提高编程水平。

思考题

1. Python 做数据分析有哪些特点？
2. 什么是变量？
3. Python 语言中的基本数据类型有哪些？
4. Python 语言中的循环控制语句有哪些？
5. 如何导入第三方模块？
6. 函数有哪几种类型？
7. 什么是 AI Studio？
8. AI Studio 平台有哪些功能？

第7章 数值数据智能分析技术

思想引领

随着大数据时代的到来，人工智能技术已经深入人们生活的各个方面，成为大家普遍关注的热点话题。在实际生活中，利用人工智能技术对数值数据进行智能分析已经成为人们做出判断和采取行动的基石。那么，如何实现数值数据智能分析？本章将利用NumPy、Pandas和Matplotlib为工具，主要介绍对数值数据的数据处理，包括数据统计、数据合并、连接和排序、数据筛选和过滤、数据可视化方法及其应用案例。

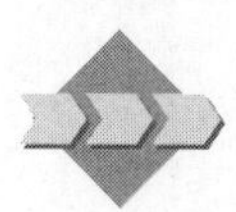

7.1 数值数据智能分析基础

7.1.1 NumPy数据处理

在机器学习算法中，经常会用到数组和矩阵（向量）运算。虽然Python中提供了列表，但列表中的元素可以是各种对象的“大杂烩”，因此为了区分这些对象，列表保存列表中每个对象的指针。这样一来，为了保存一个简单的列表，如[1.23, 1.7, 2.8, 3.5]，Python就不得不配置4个指针，指向这4个数值型的对象。因此，对于数值运算来说，它们的对象类型通常都是整齐划一的，若采用列表这种结构，显然是低效的。虽然Python也提供了Array（数组）模块，但它仅仅支持一维数组，不能支持多维数组，也没有提供各种运算函数，因此并太不适合数值运算。

NumPy库是Python语言的一个用于科学计算的扩充程序库，也是其他数据分析包的基础包，能够支持高性能、高维度的数组与矩阵运算处理。NumPy库是Pandas库的基础，我们需要掌握的NumPy库的知识并不复杂，主要是为了之后学习Pandas库做铺垫。

1. NumPy库的安装和导入

利用Anaconda安装的Python，则自带NumPy库，无须单独安装。NumPy这个常用的第三方库也被默认安装了。但在使用时，NumPy还是需要显式导入的。使用外部库时，为了方便，常会为NumPy起一个别名，通常这个别名为np。导入NumPy库，代码如下：

```
>>> import numpy as np                    # 导入 NumPy 库并指定别名为 np
>>> print(np. __version__)                # 输出其版本号
```

用户可以用np.__version__（注意，version前后都是两个下画线）输出NumPy的版本号，还可以验证NumPy是否被正确加载）。

2. NumPy 数组

NumPy 库的主要特点是引入了数组的概念。数组其实和列表有点类似，所以这里通过列表来初步认识数组的基本概念，具体代码如下：

```
>>> import numpy as np                     #用 np 代替 NumPy,让代码更简洁
>>> a = [1, 2, 3, 4]
>>> b = np.array([1, 2, 3, 4])             #创建数组
>>> print(a)
[1, 2, 3, 4]                               #列表的展现形式
>>> print(b)
[1 2 3 4]                                  #数组的展现形式
>>> print(type(a))
<class 'list'>                             #a 的类型为列表
>>> print(type(b))
<class 'numpy.ndarray'>                    #b 的类型为数组
```

其中，第 1 行引用 NumPy 库的代码写为 import numpy as np，这样之后编写代码就可以用 np 代替 NumPy 库，比较简洁。第 3 行中的 np.array(列表)为创建数组的一个函数。

接下来通过列表索引和数组索引来访问列表和数组中的元素，代码如下：

```
>>> print(a[1])
2                                 #列表 a 索引调用的结果
>>> print(b[1])
2                                 #数组 b 索引调用的结果
>>> print(a[0:2])
[1, 2]                            #列表 a 切片的结果,注意列表切片是"左闭右开"
>>> print(b[0:2])
[1 2]                             #数组 b 切片的结果,数组切片也是"左闭右开"
```

从输出结果可以看出，列表和数组有着相同的索引机制，唯一的区别就是数组中的元素是通过空格分隔的，而列表中的元素是通过逗号分隔的。那么为什么 Python 又要创建一个 NumPy 库呢？其原因很多，这里主要介绍两点。

第一，NumPy 作为一个数据处理的库，能很好地支持一些数学运算，而列表则较为麻烦。代码如下：

```
>>> c = a * 2
>>> print(c)
[1, 2, 3, 4, 1, 2, 3, 4]
>>> d = b * 2
>>> print(d)
[2 4 6 8]
```

可以看到同样做乘法运算，列表是把元素复制了一遍，而数组则是对元素做了数学运算。

第二，数组支持多维数据，而列表通常只能存储一维数据。一维数据和多维数据是什么意思呢？下面可以借用立体几何中的概念来帮助理解：一维类似一条直线，多维则类似平面(二维)或立体(三维)等。列表中的数据是一维的，而 Excel 工作表中的数据则是二维的，具体代码如下：

```
>>> e = [[1, 2], [3, 4], [5, 6]]              #列表中的元素为小列表
>>> f = np.array([[1, 2], [3, 4], [5, 6]])    #创建二维数组的一种方式
```

可以看到,列表 e 虽然包含三个小列表,但其结构是一维的。而数组 f 则是 3 行 2 列的二维结构,这也是之后学习 Pandas 库的核心内容。因为数据处理中经常用到二维数组,即二维的表格结构。

3. NumPy 中的数据类型

对于智能数据计算,Python 中自带的整型、浮点型和复数类型远远不能满足需求。因此,NumPy 中添加了一些数据类型,数据类型描述如表 7.1 所示。

表 7.1 NumPy 中的数据类型

名　称	描　述
bool	用一个字节存储的布尔类型(True 或 False)
int8	一个字节大小,－128～127
int16	整数,－32 768～32 767
int32	整数,$-2^{31}\sim2^{31}-1$
int64	整数,$-2^{64}\sim2^{64}-1$
uint16	无符号整数,$0\sim2^{16}-1$
uint32	无符号整数,$0\sim2^{32}-1$
uint64	无符号整数,$0\sim2^{64}-1$
float16	半精度浮点数,16 位,正负号 1 位,指数 5 位,精度 10 位
float32	单精度浮点数,32 位,正负号 1 位,指数 8 位,精度 23 位
float64	双精度浮点数,64 位,正负号 1 位,指数 11 位,精度 52 位
complex64	复数,分别用两个 32 位浮点数表示实部和虚部
complex128 或 complex	复数,分别用两个 64 位浮点数表示实部和虚部

4. 数组创建方式

NumPy 库为 Python 带来了真正意义上的 Ndarray 多维数组功能。Ndarray 对象是一个快速而灵活的数据集容器。NumPy 最重要的一个特点就是支持多维数组对象 Ndarray。Ndarray 对象与列表有相似的地方,但也有明显的区别。例如,构成列表的元素是各种对象的"大杂烩",元素类型可以是字符串、字典、元组中的一种或多种,但是 NumPy 数组中的元素只能是同一种数据类型。

1) 利用序列生成数组

生成 NumPy 数组最简单的方式,莫过于利用 array()函数。该函数格式如下:

```
array(object, dtype = None, copy = True, order = 'K', subok = False, ndmin = 0)
```

(1) object:任意形式的输入数据,可以是列表、元组、嵌套列表等。

(2) dtype:可选参数,用于指定数组中元素的数据类型。如果不指定,则 NumPy 会根据输入数据自动推断数据类型。

(3) copy:可选参数,默认为 True,表示是否复制输入数据。如果为 False,则返回的数组将是输入数据的引用。

(4) order:可选参数,用于指定数组在内存中的存储顺序,通常使用默认值'K'。

(5) subok:可选参数,默认为 False,用于指定返回的数组是否应与输入数据具有相同的子类型。

(6) ndmin:可选参数,用于指定返回数组的最小维度数。

array()函数可以接收常规的 Python 列表和元组数据类型等作为数据源。所创建数组类

型由原序列中的元素类型推导而来，具体代码如下：

```
>>> arr1 = np.array([2, 3, 4])                         # 创建一维数组
>>> arr1                                               # 输出 array([2,3,4])
array([2, 3, 4])
>>> arr1.dtype                                         # 输出 dtype('int32')
dtype('int32')
>>> arr2 = np.array([[1, 2], [3, 4], [5, 6]])          # 创建二维数组
>>> arr2                                               # 输出二维数组
array([[1, 2],
       [3, 4],
       [5, 6]])
```

通常来说，Ndarray 是一个通用的相同结构数据的容器，即 Ndarray 中所有元素都必须是相同的数据类型。当创建好一个 Ndarray 数组时，同时会在内存中存储 Ndarray 的 Shape 和 Dtype。Shape 是 Ndarray 维度大小的元组，Dtype 是解释说明 Ndarray 数据类型的对象。每个数组都有一个 Dtype 属性，用来描述数组的数据类型。除非显式指定，否则 np. array 会自动推断数据类型。数据类型会被存储在一个特殊的元数据 Dtype 中。

2）利用特定函数生成数组

（1）arange()函数。

除了利用数据序列生成 NumPy 数组外，用户还可以使用特定的方法，如 np. arange()来生成。该函数的格式如下所示：

```
arange(start, stop, step, dtype)
```

arange()函数根据 start 与 stop 指定数据范围及 step 设定的步长，生成一个 Ndarray 对象。其中，start 为起始值，默认为 0；stop 为终止值。

注意：取值区间是左闭右开的，即 stop 这个终止值是不包括在内的。step 为步长，如果不指定，则默认值为 1。dtype 指明返回 Ndarray 的数据类型，如果没有提供，则会使用输入数据的类型。

```
>>> import numpy as np
>>> arr3 = np.arange(10)
>>> print(arr3)
[0 1 2 3 4 5 6 7 8 9]
```

除此之外，还有一些常见的创建数组的方式。以一维数组为例，可以使用 np. arange()函数来创建一维数组，括号里可以输入 1～3 个参数，会得到不同的效果，具体代码如下：

```
#第一个参数 x: 起点取默认值 0,参数值为终点,步长取默认值 1,左闭右开
>>> x = np.arange(5)
>>> print(x)
[0 1 2 3 4]
#第二个参数 y: 第 1 个参数为起点,第 2 个参数为终点,步长取默认值 1,左闭右开
>>> y = np.arange(5,10)
>>> print(x)
[5 6 7 8 9]                                 #和列表切片一样,也是"左闭右开"
#第三个参数 z: 第 1 个参数为起点,第 2 个参数为终点,第 3 个参数为步长,左闭右开
>>> z = np.arange(5, 10, 0.5)
>>> print(x)
[5.  5.5 6.  6.5 7.  7.5 8.  8.5 9.  9.5]
```

arrange()函数的使用与 Python 的内置的 range()函数十分类似。两者都能均匀地(Evenly)等分区间,但 range()函数仅可用于循环迭代,具体代码如下:

```
>>> arr =  range(10)
>>> print(arr)
range(0,10)
```

从运行结果可以发现,系统并不能直接输出由 range()函数生成的数据元素,但可以通过 for 循环语句迭代取出这些数据,这说明 range()函数返回的是一个可迭代对象,可视作一个迭代器。但 np. arange 返回的数组,不仅可以直接输出,还可以当作向量,参与到实际运算当中。

(2) random()函数。

用户可以使用 random()函数来创建随机一维数组。例如,通过 np. random. randn(3)创建一个包含服从正态分布(均值为 0、方差为 1 的分布)的三个随机数的一维数组,具体代码如下:

```
>>> c = np.random.randn(3)                        #生成正态分布的三个随机数一维数组
>>> print(c)
[-0.02066164  0.42953796  1.17999329]
```

二维数组可以利用创建一维数组的 np. arange()函数和 reshape()函数来创建。例如,将 0~11 这 12 个整数转换成 3 行 4 列的二维数组,具体代码如下:

```
>>> d = np.arange(12).reshape(3, 4)               #由 0~11 构成 3 行 4 列的二维数组
>>> print(d)
[[ 0  1  2  3]
 [ 4  5  6  7]
 [ 8  9 10 11]]
```

这里再简单介绍一种创建随机整数二维数组的方法,具体代码如下:

```
>>> e = np.random.randint(0, 10, (4, 4))          #生成随机整数二维数组
[[4 1 6 3]
[3 0 4 8]
[7 8 1 8]
[4 6 3 6]]
```

其中,np. random. randint()函数用来创建随机整数,括号里第 1 个元素 0 表示起始数,第 2 个元素 10 表示终止数,第 3 个元素(4, 4)则表示创建一个 4 行 4 列的二维数组。

5. NumPy 数组中的元素访问

NumPy 数组中的元素是通过下标来访问的。用户可以通过索引来访问数据元素,就是通过方括号括起一个下标来访问数组中单个元素;用户也可以通过切片方式一次访问多个元素。NumPy 数组中的元素访问方法如表 7.2 所示。

表 7.2 NumPy 数组中的元素访问方法

访　问	描　述
X[i]	索引第 i 个元素
X[-i]	从后向前索引第 i 个元素
X[n:m]	切片,默认步长为 1,从前往后索引,不包含 m
X[-m:-n]	切片,默认步长为 1,从后往前索引,不包含 n
X[n:m,i]	切片,指定 i 步长的 n~m 的索引

7.1.2 Pandas 库基础

Pandas 库是基于 NumPy 库开发的一个 Python 数据分析包，由 AQR Capital Management 于 2008 年 4 月开发，并于 2009 年底开源。Pandas 库作为 Python 数据分析的核心包，提供了大量的数据分析函数，包括数据处理、数据抽取、数据集成、数据计算等基本的数据分析手段。Pandas 库的核心数据结构包括序列和数据框，序列存储一维数据，而数据框则可以存储更复杂的多维数据，这里主要介绍二维数据(类似于数据表)及其相关操作。Python 是面向对象的语言，序列和数据框本身是一种数据对象，因此序列和数据框有时也称为序列对象和数据框对象，它们具有自身的属性和方法。Pandas 库是基于 NumPy 库构建的数据分析包，但它含有比 Ndarray 更为高级的数据结构和操作工具，如 Series 类型、Dateframe 类型等。有了这些高级数据的辅佐，使得通过 Pandas 进行数据分析变得更加便捷与高效。Pandas 除了可以通过管理索引来快速访问数据、执行分析和转换运算外，还可用于高效绘图，只需寥寥几行代码，一个栩栩如生的数据可视化图便可"扑面而来"(利用了 Matplotlib 作为后端支持)。

此外，Pandas 还是数据读取"小能手"，支持从多种数据存储文件(如 CSV、Excel、HDF5 等)中读取数据，支持从数据库(如 SQL)中读取数据，还支持从 Web(如 JSON、HTML 等)中读取数据。

1. Pandas 的导入方法

Pandas 在使用过程中需要导入该数据包。为了使用时方便，导入 Pandas 时同样会给它起一个别名。导入的语法格式为：

```
import pandas as pd
```

其中，import 和 as 为关键词，pd 为其别名。本书的其余部分也将这么导入。

```
>>> import numpy as np                              # 导入 NumPy 并指定别名 np
>>> import pandas as pd                             # 导入 Pandas 并指定别名 pd
>>> print(pd.__version__)
      2.0.0
```

从上面输出最新版本号可以看出，Pandas 是非常保守的。韦斯·麦金尼于 2009 年发布了 Pandas 的第一个版本，此后这个项目一直在缓慢地自我迭代。2023 年，Pandas 已迈入 2.0 时代。

2. Pandas 数据结构

Pandas 是基于扩展库 NumPy 和 Matplotlib 的数据分析模块，是一个开源项目，提供了大量标准数据模型，具有高效操作大型数据集所需要的功能。可以说 Pandas 是使 Python 能够成为高效且强大的数据分析行业首选语言的重要因素之一。相较于 NumPy 库来说，Pandas 库更善于处理二维数据。Pandas 主要有三种数据结构：Series(类似于一维数组)、Dateframe (类似于二维数组)和 Panel(类似于三维数组)。由于 Panel 并不常用，因此，新版本的 Pandas 已经将其列为过时(Deprecated)的数据结构。我们主要介绍前两种数据结构的用法。

3. Series 类型数据

Series 是 Pandas 的核心数据结构之一，也是理解高阶数据结构 Dateframe 的基础。下面我们来详细探讨 Series 的相关概念及常见操作。

1）创建 Pandas 列表

Series 是 Pandas 提供的一维数组，由索引和值两部分组成，是一个类似于字典的结构。区别于 NumPy 库创建的一维数组，Series 对象不仅包含数值，还包含一组索引。如果在创建时没有明确指定索引，则会自动使用从 0 开始的非负整数作为索引。

【例 7.1】 假设有这样一个城市列表：[北京，上海，武汉]，如果跟索引值写到一起，如表 7.3 所示。

```
>>> import pandas as pd                              # 导入 Pandas 并指定别名 pd
>>> s = pd.Series(['北京', '上海', '武汉'])          # 注意这里是默认索引为 0,1,2
>>> print(s.values)
>>> print(s.index)
```

这里实质上创建了一个 Series 对象，这个对象有自己的属性和方法。运行结果为：

```
['北京' '上海' '武汉']
RangeIndex(start = 0, stop = 3, step = 1)
```

可以看到，输出结果是一个一维数组的数据结构，并且每个元素都有一个行索引可以用来定位，例如，可以通过 s[1]来定位到第 2 个元素“上海”。

Series 对象包含两个主要的属性：索引和值，分别为例 7.1 中左、右两列。列表中的索引只能是从 0 开始的整数。可以看出，如果没有指定一组数据作为索引，Series 数据会以 0～N−1(N 为数据的长度)作为索引，也可以通过自定义索引的方式来创建 Series 数据，具体代码如下：

```
s = pd.Series(data = ['北京', '上海', '武汉'] , index = ['a', 'b', 'c'])
```

数据的存储形式如表 7.4 所示，Series 数据有两列，第一列是数据对应的索引，第二列就是常见的数组元素。由此可见，Series 是一种自带标签的一维数组(One-Dimensional Labeled Array)。用户可以通过 Series 的 index 和 values 属性，分别获取索引和数组元素值。

表 7.3　城市列表

index	data
0	北京
1	上海
2	武汉

表 7.4　城市列表

index	data
'a'	北京
'b'	上海
'c'	武汉

创建 Pandas 构造函数的语法格式为：

```
Pandas.Series(data, index, dtype, copy)
```

Series 构造函数的参数含义如表 7.5 所示。

表 7.5　Series 构造函数的参数含义

参　数	描　述
data	数据可以采取各种各样形式，如 nadrray、list、常量、字典
index	索引值必须是唯一的，与数据的长度相同，如果没有传递索引值，则默认为 np.arange(n)
dtype	用于数据类型，如果没有，则将推断数据类型
copy	用于复制数据，默认值为 False

如果数据是 Ndarray，则传递的索引必须与数据有相同的长度。如果没有传递索引值，那么默认的索引将是 np.arange(n)，其中 n 是数组长度 len(array)，即[0,1,2,3,…,len(array)−1]。

【例 7.2】　创建 Series 对象，如下面代码所示：

```
>>> import pandas as pd
>>> import numpy as np
>>> data = np.array(['a','b','c','d'])
>>> s = pd.Series(data)
>>> print(s.values)
['a' 'b' 'c' 'd']
```

字典可以作为输入传递，如果没有指定索引则按排序的顺序取得字典键值以构造索引。由于字典中的 key 可以“对标”Series 中的 index，两者都起到快速定位数据的作用。如果 Pandas 中的 Series 与 Python 中的字典完全一样，那么 Series 就没有存在的必要了。言外之意就是它与字典还是有不同之处的。我们知道，字典是一种无序的数据类型，而 Series 却是有序的，并且 Series 的 index 和 value 之间是相互独立的。此外，两者的索引也是有区别的，Series 的 index 是可变的，而字典的 key 是不可变的。

【例 7.3】　字典可以作为输入传递，具体代码如下：

```
>>> data = {'a':100,'b':110,'c':120}
>>> s = pd.Series(data)
>>> print(s.values)
[100 110 120]
```

如果数据是标量值（常量），则必须提供索引。将重复该值以匹配索引的长度，具体代码如下：

```
>>> s = pd.Series(5,index = [0,1,2,3])
>>> opprint(s.values)
[5 5 5 5]
```

Series 还提供了简单的统计函数（如 describe()函数）供用户使用。

【例 7.4】　describe()函数以列为单位进行统计分析，具体代码如下：

```
>>> data = {'a':100,'b':110,'c':120}
>>> s = pd.Series(data)
>>> s.describe()
count        3.0
mean       110.0
std         10.0
min        100.0
25%        105.0
50%        110.0
75%        115.0
max        120.0
dtype: float64
```

默认情况下，describe()函数只对数值型的列进行统计分析。其统计参数的意义简述如下所述。

- count：一列数据的个数。
- mean：一列数据的均值。
- std：一列数据的均方差。
- min：一列数据中的最小值。

- max：一列数据中的最大值。
- 25%：一列数据中前25%的数据的分位数。
- 50%：一列数据中前50%的数据的分位数。
- 75%：一列数据中前75%的数据的分位数。

2）Series中的数据访问

（1）访问Series对象所有元素。

【例7.5】 访问Series对象所有元素，具体代码如下：

```
>>> import pandas as pd
>>> data = {"北京":'a',"上海":'b',"武汉":'c',"杭州":'d',"成都":'e'}
>>> s = pd.Series(data,name = "code")                    #通过字典创建Series对象
>>> s                                                     #访问Series对象所有元素
北京    a
上海    b
武汉    c
杭州    d
成都    e
Name: code, dtype: object
```

（2）使用索引访问数据。

Pandas系列Series中的数据可以使用类似于访问Ndarray中的数据来访问。例如，例7.6～例7.8中的代码访问Pandas系列中第一个元素、前三个元素和最后三个元素。一旦指定Series的索引，就可以通过特定索引值，访问、修改索引位置对应的数值。Series对象在本质上就是一个带有标签的NumPy数组，因此，NumPy中的一些概念和操作手法，可直接用于Series对象。

【例7.6】 通过下标存取Series对象内部的元素。

```
>>> import pandas as pd
>>> s = pd.Series(["北京","上海","武汉","杭州","成都"],index = ['a','b','c','d','e'])
>>> print(s[0])                                          #访问第一个元素
'北京'
```

【例7.7】 访问Series对象前三个元素。

```
>>> import pandas as pd
>>> s = pd.Series(["北京","上海","武汉","杭州","成都"],index = ['a','b','c','d','e'])
>>> print(s[:3])                                         #访问前三个元素
a    北京
b    上海
c    武汉
dtype: object
```

【例7.8】 访问Series对象后三个元素。

```
>>> import pandas as pd
>>> data = {"北京":'a',"上海":'b',"武汉":'c',"杭州":'d',"成都":'e'}
>>> print(s[-3:])                                   #访问后三个元素
武汉    c
杭州    d
成都    e
dtype: object
```

(3) 使用索引访问 Pandas 数据。

Series 对象就像是一个固定大小的字典,可以通过索引标签获取和设置值。

【例 7.9】 通过索引访问一个元素。

```
>>> import pandas as pd
>>> s = pd.Series(["北京","上海","武汉","杭州","成都"],index = ['a','b','c','d','e'])
>>> print(s['b'])                                    # 获取索引 b 对应的值
上海
```

【例 7.10】 通过索引访问多个元素。

```
>>> import pandas as pd
>>> s = pd.Series(["北京","上海","武汉","杭州","成都"],index = ['a','b','c','d','e'])
>>> print(s[['a','b','c','d']])                      # 获取索引 a,b,c,d 对应的值
a    北京
b    上海
c    武汉
d    杭州
dtype: object
```

4. Dataframes 对象

Dataframe 是 Python 中 Pandas 库的一个对象,用于表示和处理二维的数据表,非常适合处理带有标记的数据。如果把 Series 看作 Excel 表中的一列,那么 Dataframe 就是 Excel 中的一张表。每个 Dataframe 对象是一个二维表格,由索引 index、列名 columns 和值 values 三部分组成,Dataframe 框架示意图如图 7.1 所示,行列交叉处为数值。

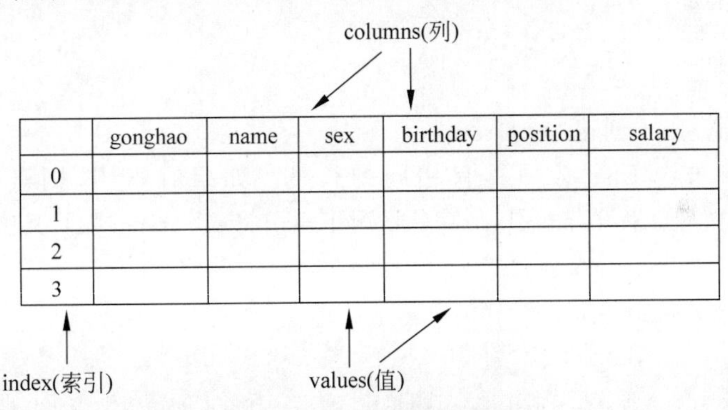

图 7.1　Dataframe 框示意图

Pandas 中的 Dataframe 可以使用以下代码构造函数创建:

```
pandas.Dataframe(data, index, columns, dtype, copy)
```

其构造函数的参数说明如表 7.6 所示。

表 7.6　Dataframe 构造函数的参数说明

参　数	描　述
data	数据可以采取各种形式,如 Ndarray、Series、map、List、字典、constant 和 Dataframe
index	返回行标签
columns	返回列标签(列名),如果没有列名,默认是 np.arrange(n)
dtype	每列的数据类型
copy	用于复制数据,默认为 False

对于 Dataframe 数据而言,需要用代码实现,创建 Dataframe 数据的办法很多,最常用的是传入由数组、列表或元组组成的字典。

(1) 由一维数组创建 Dataframe。

【例 7.11】 由一维数组创建 Dataframe。

```
>>> import pandas as pd
>>> data = [10,20,30,40,50]
>>> df = pd.Dataframe(data)
>>> print(df)
    0
0  10
1  20
2  30
3  40
4  50
```

注意:输出列表左侧的行默认索引号为 0,1,2,3,4,上方列索引号默认为 0。

(2) 由多维数组创建 Dataframe。

【例 7.12】 由多维数组创建 Dataframe。

```
>>> import pandas as pd
>>> data = [['张蓝', 8000],['李建设', 5650],['赵也声', 4200]]
>>> df = pd.Dataframe(data,columns = ['Name','Salary'])
>>> print(df)
    Name   Salary
0  张蓝       8000
1  李建设     5650
2  赵也声     4200
```

(3) 由 Ndarray/List 创建 Dataframe。

所有键值 Ndarray/List 必须具有相同的长度。如果有索引,则索引的长度应等于 Ndarray/List 的长度。如果没有索引,则默认情况下索引将 np. arange(n),其中 n 为 Ndarray/List 长度。

【例 7.13】 由字典创建 Dataframe。

```
>>> import pandas as pd
>>> data = {'Name':[ '张蓝', '李建设', '赵也声', '章曼雅'],'Salary':[ 8000, 5650, 4200, 5650]}
>>> df = pd.Dataframe(data)
>>> print(df)
   Name   Salary
0  张蓝    8000
1  李建设  5650
2  赵也声  4200
3  章曼雅  5650
```

注意:这里默认情况下索引是 0,1,2,3。字典默认为列名。

【例 7.14】 指定索引的值。

```
>>> import pandas as pd
>>> data = {'Name':[ '张蓝', '李建设', '赵也声', '章曼雅'], 'Salary':[ 8000, 5650, 4200, 5650]}
>>> df = pd.Dataframe(data,index = ['0102', '0301', '0402', '0404'])
>>> print(df)
```

```
      Name    Salary
0102  张蓝      8000
0301  李建设   5650
0402  赵也声   4200
0404  章曼雅   5650
```

(4) 由 Series 创建 Dataframe。

【例 7.15】 Series 创建 Dataframe。

```
>>> import pandas as pd
>>> d = {'one' : pd.Series([1, 2, 3], index = ['a', 'b', 'c']),
    'two' : pd.series([1, 2, 3, 4], index = ['a', 'b', 'c', 'd'])}
>>> df = pd.Dataframe(d)
>>> print(df)
   one  two
a  1.0    1
b  2.0    2
c  3.0    3
d  NaN    4
```

注意：第一列最后一行数据没有值，则直接输出 NaN 值。

5. Dataframe 的常用属性

一旦把数据正确读取到内存之中，形成一个 Dataframe 对象，就可以"循规蹈矩"地使用各种属性或方法来访问、修改 Dataframe 对象中的数据。

下面先来看看 Dataframe 中都有哪些常用属性，其名称及描述如表 7.7 所示。

表 7.7　Dataframe 的常用属性

属　　性	描　　述
T	转置行和列
axes	返回行标签和列标签
index	返回行标签(索引)
column	返回所有的列名
dtypes	返回对象的数据类型
ndim	返回维度大小，如二维
size	返回元素个数(类似 Excel 表中有多少单元格)
shape	返回描述数据维度的一个元组。例如，返回(3,4)表示 3 行 4 列
values	返回一个存储 Dataframe 数值的 NumPy 数组

(1) 转置行列。

【例 7.16】 转置行列。

```
>>> import pandas as pd
>>> data = {'Name':[ '张蓝', '李建设', '赵也声', '章曼雅'],'Salary':[ 8000, 5650, 4200, 5650]}
>>> df = pd.Dataframe(data, index = ['0102', '0301', '0402', '0404'])
>>> df
>>> df.T                                    # Dataframe 的转置,实现行和列将交换
```

执行上面代码，转置行列示意图如图 7.2 所示。

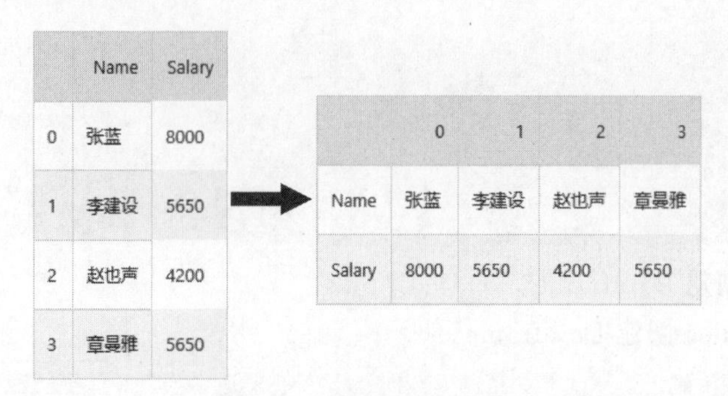

图 7.2 转置行列示意图

(2) axes 轴。

【例 7.17】 返回行列轴标签列表。

```
>>> import pandas as pd
>>> import pyodbc
>>> path = r'D:\导入导出文件\图书销售.accdb'          #Access 数据库文件路径及文件名
>>> book = pyodbc.connect(r'Driver = {Microsoft Access Driver ( * .mdb, * .accdb)};DBQ = ' + path)
>>> df = pd.read_sql("SELECT * FROM 员工", book)    #Pandas 读取员工表
>>> df.axes                                         #返回行列轴标签列表
[RangeIndex(start = 0, stop = 10, step = 1),
Index(['工号', '姓名', '性别', '生日', '部门编号', '职务', '薪金'], dtype = 'object')]
```

(3) index。

【例 7.18】 返回行标签(索引)。

```
>>> import pandas as pd
>>> df = pd.read_excel(r'D:\导入导出文件\staff.xlsx')
>>> df.index
RangeIndex(start = 0, stop = 10, step = 1)
```

(4) column。

【例 7.19】 返回所有列名的列表。

```
>>> import pandas as pd
>>> import pyodbc
>>> path = r'D:\导入导出文件\图书销售.accdb'          #Access 数据库文件路径及文件名
>>> book = pyodbc.connect(r'Driver = {Microsoft Access Driver ( * .mdb, * .accdb)};DBQ = ' + path)
>>> df = pd.read_sql("SELECT * FROM 员工", book)    #Pandas 读取员工表
>>> df.columns
Index(['工号', '姓名', '性别', '生日', '部门编号', '职务', '薪金'], dtype = 'object')
```

(5) shape。

【例 7.20】 返回表示 Dataframe 的维度的元组,元组(a,b)中,a 表示行数,b 表示列数。

```
>>> df.shape
(10, 7)
```

(6) values。

【例 7.21】 将 Dataframe 的实际数据作为 NumPy 数组返回。

```
>>> df.shape
array([[102, '张蓝', '女', Timestamp('1978 - 03 - 20 00:00:00'), '总经理', 8000],
```

```
    [301, '李建设', '男', Timestamp('1980-10-15 00:00:00'), '经理', 5650],
    [402, '赵也声', '男', Timestamp('1977-08-30 00:00:00'), '经理', 4200],
    [404, '章曼雅', '女', Timestamp('1985-01-12 00:00:00'), '经理', 5650],
    [704, '杨明', '男', Timestamp('1973-11-11 00:00:00'), '保管员', 2100],
    [1101, '王宜淳', '男', Timestamp('1974-05-18 00:00:00'), '经理', 4200],
    [1103, '张其', '女', Timestamp('1987-07-10 00:00:00'), '业务员', 1860],
    [1202, '石破天', '男', Timestamp('1984-10-15 00:00:00'), '业务员', 2860],
    [1203, '任德芳', '女', Timestamp('1988-12-14 00:00:00'), '业务员', 1960],
    [1205, '刘东珏', '女', Timestamp('1990-02-26 00:00:00'), '业务员', 1860]],
  dtype=object)
```

(7) head()和 tail()。

要查看 Dataframe 对象的部分数据,可使用 head()和 tail()函数。head()函数返回前 n 行(默认数量为 5)数据。tail()函数返回最后 n 行(默认数量为 5)数据。可以传递自定义的行数。

【例 7.22】 head()函数。

```
>>> df.head(2)
```

运行结果如图 7.3 所示。

【例 7.23】 tail()函数。

```
>>> df.tail(1)
```

运行结果如图 7.4 所示。

	工号	姓名	性别	生日	部门编号	职务	薪金
0	0102	张蓝	女	1978-03-20	01	总经理	8000.0
1	0301	李建设	男	1980-10-15	03	经理	5650.0

图 7.3 head()函数运行结果

	工号	姓名	性别	生日	部门编号	职务	薪金
9	1205	刘东珏	女	1990-02-26	12	业务员	1860.0

图 7.4 tail()函数运行结果

7.2 数值数据的导入和导出

Pandas 可以将读取到的表格型数据转换为 Dataframe 类型的数据,然后通过操作 Dataframe 进行数据分析、数据预处理及行和列的操作等。Pandas 提供了多种 API 函数,以支持多种类型数据(如 CSV、Excel、SQL 等)的读写。

7.2.1 Python 数据库交互接口

在前面的章节中介绍了如何用 Python 对文件进行简单的读写操作,通过将数据全部载入内存来进行处理,非常简单和便捷。然而,随着互联网技术的发展,数据量越来越大,而计算机内存容量是有限制的。因此,对于一些大规模的数据集,不得不借助数据库来管理和处理数据。本节将介绍如何将 Python 与 Access 数据库进行连接,并通过 SQL 语句实现对数据库增、删、改、查的基本操作。

1. 数据库连接

在用 Python 连接 Access 数据库之前,需要做一些准备工作。首先,安装 Pyodbc 工具库来进行数据库连接(笔者的系统为 64 位 Windows 10,Python 版本为 3.13.1,Access 软件的版本为 2016,其他版本类似)。具体做法如下:

```
pip install pyodbc
```

在 cmd 窗口执行如下语句安装 Pyodbc,结果如图 7.5 所示。由于笔者已经安装了该库,因此,会出现已安装提示。如果你执行该语句时也是如此,就说明已经安装完毕。

```
C:\Users\49260>pip install pyodbc
Requirement already satisfied: pyodbc in d:\python3\lib\site-packages (4.0.30)
```

图 7.5　安装 pyodbc 工具库

2. 利用 Python 对 Access 数据库进行增、删、改、查操作

下面以"教学管理"数据库(教学管理.accdb)为例,演示如何利用 Python 对 Access 数据库进行操作。

1) 查询操作

例如,查询"教学管理"数据库中"学院"表中的内容,其 Python 代码如图 7.6 所示。值得说明的是,与数据库进行连接的代码部分可不必深究,会模仿使用即可。查询结果如图 7.7 所示。

```
import pyodbc # 导入pyodbc包

DBfile = r"D:\python3\教学管理.accdb" # 数据库文件需要带路径
conn = pyodbc.connect(r"DRIVER={Microsoft Access Driver (*.mdb, *.accdb)};DBQ="+ DBfile +";Uid=;Pwd=;")
# 数据库连接语句
cursor = conn.cursor()
SQL = "SELECT * from 学院;" # 利用SQL语句来执行查询操作
for row in cursor.execute(SQL): # 循环输出每一行内容
  print(row)
cursor.close()
conn.close() # 关闭数据库
```

图 7.6　查询代码演示

```
==================== RESTART: D:\python3\search.py ====================
('01', '外国语学院', '叶秋宜', '027-88381101')
('02', '人文学院', '李容', '027-88381102')
('03', '金融学院', '王汉生', '027-88381103')
('04', '法学院', '乔亚', '027-88381104')
('05', '工商管理学院', '张绪', '027-88381105')
('06', '会计学院', '张一非', '027-88381107')
('09', '信息学院', '杨新', '027-88381109')
```

图 7.7　查询结果展示

2) 创建与插入操作

创建表的操作除了可以在数据库端来完成以外,也可以通过 SQL 语句在 Python 编程过程中随时生成,非常方便。创建表的示例代码如图 7.8 所示。创建完成以后,重新打开"教学管理"数据库就可以在导航窗格中看到新创建的"客户"表,如图 7.9 所示。

```
import pyodbc # 导入pyodbc包

DBfile = r"D:\python3\教学管理.accdb" # 数据库文件需要带路径
conn = pyodbc.connect(r"DRIVER={Microsoft Access Driver (*.mdb, *.accdb)};DBQ="+ DBfile +";Uid=;Pwd=;")
# 数据库连接语句
cursor = conn.cursor()
SQL="CREATE TABLE 客户(编号 TEXT(6) PRIMARY KEY, 姓名 TEXT(20) NOT NULL, 电话 TEXT(16));"
# 利用SQL语句来创建表
cursor.execute(SQL)
conn.commit()# 提交数据(只有提交之后,所有的操作才会生效)

cursor.close()
conn.close() # 关闭数据库
```

图 7.8　创建表代码演示

插入操作的代码如图 7.10 所示。特别需要注意的一点是，别忘记写 conn.commit()语句，否则，插入、删除、更新等操作将不会执行。同时，插入操作后，需要对被插入的表进行刷新，或者关闭后再重新打开，即可得到插入后的结果，如图 7.11 所示。

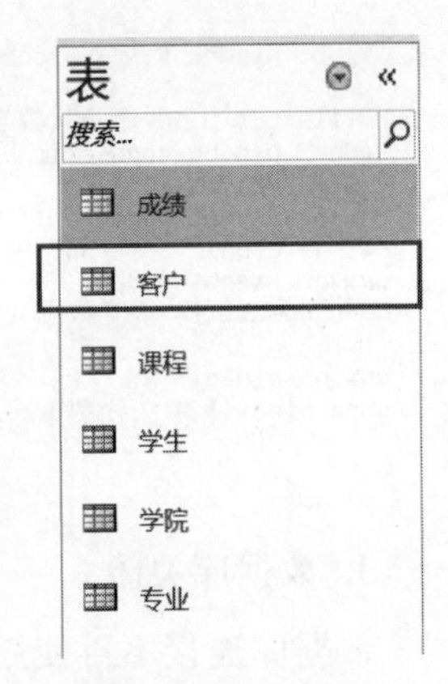

图 7.9　创建表结果

3）删除操作

删除操作也是数据库中经常出现的基本操作。这里将“专业”表中专业编号为“0905”的记录删掉，代码如图 7.12 所示。删除操作执行完毕后，对“专业”表进行刷新或重新打开，即可发现该条记录被删除掉了。

当然，也可以直接删除表，Python 代码类似，只是将其中的 SQL 语句改为如下语句。

```
SQL = "DROP TABLE 客户";
```

```
import pyodbc # 导入pyodbc包

DBfile = r"D:\python3\教学管理.accdb" # 数据库文件需要带路径
conn = pyodbc.connect(r"DRIVER={Microsoft Access Driver (*.mdb, *.accdb)};DBQ="+ DBfile +";Uid=;Pwd=;")
# 数据库连接语句
cursor = conn.cursor()
SQL="INSERT INTO 专业 VALUES('0905','信息安全','工学','09');"# 利用SQL语句来执行插入操作
cursor.execute(SQL)
conn.commit()# 提交数据（只有提交之后，所有的操作才会生效）

cursor.close()
conn.close() # 关闭数据库
```

图 7.10　插入操作代码演示

专业

专业编号	专业名称	专业类别	学院编号
0201	新闻学	人文	02
0301	金融学	经济学	03
0302	投资学	经济学	03
0403	国际法	法学	04
0501	工商管理	管理学	05
0503	市场营销	管理学	05
0602	会计学	管理学	06
0902	信息管理	管理学	09
0904	计算机科学	工学	09
*			

专业

专业编号	专业名称	专业类别	学院编号
0201	新闻学	人文	02
0301	金融学	经济学	03
0302	投资学	经济学	03
0403	国际法	法学	04
0501	工商管理	管理学	05
0503	市场营销	管理学	05
0602	会计学	管理学	06
0902	信息管理	管理学	09
0904	计算机科学	工学	09
0905	信息安全	工学	09

图 7.11　插入操作结果（左为插入前，右为插入后）

```
import pyodbc # 导入pyodbc包

DBfile = r"D:\python3\教学管理.accdb" # 数据库文件需要带路径
conn = pyodbc.connect(r"DRIVER={Microsoft Access Driver (*.mdb, *.accdb)};DBQ="+ DBfile +";Uid=;Pwd=;")
# 数据库连接语句
cursor = conn.cursor()
SQL="DELETE FROM 专业 WHERE 专业编号 = '0905';" # 利用SQL语句来删除表记录
cursor.execute(SQL)
conn.commit()# 提交数据（只有提交之后，所有的操作才会生效）

cursor.close()
conn.close() # 关闭数据库
```

图 7.12　删除操作代码演示

当再次打开“教学管理”数据库时，“客户”表已经被删除掉了。

4）更新操作

最后再来看一下更新操作。例如，将“教学管理”数据库中“课程”表中“课程编号”为“01054010”的“学分”更新为 5，其操作示例代码如图 7.13 所示。更新完成后，对课程表进行刷新即可看到已经更新的记录。

```
import pyodbc # 导入pyodbc包

DBfile = r"D:\python3\教学管理.accdb" # 数据库文件需要带路径
conn = pyodbc.connect(r"DRIVER={Microsoft Access Driver (*.mdb, *.accdb)};DBQ="+ DBfile +";Uid=;Pwd=;")
# 数据库连接语句
cursor = conn.cursor()
SQL = "UPDATE 课程 SET 学分 = 5 WHERE 课程编号='01054010';" # 利用SQL语句进行更新操作
cursor.execute(SQL)
conn.commit()# 提交数据（只有提交之后，所有的操作才会生效）

cursor.close()
conn.close() # 关闭数据库
```

图 7.13 更新操作代码演示

3. 数据库关闭

数据库连接不再使用之后，切记要在 Python 端关掉数据库，以避免对数据库资源的无效占用。数据库关闭的方法非常简单，只需要调用 close()函数即可，在上述的每个例子中均有演示，这里不再赘述。

7.2.2 导入 CSV 文件

CSV(Comma-Separated Values，逗号分隔值)有时也称为字符分隔值，因为分隔字符也可以不是逗号，其文件以纯文本形式存储表格数据(数字和文本)。纯文本意味着该文件是一个字符序列，不含必须像二进制数字那样被解读的数据。CSV 文件由任意数目的记录组成，记录间以某种换行符分隔；每条记录都由字段组成，字段间的分隔符是其他字符或字符串，最常见的是逗号或制表符。通常，所有记录都有完全相同的字段序列。

CSV 是一种通用的、相对简单的文件格式，在表格类型的数据中用途很广泛，很多关系数据库都支持这种类型文件的导入导出，并且 Excel 也能和 CSV 文件转换。

假设要处理的数据源为 Staff.csv，下面先利用 Pandas 的 read_csv()函数读取其中的数据，代码如下：

```
>>> import pandas as pd
>>> df = pd.read_csv("Staff.csv")
```

注意：此时数据源文件 Staff.csv 需要和当前 Python 脚本处于同一路径下，否则需要添加该文件所在的路径。

read_csv()函数完整的语法格式为：

```
read_csv(filepath_or_buffer, sep = ',', delimiter = None, header = 'infer', name = None, index_col =
None, converters = None, …)
```

(1) filepath_or_buffer：指定要读取的数据源，可以是网络链接地址 URL，也可以是本地文件。

(2) sep：指定分隔符(Separator)，如果不指定参数，默认将英文逗号作为数据字段间的分隔符号。

(3) delimiter：定界符，备选分隔符(如果指定该参数，则前面的 sep 参数失效)，支持使用正则表达式来匹配某些不标准的 CSV 文件。delimiter 可视为 sep 的别名。

(4) header：指定行数作为列名(相当于表格的表头，用来说明每个列的字段含义)，如果文件中没有列名，则默认为 0(即设置首行作为列名，真正的数据在 0 行之后)。如果没有表头，则起始数据就是正式的待分析数据，此时这个参数应该设置为 None。

（5）index_col：指定某个列（如 ID、日期等）作为行索引。如果这个参数被设置为包含多个列的列表，则表示设定多个行索引。如果不设置，Pandas 会启用一个 0～n－1（n 为数据行数）的数字作为列索引。

（6）converters：用一个字典数据类型指明将某些列转换为指定数据类型。在字典中，key 用于指定特定的列，value 用于指定特定的数据类型。

7.2.3 导出 CSV 文件

在 Python 中，将文件导出为 CSV 文件使用的是 to_csv()函数，格式如下：

```
data.to_ csv (filepath,sep = "," ,header = True, index = True)
```

其中，filepath 为生成的 CSV 文件路径。sep 参数是 CSV 分隔符，默认为逗号。参数 header 表示是否导出列名，默认为 True。参数 index＝False 表示导出时去掉行名称，默认为 True。

【例 7.24】 导出 CSV 文件。

实现代码如下：

```
import pandas as pd
df = pd.Dataframe([[1,2,3],[2,3,4],[3,4,5]],columns = ['col1','col2', 'col3'],index =
['line1','line2','line3'])
df.to_csv(path_or_buf = r'D:\导入导出文件\Csv_to_Python.csv')
```

注意：设置 CSV 文件的导出路径时，与设置 Excel 文件的导出路径一样，但是参数不一样，CSV 文件的导出路径需通过 path_or_buf 参数来设置。如果同一导出文件已经在本地打开，则不能再次运行导出代码，否则会报错，需要将本地文件关闭以后再运行导出代码。

文件导出结果如图 7.14 所示。

图 7.14 Python 导出 CSV 文件

7.2.4 导入 Excel 文件

扩展库 Pandas 提供了用来读取 Excel 文件内容的 read_excel()函数，语法格式如下：

```
read_excel(io, sheet_name = 0, header = 0, skiprows = None, skip_footer = 0, index_col = None,
names = None, parse_cols = None, parse_dates = False, date_parser = None, name_values = None,
thousands = None, convert_float = True, has_index_names = None, converters = None, rue_values =
None, false_values = None, engine = None, squeeze = False, …,)
```

其中：

(1) 参数 io 用来指定要读取的 Excel 文件，可以是字符串形式的文件路径、URL 或文件对象。

(2) 参数 sheet_name 用来指定要读取 Excel 文件的工作表，可以是表示工作表序号的整数或表示工作表名字的字符串。如果要同时读取多个工作表，则可以使用形如[0, 1, 'sheet3']的列表；如果指定该参数为 None，则表示读取所有工作表并返回包含多个 Dataframe 结构的字典，该参数默认为 0(表示读取第一个工作表中的数据)。

(3) 参数 header 用来指定 worksheet 中表示表头或列名的行索引，默认为 0，如果没有作为表头的行，必须显式指定 headers=None。

(4) 参数 skiprows 用来指定要跳过的行索引组成的列表。

(5) 参数 index_col 用来指定作为 Dataframe 索引的列下标，可以是包含若干列下标的列表。

(6) 参数 names 用来指定读取数据后使用的列名。

(7) 参数 thousands 用来指定文本转换为数字时的千分符，如果 Excel 中有以文本形式存储的数字，可以使用该参数。

【例 7.25】 假设要处理的数据源为 staff. xlsx，下面先利用 Pandas 的 read_csv()函数读取其中的数据，代码如下：

```
>>> import pandas as pd
>>> df = pd.read_excel(r'D:\导入导出文件\staff.xlsx', usecols = ['gonghao', 'name','position',
'salary'])                        #读取工号,姓名,职务,薪水字段,使用默认索引
>>> print(df[:10])                #输出前十行数据
   gonghao  name     position   salary
0    102    张蓝      总经理     8000
1    301    李建设    经理       5650
2    402    赵也声    经理       4200
3    404    章曼雅    经理       5650
4    704    杨明      保管员     2100
5    1101   王宜淳    经理       4200
6    1103   张其      业务员     1860
7    1202   石破天    业务员     2860
8    1203   任德芳    业务员     1960
9    1205   刘东珏    业务员     1860
```

注意：计算机中的文件路径默认使用\，这个时候需要在路径前面加一个 r(转义符)以避免路径里面的\(斜杠)被转义。也可以不加 r，但是需要把路径里面的所有\转换成/，这个规则在导入其他格式文件时也是一样的。用户一般选择在路径前面加 r。

xlsx 格式的文件可以有多个工作表，用户可以通过设定 sheet_name 参数来指定要导入哪个工作表的文件。

【例 7.26】 通过设定 sheet_name 参数来指定导入的工作表。

```
>>> import pandas as pd
>>> df = pd.read_excel(r'D:\导入导出文件\staff.xlsx',sheet_name = '员工')
#读取工号,姓名,职务,薪水字段,使用默认索引
>>> print(df[:5])                                          #输出前 5 行数据
  gonghao     name    sex   birthday      position    salary
0      102    张蓝    女  1978-03-20      总经理      8000
1      301    李建设  男  1980-10-15      经理        5650
2      402    赵也声  男  1977-08-30      经理        4200
```

```
3       404   章曼雅  女 1985-01-12      经理       5650
4       704   杨明    男 1973-11-11      保管员     2100
```

除了可以指定具体表的名字,还可以传入表的顺序,从0开始计数,实现代码如下:

```
>>> import pandas as pd
>>> df = pd.read_excel(r'D:\导入导出文件\staff.xlsx',sheet_name = 0)
>>> print(df[:5])                                  # 输出前 5 行数据
   gonghao   name   sex   birthday      position    salary
0      102  张蓝    女 1978-03-20      总经理      8000
1      301  李建设  男 1980-10-15      经理        5650
2      402  赵也声  男 1977-08-30      经理        4200
3      404  章曼雅  女 1985-01-12      经理        5650
4      704  杨明    男 1973-11-11      保管员      2100
```

7.2.5 导出 Excel 文件

处理和分析完的数据可以输出为 xlsx 格式,导出数据格式如下:

```
data.to_ excel(filepath, header = True, index = True)
```

其中,filepath 为文件路径;header 表示是否导出列名,默认为 True;参数 index=False 表示导出时去掉行名称,默认为 True。

【例 7.27】 导出 Excel 文件。

```
>>> import pandas as pd
>>> df = pd.Dataframe([[1,2,3],[2,3,4],[3,4,5]])
>>> df.columns = ['col1','col2','col3']                # 给 Dataframe 增加行列名
>>> df.index = ['line1','line2','line3']
>>> df.to_excel('D:\导入导出文件\Excel_to_Python.xlsx', index = True)
```

执行上面代码,导出 Excel 文件如图 7.15 所示。

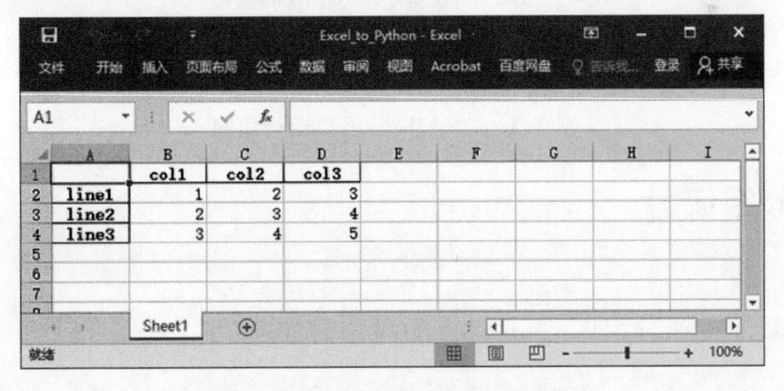

图 7.15 Python 导出 Excel 文件

7.3 数据统计

7.3.1 基本统计

1. 描述性统计

描述性统计又叫统计分析,一般统计某个变量的平均值、标准偏差、最小值、最大值以及

1/4 中位数、1/2 中位数、3/4 中位数。表 7.8 列出 Pandas 中常用统计函数。

表 7.8 Pandas 中常用统计函数

函 数	描 述	函 数	描 述
count()	非空值数量	min()	所有值的最小值
sum()	所有值之和	max()	所有值的最大值
mean()	所有值的平均值	abs()	绝对值
median()	所有值的中位值	prod()	数组元素的乘积
mode()	值的模值	cumsum()	累计总和
std()	值的标准偏差	comprod()	累计乘积

2. 汇总统计

describe()函数是用来计算有关 Dataframe 列的统计信息的摘要,包括数量 count、平均值 mean、标准偏差 std、最小值 min、最大值 max,以及 1/4 中位数、1/2 中位数、3/4 中位数。

【例 7.28】 describe()函数实现统计汇总。

```
>>> import pandas as pd
>>> df = pd.read_excel(r'D:\导入导出文件\staff.xlsx', usecols = ['gonghao', 'name','position',
'salary'])            #读取工号,姓名,职务,薪水字段,使用默认索引
>>> df.describe()
```

执行上面代码,运行结果如图 7.16 所示。

	gonghao	salary
count	10.000000	10.000000
mean	772.700000	3834.000000
std	437.624408	2094.432832
min	102.000000	1860.000000
25%	402.500000	1995.000000
50%	902.500000	3530.000000
75%	1177.250000	5287.500000
max	1205.000000	8000.000000

图 7.16 decribe()函数运行结果

7.3.2 分组统计

1. 分组

Pandas 有多种方式来分组(Group By),分组格式如下:

```
obj.groupby('key')
obj.groupby(['key1','key2'])
obj.groupby(key,axis = 1)
```

【例 7.29】 按照性别分组,查询男员工的薪水。

```
>>> import pandas as pd
>>> df = pd.read_excel(r'D:\导入导出文件\staff.xlsx', usecols = ['gonghao', 'name','sex',
'position','salary'])              #读取工号,姓名,职务,薪水字段,使用默认索引
>>> grouped = df.groupby('sex')    #按性别分组
>>> print(grouped.get_group('男'))
```

执行上面代码，用户可以查询男员工的薪水，结果如下：

```
     gonghao  name   sex      position    salary
1    301      李建设  男        经理        5650
2    402      赵也声  男        经理        4200
4    704      杨明    男        保管员      2100
5    1101     王宜淳  男        经理        4200
7    1202     石破天  男        业务员      2860
```

2. 聚合

聚合(Aggregation)和分组其实是紧密相连的。不过在Pandas中，聚合更侧重于描述将多个数据按照某种规则(即特定函数)合在一起，变成一个标量(即单个数值)的数据转换过程。它与张量的"约简"(Reduction)有相通之处。

聚合的流程一般是这样的：首先根据一个或多个"键"(通常对应列索引)拆分Pandas对象(Series或Dateframe等)；然后根据分组信息对每个数据块应用某个函数，这些函数多为统计意义上的函数，包括：最小值(Min)、最大值(Max)、平均值(Mean)、中位数(Median)、众数(Mode)、计数(Count)、去重计数(Nunique)、求和(Sum)、标准差(Std)、Var(方差)、偏度(Skew)、峰度(Kurt)及用户自定义函数。

可以通过Pandas提供的agg()函数来实施聚合操作。agg()函数仅仅是聚合操作的"壳"，其中的各个参数(即各类操作的函数名)才是实施具体操作的"内容"。通过设置参数，可以将一个函数作用在一个或多个列上。

聚合函数为每个组返回单个聚合值。当创建了分组对象，就可以对分组数据执行多个聚合聚合操作。一个比较常用的是通过agg()函数聚合。

查询每个分组的平均值的方法是应用mean()函数。

【例7.30】 查询男女各组的平均薪金。

```
>>> df = pd.read_excel(r'D:\导入导出文件\staff.xlsx', usecols = ['gonghao', 'name','sex',
'position','salary'])                    #读取工号,姓名,职务,薪金字段,使用默认索引
>>> grouped = df.groupby('sex')
>>> print(grouped['salary'].agg(np.mean))
```

执行上面代码，结果如下所示。可知女员工的平均薪金为3866元，男员工的平均薪金为3802元。

```
sex
女    3866
男    3802
Name: salary, dtype: int64
```

7.4　数据合并、连接和排序

7.4.1　Pandas 合并、连接

Pandas具有功能全面的高性能内存中连接操作，与SQL关系数据库非常相似。Pandas提供了一个merge()函数，可以根据一个或多个列将不同数据表中的行连接起来，格式如下所示：

```
merge(left, right, how = 'inner', on = None, left_on = None, right_on = None, left_index = False,
right_index = False, sort = True)
```

- left：一个 Dataframe 对象(认为是左 Dataframe 对象)。
- right：另一个 Dataframe 对象(认为是右 Dataframe 对象)。
- on：列(名称)连接，必须在左、右 Dataframe 对象的中间位置。
- left_on：左侧 Dataframe 中用于匹配的列(作为键)，可以是列名。
- right_ on：右侧 Dataframe 中用于匹配的列(作为键)，可以是列名。
- left_ index：如果为 True，则使用左侧 Dataframe 对象中的索引行标签作为其连接键。
- right_index：如果为 True，则使用右侧 Dataframe 对象中的索引行标签作为其连接键。
- how：left、right、outer 以及 inner 之中的一个，默认为 inner。
- sort：按照字典序通过连接键对结果 Dataframe 进行排序。默认为 True，设置为 False 时，在很多情况下大大提高性能。

【例 7.31】 假设创建了如下两个 Dataframe 数据表，介绍每种连接操作的用法。

```
>>> import pandas as pd
>>> left = pd.Dataframe({
        'id': [1, 2, 3],
        '公司': ['万科', '阿里', '百度'], '分数': [90, 95, 85]})
>>> right = pd.Dataframe({
         'id': [1, 2, 3],
        '公司': ['万科', '阿里', '京东'], '股价': [20, 180, 30]})
>>> rs = pd.merge(left,right,on = 'id')                    # id 列用作键合并两个数据框
>>> print(rs)
   id   公司_x  分数  公司_y   股价
0   1   万科     90   万科     20
1   2   阿里     95   阿里    180
2   3   百度     85   京东     30
```

其中，id 列用作键合并两个数据框。

默认的合并其实是取交集(inner 连接)，即选取两表共有的内容。如果想取并集(outer 连接)，即选取两表所有的内容，可以设置 how 参数合并两个数据框，表 7.9 列出了 how 选项列表。

表 7.9 how 选项列表

合 并 函 数	描　述	合 并 函 数	描　述
left	使用左侧对象的键	outer	使用键的联合
right	使用右侧对象的键	inner	使用键的交集

(1) 左连接。

【例 7.32】 实现两个表左连接，代码如下：

```
>>> rs1 = pd.merge(left,right,on = '公司', how = 'left')
>>> print(rs1)
```

执行上面代码，此时 rs1 的内容如下所示，完整保留了 left 的内容(万科、阿里、百度)。同理，如果想保留右表(df2)的全部内容，而不太在意左表(df1)，可以将 how 参数设置为 right。

```
   id_x  公司 分数  id_y   股价
0     1  万科  90   1.0   20.0
1     2  阿里  95   2.0  180.0
2     3  百度  85   NaN    NaN
```

(2) 右连接。

【例 7.33】 实现两个表右连接。

```
>>> rs2 = pd.merge(left,right,on='公司', how='right')
>>> print(rs2)
   id_x  公司  分数  id_y  股价
0   1.0  万科  90.0     1   20
1   2.0  阿里  95.0     2  180
2   NaN  京东   NaN     3   30
```

执行上面代码,此时 rs2 保留了 right 的内容。

(3) 外连接。

如果想选取两表所有的内容,则可以使用外连接。

【例 7.34】 外连接两张表。

```
>>> rs3 = pd.merge(left,right,on='公司', how='outer')
>>> print(rs3)
   id_x  公司   分数  id_y   股价
0   1.0  万科  90.0   1.0   20.0
1   2.0  阿里  95.0   2.0  180.0
2   3.0  百度  85.0   NaN    NaN
3   NaN  京东   NaN   3.0   30.0
```

(4) 内连接。

默认的合并其实是取交集(inner 连接),即选取两表共有的内容。

【例 7.35】 内连接两张表。

```
>>> rs4 = pd.merge(left,right,on='公司',)
>>> print(rs4)
   id_x  公司  分数 id_y  股价
0     1  万科  90     1   20
1     2  阿里  95     2  180
```

可以看到,merge()函数直接根据相同的列名("公司"列)对数据表进行了合并,而且默认选取的是两个表共有的列内容(万科、阿里)。如果相同的列名不止一个,可以通过 on 参数指定按照哪一列进行合并。

7.4.2 排序

根据条件对 Series 对象或 Dataframe 对象的值排序(Sorting)和排名(Ranking)是 Pandas 一种重要的内置运算。Series 对象或 Dataframe 对象可以使用 sort_index() / sort_values() 函数进行排序,使用 rank()函数进行排名。

1. Series 的排序

在 Series 中,通过 sort_index()函数可对索引进行排序,默认情况为升序,格式如下:

```
sort_index(ascednding = True/False)
```

【例 7.36】 简单 Series 排序。

```
>>> import pandas as pd
>>> s = pd.Series([10, 20, 33], index=["a", "c", "b"])  #定义一个 Series
```

```
>>> print(s.sort_index())             # 对 Series 的索引进行排序,默认是升序
a    10
b    33
c    20
dtype: int64
```

如果需要对索引按照降序排序,代码如下:

```
print(s.sort_index(ascending = False))                  # ascending = False 是降序排序
c    20
b    33
a    10
dtype: int64
```

对 Series 不仅可以按索引(标签)进行排序,还可以使用 sort_values()函数按值排序,代码如下:

```
>>> print(s.sort_values(ascending = False))      # ascending = False 是降序排序
b    33
c    20
a    10
dtype: int64
```

2. Dataframe 的排序

在 Dataframe 中,可以根据某一列或某几列,对整个 Dataframe 中的数据进行排序。默认的排序方式是升序。

【例 7.37】 对数据源 staff.csv 中的数据,按照工资的升序进行排序。

```
>>> sorted_df = df. sort_values(by = 'salary')                # 按列的值排序
>>> df_sorted.head()                                          # 显示工资最低前 5 名
```

	gonghao	name	position	salary
6	1103	张其	业务员	1860
9	1205	刘东珏	业务员	1860
8	1203	任德芳	业务员	1960
4	704	杨明	保管员	2100
7	1202	石破天	业务员	2860

图 7.17 Dataframe 的排序

运行结果如图 7.17 所示。

sort_values()函数中有一个参数 ascending(升序),默认为 True,所以如果不显式指定该参数,再通过 by 这个参数指定排序指标,就表示按该指标的升序进行排序。

在排序过程中,用户还可以利用 sort_values()函数中的 by 参数接收一个用列表表达的多个排序指标(key),sort_values()将按照参数 by 中的不同指标依次进行排序。随后的参数 ascending 也可以接收一个由布尔值构成的列表,一一对应前面参数 by 指定的排序指标,是升序(True)还是降序(False)。

【例 7.38】 如果用户想按 birthday 的升序和 salary 的降序来排序,代码如下:

```
sorted_df = df.sort_values(by = ['birthday','salary'],ascending = [True,False]) # 利用多个键值排序
sorted_df.head(10)                                                   # 显示排序前 10 条记录
```

其中,参与排序的指标由参数 by 指定:[' birthday ', 'salary']。每个排序的类型(升序还降序)由参数 ascending 来指定:[True, False]。这两个列表存在一一对应关系,第一个排序指

标 birthday 对应第一个排序类型 True,第二个排序指标 salary 对应第二个排序类型 False。

于是,这个组合排序的规则是这样的：先按 birthday 来排序(升序),这是主排序；如果按 birthday 排序,排名还是不分先后,那么就启用第二个关键字 salary 排序,它是按降序来排序的。运行结果如图 7.18 所示。

	gonghao	name	sex	birthday	position	salary
4	704	杨明	男	1973-11-11	保管员	2100
5	1101	王宜淳	男	1974-05-18	经理	4200
2	402	赵也声	男	1977-08-30	经理	4200
0	102	张蓝	女	1978-03-20	总经理	8000
1	301	李建设	男	1980-10-15	经理	5650
7	1202	石破天	男	1984-10-15	业务员	2860
3	404	章曼雅	女	1985-01-12	经理	5650
6	1103	张其	女	1987-07-10	业务员	1860
8	1203	任德芳	女	1988-12-14	业务员	1960
9	1205	刘东珏	女	1990-02-26	业务员	1860

图 7.18　Dataframe 多关键字排序

7.5　数据筛选和过滤功能

7.5.1　筛选

Pandas 的逻辑筛选功能比较简单,直接在方括号里输入逻辑运算符即可。

【例 7.39】　定义学生成绩 Pandas 数据框。

```
>>> import pandas as pd
>>> df = pd.Dataframe([ [202001, '张华', '男',100, 100, 95, 72],
                 [202002, '赵小德', '男', 95, 54, 44, 88],
                 [202003, '李双双', '女', 54, 76, 13, 91],
                 [202004, '高猛', '男', 89, 78, 26, 100]],
                 columns = ['xuehao', 'name', 'sex', 'chinese', 'python', 'math', 'english'],
                 index = [1,4,6,2])
```

1. df.方法

【例 7.40】　筛选英语成绩高于 80 分的学生。

```
>>> df = df [(df.english > 80)]
>>> print(df)
  xuehao     name     sex  chinese   python  math  english
4  202002    赵小德    男       95       54    44       88
6  202003    李双双    女       54       76    13       91
2  202004    高猛      男       89       78    26      100
```

2. df[]方法

【例 7.41】　选取数学成绩高于 80 分的行。

```
>>> df = df [df ['math']> 80]              #表示选取 math 列大于 80 的行
>>> print(df)
```

```
   xuehao   name   sex  chinese   python   math  english
1  202001   张华   男       100      100     95       72
```

3. df.loc[[index],[colunm]]方法

【例 7.42】 选取数学成绩高于 80 分的行。

```
>>> df = df.loc[df ['math']> 80]                          # 表示选取 math 列大于 80 的行
>>> print(df)
```

注意：不对行进行筛选时,[index]可以选填,但不能为空。例如,df.loc[:,'math']表示选取所有行 math 列数据。

7.5.2 按筛选条件进行汇总

有时用户还需要对筛选后的结果进行汇总,例如求和、计数或计算均值等,也就是 Excel 中常用的 sumifs()和 countifs()函数。

1. 按筛选条件求和

【例 7.43】 对学生成绩数据中的所有 math 列值低于 80 的 math 成绩求和。

```
>>> df_sum = df [(df.math < 80)].math.sum()
>>> print(df_sum)
83
```

2. 按筛选条件计数

【例 7.44】 统计男生人数。

```
>>> df_count = df[(df.sex ==  '男')].sex.count()
>>> print(df_count)
3
```

用户还可以对数据表中 sex 列不为男的所有行计数,代码如下:

```
>>> df_count = df[(df.sex !=  '男')].sex.count()
>>> print(df_count)
1
```

3. 按筛选条件计数

在 Pandas 中,mean()函数是用来计算均值的函数。

【例 7.45】 选取 math 列低于 80 的行,并求 math 平均分。

```
# 表示选取 math 列小于 80 的行求 math 平均分
>>> df_mean = df.loc[df ['math']< 80].math.mean()
>>> print(df_mean)
27.666666666666668
```

4. 按筛选条件求最大值和最小值

用户可以对筛选后的数据表计算最大值和最小值。

【例 7.46】 计算男生英语最高分和最低分。

```
>>> df_max = df[(df.sex == '男')].english.max()          # 计算男生英语最高分
>>> print(df_max)
100
>>> df_min = df[(df.sex == '男')].english.min()          # 计算男生英语最低分
>>> print(df_min)
72
```

7.5.3 过滤

过滤根据定义的条件过滤数据，并返回满足条件的数据集。filter()函数用于过滤数据。filter()函数格式如下：

```
Series.filter(items = None, like = None, regex = None, axis = None)
Dataframe.filter(items = None, like = None, regex = None, axis = None)
```

【例 7.47】 筛选 sex，math，english 三列数据。

```
>>> import pandas as pd
>>> df = pd.Dataframe([[202001, '张华', '男',100, 100, 95, 72],
                       [202002, '赵小德', '男', 95, 54, 44, 88],
                       [202003, '李双双', '女', 54, 76, 13, 91],
                       [202004, '高猛', '男', 89, 78, 26, 100]] ,
                  columns = ['xuehao', 'name', 'sex', 'chinese', 'python', 'math', 'english'],
                  index = [1,4,6,2])
>>> df_filter = df.filter(items = ['sex', 'math', 'english'])      # 筛选需要的列
>>> print(df_filter)
   sex   math   english
1   男     95        72
4   男     44        88
6   女     13        91
2   男     26       100
```

也可以使用 regex 正则表达式参数。例如，获取列名以 h 结尾的数据。通过分析可知，数据表中 math 列、english 都是以 h 结尾，代码如下：

```
df_regex = df.filter(regex = 'h $ ', axis = 1)
  print(df_regex)
    math   english
1    95        72
4    44        88
6    13        91
2    26       100
```

like 参数意味“包含”。例如，获取行索引包含 2 的数据。

```
>>> df_like  =  df.filter(like = '2', axis = 0)
>>> print(df_like)
   xuehao   name  sex  chinese    python  math  english
2  202004  高猛    男        89       78    26      100
```

7.6 数据科学制图

7.6.1 Matplotlib 基础

Python 扩展库 Matplotlib 依赖于扩展库和标准库 Tkinter，可以绘制多种形式的图形，例如折线图、散点图、饼状图、柱状图、雷达图等，图形质量可以达到出版要求，在数据可视化与科学计算可视化领域都比较常用。使用 Pandas 也可以直接调用 Matplotlib 库中的绘图功能。

Python 扩展库 Matplotlib 主要包括 Pylab、Pyplot 等绘图模块和大量用于字体、颜色、图例等图形元素的管理与控制的模块，提供了类似于 MATLAB 的绘图接口，支持线条样式、字体属性、轴属性及其他属性的管理和控制，可以使用非常简洁的代码绘制出各种优美的图案。

使用 Pylab 或 Pyplot 绘图的一般过程为：首先生成或读入数据，然后根据实际需要绘制二维折线图、散点图、柱状图、饼状图、雷达图或三维曲线、曲面、柱状图等，接下来设置坐标轴标签(可以使用 matplotlib. pyplot 模块的 xlabel()、ylabel()函数或轴域的 set_xlabel()、set_ylabel()函数)、坐标轴刻度(可以使用 matplotlib. pyplot 模块的 xticks()、yticks()函数或轴域的 set_xticks()、set_yticks()函数)、图例(可以使用 matplotlib. pyplot 模块的 legend()函数)、标题(可以使用 matplotlib. pyplot 模块的 title()函数)等图形属性，最后显示或保存绘图结果。每种图形都有特定的应用场景，对于不同类型的数据和可视化要求，需要选择最合适类型的图形进行展示，不能生硬地套用某种图形。

7.6.2 折线图

折线图比较适合描述和比较多组数据随时间变化的趋势，或者一组数据对另外一组数据的依赖程度。

扩展库 matplotlib. pyplot 中的函数 plot()可以用来绘制折线图，通过参数指定折线图上端点的位置，标记符号的形状、大小和颜色以及线条的颜色、线型等样式，然后使用指定的样式把给定的点依次进行连接，最终得到折线图。如果给定的点足够密集，可以形成光滑曲线的效果。该函数的语法格式如下：

```
plot(x,y, [可选项])
```

其中：

(1) plot()函数的第 1 个参数 x 表示横坐标数据。

(2) 第 2 个参数 y 表示纵坐标数据。

(3) 第 3 个参数为可选项，为绘图设置，表示颜色、线型和标记样式，包括图形类型。

① 颜色常用的值有 r、g、b、y、k、w，可以表示线条颜色红、绿、蓝、黄、黑、白等。

② 线型常用的值有－、－－、－·，可以表示实线、虚线、点画线。

③ 标记样式常用的值有. 、,、o、v、^、s、* 、D、d、x、<、>、h、H、1、2、3、4、_、|。

数据点形状可选项的一些示例说明如下。

- r*－－：表示数据点为星型，图形类型为虚线图，线条颜色为红色。
- b*－－：表示数据点为星型，图形类型为虚线图，线条颜色为蓝色。
- bo：表示数据点为圆圈，图形类型为实线图(默认)，线条颜色为蓝色。

更多的设置说明及 plot()函数的使用方法，可以通过 help()函数查看系统帮助。

【例 7.48】 某商品进价 49 元，售价 75 元，现在商场新品上架搞促销活动，顾客每多买一件就优惠 1%，但是每人最多可以购买 30 件。对于商场而言，活动越火爆商品单价越低，但总收入和盈利越多。对于顾客来说，虽然买得越多单价越低，但是消费总金额却是越来越多的，并且购买太多也会因为用不完而导致过期不得不丢弃而造成浪费。现在要求计算并使用折线图可视化顾客购买数量 num 与商家收益、顾客总消费以及顾客省钱情况的关系，并标记商场收益最大的批发数量和商场收益。

```
import matplotlib.pyplot as plt
import matplotlib.font_manager as fm
#进价与零售价
basePrice, salePrice = 49, 75
#计算购买 num 个商品时的单价,买得越多,单价越低
def compute(num):
    return salePrice * (1 - 0.01 * num)
#numbers 用来存储顾客购买数量
#earns 用来存储商场的盈利情况
#totalConsumption 用来存储顾客消费总金额
#saves 用来存储顾客节省的总金额
numbers = list(range(1, 31))
earns = []
totalConsumption = []
saves = []
#根据顾客购买数量计算 3 组数据
for num in numbers:
    perPrice = compute(num)
    earns.append(round(num * (perPrice - basePrice), 2))
    totalConsumption.append(round(num * perPrice, 2))
    saves.append(round(num * (salePrice - perPrice), 2))
#绘制商家盈利和顾客节省的折线图,系统自动分配线条颜色
plt.plot(numbers, earns, label = '商家盈利')
plt.plot(numbers, totalConsumption, label = '顾客总消费')
plt.plot(numbers, saves, label = '顾客节省')
#设置坐标轴标签文本
plt.xlabel('顾客购买数量/件', fontproperties = 'simhei')
plt.ylabel('金额/元', fontproperties = 'simhei')
#设置图形标题
plt.title('数量 - 金额关系图', fontproperties = 'stkaiti', fontsize = 20)
#创建字体,设置图例
myfont = fm.FontProperties(fname = r'C:\Windows\Fonts\STKAITI.ttf',
                           size = 12)
plt.legend(prop = myfont)
#计算并标记商家盈利最多的批发数量
maxEarn = max(earns)
bestNumber = numbers[earns.index(maxEarn)]
#散点图,在相应位置绘制一个红色五角星
plt.scatter([bestNumber], [maxEarn], marker = '*', color = 'red', s = 120)
#使用 annotate()函数在指定位置进行文本标注
plt.annotate(xy = (bestNumber, maxEarn),                   #箭头终点坐标
             xytext = (bestNumber - 1, maxEarn + 200),     #箭头起点坐标
```

```
              s = str(maxEarn),                          # 显示的标注文本
              arrowprops = dict(arrowstyle = "->"))      # 箭头样式
# 显示图形
plt.show()
```

运行结果如图 7.19 所示。

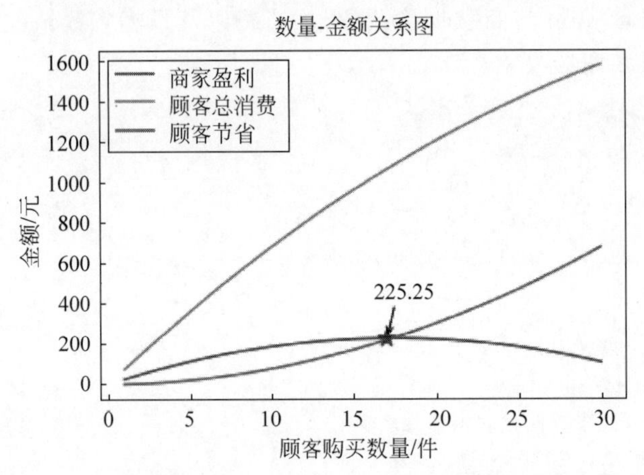

图 7.19 顾客购买数量对商场盈利、消费金额和节省金额的影响

【例 7.49】 已知学校附近某烧烤店 2024 年每个月的营业额如表 7.10 所示。编写程序绘制折线图对该烧烤店全年营业额进行可视化,使用红色点画线连接每个月的数据,并在每个月的数据处使用三角形标记。

表 7.10 某烧烤店 2024 年每个月的营业额

月 份	1	2	3	4	5	6	7	8	9	10	11	12
营业额/万元	5.2	2.7	5.8	5.7	7.3	9.2	18.7	15.6	20.5	18.0	7.8	6.9

实现代码如下:

```
import matplotlib.pyplot as plt
# 月份和每月营业额
month = list(range(1,13))
money = [5.2, 2.7, 5.8, 5.7, 7.3, 9.2,
         18.7, 15.6, 20.5, 18.0, 7.8, 6.9]
# plot()函数的第 1 个参数表示横坐标数据,第 2 个参数表示纵坐标数据
# 第 3 个参数表示颜色、线型和标记样式
# 颜色常用的值有 r、g、b、c、m、y、k、w
# 线型常用的值有 - 、-- 、:、-.
# 标记样式常用的值有.、,、o、v、^、s、* 、D、d、x、<、>、h、H、1、2、3、4、_、|
plt.plot(month, money, 'r-.v')
plt.xlabel('月份', fontproperties = 'simhei', fontsize = 14)
plt.ylabel('营业额/万元', fontproperties = 'simhei', fontsize = 14)
plt.title('烧烤店 2024 年营业额变化趋势图',
          fontproperties = 'simhei', fontsize = 18)
# 紧缩四周空白,扩大绘图区域可用面积
plt.tight_layout()
plt.show()
```

运行结果如图 7.20 所示。

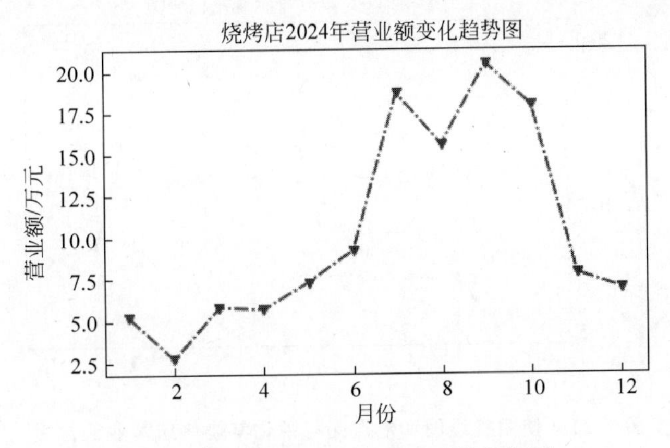

图 7.20　某烧烤店 2024 年营业额折线图

7.6.3　散点图

散点图比较适合描述数据在平面或空间中的分布，可以用来帮助分析数据之间的关联，观察聚类算法的选择和参数设置对聚类效果的影响。扩展库 matplotlib.pyplot 中的 scatter()函数可以根据给定的数据绘制散点图，语法格式如下：

```
scatter(x, y, s = None, c = None, marker = None, cmap = None, norm = None, vmin = None, vmax = None,
alpha = None, linewidths = None, verts = None, edgecolors = None, hold = None, data = None, **
kwargs)
```

【例 7.50】　结合折线图和散点图，重新绘制例 7.49 中要求的图形。使用 plot()函数依次连接若干端点绘制折线图，使用 scatter()函数在指定的端点处绘制散点图，结合这两个函数，可以实现与图 7.20 同样的效果图。为了稍做区分，在本例中把端点符号设置为蓝色三角形。

```
import matplotlib.pyplot as plt
#月份和每月营业额
month = list(range(1,13))
money = [5.2, 2.7, 5.8, 5.7, 7.3, 9.2,
         18.7, 15.6, 20.5, 18.0, 7.8, 6.9]
#绘制折线图,设置颜色和线型
plt.plot(month, money, 'r-.')
#绘制散点图,设置颜色、符号和大小
plt.scatter(month, money, c = 'b', marker = 'v', s = 28)
plt.xlabel('月份', fontproperties = 'simhei', fontsize = 14)
plt.ylabel('营业额/万元', fontproperties = 'simhei', fontsize = 14)
plt.title('烧烤店 2024 年营业额变化趋势图',
          fontproperties = 'simhei', fontsize = 18)
#紧缩四周空白,扩大绘图面积
plt.tight_layout()
plt.show()
```

运行结果如图 7.21 所示。

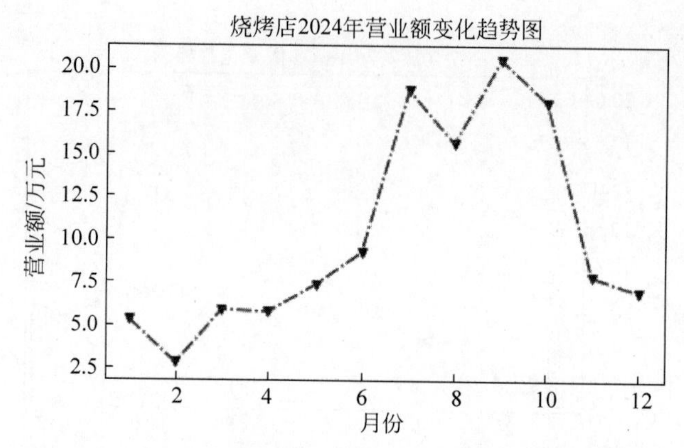

图 7.21 使用折线图和散点图可视化某烧烤店营业额数据

7.6.4 柱状图

柱状图适合用来比较多组数据之间的大小,或者类似的场合,但对大规模数据的可视化不是很适合。

扩展库 matplotlib.pyplot 中的 bar()函数可以用来根据给定的数据绘制柱状图,语法格式如下:

```
bar(left, height, width = 0.8, bottom = None, hold = None, data = None, ** kwargs)
```

【例 7.51】 某商场 2024 年几个部门每个月份的业绩如表 7.11 所示。编写程序绘制柱状图可视化各部门的业绩,可以借助于 Pandas 的 Dataframe 结构快速绘制图形,并要求坐标轴、标题和图例能够显示中文。

表 7.11 某商场各部门业绩/万元

月份	1	2	3	4	5	6	7	8	9	10	11	12
男装	51	32	58	57	30	46	38	38	40	53	58	50
女装	70	30	48	73	82	80	43	25	30	49	79	60
餐饮	60	40	46	50	57	76	70	33	70	61	49	45
化妆品	110	75	130	80	83	95	87	89	96	88	86	89
金银首饰	143	100	89	90	78	129	100	97	108	152	96	87

实现代码如下:

```
import pandas as pd
import matplotlib.pyplot as plt
import matplotlib.font_manager as fm
data = pd.Dataframe({'月份': [1,2,3,4,5,6,7,8,9,10,11,12],
                '男装': [51,32,58,57,30,46,38,38,40,53,58,50],
                '女装': [70,30,48,73,82,80,43,25,30,49,79,60],
                '餐饮': [60,40,46,50,57,76,70,33,70,61,49,45],
                '化妆品': [110,75,130,80,83,95,87,89,96,88,86,89],
                '金银首饰': [143,100,89,90,78,129,100,97,108,152,96,87]})
#绘制柱状图,指定月份数据作为 x 轴
data.plot(x = '月份', kind = 'bar')
#设置 x、y 轴标签和字体
plt.xlabel('月份', fontproperties = 'simhei')
```

```
plt.ylabel('营业额/万元', fontproperties = 'simhei')
#设置图例字体
myfont = fm.FontProperties(fname = r'C:\Windows\Fonts\STKAITI.ttf')
plt.legend(prop = myfont)
plt.show()
```

运行结果如图 7.22 所示。

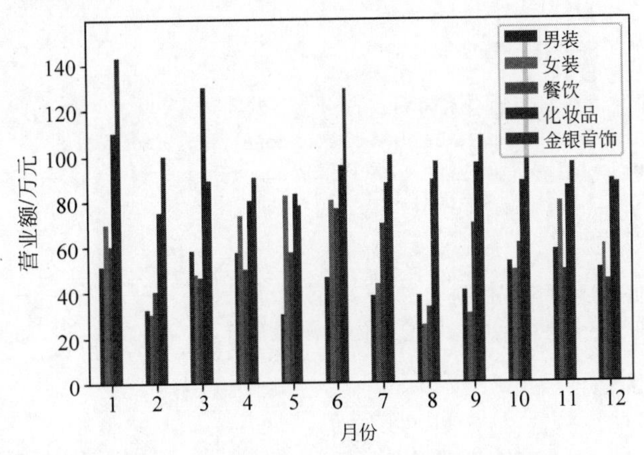

图 7.22　某商场各部门 2024 年每个月的业绩

7.6.5　饼状图

饼状图比较适合展示一个总体中各类别数据所占的比例。例如，商场年度营业额中各类商品、不同员工的占比，家庭年度开销中不同类别的占比等。扩展库 matplotlib.pyplot 中的 pie()函数可以用来绘制饼状图，该函数的语法格式如下：

```
pie(x, explode = None, labels = None, colors = None, autopct = None, pctdistance = 0.6, shadow = False, labeldistance = 1.1, startangle = None, radius = None,  counterclock = True, wedgeprops = None, textprops = None, center = (0, 0), frame = False, hold = None, data = None)
```

【例 7.52】　已知某班级的数据结构、线性代数、英语和 Python 课程的考试成绩，要求绘制饼状图显示每门课的成绩中优(85 分以上)、及格(60～84 分)、不及格(60 分以下)的占比。

```
from itertools import groupby
import matplotlib.pyplot as plt
#设置图形中使用中文字体
plt.rcParams['font.sans-serif'] = ['simhei']
#每门课程的成绩
scores = {'数据结构':[89,70,49,87,92,84,73,71,78,81,90,37,
                    77,82,81,79,80,82,75,90,54,80,70,68,61],
          '线性代数':[70,74,80,60,50,87,68,77,95,80,79,74,
                    69,64,82,81,78,90,78,79,72,69,45,70,70],
          '英语':[83,87,69,55,80,89,96,81,83,90,54,70,79,
                66,85,82,88,76,60,80,75,83,75,70,20],
          'Python':[90,60,82,79,88,92,85,87,89,71,45,50,
                   80,81,87,93,80,70,68,65,85,89,80,72,75]}
#自定义分组函数,在下面的 groupby()函数中使用
def splitScore(score):
    if score >= 85:
```

```
            return '优'
        elif score>=60:
            return '及格'
        else:
            return '不及格'
    #统计每门课的成绩中优、及格、不及格的人数
#ratios的格式为{'课程名称':{'优':3, '及格':5, '不及格':1}, … }
ratios = dict()
for subject, subjectScore in scores.items():
    ratios[subject] = {}
    #groupby()函数需要对原始分数进行排序才能正确分类
    for category, num in groupby(sorted(subjectScore), splitScore):
        ratios[subject][category] = len(tuple(num))
#创建4个子图
fig, axs = plt.subplots(2,2)
axs.shape = 4,
#依次在4个子图中绘制每门课的饼状图
for index, subjectData in enumerate(ratios.items()):
    #选择子图
    plt.sca(axs[index])
    subjectName, subjectRatio = subjectData
    plt.pie(list(subjectRatio.values()),                    #每个扇形对应的数值
            labels=list(subjectRatio.keys()),               #每个扇形的标签
            autopct='%1.1f%%')                              #百分比显示格式
    plt.xlabel(subjectName)
    plt.legend()
    plt.gca().set_aspect('equal')                           #设置纵横比相等
plt.show()
```

运行结果如图7.23所示。

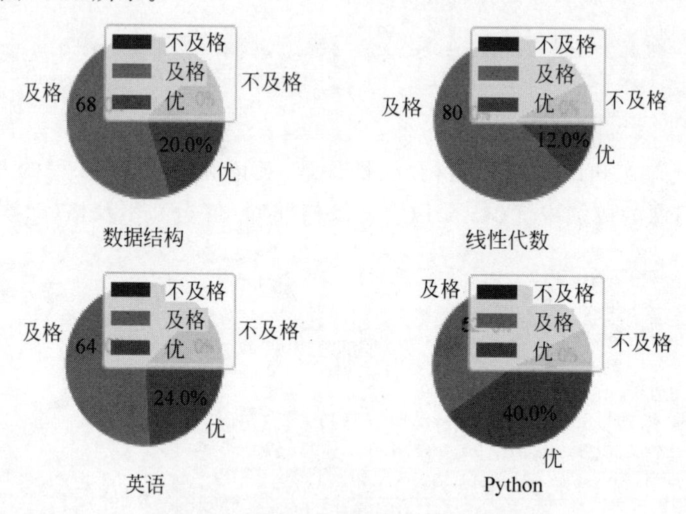

图7.23 学生每门课成绩分布的饼状图

7.6.6 雷达图

雷达图也称作极坐标图、星图、蜘蛛网图，常用于企业经营状况的分析，可以直观地表达企业经营状况全貌，便于企业管理者及时发现薄弱环节进行改进，也可以用于发现异常值。雷达图类似于平行坐标图，只不过轴是沿径向排列的。扩展库matplotlib.pyplot中的polar()函数

可以用来绘制雷达图，语法格式如下：

```
polar( * args, ** kwargs)
```

其中，参数 args 和 kwargs 含义与 plot()函数相似。

【例 7.53】 为了分析家庭开销的详细情况，也为了更好地进行家庭理财，王先生对 2024 年全年每个月的家庭各项支出做了详细记录，如表 7.12 所示。编写程序，根据王先生的家庭开销情况绘制雷达图。

表 7.12　王先生每月家庭支出情况

月份	1	2	3	4	5	6	7	8	9	10	11	12
伙食	1350	1500	1330	1550	900	1400	980	1100	1370	1250	1000	1100
房贷	1000	1000	1000	1000	1000	1000	1000	1000	1000	1000	1000	1000
水电费	480	700	500	430	510	600	610	580	530	460	420	490
教育支出	1100	200	3200	1700	1700	1800	2300	2400	3500	2400	300	700
服装	1650	200	500	0	300	0	600	0	800	0	0	500
旅游	2000	0	0	0	500	0	0	3100	0	0	0	0
随礼	1000	0	0	0	0	0	0	300	0	0	0	0

```
import random
import numpy as np
import matplotlib.pyplot as plt
import matplotlib.font_manager as fm
#每月支出数据
data = {
  '伙食': [1350,300,1330,1550,900,1400,980,1100,1370,1250,1000,1100],
  '房贷': [1000,1000,1000,1000,1000,1000,1000,1000,1000,1000,1000,1000],
  '水电费': [480,300,500,430,510,600,610,580,530,460,420,490],
'教育支出': [1100,200,3200,1700,1700,1800,2300,2400,3500,2400,300,700],
  '服装': [1650,200,500,0,300,0,600,0,800,0,0,500],
  '旅游': [2000,0,0,0,500,0,0,3100,0,0,0,0],
  '随礼': [1000,0,0,0,0,0,0,300,0,0,0,0]
}
dataLength = len(data['伙食'])                          #数据长度
dataLength = len(data['伙食'])                          #数据长度
#angles 数组把圆周等分为 dataLength 份
angles = np.linspace(0,                                 #数组第一个数据
                     2 * np.pi,                         #数组最后一个数据
                     dataLength,                        #数组中数据数量
                     endpoint = False)                  #不包含终点

markers = '*v^Do'
for col in data.keys():
    #使用随机颜色和标记符号
    color = '#' + ''.join(map('{0:02x}'.format,
                          np.random.randint(0,255,3)))
    plt.polar(angles, data[col], color = color,
              marker = random.choice(markers), label = col)
#设置角度网格标签
plt.thetagrids(angles * 180/np.pi,
               list(map(lambda i:'%d月' % i, range(1,13))),
               fontproperties = 'simhei')
#创建和设置图例字体
```

```
font = fm.FontProperties(fname = r'C:\Windows\Fonts\STKAITI.ttf')
plt.legend(prop = font)
plt.show()
```

运行结果如图 7.24 所示。

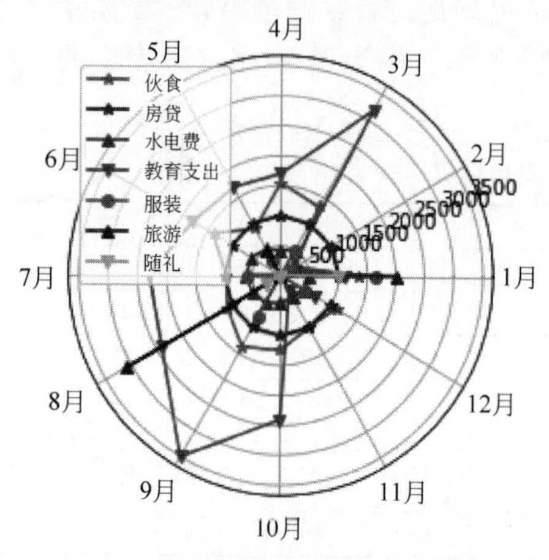

图 7.24 王先生每月家庭支出情况雷达图

【例 7.54】 很多学校的毕业证和学位证只能体现学生的学习经历或者证明达到该学习阶段的最低要求,并不能体现学生的综合能力以及擅长的学科与领域,所以大部分单位在招聘时往往还需要借助成绩单进行综合考查。但单独的表格式成绩单不是很直观,并且存在造假的可能。在证书上列出学生所有课程的成绩不太现实,但是可以考虑把每个学生的专业核心课成绩绘制成雷达图印在学位证书上,这样可以让用人单位非常直观地了解学生的综合能力,比单独打印的成绩单要权威和正式很多。编写程序,根据某计算机专业学生的部分专业核心课程和成绩清单绘制雷达图。

```
import numpy as np
import matplotlib.pyplot as plt
#某计算机专业学生的课程与成绩
courses = ['C++', 'Python', '高等代数', '大学英语', '软件工程',
           '组成原理', '数字图像处理', '计算机图形学']
scores = [80, 95, 78, 85, 45, 65, 80, 60]
dataLength = len(scores)                     #数据长度
#angles 数组把圆周等分为 dataLength 份
angles = np.linspace(0,                      #数组第一个数据
                     2 * np.pi,              #数组最后一个数据
                     dataLength,             #数组中数据数量
                     endpoint = False)       #不包含终点
scores.append(scores[0])
angles = np.append(angles, angles[0])        #闭合
#绘制雷达图
plt.polar(angles,                            #设置角度
          scores,                            #设置各角度上的数据
          'rv--',                            #设置颜色、线型和端点符号
          linewidth = 2)                     #设置线宽
#设置角度网格标签
plt.thetagrids(angles * 180/np.pi,
               courses,
               fontproperties = 'simhei')
#填充雷达图内部
plt.fill(angles,
         scores,
         facecolor = 'r',
         alpha = 0.4)
plt.show()
```

运行结果如图 7.25 所示。

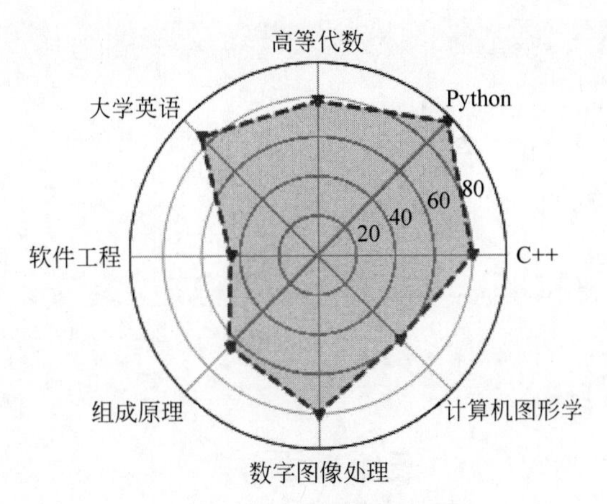

图 7.25　学生成绩分布雷达图

7.6.7　三维图形

想要绘制三维图形，首先需要使用下面的语句导入相应的对象。

```
from mpl_toolkits.mplot3d import Axes3D
```

然后使用下面的两种方式之一声明要创建的三维子图。

```
ax = fig.gca(projection='3d')
ax = plt.subplot(111, projection='3d')
```

接下来就可以使用 ax 的 plot()函数绘制三维曲线、plot_surface()函数绘制三维曲面、scatter()函数绘制三维散点图或 bar3d()函数绘制三维柱状图了。

在绘制三维图形时，至少需要指定 x、y、z 三个坐标轴的数据，然后再根据不同的图形类型指定额外的参数设置图形的属性。其中绘制三维曲线的 plot()函数的参数与 7.6.2 节介绍的二维折线图函数 plot()的参数基本一致，不再赘述。

绘制三维曲面的函数 plot_surface()语法格式如下：

```
plot_surface(X, Y, Z,[可选项])
```

其中，可选项参数说明如下：

(1) 参数 rstride 和 cstride 分别控制 x 和 y 两个方向的步长，这决定了曲面上每个面片的大小；

(2) 参数 color 用来指定面片的颜色；

(3) 参数 cmap 用来指定面片的颜色映射表。

【例 7.55】 生成测试数据 x、y、z，然后绘制三维曲面，并设置坐标轴的标签和图形标题。

```
import numpy as np
import matplotlib.pyplot as plt
import mpl_toolkits.mplot3d
#生成测试数据，在 x 和 y 方向分别生成 -2～2 的 20 个数
#步长使用虚数，虚部表示点的个数，并且包含 end
x, y = np.mgrid[-2:2:20j, -2:2:20j]
z = 50 * np.sin(x+y*2)
```

```
ax = plt.subplot(111, projection = '3d')           #创建三维图形
ax.plot_surface(x,y,z,
                rstride = 3, cstride = 2,
                cmap = plt.cm.coolwarm)            #绘制三维曲面
ax.set_xlabel('X')                                 #设置坐标轴标签
ax.set_ylabel('Y')
ax.set_zlabel('Z')
#设置图形标题
ax.set_title('三维曲面', fontproperties = 'simhei', fontsize = 24)
plt.show()
```

运行结果如图7.26所示。

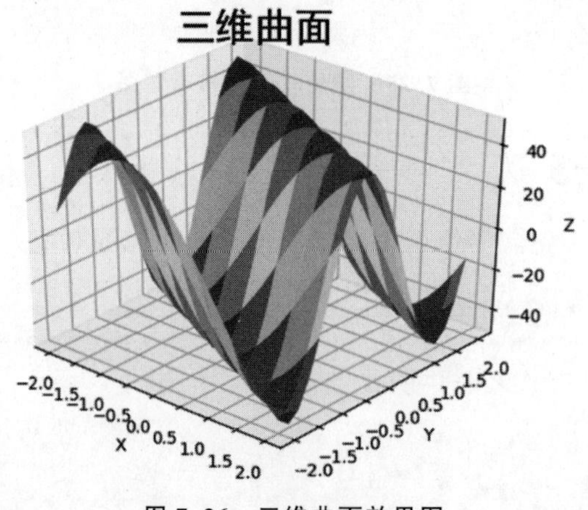

图7.26 三维曲面效果图

绘制三维柱状图的函数bar3d()语法格式如下:

```
bar3d(x, y, z, dx, dy, dz, color = None, zsort = 'average', *args, **kwargs)
```

其中:

(1) 参数x、y、z分别用来指定每个柱底面的坐标,如果这三个参数都是标量则指定一个柱的底面坐标,如果是三个等长的数组则指定多个柱的底面坐标;

(2) 参数dx、dy、dz分别用来指定柱在三个坐标轴上的跨度,即x方向的宽度、y方向的厚度和z方向的高度;

(3) 参数color用来指定柱的表面颜色。

【例7.56】 "集体过马路"是网友对集体闯红灯现象的一种调侃,即"凑够一撮人就可以走了,与红绿灯无关"。出现这种现象的原因之一是很多人认为法不责众,从而不顾交通法规和安全,但这种危险的过马路方式造成了很多不同程度的交通事故和人员伤亡。某城市在多个路口对行人过马路的方式进行了随机调查。在所有参与调查的市民中,"从不闯红灯""跟从别人闯红灯""带头闯红灯"的人数如表7.13所示。针对这组调查数据,编写程序绘制柱状图进行展示和对比,绘制三维柱状图对数据进行展示。

表7.13 闯红灯情况调查结果

分 类	从不闯红灯	跟从别人闯红灯	带头闯红灯
男性	450	800	200
女性	150	100	300

代码如下：

```
import pandas as pd
import matplotlib.pyplot as plt
import matplotlib.font_manager as fm
import mpl_toolkits.mplot3d
#创建 Dateframe 结构
df = pd.Dataframe({'男性':(450,800,200),
                   '女性':(150,100,300)})
#创建三维图形
ax = plt.subplot(projection = '3d')
#绘制三维柱状图
ax.bar3d([0] * 3, range(3), [0] * 3,
         0.1, 0.1, df['男性'].values,
         color = 'r')
ax.bar3d([1] * 3, range(3), [0] * 3,
         0.1, 0.1, df['女性'].values,
         color = 'b')
#设置坐标轴刻度和文本
ax.set_xticks([0,1])
ax.set_xticklabels(['男性','女性'], fontproperties = 'simhei')
ax.set_yticks([0,1,2])
ax.set_yticklabels(['从不闯红灯','跟从别人闯红灯','带头闯红灯'],
                   fontproperties = 'simhei')
#设置 z 轴标签
ax.set_zlabel('人数', fontproperties = 'simhei')
plt.show()
```

运行结果如图 7.27 所示。

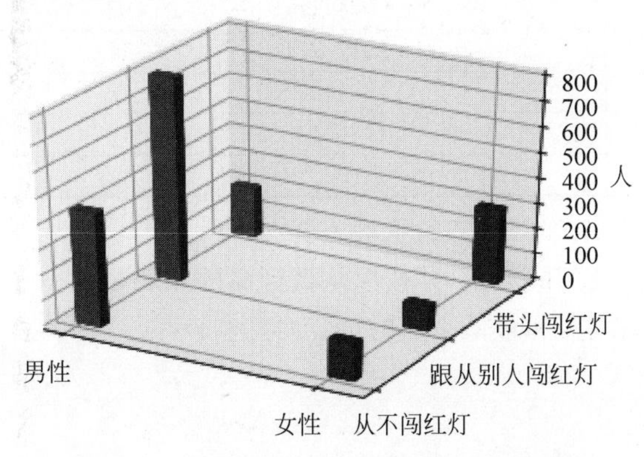

图 7.27　集体过马路方式闯红灯三维柱状图

本章小结

本章主要介绍了数值数据智能分析技术的基础知识、数据的创建、数据的导入和导出、数据的统计、数据的合并、连接和排序、数据的筛选和过滤。本章还介绍了数据分析可视化方法，根据实际需要绘制折线图、散点图、柱状图、饼状图、雷达图或三维曲线和曲面，设置坐标轴标签、坐标轴刻度、图例、标题等图形属性。本章通过大量相关实例分析，巩固数据分析和可视化方法和技巧。

思考题

1. 利用 Pandas 生成一个 3 行 1 列的列向量(Series),列向量的行标是 a,b,c,每列的值是 1,2,3。

2. 利用 Pandas 将两个 3 行 1 列的列向量合并成一个 6 行 1 列的列向量。

3. 利用 Pandas 生成一个 3 行 3 列的单位矩阵(Dateframe),矩阵的行标是 a,b,c,矩阵的列标是 e,f,g。

4. Python 中导入 NumPy 函数,创建一个从 0 到 9 的一维数组。

(1) 输出数组中所有的奇数。

(2) 用−1 替换数组中的所有奇数。

5. 创建一个 Python 脚本,命名为 test1. py,完成以下功能。

(1) 假设有如表 7.14 所示的图书销售 Access 数据库的"员工"表。将其读入 Python 中并用一个数据框变量 df 保存。

表 7.14 员工

工号	姓名	性别	生日	部门编号	职务	薪金
0102	张蓝	女	1978/3/20	01	总经理	8000
0301	李建设	男	1980/10/15	03	经理	5650
0402	赵也声	男	1977/8/30	04	经理	4200
0404	章曼雅	女	1985/1/12	04	经理	5650
0704	杨明	男	1973/11/11	07	保管员	2100
1101	王宜淳	男	1974/5/18	03	经理	4200
1103	张其	女	1987/7/10	11	业务员	1860
1202	石破天	男	1984/10/15	12	业务员	2860
1203	任德芳	女	1988/12/14	12	业务员	1960
1205	刘东珏	女	1990/2/26	12	业务员	1860

(2) 以部门分组,求每个部门员工的平均工资。

(3) 求每个部门男性员工的数量,并按照从低到高的顺序排列。

(4) 求每个部门最高工资和最低工资的员工的姓名。

文本数据智能分析技术

本章主要介绍文本数据智能分析基础知识。学习如何利用 Python 的工具库，通过自然语言处理技术进行文本分析，包括数据获取、文本数据的输入和输出、中文分词技术、数据预处理技术和自然语言处理技术等。通过本章的学习，可以更加熟练地掌握文本数据智能分析的基本技术和理论知识。

8.1 数据获取

通过网络爬虫，从小说网站爬取《红楼梦》文本，并存放到 TXT 文件中。例如，URL 地址（下载地址详见前言二维码）数据获取过程如下所述。

(1) 引入库文件。引入爬取小说需要的库文件代码如下：

```
import requests
import re
```

(2) 获取网页 URL 地址。先观察小说每章的 URL 地址变化规律。

```
http://www.purepen.com/hlm/001.htm
http://www.purepen.com/hlm/002.htm
…
http://www.purepen.com/hlm/044.htm
…
http://www.purepen.com/hlm/120.htm
```

通过观察发现，URL 地址前面的 http://www.purepen.com/hlm/部分都是相同的，URL 地址的结尾部分“.htm”也是相同的，变化的只是它们中间的三位数字。而且小说第一章的 URL 地址的中间部分是“001”，第二章是“002”，……，第一百二十章是“120”，即此部分与章的编号匹配。

因此，根据上述规律构造函数获取小说每章页面的 URL 地址，代码如下：

```
def urlChange(i):
    global url
    if 0 < i < 10:
        url = 'http://www.purepen.com/hlm/00' + str(i) + '.htm'
```

```
    if 10 <= i < 100:
        url = 'http://www.purepen.com/hlm/0' + str(i) + '.htm'
    if i >= 100:
        url = 'http://www.purepen.com/hlm/' + str(i) + '.htm'
    return url
```

(3) 观察小说每章页面的 HTML 源代码,思考可以利用哪些网页标签来定位小说章节标题、文本内容。章节标题在 HTML 源代码中的位置如图 8.1 所示。

```
... ▼<head> == $0
    <meta http-equiv="Content-Type" content="text/html; charset=gb2312">
    <meta http-equiv="keywords" content="红楼梦, 古典小说红楼梦, 小说红楼梦, 红楼梦在纟
    楼梦在线, 红楼梦阅读, 阅读红楼梦, 曹雪芹, 高鹗">
    <meta http-equiv="description" content="《红楼梦》—中国古典小说登峰之作在线阅读。
    芹, 高鹗 续。">
    <title>《红楼梦》 第一百二十回 甄士隐详说太虚情  贾雨村归结红楼梦</title>
    <meta name="copyright" content="2006, purepen.com">
  </head>
```

图 8.1　章节标题在 HTML 源代码中的位置

由图 8.1 可知,章节标题位于< head >中的< title ></ title >标签内,而文本内容位于< font color="#000000" face="宋体" size="3"></font >标签内,通过正则表达式可以分别定位小说章节标题、文本内容,同时将这些功能代码封装成一个函数 getNovelContent()。

(4) 循环遍历《红楼梦》小说所有章节的 URL 地址,通过调用 getNovelContent()函数来进行标题、文本内容爬取。爬取小说《红楼梦》总体代码如下:

```
import requests
import re

#爬取整本
def urlChange(i):
    global url
    if 0 < i < 10:
        url = 'http://www.purepen.com/hlm/00' + str(i) + '.htm'
    if 10 <= i < 100:
        url = 'http://www.purepen.com/hlm/0' + str(i) + '.htm'
    if i >= 100:
        url = 'http://www.purepen.com/hlm/' + str(i) + '.htm'
    return url

def getNovelContent(i):
    url = urlChange(i)
    response = requests.get(url)
    response.encoding = 'gbk'
    result = response.text

    title_re = re.compile(r'<title>(.*?)</title>')
    text_re = re.compile(r'size=\"3\">(.*?)</font>', re.S)
    title = re.findall(title_re, result)
    text = re.findall(text_re, result)

    print(title[0])
```

```
    file = open('D: //红楼梦.txt', 'a', encoding = 'utf - 8')
    file.write(title[0] + '\n')
    file.write(text[1])
    file.close()

i = 1
while i <= 120:
    getNovelContent(i)
    i = i + 1
```

8.2 文本数据的输入和输出

8.2.1 导入 TXT 文件

首先从网上下载得到 TXT 文件，然后在 Python 中打开，代码如下：

```
f = open("D://红楼梦.txt","r",encoding = 'utf - 8')
```

Python 中 open()函数用于打开一个文件，并返回文件对象，对文件进行处理的过程都需要使用到这个函数，如果该文件无法被打开，则会抛出 OSError。

open()函数常用形式是接收两个参数：file(文件名)和 mode(模式)。

完整的语法格式为：

```
open(file, mode = 'r', buffering = - 1, encoding = None, errors = None, newline = None, closefd =
True, opener = None)
```

常用的 mode 参数有以下 9 种。

t：文本模式（默认）。

b：二进制模式。

r：以只读方式打开文件。文件的指针将会放在文件的开头。这是默认模式。

rb：以二进制格式打开一个文件用于只读。文件指针将会放在文件的开头。这是默认模式。一般用于非文本文件如图片等。

r+：打开一个文件用于读写。文件指针将会放在文件的开头。

rb+：以二进制格式打开一个文件用于读写。文件指针将会放在文件的开头。一般用于非文本文件如图片等。

w：打开一个文件只用于写入。如果该文件已存在则打开文件，并从开头开始编辑，即原有内容会被删除。如果该文件不存在，则创建新文件。

wb：以二进制格式打开一个文件只用于写入。如果该文件已存在则打开文件，并从开头开始编辑，即原有内容会被删除。如果该文件不存在，则创建新文件。一般用于非文本文件如图片等。

w+：打开一个文件用于读写。如果该文件已存在则打开文件，并从开头开始编辑，即原有内容会被删除。如果该文件不存在，则创建新文件。

注意：

(1) 文件路径的准确性。

(2) 从网上下载的文件编码格式可能不是 UTF-8,需要手动更改,修改文件编码格式如图 8.2 所示。

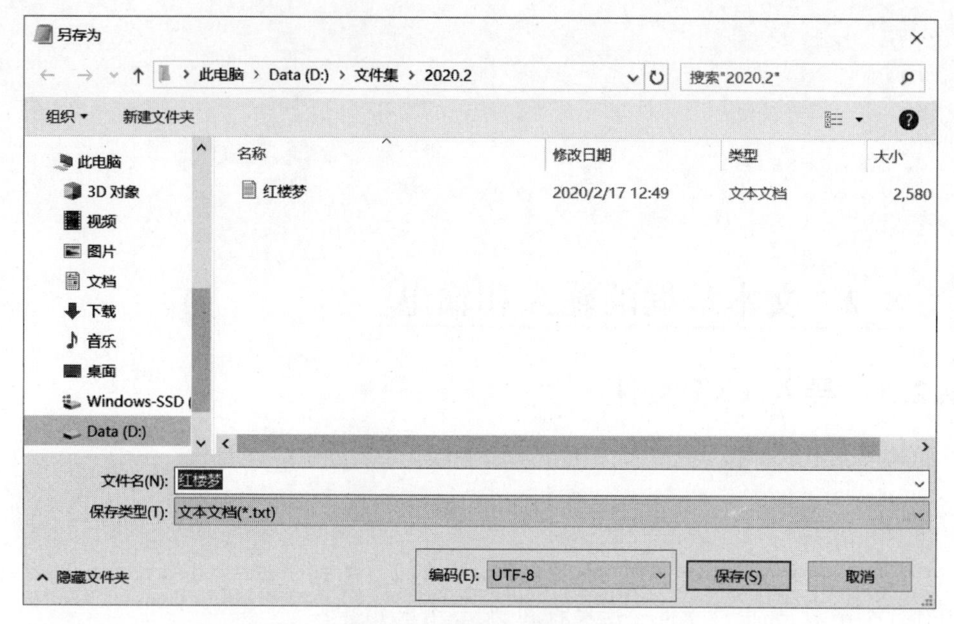

图 8.2 修改文件编码格式

打开文件之后读取,读取可分为以下三种。

① file.read([size]):从文件读取指定的字节数,如果未给定或为负则读取所有。

② file.readline([size]):读取整行,包括 "\n" 字符。

③ file.readlines([size]):读取所有行并返回列表,若给定 sizeint > 0,则设置一次读多少字节,这是为了减轻读取压力。

这里给出 file.read([size])和 file.readlines([size])方法示例。

(1) file.read([size]),首先把读取内容赋给 str 这个变量,之后打印 str,代码如下:

```
f = open("D://红楼梦.txt","r",encoding = 'utf - 8')
str = f.read()
print(str)
f.close()
```

(2) file.readlines([size]),先将文件所有行都读取出来,将它赋给变量 lines,之后利用 for 循环,用变量 line 将 lines 一行行遍历出来,同时进行打印,代码如下:

```
f = open("D://红楼梦.txt","r",encoding = 'utf - 8')
lines = f.readlines()
for line in lines:
    print(line)
f.close()
```

最后关闭文件。

注意:使用 open()函数一定要保证关闭文件对象,即调用 close()函数。

8.2.2 导出 TXT 文件

目标:从网上爬取一些文本内容后,将其导出为 TXT 文件。

首先需要一个“容器”来装这些文本内容，这个“容器”就是以 txt 为扩展名的文本文件。在指定文件夹下面创建了一个指定文件名“红楼梦.txt”的空白文本文件，那么在存储文本内容之前要先打开“红楼梦.txt”这个文件，代码如下：

```
file = open("D://红楼梦.txt","w",encoding = 'utf - 8')
```

注意：

(1) 文本文件如果自己未先创建，则其会自动创建一个新的文本文件。

(2) 因为这里是写文件，所以要加上“w”，赋予写权限(详情可参考 8.2.1 节内容)。

(3) 注意编码格式，一般为 utf-8。

打开“红楼梦.txt”，对其进行写操作。因为爬取的内容既有 title，又有 text，分为标题和内容两部分，所以进行两次写入操作，代码如下：

```
file = open("D://红楼梦.txt", "a", encoding = 'utf - 8')
file.write(title[0] + '\n')
file.write(text[1])
file.close()
```

最后关闭文本文件。

注意：使用 open()函数一定要保证关闭文件对象，即调用 close()函数。

8.3　中文分词技术

8.3.1　中文分词

分词即将连续的字序列按照一定的规范重新组合成词序列的过程。中文分词指将一个汉字序列切分成一个个单独的词。

在英文的行文中，单词之间是以空格作为自然分界符的，而中文中只是字、句和段能通过明显的分界符来简单划界，唯独词没有一个形式上的分界符，虽然英文也同样存在短语的划分问题，不过在词这一层上，中文分词比英文要更加复杂。

词是中文表达语义的最小单位，自然语言处理的基础步骤就是分词，分词的结果对中文信息处理尤为关键。

因此，本节将介绍相关的中文分词技术。

两种分词标准：粗粒度；细粒度。

如原始串：[浙江大学坐落在西湖旁边]。

粗粒度：浙江大学/坐落/在/西湖/旁边。

细粒度：浙江/大学/坐落/在/西湖/旁边。

粗粒度切分主要应用于自然语言处理的各种应用，如文本分类、聚类。

细粒度切分最常应用的领域是搜索引擎。

分词中的两大难题：切分歧义和新词(未登录词)识别。

1. 中文分词中的切分歧义

交集型歧义：AB 和 BC 都是词典中的词，如网球场可分为网球/场，网/球场。

组合型歧义：如[他从马上下来]可分为他/从/马/上/下来；他/从/马上/下来。

混合型歧义：如这样的人/才能经受住考验；这样的人才/能经受住考验/。

2. 新词识别

新词，专业术语称为未登录词。也就是那些在字典中都没有收录过，但又确实能称为词的那些词。新词识别包括：数字识别；命名实体识别，如人名、地名、机构名、专业术语；形式词、离合词识别，如看一看、打听打听、高高兴兴、游了一会儿泳、担什么心，等等。

对于现在的搜索引擎来说，分词系统中的新词识别十分重要。目前新词识别准确率已经成为评价一个分词系统好坏的重要标志之一。

中文分词有多种模式，在Python中最经常用的分词工具是一个名字叫jieba的库。jieba分词是国内使用人数最多的中文分词工具(GitHub链接详见前言二维码)。分词讲究分词策略，如高考语文做的病句题目：“三大全国性交易市场布局渝中”，这是在报纸上摘取的题目，断句不当可能会产生很严重的歧义。分词也存在语义歧义，需要用一些特定的分词策略来消除这些歧义。而这些分词策略被统称为分词模式，jieba这个库支持三种分词模式：精确模式、全模式、搜索引擎模式。

8.3.2 精确模式

精确模式试图将句子最精确地切开，适合文本分析。

例如，用精确模式对“Python的爬虫是好用的”进行分词。分词为：“Python”“的”“爬虫”“是”“好”“用”“的”。这样很好地将句子符合语义地拆分成需要的词汇，在后期做词频分析和词频统计用于文本分析时，就需采用精确模式进行拆分。那么Python是怎么识别精确模式的呢?

用jieba分词时，会用到一个叫作lcut的函数。这个函数中有几个参数。其中就有要拆分的字符串和标记模式的参数，可以把这个函数想象成一个工厂，然后把想要处理的东西放进去，再通过那个标记模式的参数告诉它怎么处理放进去的这个东西。然后这个工厂就开始工作了，输出的就是结果。这个标记模式的参数默认为精确模式，即工厂默认用精确模式来处理。

可按照下面的步骤实践。

(1) 按Windows+r组合键，输入cmd打开控制台。

(2) 输入python切换到Python环境，如图8.3所示。

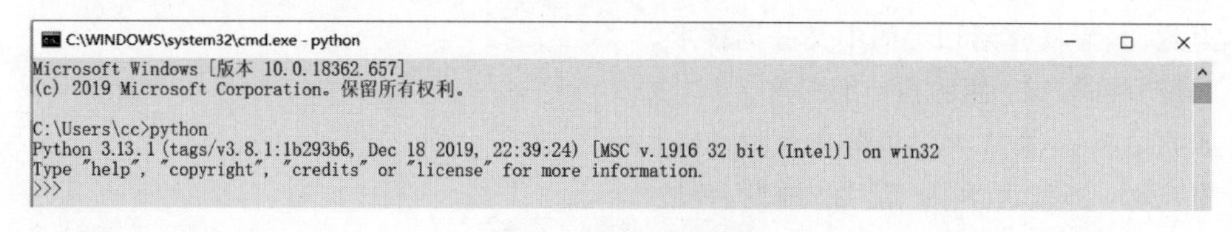

图8.3 Python环境

8.3.3 全模式

全模式把文本中所有可能的词语都扫描出来，但是会存在冗余。即可能有一个文本，可以从不同的角度来切分，变成不同的词语，在全模式下可把不同的词语都挖掘出来。全模式的优点是速度非常快，但是不能解决歧义。

由8.3.2节可知，分词工厂的标记模式参数默认是精确模式，所以用全模式拆分时，要加入参数来让工厂知道现在要使用全模式进行拆分。

经实验验证，精确模式用时 1.312s，而全模式仅用时 1.277s。这只是一句这么短的话就相差了 0.1s（计算机中 0.1s 已经不算一个很短的时间了）。如果要得到更多的词语组合，要追求更高的分词效率，可以选用全模式来进行中文分词。

8.3.4　搜索引擎模式

搜索引擎模式是在精确模式的基础上，对长词再次切分，提高召回率（召回率也被称作查全率，指的是正确被检索的样本占总样本的比例），适合用于搜索引擎分词。

虽然生成的这些词看似没办法直接组成一个句子，但作用很大。搜索引擎是将海量信息爬取后与输入的关键词进行匹配。当输入一段字符串时，将用搜索引擎模式分词后的结果当作关键词来进行匹配。

搜索引擎模式与其他模式的函数名有所不同。原来那个工厂不会用搜索引擎对放进去的东西进行拆分了，需要换一家工厂。新的函数名是 lcut_for_search(str)。

8.3.5　jieba 分词

通过 8.3.2 节～8.3.4 节的介绍，可初步了解 jieba 分词的功能和实现原理。本节将介绍中文分词工具 jieba。jieba 分词支持的三种模式已经在前面各节进行了介绍。接下来将介绍如何安装并使用这个库。

首先需要在计算机上安装 Python，如果是 macOS、Linux 或其他已经自带 Python 的系统，可以忽略这一步。接下来，需要安装 jieba 库。

打开控制台，如图 8.4 所示，Windows 用户直接在搜索框中输入 cmd 即可。

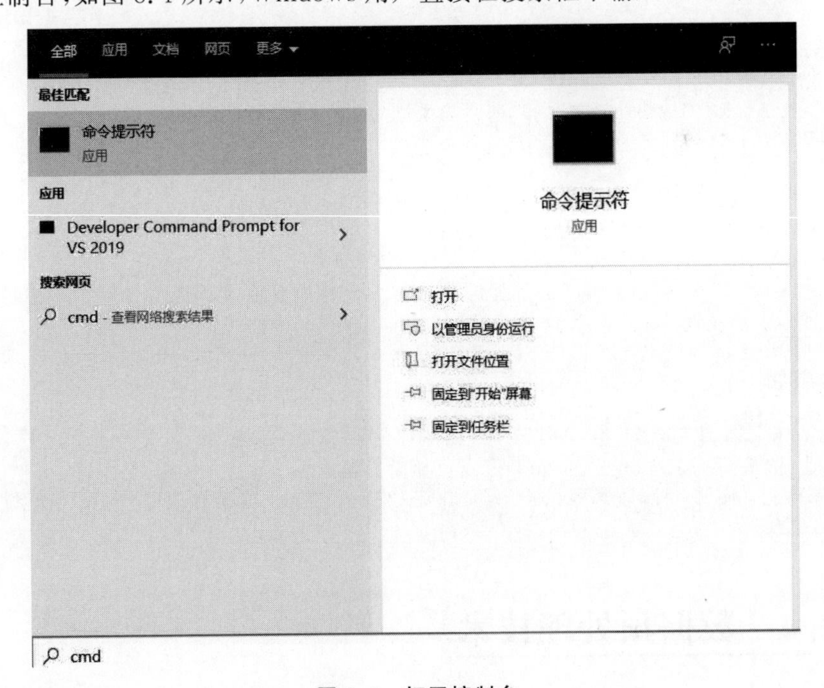

图 8.4　打开控制台

进入后，输入 pip install jieba（如果是 pip3 请输入 pip3 install jieba）。

输入完，等待 jieba 库安装完成后，输入 python 进入 Python 环境，如图 8.5 所示。

```
(honglou) C:\Users\predestin>python
Python 3.13.1 | packaged by Anaconda, Inc. | (main, Dec 11 2024, 17:02:46) [MSC v.1929 64 bit (AMD64)] on win32
Type "help", "copyright", "credits" or "license" for more information.
>>>
```

图 8.5 进入 Python 环境

接下来可以测试一下 jieba 库有没有安装完成，输入 import jieba，如果没有报错就是安装完成，jieba 导入成功如图 8.6 所示。如果没有安装完成，cmd 会在执行 import jieba 后报错。

```
(honglou) C:\Users\predestin>python
Python 3.13.1 | packaged by Anaconda, Inc. | (main, Dec 11 2024, 17:02:46) [MSC v.1929 64 bit (AMD64)] on win32
Type "help", "copyright", "credits" or "license" for more information.
>>> import jieba
>>>
```

图 8.6 jieba 导入成功

jieba 分词使用参数介绍如下所述。

jieba.cut(sentence，cut_all=False，HMM=True，use_paddle=False)返回生成器，sentence 代表分词对象；cut_all=False 表示默认为精确模式，若改为 cut_all=True，则表示全模式；HMM=True，默认使用隐马尔可夫模型，一般不用改。

jieba.cut_for_search(sentence，HMM=True)表示搜索引擎模式，返回生成器。

jieba.lcut(*args，**kwargs)和 jieba.lcut_for_search(*args，**kwargs)默认返回列表。

jieba 库有很多功能，如进行词频统计、添加自定义词典、关键词抽取，还有一些算法如 TextRank 等。

练习：测试代码如下所述。

```
# -*- coding: utf-8 -*-
"""
jieba 分词测试
"""
import jieba
# 全模式
test1 = jieba.cut("杭州西湖风景很好,是旅游胜地!", cut_all = True)
print("全模式: " + "| ".join(test1))
# 精确模式
test2 = jieba.cut("杭州西湖风景很好,是旅游胜地!", cut_all = False)
print("精确模式: " + "| ".join(test2))
# 搜索引擎模式
test3 = jieba.cut_for_search("杭州西湖风景很好,是旅游胜地,每年吸引大量前来游玩的游客!")
print("搜索引擎模式:" + "| ".join(test3))
```

测试结果如下：

```
全模式: 杭州| 西湖| 风景| 很| 好| ,| 是| 旅游| 旅游胜地| 胜地| !
精确模式: 杭州| 西湖| 风景| 很| 好| ,| 是| 旅游胜地| !
搜索引擎模式: 杭州| 西湖| 风景| 很| 好| ,| 是| 旅游| 胜地| 旅游胜地| ,| 每年| 吸引| 大量| 前来|
游玩| 的| 游客| !
```

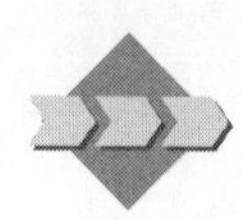

8.4 数据预处理技术

8.4.1 噪声

现实生活中的噪声想必读者都不陌生，它是一类能够引起人烦躁或音量过强而危害人体

健康的声音。但在数据分析中，噪声（又称为噪声数据）又是指什么呢？

在获取数据时，由于硬件故障、编程错误、语音或光学字符识别程序（OCR）识别出错等，会导致数据中存在着错误或异常（偏离期望值）的数据。这些数据对数据的分析造成了干扰。简单来说，噪声数据就是数据集中的干扰数据（对场景描述不准确的数据）。

例如，如果需要计算一个班同学的身高平均值，把一位 180cm 高的男生因为手误输入成了 18cm。那么整个班的平均身高就会因此变得十分不准确。当然这个不准确是相对而言的。

噪声数据的存在对数据分析的影响很大。这种不利影响不是在数据的空间占用上，毕竟小部分数据占用不了太多空间。但是对于很多算法，特别是线性算法，都是通过迭代来获取最优解的，如果数据中含有大量的噪声数据，将会大大影响数据的收敛速度，甚至对于训练生成模型的准确性也会有很大的副作用。

对于噪声数据，有多种处理办法：分箱、聚类、回归、异常值检测。下面仅介绍回归和异常值检测。

1. 回归

回归最初是遗传学中的一个名词，生物学家在研究人类的身高时，发现高个子回归于人口的平均身高，而矮个子则从另一个方向回归于人口的平均身高。回归就是向某个值无限趋近。当变量之间存在依赖关系，即 $y=f(x)$，则可以设法求出依赖关系 f，从而根据自变量 x 来求 y，然后根据 x 来更新 y 的值，这样就可以去除其中的随机噪声，这就是回归去噪的原理。

2. 异常值检测

数据中的噪声可能有两种：一种是随机误差；另一种是错误。例如有一份顾客的身高数据，其中某位顾客的身高记录为 20m，很明显，这是一个错误，如果这个样本进入了训练数据可能会对结果产生很大影响，这也是去噪中使用异常值检测的意义所在。

8.4.2　词性分析

词性分析又称词性标注，是指为分词结果中的每个单词都标注一个正确的词性的程序，即确定每个词是名词、动词、形容词或者其他词性的过程。很多场景需要进行词性标注，然后基于标注的词性可以做进一步应用。例如，统计竞争对手新闻稿的主要词语分布、分词结果筛选和过滤、配合文章标签的提取等。

下面用一个简单的例子来展示什么是简单的词性分析。

首先，需要用到词性分析的库，词性分析用到的库一般是 jieba.posseg 和 nltk。

利用 pip install jieba 安装 jieba 库，可看到打印出的词及其词性，代码如下：

```
import jieba
import jieba.posseg as pseg

words = pseg.cut("我爱北京天安门")
for word,flag in words:
    print('%s, %s' % (word,flag))
```

结果如下：

```
Building prefix dict from the default dictionary ...
Loading model from cache C:\Users\cc\AppData\Local\Temp\jieba.cache
Loading model cost 0.715 seconds.
```

```
Prefix dict has been built successfully.
我,r
爱,v
北京,ns
天安门,ns
```

拓展：词性标注应用在句法分析预处理、词汇获取预处理和信息抽取预处理方面。

8.4.3 停用词

在信息检索中，为节省存储空间和提高搜索效率，在处理自然语言数据(或文本)之前或之后会自动过滤掉某些字或词，这些字或词即被称为Stop Words(停用词)。这些停用词都是人工输入、非自动化生成的，生成后的停用词会形成一个停用词表。但是，并没有一个明确的停用词表能够适用于所有的工具。

对于一个给定的目的，任何一类词语都可以被选作停用词。通常意义上，停用词大致分为两类。一类是人类语言中包含的功能词，这些功能词极其普遍，与其他词相比，功能词没有什么实际含义，如'the'、'is'、'at'、'which'、'on'等。但是对于搜索引擎来说，当所要搜索的短语包含功能词，特别是像'The Who'、'The The'或'Take The'等复合名词时，停用词的使用就会导致问题。另一类词包括词汇词，如'want'等，这些词应用十分广泛，但是对这样的词搜索引擎无法保证能够给出真正相关的搜索结果，难以帮助缩小搜索范围，同时还会降低搜索的效率。

通常进行句子划分切割时，需要建立一个TXT文件stopwords.txt。这个stopwords.txt是一个停用词表。建立停用词表，实际上就是在TXT文件中，输入想要删除的词汇，每个词汇都用空格隔开即可，可换行。停用词表里装着需要使用的停用词。这些停用词是不需要自己编写的，有较多停用词表可供使用，如百度停用词表、哈工大停用词表。当然，也可选择自定义停用词表。停用词表的具体功能举例如图8.7所示。

图8.7 停用词表功能举例

其中，stopwords.txt是停用词表；allwords.txt是文本集；results.txt是结果文本。

8.5 自然语言处理技术

什么是自然语言处理?

自然语言通常是指一种自然地随着文化演化的语言，如汉语、英语等。人造语言是一种为某些特定目的而创造的语言，如Python、C、R等。

自然语言处理是计算机科学领域与人工智能领域的一个重要方向。它研究能实现人与计算机之间用自然语言进行有效通信的各种理论和方法。自然语言处理是一门融语言学、计算机科学、数学于一体的科学。因此，这一领域的研究将涉及自然语言，即人们日常使用的语言，所以它与语言学的研究有着密切的联系，但又有重要区别。自然语言处理并不是一般地研究自然语言，而是指能实现自然语言通信的计算机系统，特别是其中的软件系统，因而它是计算机科学的一部分。

其应用领域如下。

(1) 文本方面：搜索引擎与智能检索、智能机器翻译、自动摘要与文本综合、信息过滤与垃圾邮件处理、语法校对、自动阅卷、文本挖掘与智能决策。

(2) 语音方面：机器同声传译、智能客户服务、聊天机器人、多媒体信息提取与文本转化、残疾人智能帮助系统。

8.5.1 节和 8.5.2 节将分别介绍两种自然语言处理技术：词频统计和词云分析。

8.5.1 词频统计

词频统计就是对某些给定的词语在某文件中出现的次数进行统计。

那么它能做哪些事情？例如：分析小说中的人物出场顺序；分析小说中的人物出场次数；分析领导演讲稿中强调最多的是什么；分析红楼梦前八十回和后四十回到底是不是一个人写的；……

接下来，以《红楼梦》为例，分析在这本小说中名字出现次数最多的人物来学习词频统计。如果这项工作让人来完成，那么词频统计的步骤如下：从小说开头第一个字读下去，看到一个人名用纸记录下来。名字第一次出现，就在纸上记下他的名字；第二次、第三次出现直接在名字的次数上加 1，按照以上的方式来实现统计，最后根据每个人名的出现次数进行从大到小排序，排在最前面的就是出现次数最多的人物。

分解一下这整个步骤，得到：

(1) 读入小说；

(2) 辨认出人名；

(3) 找一张纸，也就是一个容器，来记录人名出现的次数；

(4) 对人名出现的次数进行排序；

(5) 取出排在最前面的人物。

因此可类比，计算机按照同样的步骤来实现词频统计。

(1) 计算机读取。将《红楼梦》小说按照 8.2.1 节的步骤实现导入，代码如下：

```
#读取《红楼梦》
f = open("D://文件集//2024.2//红楼梦.txt", "r", encoding = 'utf-8')
content = f.read()
f.close()
```

(2) 计算机辨认出人名。计算机没有人类聪明，看到“宝玉”两个字，他不知道这是一个词，更不可能知道这是一个人名。那么计算机会怎么做？首先它会进行“分词”处理，利用 Python 的 jieba 库，代码如下：

```
import jieba
#读取《红楼梦》
```

```
f = open("D://文件集//2024.2//红楼梦.txt", "r", encoding = 'utf - 8')
content = f.read()
f.close()
#分词
words = jieba.lcut(content)
```

(3) 计算机找容器,边记录人名边计数。在现实中怎样来实现这一步? 宝玉: 10; 贾母: 5; 凤姐: 4……在计算机中有没有类似的写法? 答案是有,可利用 Python 中的一种数据结构: 字典。字典是另一种可变容器模型,且可存储任意类型的对象。

字典的每个键值对用冒号分隔,每对之间用逗号分隔,所有元素包括在花括号中,格式为: d={key1:value1,key2:value2}。

键必须是唯一的,但值则不必。值可以取任何数据类型,但键必须是不可变的,如字符串、数字或元组。一个简单的字典实例如下:

```
dict = {'Alice':'2341','Beth':9102,'Cecil':'3258'}
```

另外,可根据 dict['Alice']来取出 Alice 这个键的值。

回到《红楼梦》词频分析的代码,首先要找一个字典容器,也就是在 Python 中创建一个空字典,然后根据分词结果,利用一个 for 循环,遍历所有词语。第一次出现的词语就将这个词语添加到字典,并且将其计数为 1; 不是第一次出现的词语就直接将它的计数加 1,代码如下:

```
box = {}
for word in words:
      if word in box:
          box[word] + = 1
      else:
          box[word] = 1
print(box)
```

运行结果如图 8.8 所示,方框里面是一些干扰词,它们本身不代表人名,但是出现次数却很多,如果将这些干扰词也进行排序,则会对结果产生干扰,所以要把这些干扰词尽可能去掉。观察这些干扰词可发现,很多都是字符长度为 1 的词。因此,词语添加进容器并进行计数之前可增加一个条件,当且仅当词语字符长度大于 1,才能被添加进容器,即在代码中增加一个 if 判断,代码优化如下:

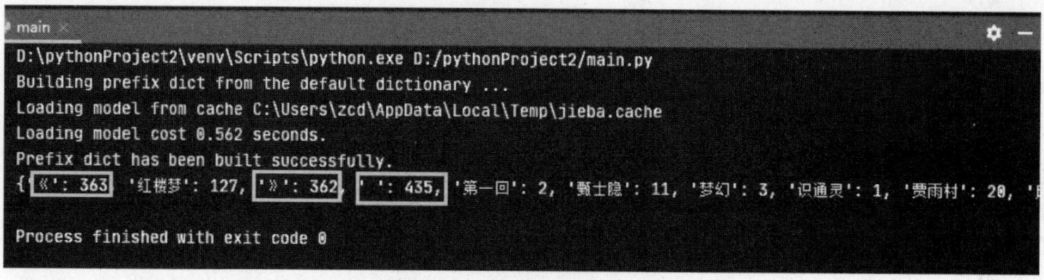

```
main
D:\pythonProject2\venv\Scripts\python.exe D:/pythonProject2/main.py
Building prefix dict from the default dictionary ...
Loading model from cache C:\Users\zcd\AppData\Local\Temp\jieba.cache
Loading model cost 0.562 seconds.
Prefix dict has been built successfully.
{'《': 363, '红楼梦': 127, '》': 362, ' ': 435, '第一回': 2, '甄士隐': 11, '梦幻': 3, '识通灵': 1, '贾雨村': 20, '

Process finished with exit code 0
```

图 8.8 运行结果

```
for word in words:
     if len(word) > 1:
```

```
        if word in box:
            box[word] + = 1
        else:
            box[word] = 1
```

运行结果详见图 8.9,可见结果已被优化。

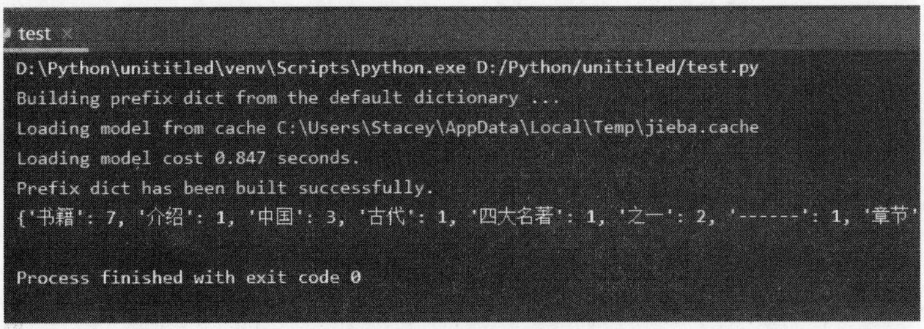

```
test ×
D:\Python\unititled\venv\Scripts\python.exe D:/Python/unititled/test.py
Building prefix dict from the default dictionary ...
Loading model from cache C:\Users\Stacey\AppData\Local\Temp\jieba.cache
Loading model cost 0.847 seconds.
Prefix dict has been built successfully.
{'书籍': 7, '介绍': 1, '中国': 3, '古代': 1, '四大名著': 1, '之一': 2, '------': 1, '章节'

Process finished with exit code 0
```

图 8.9 运行结果

(4) 计算机对词语进行排序。也就是根据字典 box 容器中的键值对的值进行排序,但是字典没有直接实现排序的方法,而列表有,则可将字典转换成列表,即将字典中的键值对放入列表,代码如下:

```
hist = list(box.items())
hist.sort(key = lambda x: x[1], reverse = True)
```

运行结果详见图 8.10。

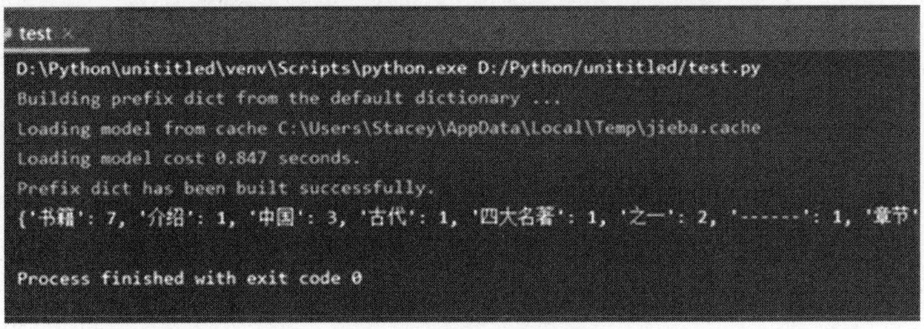

```
test ×
D:\Python\unititled\venv\Scripts\python.exe D:/Python/unititled/test.py
Building prefix dict from the default dictionary ...
Loading model from cache C:\Users\Stacey\AppData\Local\Temp\jieba.cache
Loading model cost 0.847 seconds.
Prefix dict has been built successfully.
{'书籍': 7, '介绍': 1, '中国': 3, '古代': 1, '四大名著': 1, '之一': 2, '------': 1, '章节'

Process finished with exit code 0
```

图 8.10 运行结果

(5) 利用列表的排序方法来进行排序,代码如下:

```
hist.sort(key = lambda x:x[1],reverse = True)
```

(6) 计算机取出排在最前面的人名。首先打印出 hist,排序之后的词语分布情况详见图 8.11。

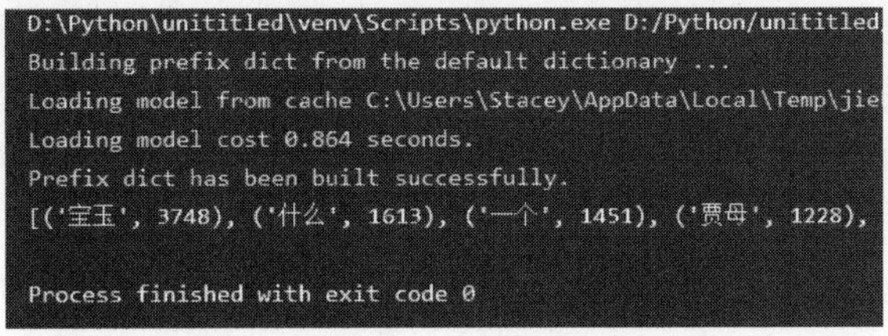

```
D:\Python\unititled\venv\Scripts\python.exe D:/Python/unititled
Building prefix dict from the default dictionary ...
Loading model from cache C:\Users\Stacey\AppData\Local\Temp\jie
Loading model cost 0.864 seconds.
Prefix dict has been built successfully.
[('宝玉', 3748), ('什么', 1613), ('一个', 1451), ('贾母', 1228),

Process finished with exit code 0
```

图 8.11 排序之后词语分布情况

可见列表的第一个值,其中的词语就是一个人名,取出 hist[0]进行打印,整体代码如下:

```
import jieba
#读取《红楼梦》
f = open("D://文件集//2024.2//红楼梦.txt", "r", encoding='utf-8')
content = f.read()
f.close()
#分词
words = jieba.lcut(content)
#统计
box = {}
for word in words:
    if len(word) > 1:
        if word in box:
            box[word] += 1
        else:
            box[word] = 1

#排序
hist = list(box.items())
hist.sort(key=lambda x: x[1], reverse=True)
#打印结果
print(hist[0])
```

运行结果如图 8.12 所示。

```
D:\Python\unititled\venv\Scripts\python.exe D:/
Building prefix dict from the default dictionar
Loading model from cache C:\Users\Stacey\AppDat
Loading model cost 0.848 seconds.
Prefix dict has been built successfully.
('宝玉', 3748)

Process finished with exit code 0
```

图 8.12　运行结果

8.5.2　词云分析

“词云”这个概念由美国西北大学新闻学副教授、新媒体专业主任里奇·戈登(Rich Gordon)提出。戈登做过编辑、记者,曾担任《迈阿密先驱报》(*Miami Herald*)新媒体版的主任。他一直很关注网络内容发布的最新形式——即那些只有互联网可以采用而报纸、广播、电视等其他媒体都望尘莫及的传播方式。通常,这些最新的、最适合网络的传播方式也是最好的传播方式。词云图也叫文字云,是对文本中出现频率较高的“关键词”予以视觉化的展现,词云图过滤掉大量的低频的文本信息,使得浏览者只要一眼扫过文本就可领略文本的主旨。

在互联网时代,人们获取信息的途径多种多样,大量的信息涌入人们的视线。如何从浩如烟海的信息中提炼出关键信息、滤除垃圾信息,一直是现代人关注的问题。在这个信息爆炸的时代,每时每刻都要更新自己的知识储备,而网络是最好的学习平台。对信息过滤和处理的能力强,学习效率就会得到提高。“词云”就是为此而诞生的。“词云”是对网络文本中出现频率较高的“关键词”予以视觉上的突出,形成“关键词云层”或“关键词渲染”,从而过滤掉大量的无意义信息,使浏览者只要一眼扫过词云图片就可以领略文章或者网页内容的主旨(词云举例见图 8.13)。不仅如此,一幅制作精美的词云图片可以起到一图胜千言的效果。在报告或者

PPT 中适当地使用词云，会使表达更清晰充分，为演讲者表达的意义加分。

简单来讲，词云是使用视觉刺激的办法，让读者一眼就看见作者想要突出表达的信息。

词云分析用途有很多，如：

（1）可以快速抓取政府工作报告中出现的各大关键词来了解时政。

（2）可以找出年度点击量最多的小说。

（3）可以分析小说中人物出场频率。

……

图 8.13　词云举例

这里依旧以分析《红楼梦》小说中人物出场频率为例来学习词云分析。

首先来分析词云分析是如何进行的。根据其定义，可以理解为它是一种以词语为单位，依据词语在文段中出现的频率来进行展示的统计数据的可视化方法。

（1）以词语为单位。需要进行词云分析的通常是文段，那么首先要将文段进行分词。这步利用 Python 的 jieba 库很容易实现，可参照 8.5.1 节的实现方法，这里不做详细介绍。

（2）依据词语出现的频率进行可视化展示。这一步只需借助一个第三方库 WordCloud 完成整个步骤。

WordCloud 库的安装方法为：在 cmd 中输入 pip install wordcloud，过程中可能会遇到一些问题，导致安装不成功，解决方法如下：

（1）根据它的报错提示，可直接打开其提示的网址，进入该网站，下载并安装一个 Visual Studio，这个问题就会解决。但缺点是，这个 Visual Studio 很占空间。

（2）下载对应自身计算机 Python 版本的 WordCloud 包（下载地址详见前言二维码），然后输入 cmd 进入这个包下载的目录，输入命令 pip install＋下载的包名，下载安装示例如图 8.14 所示。

```
(honglou) C:\Users\predestin>pip install wordcloud-1.9.4-cp313-cp313-win_amd64.whl
Processing c:\users\predestin\wordcloud-1.9.4-cp313-cp313-win_amd64.whl
Requirement already satisfied: numpy>=1.6.1 in d:\anaconda\envs\honglou\lib\site-packages (from wordcloud==1.9.4) (2.1.3
)
Requirement already satisfied: pillow in d:\anaconda\envs\honglou\lib\site-packages (from wordcloud==1.9.4) (11.0.0)
Requirement already satisfied: matplotlib in d:\anaconda\envs\honglou\lib\site-packages (from wordcloud==1.9.4) (3.10.0)
Requirement already satisfied: contourpy>=1.0.1 in d:\anaconda\envs\honglou\lib\site-packages (from matplotlib->wordclou
d==1.9.4) (1.3.1)
Requirement already satisfied: cycler>=0.10 in d:\anaconda\envs\honglou\lib\site-packages (from matplotlib->wordcloud==1
.9.4) (0.12.1)
Requirement already satisfied: fonttools>=4.22.0 in d:\anaconda\envs\honglou\lib\site-packages (from matplotlib->wordclo
ud==1.9.4) (4.55.3)
Requirement already satisfied: kiwisolver>=1.3.1 in d:\anaconda\envs\honglou\lib\site-packages (from matplotlib->wordclo
ud==1.9.4) (1.4.7)
Requirement already satisfied: packaging>=20.0 in d:\anaconda\envs\honglou\lib\site-packages (from matplotlib->wordcloud
==1.9.4) (24.2)
Requirement already satisfied: pyparsing>=2.3.1 in d:\anaconda\envs\honglou\lib\site-packages (from matplotlib->wordclou
d==1.9.4) (3.2.0)
Requirement already satisfied: python-dateutil>=2.7 in d:\anaconda\envs\honglou\lib\site-packages (from matplotlib->word
cloud==1.9.4) (2.9.0.post0)
Requirement already satisfied: six>=1.5 in d:\anaconda\envs\honglou\lib\site-packages (from python-dateutil>=2.7->matplo
tlib->wordcloud==1.9.4) (1.17.0)
Installing collected packages: wordcloud
Successfully installed wordcloud-1.9.4
```

图 8.14　下载安装示例

安装完后，这里对 WordCloud 库进行介绍。

- wordcloud. WordCloud()代表一个文本对应的词云。
- 可根据文本中词语出现的频率等参数绘制词云。
- 词云的形状、尺寸和颜色可自行设定。

WordCloud 库的常规使用方法是以 WordCloud 对象为基础，配置对象参数，加载词云文本，输出词云文件。

(1) 配置对象参数。w＝wordcloud. WordCloud(参数)，详细参数可见表 8.1。另外，参数 color_func 用于指定词云中字体颜色，一般是提取词云图片的颜色作为字体颜色。

表 8.1 详细参数

参　数	描　述
width	指定词云对象生成图片的宽度，默认为 400 像素
height	指定词云对象生成图片的高度，默认为 200 像素
min_font_size	指定词云中字体的最小字号，默认为 4 号
max_font_size	指定词云中字体的最大字号，根据高度自动调节
font_step	指定词云中字体字号的步进间隔，默认为 1
font_path	指定字体文件的路径，默认为 None
max_words	指定词云显示的最大单词数，默认为 200
stop_words	指定词云的排列词列表，即不显示的单词列表
mask	指定词云形状，默认为长方形，需要引用 imread()函数
background_color	指定词云图片的背景颜色，默认为黑色

(2) 加载词云文本。w. generate(txt)，代表向 WordCloud 对象 w 中加载文本 txt。

注意：txt 是字符串类型变量。

(3) 输出词云文件。w. to_file(filename)，将词云输出为图像文件，输出格式为 png 或 jpg，图像文件的存储路径＋文件名 filename。

回归到分析《红楼梦》小说中人物出场频率这个实例。首先将《红楼梦》小说内容导入，代码如下：

```
f = open("D://文件集//2024.2//红楼梦.txt", "r", encoding = 'utf - 8')
content = f.read()
f.close()
```

之后对 content 进行分词操作，代码如下：

```
import jieba
import wordcloud
f = open("D://文件集//2024.2//红楼梦.txt", "r", encoding = 'utf - 8')
content = f.read()
f.close()
words = jieba.lcut(content)
Str = ' '.join(words)
```

需要注意的是，这里通过 jieba. lcut()分词后返回的是一个列表类型的数据，而加载词云文本的 w. generate(txt)，里面的 txt 变量需要的是一个字符串类型的变量，因此这里就需要将列表类型的数据转换成字符串类型的数据。利用'.join()语句来实现这个步骤，这是字符串的. join()方法，用于将序列中的元素以“指定的字符”连接生成一个新的字符串，而这个“指定的字符”指的是. join()前面单引号中添加的内容，例如添加的是空格，那么每个词之间会使用空格连接生成一个新的字符串，然后将这些词语作为词云文本，生成词云。

创建一个词云对象时，需要一些参数设定背景颜色、字体类型等。而这些参数需要提前准备，如：

(1) mask，词云形状。须提前找好一张轮廓清晰的图片，并且把这张图片导入，这里需要下载一个 imageio 库，只需输入 pip install imageio 下载即可。

(2) color_func，词云中的字体颜色。要利用词云背景图片的颜色，需要先把背景图片中的颜色提取出来作为 color_func 的参数值。

(3) font_path，字体文件的路径。词云中词语的字体是由字体文件来决定的，这里如果不设置这个参数，在对中文文本生成词云时会出现乱码情况。所以在文本中有中文的情况下需要指定字体文件。至于字体文件去哪儿找，有个很简单的方法，就是进入 C:\Windows\Fonts，里面全是系统自带的字体文件，找到自己需要的再将其复制进指定代码所在文件夹即可使用，详细操作如图 8.15 所示。

图 8.15　详细操作

(4) max_words，词云显示的最大单词数。根据具体应用要求，显示部分单词时可通过设置此参数来控制。

(5) background_color，词云图片的背景颜色，默认是黑色。

具体代码如下：

```
#配置参数 mask 的值,导入图片
pic_path = '贾宝玉.jpg'
pic = imread(pic_path)
```

```
#配置参数 color_func 的值,wordcloud.ImageColorGenerator(pic)用来提取出图片颜色
pic_color = wordcloud.ImageColorGenerator(pic)
#配置参数 font_path 的值,STKAITI.TTF 是找的一个字体文件
font = 'STKAITI.TTF'
#配置参数 stop_words 的值(1、2、3)
#先从本地导入停用词文件
file = open('红楼梦停用词.txt', 'r', encoding = 'utf - 8')
StopWords_Content = file.read()
file.close()
#将停用词文本进行分词操作
Stop_words = jieba.lcut(StopWords_Content)
#将分词后的停用词列表转换成字典类型
StopW = {}
for word in Stop_words:
    StopW[word] = 0
#生成词云对象,并配置各类参数
w = wordcloud.WordCloud(mask = pic, font_path = font, stopwords = StopW,
                        color_func = pic_color, max_words = 100, background_color = 'white')
#加入词云文本
w.generate(Str)
#输出词云文件,不加路径就是直接输出在代码所在文件夹
#如果这个文件已存在,那么直接覆盖;不存在,那么生成一个指定文件名的文件
w.to_file('红楼梦词云.jpg')
```

运行结果如图 8.16 所示。

图 8.16 运行结果

从运行结果图中可发现有很多干扰词,如“起来”“进来”“他们”“你们”“说道”,这些词都不是人名,而这里要分析的是人物出现频次,这些干扰词的存在会导致一些人名无法出现在词云中。那么是不是可以想办法使这些词停止进入词云制作呢?这里需要使用 stop_words,即停用词。停用词的解释就是遇到这些词就自动舍弃,不进入词云制作。WordCloud 库本身携带一个停用词文件,因此不设置参数 stop_words 就意味着默认使用 WordCloud 自身携带的停用词库,如图 8.17 所示。可发现自带的停用词库里都是英文单词,因此这些对于中文来说

没起到任何效果，此时需要自己来创建停用词库。首先可以从网上下载一个中文通用停用词库，一般都是 TXT 文件，然后在其中进行补充。之后将自定义的停用词词库传给参数 stop_words，步骤就是读入、分词和将列表类型转换成字典类型，因为 jieba. lcut()生成的停用词分词结果是列表类型的，而参数 stop_words 是字典类型的，所以需要将自定义的停用词列表转换成字典类型，代码如下：

```
file = open('红楼梦停用词.txt', 'r', encoding = 'utf - 8')
StopWords_Content = file.read()
file.close()
#将停用词文本进行分词操作
Stop_words = jieba.lcut(StopWords_Content)
#将分词后的停用词列表转换成字典类型
StopW = {}
for word in Stop_words:
    StopW[word] = 0
```

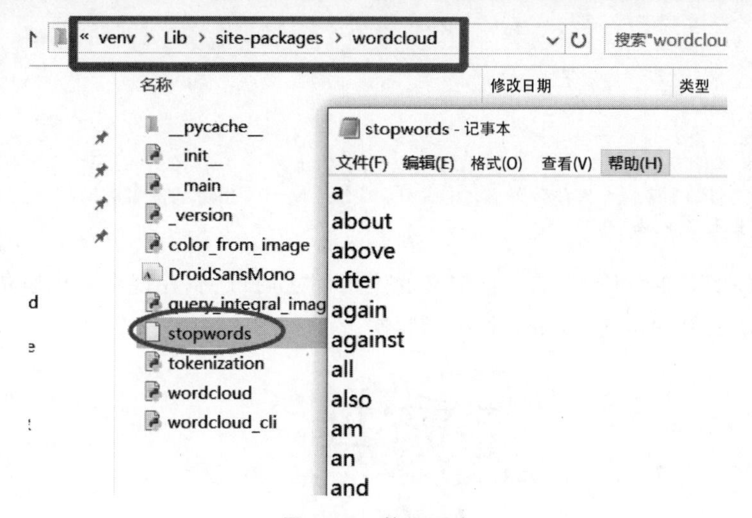

图 8.17　停用词库

配置词云对象参数时需要加上 stop_words 这个参数，整体代码如下：

```
import jieba
import wordcloud
from imageio import imread
#导入红楼梦文本
f = open("D://文件集//2024.2//红楼梦.txt", "r", encoding = 'utf - 8')
content = f.read()
f.close()
#对红楼梦文本进行分词,即准备词云文本
words = jieba.lcut(content)
Str = ''.join(words)

#配置参数 mask 的值,导入图片
pic_path = '贾宝玉.jpg'
pic = imread(pic_path)

#配置参数 color_func 的值,wordcloud.ImageColorGenerator(pic)用来提取出图片颜色
pic_color = wordcloud.ImageColorGenerator(pic)
```

```
#配置参数 font_path 的值,STKAITI.TTF 是我找的一个字体文件
font = 'STKAITI.TTF'

#配置参数 stop_words 的值(1,2,3)
#从本地导入停用词文件
file = open("红楼梦停用词.txt", "r", encoding = 'utf - 8')
StopWords_Content = file.read()
file.close()
#将停用词文本进行分词操作
Stop_words = jieba.lcut(StopWords_Content)
#将分词后的停用词列表转换成字典类型
StopW = {}
for word in Stop_words:
    StopW[word] = 0

#生成词云对象,并配置各类参数
w = wordcloud.WordCloud(mask = pic, font_path = font, stopwords = StopW,
                        color_func = pic_color, max_words = 100, background_color = 'white')

#加入词云文本
w.generate(Str)

#输出词云文件,不加路径就是直接输出在代码所在文件夹.
#如果这个文件已存在,那么直接覆盖; 不存在,那么生成一个指定文件名的文件
w.to_file('红楼梦词云.jpg')
```

运行结果如图 8.18 所示。加入自定义的停用词之后可见,在现在的词云中大多是人名,由此可达到本次实例的目的,分析人物出场频次。

图 8.18 运行结果

拓展：学到这里相信读者已经对自然语言处理技术有了更深入的了解,如果想了解更多,在这里介绍几个开源中文 NLP 系统,如表 8.2 所示。

表 8.2　开源中文 NLP 系统

名　　称	所 属 机 构	名　　称	所 属 机 构
pyltp	哈尔滨工业大学	NLPIR	中国科学院
thulca	清华大学	Zpar	新加坡科技大学

搜索语言云或通过网址进入语言技术平台,如图 8.19 所示。

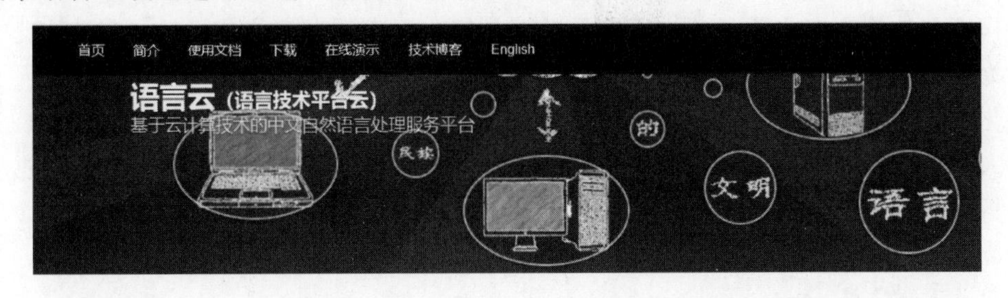

图 8.19　搜索语言云或通过网址进入语言技术平台

单击"在线演示"进入"在线演示"栏,输入"我是一名学生,我正在学习自然语言处理技术",单击"分析"按钮,如图 8.20 所示,观察结果如图 8.21 所示。

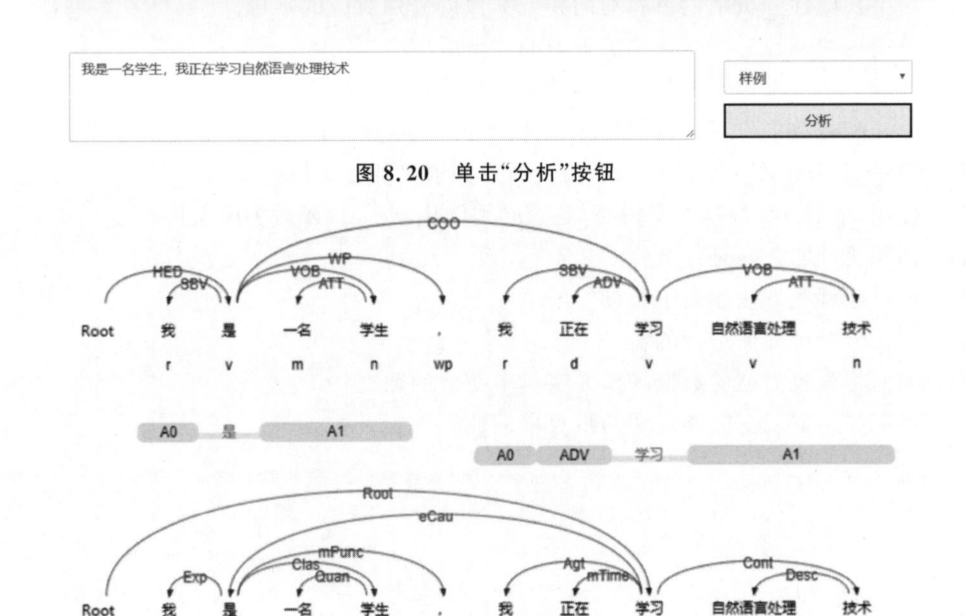

图 8.20　单击"分析"按钮

图 8.21　观察结果

本章小结

大数据时代,海量文本的积累在各个领域不断涌现。从人文研究到政府决策,从精准医疗到量化金融,从客户管理到市场营销,海量文本作为最重要的信息载体之一,处处发挥着举足轻重的作用。传统人工方法无法进行海量数据分析。文本数据智能分析是将非结构化文本数据转换为有意义的数据进行分析的过程;是从非结构化数据中检索信息,以及对输入文本进行结构化以得出模式和趋势,并对输出数据进行评估和解释的过程。本章从数据获取、文本数据的输入和输出、中文分词技术、数据预处理技术和自然语言处理技术方面对文本数据智能统计与分析技术进行了系统介绍。

思考题

1. 众所周知,停用词库可以使用 WordCloud 库本身携带的,也可以使用从网上下载的。如果处理的文件内容都是中文,停用词库还能使用 WordCloud 库本身携带的吗?
2. 简述中文分词的切分歧义的概念,并分别举例说明三种常见的切分歧义。
3. 举例说明三种分词模式,并简述三种分词模式的应用场景。
4. 说明在全模式和精确模式中,cut_all 参数的取值有什么不同。
5. 在哪种模式中,没办法消除中文语义歧义?这种模式一般应用于哪些场景?
6. 简述在数据预处理技术中噪声代表的含义。
7. 简述在噪声处理中常用的方法。
8. 列举 Python 3.5 以上版本中词性分析使用的工具包。
9. 简述停用词在中文分词技术中的作用。
10. 给出在词性分析中,名词、动词和人称代词分别对应的字母。
11. 举例说明词性标注在现实工程中的三个应用。
12. open()函数常用形式的两个参数分别是什么?
13. open()函数中以只读方式打开文件的 mode 参数是什么?
14. file.readlines([size]) 读取所有行时返回值是什么类型?
15. 使用 open()函数打开文件时,是否必须调用 close()函数关闭文件?
16. 词频统计的含义是什么?
17. 可以用哪些方法除去干扰词?
18. 词云分析是如何进行的?
19. 如何将列表类型的数据转换成字符串类型的数据?
20. 如何控制词云图能够现实的最大单词数?

人工智能分析方法

智能数据分析是指运用统计学、模式识别、机器学习、数据抽象等数据分析工具从数据中发现知识的分析方法。在本章中主要介绍的是基于机器学习的智能数据分析方法，该类方法是人工智能分析方法的核心。

通过日积月累的观察学习，人们在日常生活、工作中积累了许多经验，而通过对经验的利用，就能对新情况做出有效的决策。例如，根据“朝霞不出门，晚霞行千里”的生活经验，头一天傍晚如果看到晚霞，就可以预测第二天的天气会很好；类似地，在专业领域中，医生通常也是利用已积累的临床经验和患者自身表现出的症状及检查数据，来完成对当前新患者的疾病诊断的。可以看出，经验的学习和利用是人类智能的重要体现，也是人工智能中非常重要的研究问题。

那么在信息化的今天，可以让计算机来帮助人类更有效地完成经验的获取和利用吗？机器学习正是这样一门技术。本章内容主要涉及机器学习的相关概念、代表性方法、应用实例及其在 Python 中的实现过程。

9.1 机器学习简介

9.1.1 机器学习的基本概念

机器学习(Machine Learning，ML)是一项多领域交叉的科学技术，涉及概率论、统计学、逼近论、凸分析、算法复杂度理论等多门学科，它致力于研究如何通过计算的手段，利用经验来改善系统自身的性能，也就是研究计算机怎样模拟或实现人类的学习行为。它是目前人工智能技术的核心，是使计算机具有智能的根本途径，它的应用已遍及人工智能的各个分支。

在计算机系统中，“经验”通常以“数据”的形式存在，利用“学习算法”可在计算机上从“数据”中训练产生相应的经验“模型”，所训练的“模型”在面对新的数据时，就会对未知结果提供相应的预测或判断，这就是机器学习的主要研究内容。目前常见的“学习算法”包括回归分析、贝叶斯分类器、支持向量机、决策树、人工神经网络、聚类分析等。

在学习过程中，根据用来学习的“数据”是否拥有标记信息，可将学习任务大致划分为两大类：监督学习(Supervised Learning)、无监督学习(Unsupervised Learning)。类和回归问题是前者的代表，而聚类问题则是后者的代表。机器学习的学习方式除了有监督学习、无监督学习外，还有半监督学习、强化学习等。半监督学习是介于监督学习和无监督学习之间的一种学习方式。强化学习不同于前面的学习方式，它是一种利用学习得到的模型来指导行动的交互式学习方式。本章主要介绍常用的有监督学习和无监督学习。

9.1.2 Python 机器学习库与学习平台

为了在各种应用中实现上述机器学习的基本过程，常常需要利用到 Python 中的 Scikit-Learn 库，它是目前最重要、最常用的机器学习工具包，提供了机器学习中所涉及的监督学习、无监督学习、特征选择和模型的训练、评估等相关的子库或模块。例如数据集 sklearn. datasets、特征预处理 sklearn. preprocessing、特征选择 sklearn. feature_selection、特征抽取 feature_extraction、模型评估(sklearn. metrics、sklearn. crossvalidation)子库，实现机器学习基础算法的模型训练(sklearn. cluster、sklearn. semi_supervised、sklearn. svm、sklearn. tree、sklearn. linear_model、sklearn. naive_bayes、sklearn. neural_network)子库等。Scikit-Learn 常用模块和类如表 9.1 所示，其常见的引用方式如下：

```
from sklearn import <模块名>
```

表 9.1 Scikit-Learn 常用模块和类

库(模块)	类	类别	功能说明
sklearn. preprocessing	StandardScaler	无监督	标准化
	MinMaxScaler	无监督	区间缩放
	Normalizer	无信息	归一化
	Binarizer	无信息	定量特征二值化
	OneHotEncoder	无监督	定性特征编码
	Imputer	无监督	缺失值计算
	PolynomialFeatures	无信息	多项式变换
	FunctionTransformer	无信息	自定义函数变换(自定义函数在 transform()方法中调用)
sklearn. feature_selection	VarianceThreshold	无监督	方差选择法
	RFE	有监督	递归特征消除法
	SelectFromModel	有监督	自定义模型训练选择法
sklearn. decomposition	PCA	无监督	PCA 降维
sklearn. lda	LDA	有监督	LDA 降维
sklearn. cluster	KMeans	无监督	K-means 算法
	DBSCAN	无监督	基于密度的聚类算法
sklearn. linear_model	LinearRegression	有监督	线性回归算法
sklearn. neighbors	KNeighborsClassifier	有监督	K 近邻算法(KNN)
sklearn. tree	DecisionTreeClassifier	有监督	决策树分类算法

下面本章将会分别针对有监督学习和无监督学习学习任务介绍其常用的机器学习方法及其相关应用实现。

9.2 有监督学习

有监督学习的学习方式常用于回归问题与分类问题。分类主要根据输入样本的属性值，建立一个分类模型，将每个样本都映射到预先定义好的类别；而回归则是建立连续值函数模型，预测与给定属性(自变量)相关的待预测属性(因变量)的值。

以分类问题为例，有监督学习的实现过程一般分为三个阶段，有监督学习框架图（分类问题）如图9.1所示。

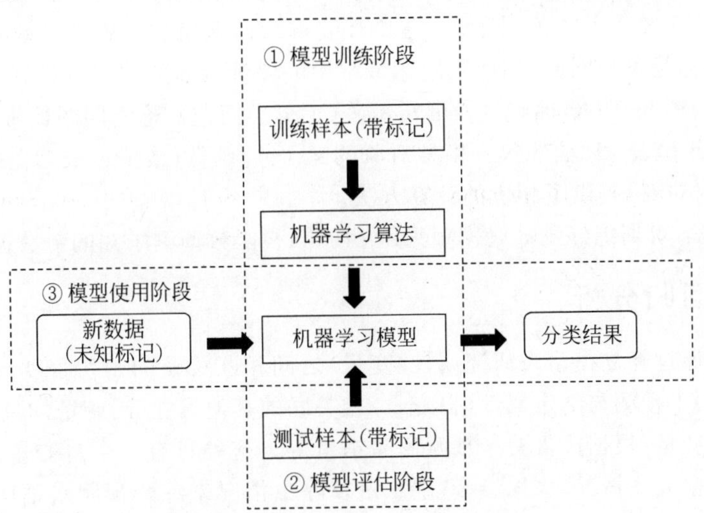

图9.1　有监督学习框架图（分类问题）

① 模型训练阶段：利用特定的学习算法，根据含类别标记的训练样本，训练出相应的分类模型。在此过程中，将模型分类的结果与实际类别标记进行比较测试，不断地调整分类模型的参数，使训练误差逐渐减小。

② 模型评估阶段：将训练好的模型，用测试样本进行性能评估，如果分类准确性能达到预期，则可进入模型使用阶段。

③ 模型使用阶段：对于类别标记未知的新数据，可通过已训练好的分类模型，对待分类的新数据进行分类预测并输出分类结果。

有监督学习算法在实现过程中通常经过下面5个步骤：数据准备、模型配置、模型训练、模型评估及模型预测，如图9.2所示。Scikit-Learn库对机器学习各个环节的操作都进行了较好的封装，使用起来十分方便。

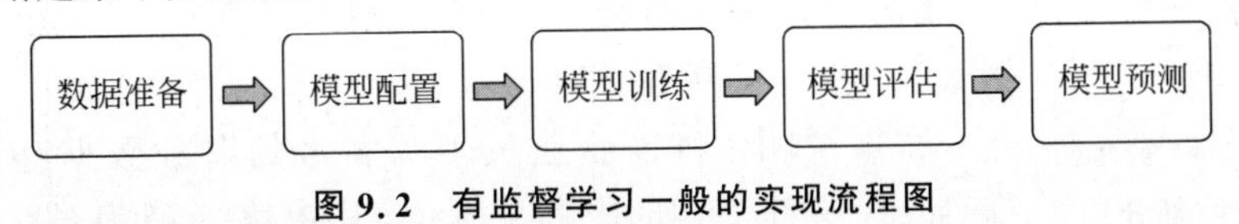

图9.2　有监督学习一般的实现流程图

① 数据准备：数据的准备首先会从外部文件中导入数据（读CSV文件、XLSX等文件或加载Sklearn库中自带的数据库）。然后利用数据列表的操作或train_test_split()函数对数据进行训练集和测试集的划分。最后利用StandardScaler()函数将数据进行标准化（多特征数据分析中，由于各特征的性质不同，通常具有不同的量纲和数量级。当各特征间的水平相差很大时，如果直接用原始特征值进行分析，就会突出数值较高的特征在综合分析中的作用，相对削弱数值水平较低特征的作用。因此，为了保证分析结果的可靠性，需要对原始特征数据进行标准化处理。标准化后的数据的均值为0，标准差为1）。

② 模型配置：调用Scikit-Learn库中对应学习算法的类（见表9.1）生成模型对象，并进行参数配置。这里的参数主要包括损失函数的种类、优化算法的种类及各模型特有的参数等，相关参数列表可参看Scikit-Learn API文档的URL地址（网址详见前言二维码）。

③ 模型训练：使用模型对象的fit()函数在训练集上完成对该模型的训练。

④ 模型评估：对训练好的模型在测试集上评估其性能。采用 predict()函数对测试集数据进行预测，并用 score()函数（或 metrics 库函数）计算模型性能指标，若已达到预期，则可停止训练，进入新的未知数据的预测环节；否则还要继续训练模型。值得注意的是，不同学习任务的模型评估指标是不相同的，如回归问题最常用的评价指标是均方误差，分类问题常用的评价指标是错误率、精度、ROC 曲线以及混淆矩阵（二分类问题），检索问题最常用的评价指标是查全率、查准率、F 值及 PR 曲线等。模型对象的 score()函数（或 metrics 库函数）通常为该模型常用的性能评估指标提供了相应的计算方法。

⑤ 模型预测：对训练好的最终模型采用 predict()函数预测未知的新数据。

9.2.1 回归分析

回归分析是通过建立模型来研究属性（变量）之间相互关系的密切程度、结构状态等的一种有效工具，常用于预测与给定属性（自变量）相关联的其他属性（因变量）的连续值，如根据施肥量来预测水稻产量、根据广告费来预测商品销量等。这种只有一个自变量的回归分析称为一元回归。若根据天气情况、水稻产量、浇水量及除虫情况来综合预测水稻产量，这类回归问题有多个自变量属性，被称为多元回归。

WorkAge	Salary
1.1	39343
1.3	46205
1.5	37731
2	43525
2.2	39891
2.9	56642
3	60150
3.2	54445
3.2	64445
3.7	57189
3.9	63218
4	55794
4	56957
4.1	57081
4.5	61111
4.9	67938
5.1	66029
5.3	83088

图 9.3 员工工龄-薪水数据文件（部分）

另外，根据变量之间的关联模型是否为线性模型，可分为线性回归分析和非线性回归分析。本节学习较简单的线性回归模性，它试图通过训练样本学得一个线性模型（即因变量为自变量的某种线性组合）以尽可能准确地预测某个连续属性的值，通常采用最小二乘法来求解线性预测模型，即最小化输出属性的实际值与线性模型预测值之间的均方误差。直观地描述，线性回归是试图找到一条直线，使所有样本到直线上的误差平方之和最小。

利用 Scikit-Learn 中 linear_model 子模块的 LinearRegression 类可生成线性回归器对象。

下面通过实例用代码进行演示其实现过程。

【例 9.1】 已知某企业财务数据，建立一个一元线性回归模型用来根据员工工龄预测其薪水。

数据说明：将该企业员工与薪水的财务数据存储在 Salary_Data.csv 文件中，如图 9.3 所示，其中第一列为员工的工龄属性（年），第二列为员工的薪水属性（元）。

(1) 导入数据。依照监督学习的学习方式，数据中待预测的属性值已知其实际值。

```
import pandas as pd
import numpy as np
#读取文件中的数据
file = 'Salary_Data.csv'
df = pd.read_csv(file)
X = np.array(df.loc[:,'WorkAge']).reshape(-1, 1)
Y = np.array(df.loc[:,'Salary']).reshape(-1, 1)
```

(2) 把导入的数据样本分为互不相交的两组——训练集和测试集。训练集用来训练线性预测模型，测试集用来评估已训练好的模型对未知数据预测的有效程度。

```
#划分训练数据和测试数据
rate = 0.7
num_training = int(rate * len(X))
num_test = len(X) - num_training
np.random.seed(0)                                    #设随机种子
indices = np.random.permutation(len(X))
X_train = X[indices[:num_training]]
Y_train = Y[indices[:num_training]]
X_test = X[indices[num_training:]]
Y_test = Y[indices[num_training:]]
```

在这里，随机抽取70%的数据作为训练数据集，其余的30%作为测试数据集。

(3) 创建一个线性回归对象并进行模型训练。

```
#创建一个线性回归对象
from sklearn import linear_model
linear_regressor = linear_model.LinearRegression()
#用训练数据训练模型
linear_regressor.fit(X_train,Y_train)
```

(4) 用训练好的模型对测试集上的数据进行预测。

```
#预测输出结果
y_test_pred = linear_regressor.predict(X_test)
```

(5) 对预测数据进行可视化展示。

```
#可视化展示
import matplotlib.pyplot as plt
plt.scatter(X_test,Y_test,color = 'red')
plt.plot(X_test,y_test_pred,color = 'black',linewidth = 4)
plt.xticks(())
plt.yticks(())
plt.xlabel('WorkAge')
plt.ylabel('Salary')
plt.show()
```

展示结果如图9.4所示。

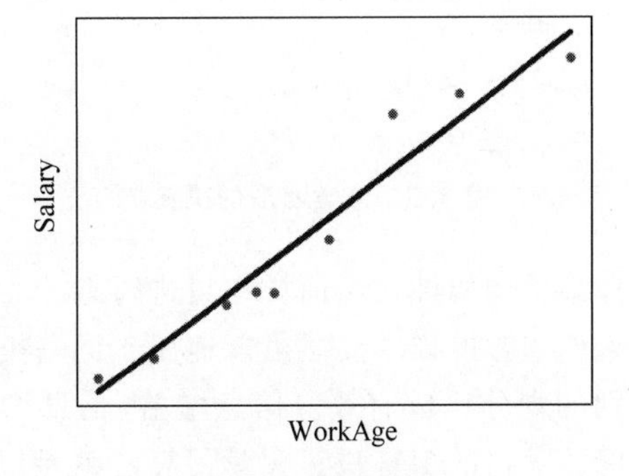

图9.4　展示结果

(6) 对构建的回归模型进行评价。

评价一个回归模型性能的好坏，主要有以下5个指标。

① 平均绝对误差：给定数据集的所有数据点的误差的平方的平均值。

② 均方误差：给定数据集的所有数据点的误差的平方的平均值。

③ 中位数绝对误差：给定数据集的所有数据的误差的中位数。

④ 解释方差得分：此分数用于衡量模型对数据集波动的解释能力，越接近1表示归回模型性能越好。

⑤ R^2 得分：确定性相关系数，用于衡量模型对未知样本预测得效果，越接近1表示归回模型性能越好。

指标相应的代码如下：

```
#模型评价
import sklearn.metrics as sm
print('线性回归器的平均绝对误差为：',round(sm.mean_absolute_error(Y_test,Y_test_pred),2))
print('线性回归器的均方误差为：',round(sm.mean_squared_error(Y_test,Y_test_pred),2))
print('线性回归器的中位数绝对误差为：',round(sm.median_absolute_error(Y_test,Y_test_pred),
2))
print('线性回归器的解释方差得分为：',round(sm.explained_variance_score(Y_test,Y_test_pred),
2))
print('线性回归器的 R 方得分为：',round(sm.r2_score(Y_test,Y_test_pred),2))
```

延伸说明：线性回归是最简单、易用的回归模型，但该模型对输入属性和待预测属性之间的线性关系的假设，使其在应用上具有一定局限性。因为现实生活中相关属性间很难满足严格的线性关系，因此需要将线性模型扩展为更加复杂的非线性的回归模型。

监督学习另一种常见的重要问题是分类问题，它是通过对给定对象属性的分析来识别其所属的类别。分类问题的相关应用非常广泛，如文本分类、图像识别、语言识别等。在9.2.2节～9.2.4节中以决策树、支持向量机、KNN算法为代表来探讨进行分类问题的求解。

9.2.2 决策树

决策树方法在分类、预测及规则提取等领域有着广泛应用。顾名思义，决策树是一种基于树结构来进行决策的模型，这很类似于人类在面临决策问题时一种很自然的处理机制。例如，要对“这是好瓜吗?”这样的问题进行决策时，通常会进行一系列的判断：先看“它是什么颜色”，如果是“青绿色”，则再看“它的根蒂是什么形态”，如果是“蜷缩”，再判断“它敲起来是什么声音”，如果是“浊响”的，就可以得出最终决策的结果：这是个好瓜。这个决策过程如图9.5所示的树状结构。

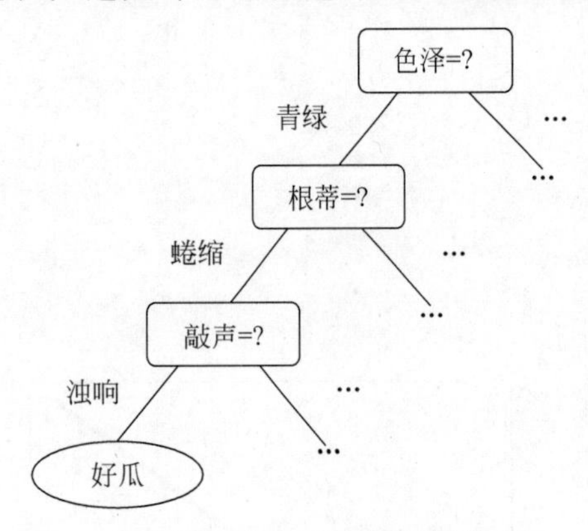

图9.5 分类西瓜的决策树

决策树的构造过程是一个自上而下、分而治之的递归过程。一般地，根节点包含样本的全集；然后根据样本在某属性上的不同取值将其划分成若干个子集，形成非终叶节点并进行递归划分；直至子集中的样本均属于同一类别或无法再进行划分为止，此时形成叶节点，每一个叶节点就有一个决策结果。

决策树构造过程中的核心问题是每一步如何选择最优的属性对当前样本集进行划分。一般而言，随着划分过程的不断进行，决策树的分支节点所包含的样本要尽可能地属于同一类别，即节点的“纯度”越来越高，这就意味着该属性对类别的划分比较有效。信息增益、信息增益率、基尼指数等都是常见的度量样本集合纯度的指标。著名的ID3决策树学习算法就是以划分前后信息熵的改变，即信息增益为准则来划分属性，信息增益值最大的属性就是当前的最优划分属性；广泛应用的C4.5决策树算法是ID3算法的改进算法，该算法先从候选属性中找出信息增益高于平均水平的属性，再从中选择增益率最高的属性作为最优划分属性；而CART决策树则使用基尼指数来选择划分属性。

【例9.2】 某餐饮公司想根据天气、是否周末和是否促销等因素来预测销量的情况，请利用决策树算法，根据下列训练数据将销量划分为“高”“低”两类。

数据集说明：数据集包含34条数据，部分数据如表9.2所示，将其存放在sales_data.xlsx文件中。

表9.2　餐饮销量数据集(部分)

序　号	天　气	是否周末	是否促销	销　量
1	坏	是	是	高
2	坏	是	是	高
3	坏	否	是	低
4	坏	是	否	高
5	坏	是	是	低
6	坏	是	否	低
7	好	是	否	高
8	好	否	是	高
9	好	否	否	高

使用决策树算法预测销量高低的实现过程如下所述。

(1) 导入数据。

```
import pandas as pd
#参数初始化
inputfile = 'sales_data.xlsx'
data = pd.read_excel(inputfile, index_col = u'序号') #导入数据
#数据是类别标签,要将它转换为数据
#用1来表示好、是、高这3个属性,用0来表示坏、否、低
data[data = = u'好'] = 1
data[data = = u'是'] = 1
data[data = = u'高'] = 1
data[data ! = 1] = 0
x = data.iloc[:,:3].as_matrix().astype(int)
y = data.iloc[:,3].as_matrix().astype(int)
```

(2) 划分数据为训练集与测试集，训练集占75%，测试集占25%。

```
#划分训练数据
from sklearn.model_selection import train_test_split
X_train,X_test,Y_train,Y_test = train_test_split(x,
                                                  y,
                                                  test_size = 0.25,
                                                  random_state = 13)     #设随机种子
```

(3) 生成决策树模型，并使用训练数据训练该模型。

```
from sklearn.tree import DecisionTreeClassifier as DTC
dtc = DTC(criterion = 'entropy')              #建立决策树模型,基于信息熵
dtc.fit(X_train, Y_train)                     #训练模型
```

(4) 使用训练好的决策树模型进行测试数据的预测。

```
y_pred = dtc.predict(X_test)
```

(5) 模型评估。

```
from sklearn.metrics import classification_report
#输出预测准确性
print(dtc.score(X_test,Y_test))
#输出更详细的分类性能
print(classification_report(y_pred,Y_test,target_names = ['销量低','销量高']))
```

延伸说明：当学习模型把训练样本学得“太好”时，很可能把训练集自身的一些特点当作所有数据都具有的一般性质而导致泛化能力下降，这种现象在机器学习中称为“过拟合”。与“过拟合”相对的是“欠拟合”，这是指对训练样本的一般性质尚未学好。“欠拟合”比较容易通过增加学习模型复杂度及训练轮数等方式来克服，而“过拟合”不容易解决，是机器学习面临的关键障碍，各类学习算法会带有一些针对性的“缓解”过拟合的措施。在决策树学习中，为了尽可能正确分类训练样本，节点划分过程将不断重复，有时会造成决策树分支过多，这时就可能产生过拟合现象。决策树学习算法常常通过主动去掉一些分支来降低过拟合的风险，剪枝是对付“过拟合”的主要手段，基本策略有“预剪枝”和“后剪枝”。

9.2.3 支持向量机

支持向量机(SVM)是20世纪“统计学习”的代表性技术，它的基本思想是根据训练样本特征空间的分布搜索出所有可能的线性分类器中最优的那个，即寻找一个最佳超平面，如图9.6所示。所谓“最佳超平面”是指离该平面最近的样本点(支持向量)到该平面的距离(间隔)最远，如图9.7所示。这时划分超平面对训练样本的局部扰动的“容忍”性最好，对未知示例的泛化能力最强。这里泛化能力是指学习模型适用于新的未知样本的能力，提高学习模型泛化能力是机器学习最终的目标。

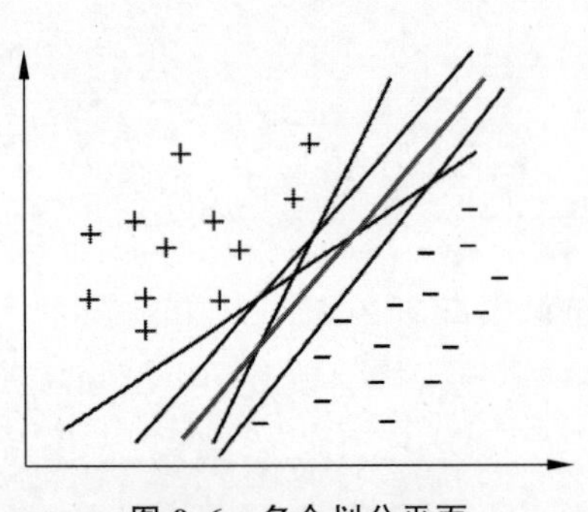

图9.6 多个划分平面

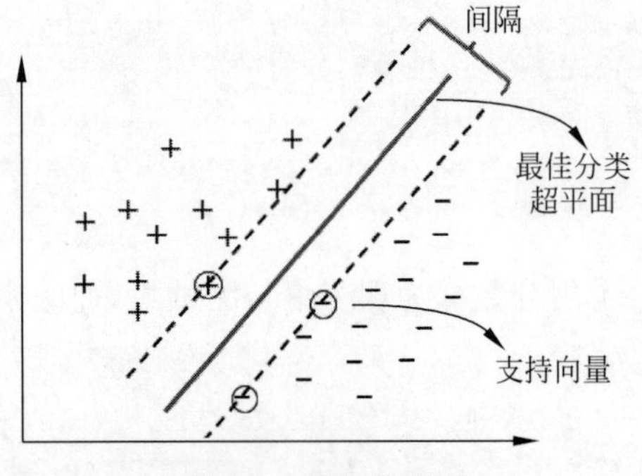

图9.7 最佳超平面

前面的讨论假定训练样本在特征空间中是线性可分的情况，即存在一个超平面能将不同类的样本完全划分开。然而，在现实任务中原始样本特征空间内很有可能并不存在这样的能正确划分两类样本的线性超平面。对于这样的问题，可将样本从原始空间通过特征空间映射函数映射到一个更高维的特征空间，使得样本在这个高维特征空间内线性可分，如图9.8所示。

由于特征空间映射函数在支持向量机模型求解过程中只以内积的形式存在，故将高维空间中特征向量的内积定义为核函数，它隐式定义了高维特征空间。在支持向量机模型建立中，核函数的选择是决定能否将原始特征空间映射到一个合适的高维特征空间的关键，这对分类性能有较大的影响。常用的核函数有线性核、多项式核、高斯核、拉普拉斯核、Sigmoid核等。

根据已有的经验,对文本数据通常采用线性核,不明情况时可先尝试高斯核。

为了减小训练过程中的过拟合现象,支持向量机又引入"松弛变量"的概念,来允许训练样本可以不完全被正确划分,如图9.9所示。这就是实际应用中常用的"软间隔支持向量机"。

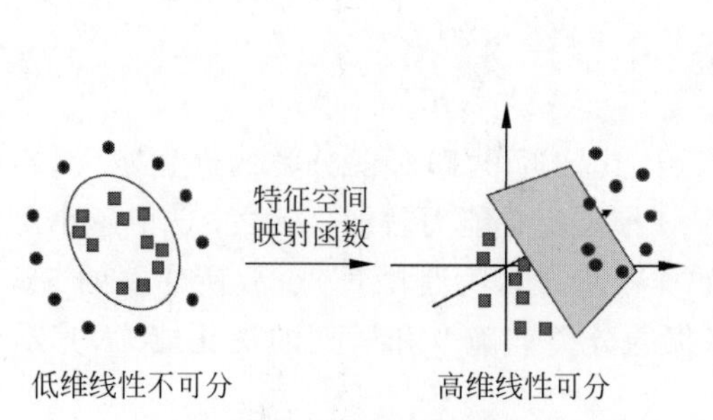

图9.8 特征空间映射

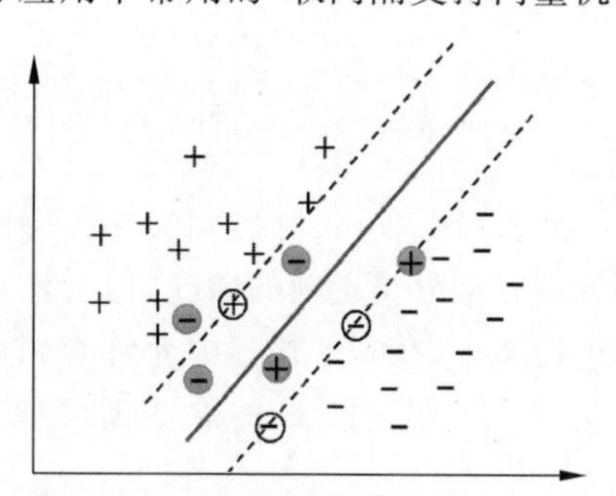

图9.9 软间隔示意图(阴影样本点表示不完全被正确划分的样本)

【例9.3】 使用数据集iris(Sklearn库自带)利用软间隔支持向量机进行鸢尾花的分类识别。

数据集说明:iris数据集由山鸢尾(setosa)、变色鸢尾(versicolor)和弗吉尼亚鸢尾(virginica)三种不同亚种的鸢尾花样本数据构成。该数据集包含150个数据样本,分为前述三类鸢尾花,每类50个样本,每个样本包含花萼长度、花萼宽度、花瓣长度及花瓣宽度4个属性,其中数据用二维表进行存储,二维表的每一行代表一个样本数据,前4列为对应的4个属性值,第5列为分类标记值,0、1、2分别代表三种不同的亚类。实现过程如下所述。

(1) 载入数据。

```
from sklearn import datasets
import numpy as np
iris = datasets.load_iris()                 #从 datasets 中导入数据
Data = iris.data                            #每个鸢尾花有 4 个数据
Label = iris.target                         #每个鸢尾花所属品种
x, y = np.split(Data,                       #要分割的数组
                (4,),                       #沿轴分割的位置,第 5 列开始往后为 y
                axis = 1)                   #代表纵向分割,按列分割
x = x[:, 0:2]                               #为方便最后的可视化,取 x 前两列作为分类特征
y = Label
```

(2) 划分数据。

```
#划分训练数据
from sklearn.model_selection import train_test_split
X_train,X_test,Y_train,Y_test = train_test_split(x,y,test_size = 0.3,random_state = 1)
```

(3) 数据标准化。

```
from sklearn.preprocessing import StandardScaler
ss = StandardScaler()                          #初始化
X_train = ss.fit_transform(X_train)
X_test = ss.transform(X_test)
```

数据标准化,使每列数据均值为0,方差为1。

(4) 生成SVM模型,并使用训练数据训练该模型。

```
from sklearn import svm
clf = svm.SVC(C = 0.5,                              #误差项惩罚系数,默认值是1
              kernel = 'rbf',                       #线性核 kernel = "rbf":高斯核
              decision_function_shape = 'ovr')      #决策函数
clf.fit(X_train,Y_train)
```

C是惩罚系数,其值越大表示惩罚松弛变量让其接近0,即对误分类的惩罚越大,趋向于对训练集完全分类正确的情况,但所建立的SVM模型泛化能力较弱;反之,C值越小对误分类的惩罚越小,在训练过程中允许容错,错分的样本点被认为是噪声点,故所建立的SVM模型泛化能力较强。故C的取值需要权衡训练集的分类准确率和模型的泛化能力,其默认值为1。

(5) 使用训练好的SVM模型进行测试数据的预测。

```
Y_pred = clf.predict(X_test)
```

(6) 评估模型的性能并打印输出。

```
#模型评估
print('SVM分类器的训练分类精度:',clf.score(X_train,Y_train))
print('SVM分类器的测试分类精度:',clf.score(X_test,Y_test))
```

分类问题中对分类方法进行性能评估,最直接的评估指标是分类精度。这里分别统计训练集合测试集的分类精度。若训练集精度远高于测试集精度,则有可能产生过拟合现象。

(7) 分类结果可视化。

```
from matplotlib import colors
import matplotlib.pyplot as plt
import matplotlib as mpl
iris_feature = 'sepal length', 'sepal width', 'petal lenght', 'petal width'
#开始画图
x1_min, x1_max = x[:, 0].min(), x[:, 0].max()                     #第0列的范围
x2_min, x2_max = x[:, 1].min(), x[:, 1].max()                     #第1列的范围
x1, x2 = np.mgrid[x1_min:x1_max:200j, x2_min:x2_max:200j]         #生成网格采样点
grid_test = np.stack((x1.flat, x2.flat), axis = 1)                #沿着新的轴加入一系列数组
#输出样本到决策面的距离
z = clf.decision_function(grid_test)
grid_hat = clf.predict(grid_test)                                 #预测分类值
grid_hat = grid_hat.reshape(x1.shape)                             #reshape grid_hat 和 x1 形状一致
cm_light = mpl.colors.ListedColormap(['#A0FFA0', '#FFA0A0', '#A0A0FF'])
cm_dark = mpl.colors.ListedColormap(['g', 'b', 'y'])
plt.pcolormesh(x1, x2, grid_hat, cmap = cm_light)                 #绘制背景
plt.scatter(x[:, 0], x[:, 1], c = np.squeeze(y), edgecolor = 'k', s = 50, cmap = cm_dark)
plt.scatter(X_test[:, 0], X_test[:, 1], s = 120, facecolor = 'none', zorder = 10)   #
plt.xlabel(iris_feature[0], fontsize = 20)
plt.ylabel(iris_feature[1], fontsize = 20)
plt.xlim(x1_min, x1_max)
plt.ylim(x2_min, x2_max)
plt.grid()
plt.show()
```

输出结果如图 9.10 所示，属于三类不同的鸢尾花亚种的样本分别用红、绿、蓝点表示。

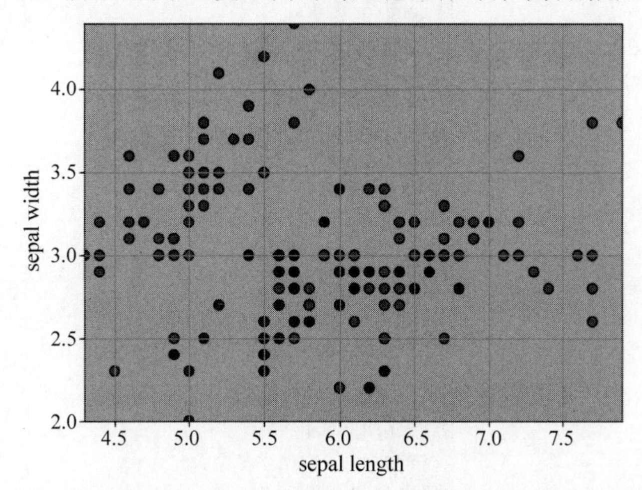

图 9.10 基于 SVM 的鸢尾花分类可视化结果(以萼片长度和萼片宽度为特征进行的分类)

9.2.4 KNN 算法

KNN(K-Nearest-Neighbor)学习是一种常用的有监督学习方法，其工作机制非常简单。所谓 KNN，是指 K 个最近的邻居的意思，即每个样本都可以用它最接近的 K 个邻居来代表。

在分类问题中，如果一个样本在特征空间中的 K 个最近邻样本中的大多数属于某一个类别，则该样本也属于这个类别。KNN 示意图如图 9.11 所示。图中有两种类型的样本数据，一类是正方形，另一类是三角形，中间的圆形是待分类数据。当 $K=3$ 时，离圆点最近的有两个三角形和一个正方形，对这三个样本点进行投票，于是待分类点就属于三角形。

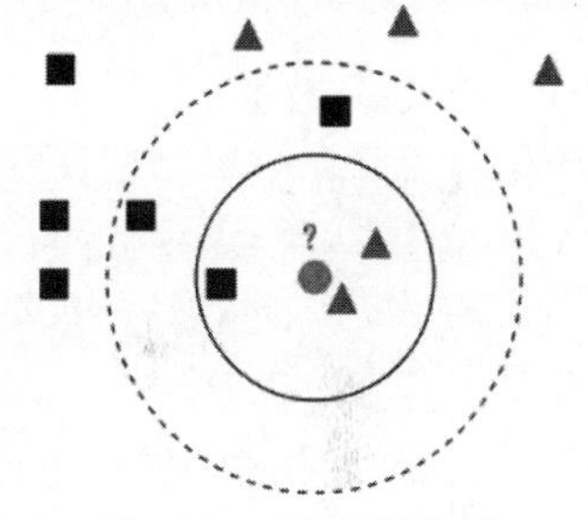

图 9.11 KNN 示意图

KNN 算法不仅可以用于分类，还可以用于回归，可用 K 个最近邻的样本的实际输出值的平均值或加权平均值作为待预测样本的预测结果。

KNN 算法中 K 是一个重要参数，当 K 取不同值时，分类结果会有显著不同，例如图 9.11 中，当 $K=1,3$ 时，待测样本为三角形这一类，而当 $K=5$ 时，待测样本为正方形这一类。

除了 K 的取值，距离度量方法通常也较大地影响 KNN 的分类或预测性能，因为距离度量决定了哪 K 个样本是最近邻的。常用的距离度量方法包括欧几里得距离、曼哈顿距离、闵可夫斯基距离等。

利用 Scikit-Learn 中 neighbors 子模块的 KNeighborsClassifier 类可生成 KNN 对象，下面的实例中将用代码演示其实现过程。

【例 9.4】 使用 KNN 分类器对新闻文本进行分类。

数据说明：本例中采用的数据集为 20newsgroups，它是用于文本分类、文本挖掘和信息检索研究的国际标准数据集之一。该数据集收集了大约 20 000 个新闻组文档，均匀分为 20 个不同主题的新闻组集合，主题列表如图 9.12 所示(下载地址详见前言二维码)。

用 Python 对以上新闻文本数据进行分类，其实现过程如下所述。

alt.atheism
comp.graphics
comp.os.ms-windows.misc
comp.sys.ibm.pc.hardware
comp.sys.mac.hardware
comp.windows.x
misc.forsale
rec.autos
rec.motorcycles
rec.sport.baseball
rec.sport.hockey
sci.crypt
sci.electronics
sci.med
sci.space
soc.religion.christian
talk.politics.guns
talk.politics.mideast
talk.politics.misc
talk.religion.misc

图 9.12 20newsgroups 数据集新闻类别列表

(1) 载入数据。

```
#导入数据
from sklearn.datasets import fetch_20newsgroups
news = fetch_20newsgroups (subset = 'all')
```

(2) 划分数据。

```
#数据分割
from sklearn.model_selection import train_test_split
X_train,X_test,Y_train,Y_test = train_test_split(news.data,news.target,test_size = 0.3,
random_state = 1)
```

(3) 将文本数据转换为特征向量。

```
from sklearn.feature_extraction.text import CountVectorizer
vec = CountVectorizer()
X_train = vec.fit_transform(X_train)
X_test = vec.transform(X_test)
```

(4) 生成 KNN 模型。

```
from sklearn.neighbors import KNeighborsClassifier
knc = KNeighborsClassifier(n_neighbors = 2,weights = 'distance')
knc.fit(X_train,Y_train)
```

(5) 分类测试数据。

```
Y_pred = knc.predict(X_test)
```

(6) 评估模型的性能。

```
#模型评估
print('KNN 新闻分类的准确率为: ',knc.score(X_test,Y_test))
```

```
from sklearn.metrics import classification_report
print(classification_report(Y_test,y_pred,target_names= news.target_names))
```

延伸说明：与前面介绍的学习方法相比，KNN 学习有一个明显的不同之处，它似乎没有显式的训练过程。事实上，它是"懒惰学习"(Lazy Learning)的著名代表，此类学习技术在训练阶段仅仅是把样本保存起来，训练时间开销为零，待收到测试样本后再进行处理。

9.2.5　人工神经网络

人工神经网络是由具有适应性的简单单元组成的广泛并行互连的网络，它的组织能够模拟生物神经系统对真实世界物体所做出的交互反应。神经网络为机器学习等许多问题提供了一条新的解决思路，目前已经广泛用于模式识别、决策分析、组合优化等方面。

1. M-P 神经元模型

上述定义中的"简单单元"就是神经元模型，它是神经网络中最基本的成分。在生物神经网络中，每个神经元与其他神经元相连，当它"兴奋"时，就会向相连的神经元发送化学物质，从而改变这些神经元内的电位；如果某神经元的电位超过了一个阈值，那么它就会被激活，即"兴奋"起来，向其他神经元发送化学物质。

M-P 神经元模型将生物神经元的工作过程进行了抽象并建立了其数学模型，如图 9.13 所示。在此模型中，神经元接收到来自 n 个其他神经元传递过来的输入信号 $x_1, x_2, \cdots, x_i, \cdots, x_n$，这些输入信号通过带权重 $w_1, w_2, \cdots, w_i, \cdots, w_n$ 的连接进行传递，神经元接收到总输入值 $\sum_{i=1}^{n} w_i x_i$ 将与神经元的阈值 θ 进行比较，然后通过"激活函数" f 处理以产生神经元的输出 y，计算公式如式(9.1)。

$$y = f\left(\sum_{i=1}^{n} w_i x_i - \theta\right) \tag{9.1}$$

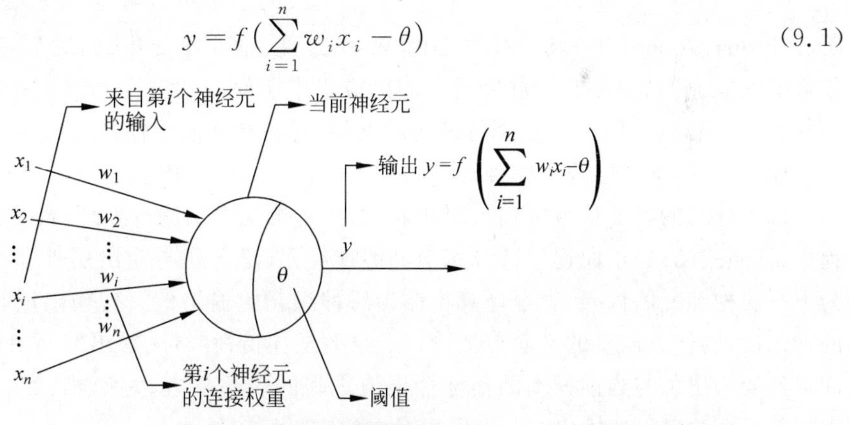

图 9.13　M-P 神经元模型

这里"激活函数" f 常采用 Sigmoid()函数，其公式如式(9.2)所示，函数曲线如图 9.14 所示。该函数是连续可导的非线性函数，可提升神经元模型表示复杂的输入与输出映射关系的能力，同时将其输出值"挤压"到(0,1)，显然输出值越接近 1 神经元越接近"兴奋"状态，越接近 0 神经元越接近"抑制"状态。

$$\text{Sigmoid}(x) = \frac{1}{1 + e^{-x}} \tag{9.2}$$

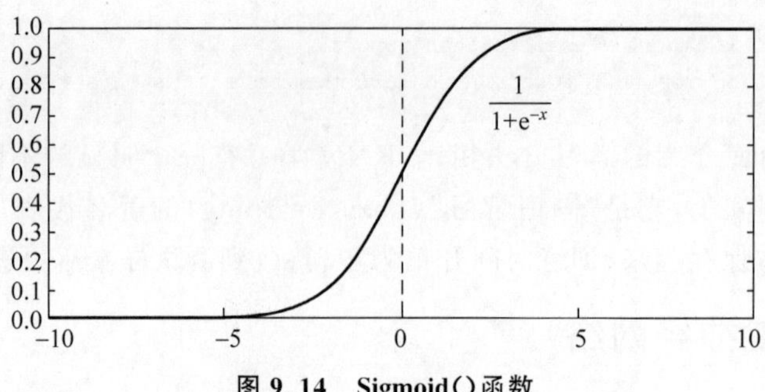

图 9.14 Sigmoid()函数

2. BP 神经网络

把许多单个神经元按一定的层次结构连接起来，就得到了神经网络。图 9.15 所示的是常见的“多层前馈神经网络”，其中每层神经元都与下一层神经元全互连，但神经元之间不存在同层连接及跨层连接。其中，输入层神经元接收外界输入，隐含层与输出层神经元对信号进行加工，最终结果由输出层神经元输出；其中输入层神经元仅接收输入，而隐层及输出层每个神经元均按照上述 M-P 神经元模型进行工作。故将隐层和输出层神经元称为功能神经元。

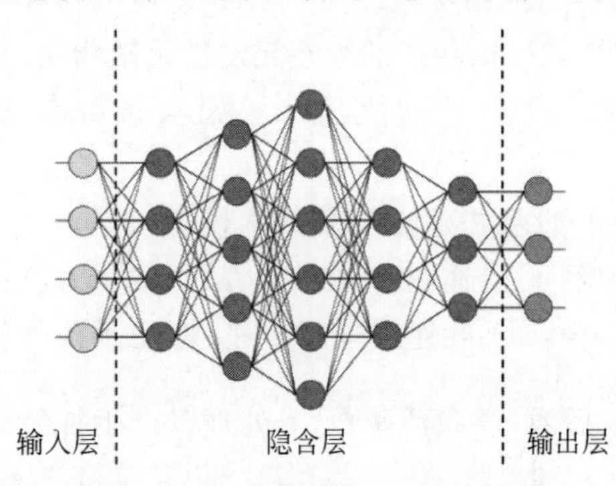

图 9.15 多层前馈神经网络示意图

神经网络的学习过程就是根据训练数据来调整神经元之间的“连接权”以及每个功能神经元的阈值，使神经网络的输入输出具有需要的映射关系。换言之，神经网络“学”到的东西，蕴含在连接权及阈值中。

神经网络学习算法就是误差逆传播（error Back Propagation，BP）算法，最早是由 Werbos 在 1974 年提出的，之后 Rumelhart 等于 1985 年将 BP 学习算法进一步发展完善。实际应用中所使用的神经网络大多都是用 BP 算法完成训练的。一般地，用 BP 算法训练的神经网络（通常指多层前馈神经网络）称为 BP 神经网络。

BP 算法的学习过程由信号的正向传播与误差的逆向传播两个过程组成。正向传播时，某一个训练样本的特征信号由输入层接收，并传递给隐含层进行处理，最后传向输出层。在此过程中，依照式（9.1）正向逐层计算每个功能神经元（隐含层与输出层神经元）的输出值，将其作为下一层神经元的输入，直至计算出输出层神经元的输出值。若输出层神经元未能得到期望的输出值，则转入误差的逆向传播阶段。误差逆向传播时，从输出层开始逆向计算误差函数 E 即神经元输出值与当前样本的实际标记值之间的误差平方和，如式（9.3）所示，其中 $\hat{y}_j$ 为输出层第 j 个神经元的输出，y_j 为样本对应的实际标记值。

$$E=\frac{1}{2}\sum_{j=1}^{l}(\hat{y}_j-y_j)^2 \tag{9.3}$$

根据 Delta 学习规则，在训练过程中不断修改网络的连接权值及阈值，使误差函数 E 最小化。具体方法是利用梯度下降策略，沿着误差函数 E 的负梯度方向逆向逐层修正权值及阈值。假设输出层第 j 个神经元与前一层隐含层中第 h 个神经元的连接权值为 w_{hj}，其修正如式（9.4）所示，其中 ε 为给定的步长（通常为一个较小的常数），其他的权值及阈值的修正类似。

$$w_{hj}=w_{hj}+\Delta w_{hj}, \quad \Delta w_{hj}=-\varepsilon\frac{\partial E}{\partial \Delta w_{hj}} \tag{9.4}$$

将训练样本逐一输入待训练的神经网络中，进行信号的正向传播与误差的逆向修正，待所有的训练样本都完成这个过程后，神经网络就完成了一轮训练。如此周而复始反复迭代，若误差函数降低到期望的水平或训练次数达到上限则可结束训练，否则开始下一轮训练。上述 BP 算法的流程框图如图 9.16 所示。

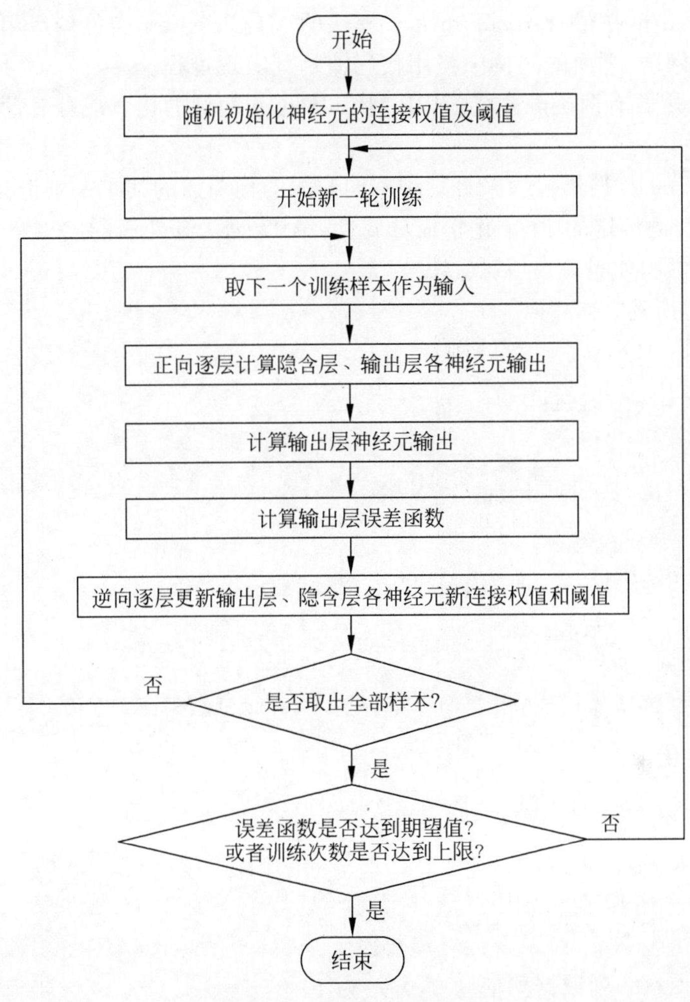

图 9.16 BP 算法流程框图

延伸说明 1：本节中所讲述的是标准 BP 算法，每次更新权值和阈值都只针对单个样本(所采用的参数优化算法为随机梯度下降)，故参数更新得非常频繁，而且不同样本的对参数的更新可能出现相互“抵消”的现象。为了减少参数的更新次数，可在读取整个训练集一遍后才对参数依照累积误差逆传播进行更新(所采用的参数优化算法为全局梯度下降)，这种 BP 算法称为累积误差逆传播算法。

延伸说明 2：BP 等算法中的优化目标函数在后来更广义地被称为“损失函数”。损失函数分为经验风险损失函数和结构风险损失函数。经验风险损失函数指预测结果和实际结果的差别，通常回归任务中最常采用的是均方误差函数，而分类任务中最常采用的是交叉熵函数；结构风险损失函数是指在经验风险损失函数后面再加上“正则项”，通常正则项可以是表示模型结构复杂程度的函数,比如BP神经网络中将损失函数修改为式(9.5),前面一项仍为均方误差,后面一项则是添加的表示连接权与阈值平方和的正则项,增加了这项正则项后,训练过程(最小化E)将会偏好比较小的连接权和阈值,使网络输出更加"光滑",从而缓解模型的过拟合现象。

$$E=\lambda\frac{1}{m}\sum_{k=1}^{m}E_k+(1-\lambda)\sum_{i}w_i^2 \tag{9.5}$$

利用Scikit-Learn中neural_network子模块的MLClassifier类可构造用于分类的多层感知机,即多层神经网络,下面的实例中将用代码演示其实现过程。

【例9.5】 利用含有两层隐含层的BP网络,根据葡萄酒的化学成分对葡萄酒的起源进行分类。

数据说明:Wine数据集包含来自三种不同起源的葡萄酒的共178条记录,每条记录的前13列分别对应葡萄酒测定的13个化学成分属性,第14列为葡萄酒的起源类别,分别用0,1,2表示三种不同的类别,如表9.3所示。

实现过程如下所述。

(1) 载入数据。

```
from sklearn.datasets import load_wine
#读数据
wine = load_wine()             #载入数据
X = wine.data                  #数据
Y = wine.target                #标签
```

(2) 划分训练集与测试集,训练集占80%,测试集占20%。

```
from sklearn.model_selection import train_test_split
#划分训练集和测试集
x_train, x_test, y_train, y_test = train_test_split(X, Y, test_size = 0.2)
```

(3) 数据标准化。

```
from sklearn.preprocessing import StandardScaler
#标准化数据
scaler = StandardScaler()
x_train = scaler.fit_transform(x_train)
x_test = scaler.fit_transform(x_test)
```

数据标准化,使每一列数据均值为0,方差为1。

(4) 生成BP神经网络模型,并使用训练数据训练该模型。

```
from sklearn.neural_network import MLPClassifier
#构建神经网络模型
mlp = MLPClassifier(hidden_layer_sizes = (100,50),      #两个隐含层分别有100、50个神经元
                    max_iter = 500,                     #最大训练次数为500
                    activation = 'logistic')            #激活函数为Sigmoid()函数
#训练神经网络模型
mlp.fit(x_train, y_train)
```

(5) 使用训练好的BP神经网络模型进行测试数据的分类预测。

```
#预测
predict = mlp.predict(x_test)
```

表 9.3　Wine 数据集(部分)

Alcoho	Malic Acid	Ash	Alcalinity of Ash	Magne-sium	Total Phenols	Flavanoids	Nonflavanoid Phenols	Proanth-ocyanins	Colour Int	Hue	OD280/OD315 of difuted wines	Proline	wine class
12.47	1.52	2.2	19	162	2.5	2.27	0.32	3.28	2.6	1.16	2.63	937	1
12.21	1.19	1.75	16.8	151	1.85	1.28	0.14	2.5	2.85	1.28	3.07	718	1
12.99	1.67	2.6	30	139	3.3	2.89	0.21	1.96	3.25	1.31	3.5	985	1
12.33	0.99	1.95	14.8	136	1.9	1.85	0.35	2.75	3.4	1.06	2.31	750	1
11.81	2.12	2.74	21.5	134	1.6	0.99	0.14	1.56	2.5	0.95	2.26	625	1
13.76	1.53	2.7	19.5	132	2.95	2.74	0.5	1.35	5.4	1.25	3	1235	0
14.22	3.99	2.51	13.2	128	3	3.04	0.2	2.08	5.1	0.89	3.53	760	0
14.23	1.71	2.43	15.6	127	2.8	3.06	0.28	2.29	5.64	1.04	3.92	1065	0
14.06	1.63	2.28	16	126	3	3.17	0.24	2.1	5.65	1.09	3.71	780	0
13.05	2.05	3.22	25	124	2.63	2.68	0.47	1.92	3.58	1.13	3.2	830	0
13.5	3.12	2.62	24	123	1.4	1.57	0.22	1.25	8.6	0.59	1.3	500	2
12.86	1.35	2.32	18	122	1.51	1.25	0.21	0.94	4.1	0.76	1.29	630	2
14.06	2.15	2.61	17.6	121	2.6	2.51	0.31	1.25	5.05	1.06	3.58	1295	0
13.27	4.28	2.26	20	120	1.59	0.69	0.43	1.35	10.2	0.59	1.56	835	2

(6) 评估模型的性能并打印输出。

```
from sklearn.metrics import classification_report,confusion_matrix
#打印测试结果的准确率
print(classification_report(predict, y_test))
#打印混淆矩阵
from sklearn.metrics import confusion_matrix
print('输出混淆矩阵: ')
confu_test = confusion_matrix(y_test,predict)
print(confu_test)
```

9.2.6 深度学习

1. 深度学习简介

1969 年 Marvin Minsky 在《感知机》一书中指出单层神经网络无法解决非线性问题,而多层神经网络的学习算法在当时尚看不到希望,这个结论使神经网络的研究进入了第一次低谷。直到 20 世纪 80 年代中后期,BP 算法的提出掀起了神经网络的第二次高潮,一度成为应用最为广泛的机器学习算法之一。但随着应用的深入,其学习过程的局限性日益凸显: 由于神经网络学习过程涉及大量的参数,而参数的设置缺乏理论指导(主要依靠"试错法"进行手工"调参"),并且学习结果非常依赖网络模型参数的设置。在 20 世纪 90 年代中期,支持向量机算法被提出后,它逐渐取代了神经网络而被人们普遍所接受,这使得神经网络的研究再一次进入了低谷。

伴随着 21 世纪初云计算、大数据时代的到来,计算能力和训练数据的规模大幅提高,这使得成功训练参数更多、复杂度更高的学习模型有了新的可能。通常越复杂的学习模型其学习能力越强,这意味着能表达更复杂的学习任务。为了尝试进一步提升传统神经网络模型的复杂度,最简单有效的办法是增加隐层的数目,这不仅增加了功能神经元的个数,还增加了激活函数的嵌套层数。因此,典型的深度学习模型就是很深层的神经网络,通常有八九层甚至更多的隐含层。2012 年,Hinton 团队使用卷积神经网络(CNN)的深度学习模型,在著名的图像识别竞赛 ImageNet 中获得冠军,并将原来的最低错误率几乎降低了一半。从此,神经网络再次以"深度学习"的名义掀起了新一轮的热潮,在计算机视觉、自然语言处理、语音识别、金融数据分析等众多领域取得了较大的成功。

然而,复杂的学习模型往往会增加过拟合的风险,同时隐层数较多的深度神经网络,难以用经典的 BP 算法完成训练,因为误差在多层隐含层内逆传播时,往往会"发散"而不能收敛到稳定状态。

因此,深层神经网络的学习过程中需要注意使用一些技巧,这些技巧实现并不难,但对节省训练开销、提高模型泛化能力比较有效。

(1) 大规模的训练数据集。深度神经网络需要用大规模的训练数据进行复杂模型的训练,这在一定程度上可以减小过拟合产生的影响。当训练数据不充足时,可采用数据增强技术,将原始数据集经过几何变换、噪声扰动等一系列转换生成数量更多、多样性更强的训练数据集,这样可比较有效地提升模型的泛化能力和鲁棒性。

(2) 小批量梯度下降。标准 BP 算法中每输入一个训练样本就需要经过随机梯度下降进行参数优化,参数将会不断更新且容易陷入局部极小值,这对大规模的训练数据集来说参数更新更加频繁; 累积 BP 算法所使用的是全局梯度下降法,是在读取整个训练集一遍后才根据样本的累积误差进行参数更新,但其收敛过程非常缓慢;为了兼顾参数更新的效率和梯度收敛的稳定性,同时减小陷入局部极小的风险,在训练深度学习模型时常采用小批量梯度下降算法,即每次针对一小批样本进行参数更新。

(3) 预训练。每次只训练深度神经网络中的一层隐含层神经元,逐层训练完成后,再对整个网络进行"微调"。

(4) 权共享。在适当的情况下,让深度神经网络中一组神经元使用相同的连接权,这样可以大幅减少需要优化的模型参数。

(5) Dropout()方法。在每轮训练时随机选择一些隐含层神经网络令其权重不被更新(但在下一轮训练中有可能被更新),这样不仅可以减少需要更新的参数的数目,同时还可以消除减弱神经元节点间的联合适应性,增强整个神经网络的泛化能力。

(6) ReLU()函数。传统的BP算法中神经元的激活函数多采用Sigmoid()函数,其函数导数值小于1(其取值为0～0.25),因此在误差逆向传播过程中,经过多层的误差累积传递后,误差函数的梯度将会逐渐耗散,当传递层数足够多时最终趋于0,即发生梯度消失的现象,此时权值更新非常缓慢,无法完成学习过程;而ReLU()函数($f(x)=\max(0,x)$)曲线如图9.17所示。可以看出,自变量取正数时,ReLU()函数的导数恒为1,梯度不会产生耗散,因此不会发生梯度消失的情况;而自变量为负数时,ReLU()函数值为0,这就会使部分神经元的输出为0,使得深度神经网络变得稀疏(很多神经元不起作用),当同样的输入输出映射用稀疏性越强的神经网络来表示时,其网络的泛化性能将会越强;同时,ReLU()函数计算简单,相对于Sigmoid()函数较大程度降低了训练开销。因此,在深度学习中常用ReLU()函数代替Sigmoid()函数作为单个神经元的激活函数。

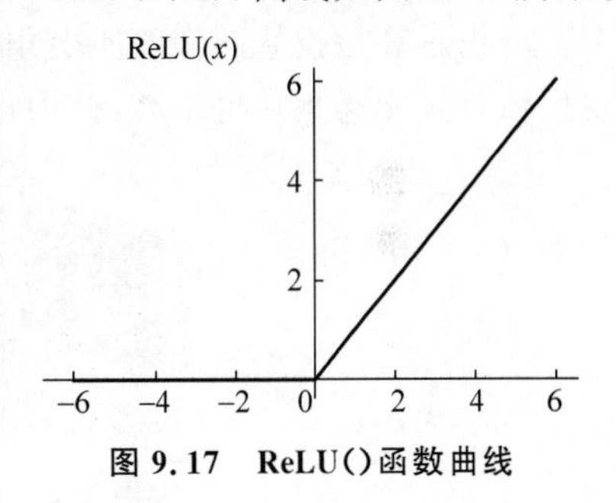

图9.17 ReLU()函数曲线

随着深度学习理论研究的深入,目前已涌现出众多的深度学习模型,其中包括卷积神经网络、循环神经网络、长短时记忆神经网络、对抗生成神经网络、胶囊神经网络及图神经网络等。本章主要介绍其中的卷积神经网络及其相关的应用实例。

2. 卷积神经网络

卷积神经网络(Convolutional Neural Network,CNN)是深度学习中应用最广泛、最基础的神经网络模型之一。早在20世纪80年代CNN就被提出,但当时计算机的计算能力有限,训练数据也难以达到所需规模,要在不产生过拟合的情况下训练出高性能的卷积神经网络是很困难的。CNN虽然在阅读支票、数字识别的应用中有较好的效果,但在很多其他的实际任务中表现不如SVM等一些传统机器学习方法好。直到2012年,在ImageNet图像识别大赛中,Hinton组构建了一个名为AlexNet的卷积神经网络,他们把原来的5层卷积神经网络加深至8层,同时提出并使用了Dropout等训练技巧,AlexNet出乎意料地获得了当年的冠军,并把Imagenet图像分类错误率从25%以上降低到了15%,这个结果颠覆了图像识别领域。AlexNet的出现可以说标志着神经网络的第三次复苏和深度学习的崛起。

以分类任务为例,用于分类的卷积神经网络的一般结构如图9.18所示,它的基本构架包括特征提取器和分类器。特征提取器通常由若干个卷积层和池化层交替连接构成。其中卷积层主要是利用若干卷积核通过卷积运算计算不同的特征图,而池化层则对上一层特征图进行下采样,从而让下一层卷积层提取到更高层的特征。特征提取器会将所提取到的最后一层特征图展开并排列成一个特征向量,输入分类器作为多层感知机的输入,最后可输出分类结果。

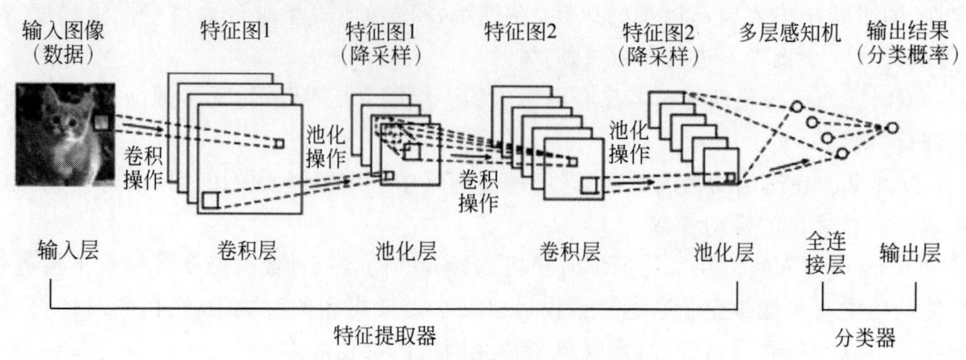

图 9.18 卷积神经网络结构图

1) 卷积层

卷积层使用的核心思想及相关运算如下所述。

(1) 卷积运算与神经元模型。

卷积运算是指从图像的左上角开始,取一个与卷积核同样大小的活动窗口,将窗口图像与卷积核对应元素相乘再求和,并用计算结果代替窗口中心像素的值,如图 9.19 所示。

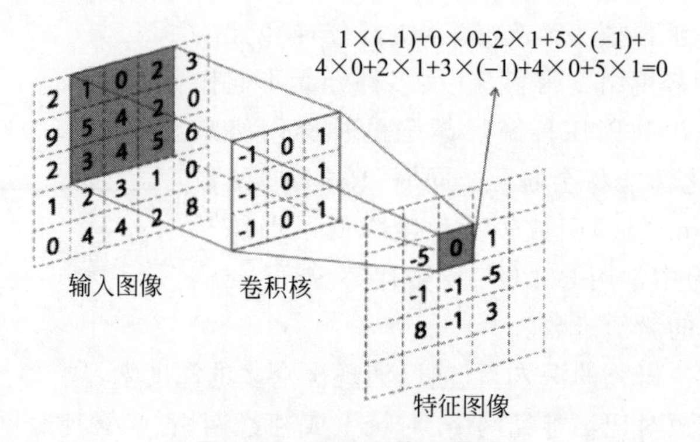

图 9.19 卷积运算示意图

活动窗口在图像上按照一定的步长(Stride)从左到右、从上往下依次滑动,即可得到一幅新图像。所得的新图像反映了原图像的某种特征,故称为特征图。如图 9.20 所示,Lena 图像与 3 个不同的 3×3 卷积核进行卷积运算(步长 Stride=1),分别得到了模糊特征、锐化特征和边缘特征。

因此,每层卷积层采用多核卷积来获取更丰富的特征。如图 9.21 所示,对一幅 32×32×3 大小的 3 通道图像,采用 6 个 5×5×3 的卷积核进行卷积,得到了 6 个 28×28×3 的特征图。

根据卷积运算的特点,图中每个像素都可以看作一个神经元模型。不难发现卷积运算与 M-P 神经元模型中神经元的输入公式有异曲同工之妙,卷积核就相当于神经元输入连接的权值,卷积的结果加上阈值,再经过激活函数 ReLU()映射就得到了每个神经元的输出值。

(2) 局部感知。

在生物视觉系统中,视觉皮层的神经元工作时只响应某些特定区域的刺激,这些区域通常是一些特定局部范围,被称为局部感受野;另外,图像像素点的空间联系也是局部像素的相似联系较为紧密,而距离较远的像素相关性则较弱。如图 9.22 所示,天空与人脸各自的局部区域内像素亮度值密切相关,而两个局部区域相距较远像素亮度值几乎不相关。

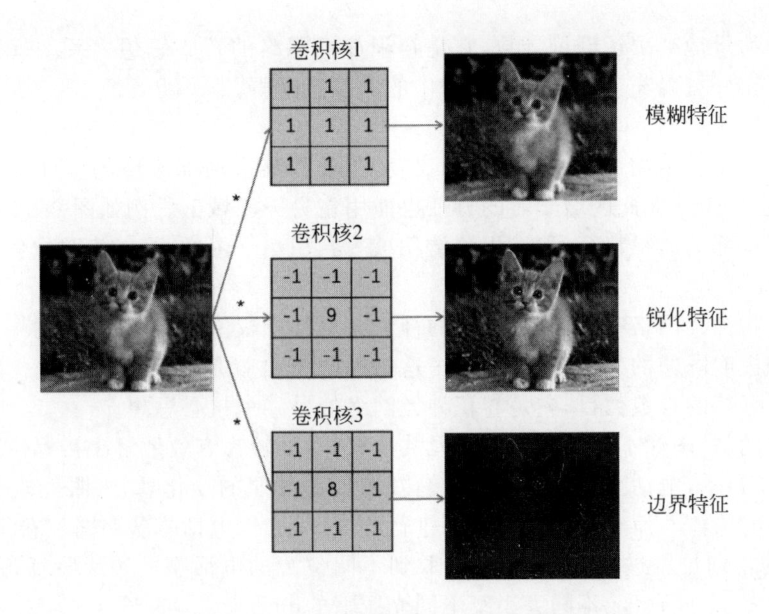

图 9.20 不同卷积核得到的不同特征图

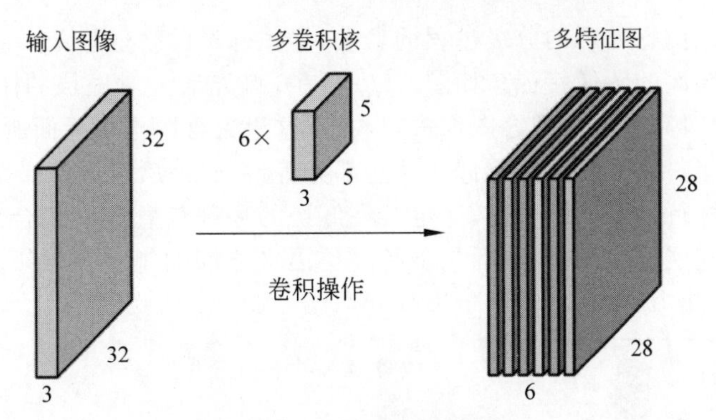

图 9.21 多核卷积示意图

因此,受到生物神经元局部敏感性和图像空间像素的局部相关性的启示,在构建卷积神经网络时,每个神经元没有必要对上一层所有神经元都进行感知,只要对局部神经元进行感知,这样可以减少神经元之间的连接数,从而减少神经网络需要训练的权值参数的个数。如图 9.23 所示,如果输入图像大小为 1000×1000,假设下一层神经元有 10^6 个,若这两层之间全连接,就有 $1000\times1000\times10^6=10^{12}$ 个连接,也就是 10^{12} 个权值参数。而采用局部连接的方式,即每个神经元都只与上层对应神经元附近 10×10 的局部感受野中的 100 个神经元连接,则总连接数为 $1000\times1000\times100=10^8$,连接权值比全连接减少了 4 个数量级。

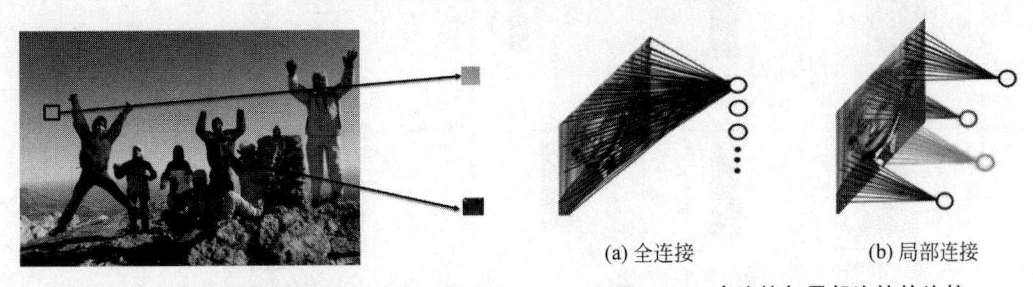

图 9.22 图像空间像素的局部相关性(来源:华为云)

图 9.23 全连接与局部连接的比较

局部感知大量地减少了训练参数,它是卷积神经网络的核心思想之一。远小于输入图像尺寸的卷积核正好可以充当局部感知过程中的局部感受野。

(3) 参数共享。

卷积神经网络受生物视觉系统结构的启发,图像的某一局部区域的统计特性与其他区域是类似的,这也意味着在此区域学习的特征也能用在另一区域上。例如图 9.20 中卷积核 3 的作用就是检测局部的边缘特征,那么用该卷积核去卷积整个图像,可以将图像各个位置的边缘都检测出来。

所以在卷积神经网络中,每幅图像中的神经元可共享权值,即整幅图像用一个相同的卷积核进行卷积来提取图像的某种特定的特征,这里的权值也就是卷积核的系数。参数共享将进一步减少需要训练的参数数目,它是卷积神经网络的另一个核心思想。

值得注意的是,图像不同区域的神经元共享权值,可较为有效地解决目标位置不变性的问题。如图 9.24 所示,电话亭在发生平移、旋转、缩放及光照的变化后,人眼能观察出这都是属于电话亭类别的物体。而在对目标电话亭进行图像识别时,电话亭若用同一卷积核(例如卷积核 3)在图像的不同位置进行卷积,都能提取到不同位置的电话亭的边缘特征,这便于最终识别具有不同位置、不同角度、不同大小及不同光照下的电话亭。

(4) 多层卷积。

受生物视觉系统信息处理的分级过程的启发,卷积神经网络也是分多层进行卷积运算的,这样可以提取不同层次的图像特征。如图 9.25 所示,首先通过对底层的图像进行卷积,提取低级的边缘特征,再对高一层的聚合图像进行卷积(这里聚合图像由后面所提到的池化操作获得),提取中级特征,包括一些形状、目标的某些部分等特征,最后对更高层聚合图像进行卷积,提取整个目标或目标行为等高级特征,这也是将低层的局部信息逐渐组合成高层的全局信息的过程。这就好比底层的单词、中层的句子及高层语义之间的组合及层级关系。越到高层特征,特征的抽象表示能力越强,越有利于进行分类。

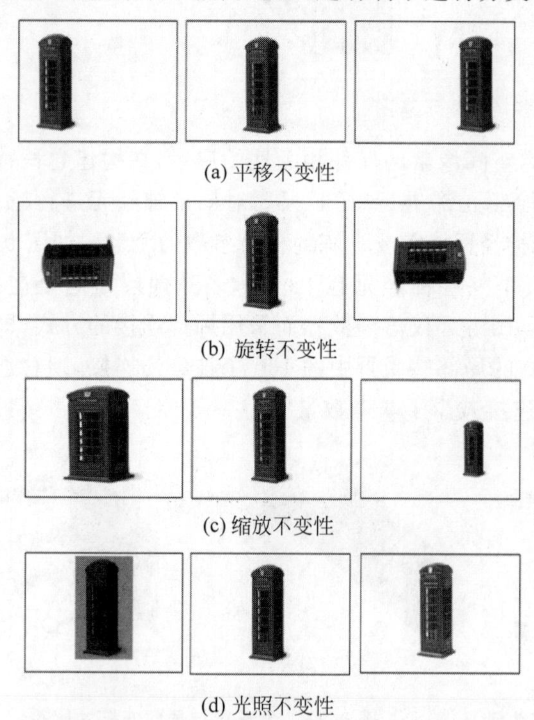

图 9.24 目标位置不变性示意图(来源:华为云)

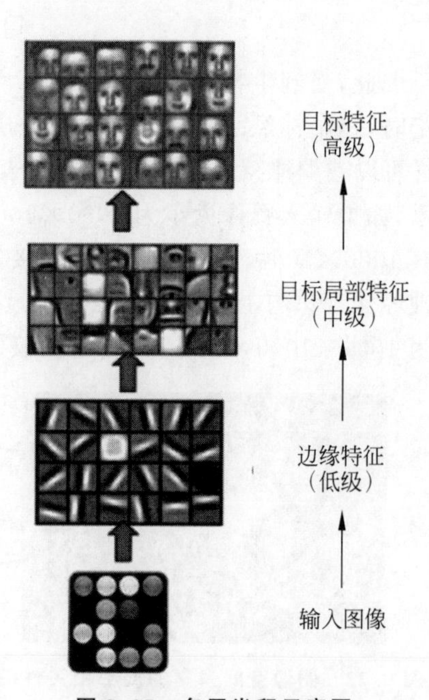

图 9.25 多层卷积示意图

2）池化层

池化的思想也来自生物视觉机制，是通过对信息进行向上层抽象的过程。池化层一般跟随在卷积层之后，通过对卷积层所提取的特征图进行下采样来实现。常用的操作有平均池化和最大池化两种。

通过卷积获得了特征之后，如果直接利用这些特征训练分类器，计算量仍然非常大，学习非常困难，且容易过拟合。故对不同位置的特征进行聚合统计，可使特征维度大大降低，且减小过拟合的风险。这种聚合的操作称为池化。最常用的池化操作有平均池化和最大池化两种方法。具体做法是把特征图划分成相同大小的局部采样区域，每个采样区域都进行聚合运算，最大池化是取局部采样区域中最大特征值作为下采样后的聚合值，而平均池化是取局部采样区域中特征值的均值作为下采样后的聚合值。图 9.26 所示的是局部采样区域为 2×2 的最大池化操作。

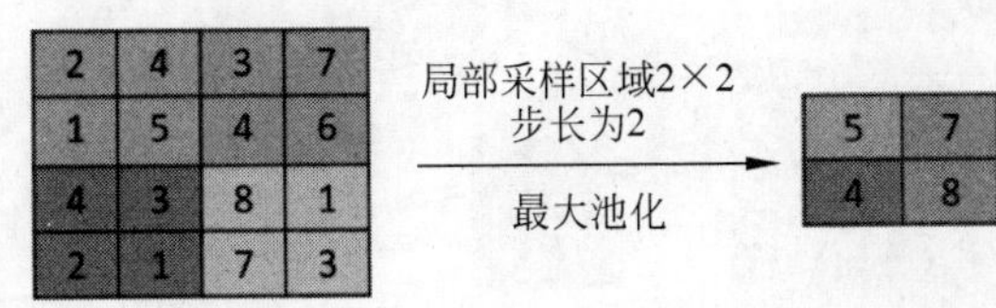

图 9.26　最大池化示意图

池化层的原理虽然简单，但是它所起到的作用比较重要。

(1) 池化过程是对上一层的特征图进行下采样，这降低了特征图参数量，减少了训练代价。

(2) 下采样后特征图的感受野相对扩大，便于下一卷积层抽取到更高层的特征。

(3) 下采样过程中的聚合操作，保留了图像中比较显著的特征，同时改善了图像的容错性和不变性问题。

(4) 由于上述过程减少了模型的学习参数，而且增强了容错性，这也使得模型的过拟合风险降低。

3）全连接层

全连接层的结构跟传统的多层感知机一样，其主要作用是进行分类。该层的输入层接收的是一个一维向量，这是由特征提取器最后一层的图像高层特征映射而成的；而该层的输出层最常用的激活函数是 Sigmoid()函数或 Softmax()函数。

Sigmoid()函数单调递增，且会把整个特征区间挤压到(0,1)区间，此输出值可以看作二分类的分类概率。当构建多标签分类器时，可用 Sigmoid()函数分别处理各个分类标签的输出值。

Softmax()函数是将上一层神经元的输出向量 $\boldsymbol{Z}=(z_1,z_2,\cdots,z_k)$(假设 k 为类别数)，映射为另一个 k 维的实数向量 $\boldsymbol{\sigma}$ 。其中映射后的向量的第 i 个元素 σ_j 取值均处于(0,1)区间，代表属于第 i 类的概率，且这些概率之和为 1。Softmax()函数常用于多分类输出层的激活函数，所属类别就是最大分类概率对应的类别。

$$\sigma_i=\frac{\mathrm{e}^{z_i}}{\sum_{i=1}^{k}\mathrm{e}^{z_i}},\quad i=1,2,\cdots,k$$

通过卷积神经网络的学习，不难发现深度学习与传统机器学习的主要不同之处：以往在机器学习用于现实任务时，描述样本的特征通常需由人类专家来设计，这称为“特征工程”，特征的好坏对泛化性能有至关重要的影响，人类专家设计好的特征也并非易事；深度学习能够通过多层处理，逐渐将初始的“低层”特征表示转化为“高层”特征表示，自动地进行“特征学习”

(或称“表示学习”)从而产生有利于分类等现实任务的好特征,这使机器学习向“全自动数据分析”又前进了一步。

3. 经典模型 LeNet-5

LeNet-5 是由 Yann LeCun 在 1998 年提出的卷积神经网络模型,用于识别手写数字。当年美国大多数银行就是用它来识别支票上面的手写数字的,它是早期卷积神经网络中最有代表性的模型之一。

LeNet-5 模型的结构如图 9.27 所示,共有 7 层(不包含输入层),包含了卷积层、池化层及全连接层,它们是深度学习的基本模块。下面对每层网络进行详细介绍。

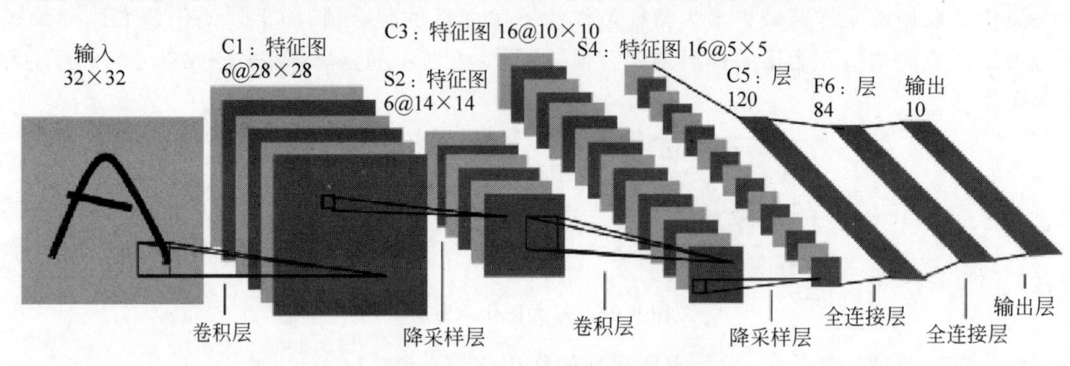

图 9.27 LeNet-5 模型的结构图

(1) 输入层：输入大小为 32×32 的图像。

(2) C1 层(卷积层)：对输入图像进行第一次卷积运算,卷积核数目为 6 个,大小均为 5×5。卷积后可得 6 个大小为 28×28 的特征图 C1。通过权值共享总共有 6×(5×5+1)=156 个参数需要学习。

(3) S2 层(池化层)：采用 2×2 的池化窗口,将池化窗口的 4 个输入值进行加权求和(类似于平均池化),再加上一个可训练的阈值,并通过 Sigmoid()函数激活输出；采样次数为 6 次,输出为 6 个 14×14 的下采样后的特征图,该层的神经元个数为 6×14×14,需要训练的参数为(2×2+1)×6×14×14=5880 个。

(4) C3 层(卷积层)：对池化后的 S2 层按照表 9.4 进行组合卷积得到 C3 层的 16 个特征图。这样组合卷积不仅可以降低参数量,还有利于提取组合特征。例如 C3 层的第 0 个特征图是对 S2 层的第 0～2 个池化后特征图分别卷积后求和进行组合卷积的,如图 9.28 所示。若卷积核大小为 5×5,需要训练的参数为 6×(3×5×5+1)+6×(4×5×5+1)+3×(4×5×5+1)+1×(6×5×5+1)=1516 个,卷积之后的特征图大小为 10×10。

表 9.4 S2 层与 C3 层组合卷积对照表

S2 层特征图序号	C3 层特征图序号															
	0	**1**	**2**	**3**	**4**	**5**	**6**	**7**	**8**	**9**	**10**	**11**	**12**	**13**	**14**	**15**
0	×				×	×	×			×	×	×	×		×	×
1	×	×				×	×	×			×	×	×	×		×
2	×	×	×				×	×	×			×		×	×	×
3		×	×	×			×	×	×	×			×		×	×
4			×	×	×			×	×	×	×		×	×		×
5				×	×	×			×	×	×	×		×	×	×

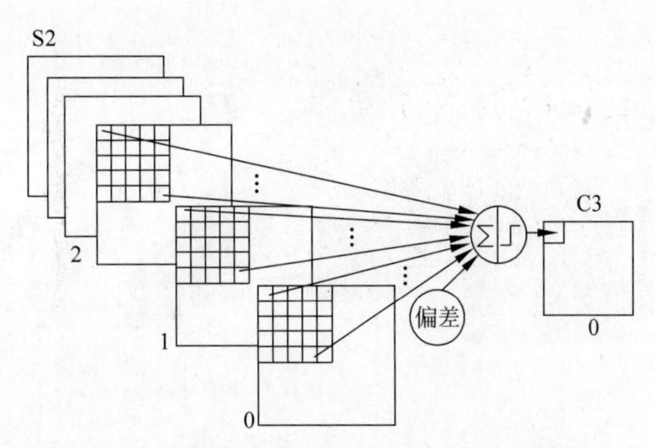

图 9.28　C3 层第 0 个特征图组合卷积网络连接示意图

(5) S4 层(池化层)：采用与 S2 层相同的方式进行池化，池化窗口的大小也仍为 2×2；采样次数为 16 次，输出为 16 个 5×5 的下采样后特征图，该层的神经元个数为 16×5×5，需要训练的参数为(2×2+1)×16×5×5＝2000 个。

(6) C5 层(卷积层)：由于 S4 层的 16 个池化后特征图的大小为 5×5，该层采用大小也是 5×5 的卷积核与之卷积，卷积后的特征图的大小为 1×1。通过多核卷积共形成 120 个卷积结果，且每个都与 S4 层的 16 个特征图相连接。所以共有(5×5×16+1)×120 ＝ 48 120 个参数需要学习。C5 层的网络连接如图 9.29 所示。

(7) F6 层(全连接层)：C5 层的 120×1 的特征向量作为该层的输入，与该层的 84 个隐层神经元全连接，其网络连接与传统的多层感知机相同，每个神经元的输出为输入与权重的加权和，再加上阈值后经 Sigmoid()函数激活，如图 9.30 所示。该层的训练参数和连接数是(120+1)×84＝10 164。

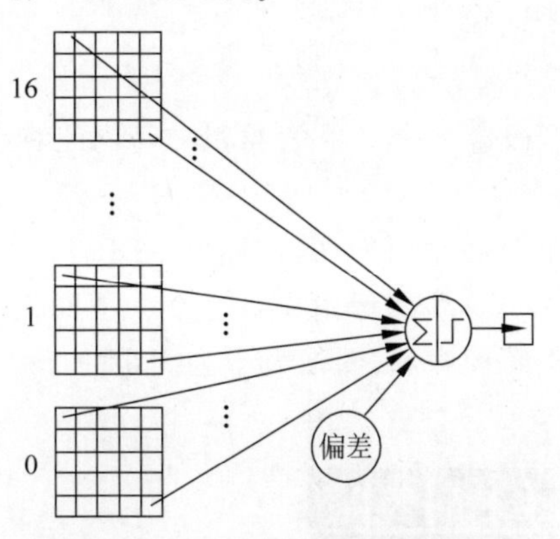

图 9.29　C5 层卷积网络连接示意图

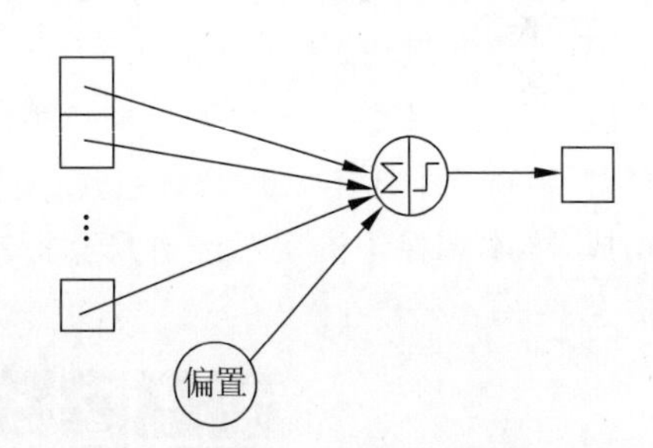

图 9.30　F6 层神经元连接示意图

(8) 输出层(全连接层)：输出层也是全连接层，共有 10 个神经元，分别代表数字 0～9。采用的是径向基函数(RBF)的网络连接方式：假设 x 是 F6 层神经元的输出，y 是本层神经元的输出，则输出的 RBF 计算公式是 $y_i = \sum_j (x_i - w_{ij})^2, i=0,1,\cdots,9, j=0,1,2,\cdots,83$。输出层第 i 个神经元输出值越接近于 0，则表示当前网络输入的图像识别结果越接近字符 i。该层有 84×10＝840 个参数和连接。

图 9.31 是 LeNet-5 识别数字 3 的过程示例。

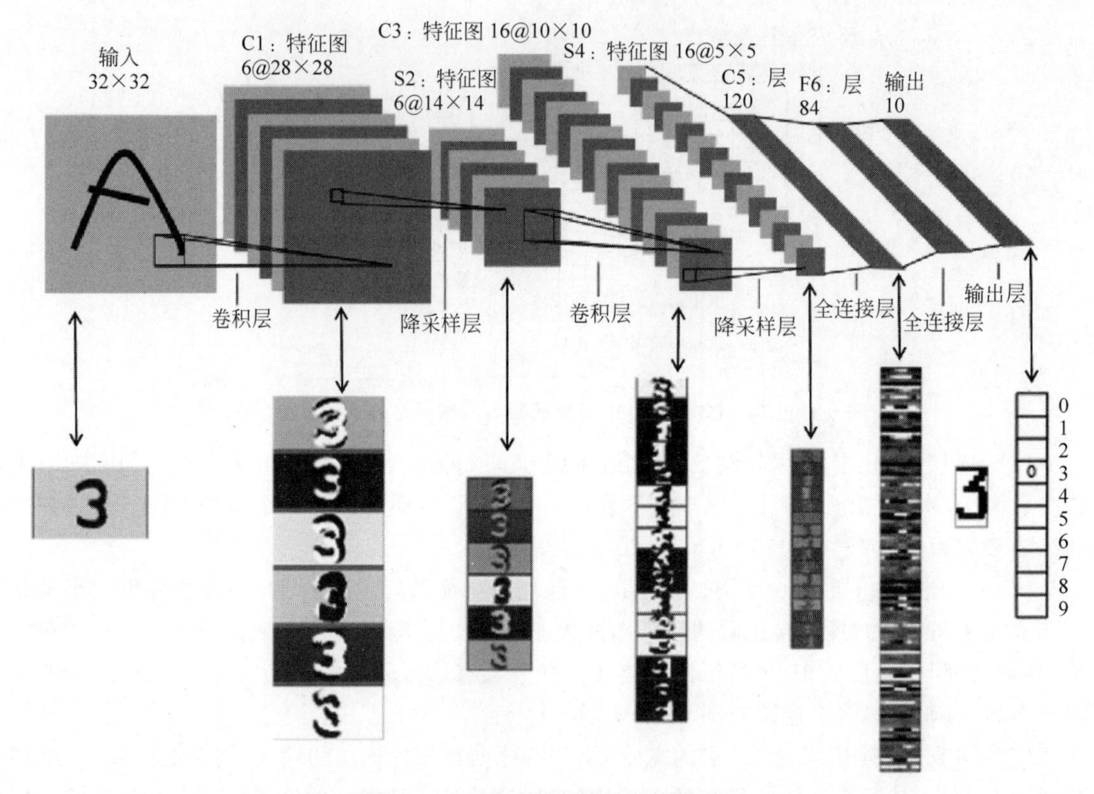

图 9.31 LeNet-5 识别数字 3 的过程图

延伸说明：目前卷积神经网络经典模型除了 LeNet-5(1998)，还有 AlexNet(2012)、GoogleNet(2014)、VGG(2014)、Deep Residual Learning(2015)等。

4. 简单卷积神经网络的实践实例

【例 9.6】 利用 Keras 自带的 MNIST 数据集，构造一个简单的卷积神经网络模型完成 0～9 的手写数字识别。

数据集说明：MNIST 数据集来自美国国家标准与技术研究所，如图 9.32 所示。其中训练集包含 60 000 个样本。测试集包含 10 000 个样本。这些图像由来自 250 个不同人手写的数字构成，样本图像中数字已经过尺寸标准化并位于图像中心，图像大小为固定的 28×28，其灰度值为 0～1。

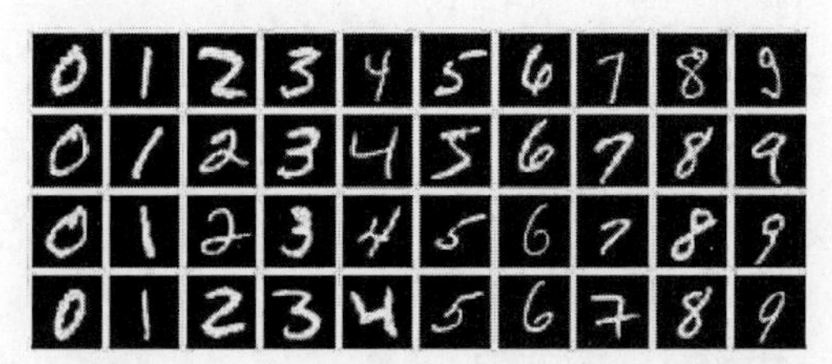

图 9.32 MNIST 数据集样本示意图(部分)

本实例利用 Keras 提供的深度学习框架和封装的库函数来实现上述任务，过程如下所述。

(1) 数据导入及准备。载入 MNIST 的数据集，将数据集中的 60 000 个训练数据及 10 000 个测试数据的大小调整为 28×28 的图像满足卷积神经网络的输入；将训练数据集测试数据的标签进行 one-hot 编码。

```
from keras.datasets import mnist
#使用 Keras 内置的函数加载 MNIST 数据集
(X_train, y_train), (X_test, y_test) = mnist.load_data()
#调整数据的大小来满足卷积神经网络的输入
X_train = X_train.reshape(X_train.shape[0], 1, 28, 28)
X_test = X_test.reshape(X_test.shape[0], 1, 28, 28)

from keras.utils import to_categorical
#对标签进行 one-hot 编码
y_train = to_categorical(y_train,num_classes=10)
y_test = to_categorical(y_test,num_classes=10)
```

(2) 使用 Keras 构造并配置卷积神经网络。所构造的卷积神经网络包含两层卷积层及两层池化层,还有两层全连接层。

```
from keras.models import Sequential
from keras.layers import Dense,Conv2D,MaxPooling2D,Flatten
model = Sequential()            #以堆叠的序贯模式生成卷积神经网络核心数据结构 model
#添加并配置第一层卷积层
model.add(Conv2D(
    filters=32,                                     #卷积核的数量
    nb_row=5,                                       #卷积核的长度和宽度
    nb_col=5,
    border_mode='same',                             #卷积操作前后图像大小保持一致
    input_shape=(1,                                 #输入的通道数
                28, 28),                            #输入的长度和宽度
    activation='relu'                               #设置激活函数为'relu'
))
#添加并配置第二层池化层
model.add(MaxPooling2D(                             #采用最大池化方式
    pool_size=(2, 2),                               #池化核大小为 2×2
    strides=(2, 2),                                 #设水平和垂直池化步长均为 2
    border_mode='same'
))
#利用 Dropout 随机丢弃 25%的神经元
model.add(Dropout(0.25))

#构造并配置第三层卷积层,卷积核数目为 64 个,大小为 5×5
model.add(Conv2D(64, 5, 5, border_mode='same', activation='relu'))
#构造并配置第四层池化层,采用最大池化,大小为 2×2
model.add(MaxPooling2D(pool_size=(2, 2), border_mode='same'))
#利用 Dropout 随机丢弃 15%的神经元
model.add(Dropout(0.15))
#将数据扁平化,即多维数据一维化,作为全连接层的输入
model.add(Flatten())
#添加全连接层(隐含层),神经元数目为 1024 个,激活函数为'relu'
model.add(Dense(1024, activation='relu'))
#添加全连接层(输出层),神经元数目为 10 个,激活函数为'softmax'
model.add(Dense(10, activation='softmax'))
```

(3) 配置模型的优化方法、损失函数、评价标准等其他参数,并编译模型以供训练。

```
from keras.optimizers import Adam
#生成 Adam 优化器,可根据梯度的均值和方差自适应随机梯度下降过程中的步长
```

```
adam = Adam()
#编译模型,以供训练使用
model.compile(optimizer = adam,                        #设置 Adam 优化器
              loss = 'categorical_crossentropy',    #设置交叉熵损失函数
              metrics = ['accuracy'])                #设置准确率评价指标来观察输出结果
```

(4) 训练配置好的卷积神经网络模型。

```
#开始训练

his = model.fit(
X_train, y_train,                                   #训练集
    validation_data = (X_test, y_test),             #验证集
    epochs = 10,                                    #训练轮数为 10 次
    batch_size = 32,                                #每 32 个样本为一批进行小批量梯度下降
    verbose = 2                                     #verbose: 日志显示,2 为每个 epoch 输出一行记录
    )

import matplotlib.pyplot as plt
#训练过程可视化
plt.plot(his.history['loss'])
plt.plot(his.history['val_loss'])
plt.title('Model loss')
plt.ylabel('Loss')
plt.xlabel('Epoch')
plt.legend(['Train', 'Test'], loc = 'upper left')
plt.show()
plt.plot(his.history['accuracy'])
plt.plot(his.history['val_accuracy'])
plt.title('Model accuracy')
plt.ylabel('Accuracy')
plt.xlabel('Epoch')
plt.legend(['Train', 'Test'], loc = 'upper left')
plt.show()
#输出模型的结构和参数量
model.summary()
#保存模型
model.save("Minst.h5")
```

(5) 使用已训练好的卷积神经网络模型预测新的数据。

```
import glob
import cv2
import numpy as np

#准备新的测试数据,缩放图片大小为 28×28
w = 28
h = 28
c = 1
#测试数据的地址
path_test = './TestMinst2/'
imgs = []  #创建保存图像的空列表
for im in glob.glob(path_test + '/*.png'):    #利用 glob.glob()函数搜索每个层级文件下面
                                               #符合特定格式"/*.jpg"进行遍历
    #print('reading the images: %s' % (im))    #遍历图像的同时,打印每张图片的
                                               #"路径 + 名称"信息
```

```
        img1 = cv2.imread(im)  #利用 cv2.imread()函数读取每一张被遍历的图像并将其赋值给 img
        img = cv2.cvtColor(img1,cv2.COLOR_RGB2GRAY)
        img = cv2.resize(img, (w, h))  #利用 cv2.resize()函数对每张 img 图像进行大小缩放
                                        #统一处理为大小为 w * h(即 28 × 28)的图像
        imgs.append(img)  #将每张经过处理的图像数据保存在之前创建的 imgs 空列表中
    imgs = np.asarray(imgs, np.float32)
    print("shape of data:", imgs.shape)
    print("shape of data:", imgs.shape)

    from keras.models import load_model
    #加载模型导入模块 load_model,导入模型
    model = load_model('Minst.h5')

    #将图像导入模型进行预测
    prediction = model.predict_classes(imgs.reshape(len(imgs),1,28,28))

    #打印预测结果
    import matplotlib.pyplot as plt
    for i in range(np.size(prediction)):
        #打印每张图像的预测结果
        print("第", i , "数字预测:", prediction[i])
        img = plt.imread(path_test + str(i) + ".png")
        plt.imshow(img)
        plt.show()
```

9.3 无监督学习

9.3.1 无监督学习简介

在 9.2 节介绍的有监督学习中,学习过程需要借助训练数据所包含的先验知识(如分类标记),这种分类标记往往通过人工进行标注。在实际生产生活实践中,由于人工标注的成本过高等原因,导致所采集到的数据在很多情况下缺乏先验知识,即训练样本的标记信息是未知的,这时就需要采用另一种“无监督学习”方式来进行学习。

无监督学习是通过对无标记训练样本的学习来解释数据的内在性质及规律,此类学习任务中研究最多、应用最广的是“聚类”(Clustering)。聚类就是根据样本间内在的相似性将数据样本(未知标记)划分成为若干个簇,使得同一簇内的样本尽可能彼此相似,而与其他簇中的样本尽可能不同。根据聚类结果将每个簇都定义为一个潜在的类的概念。

基于不同的学习策略有多种类型的聚类算法,其中包括基于划分的方法、基于层次分析的方法、基于密度的方法等,各类代表性的算法如表 9.5 所示。

表 9.5 代表性聚类算法

类　别	包括的主要算法
基于划分(分裂)的方法	K-means 算法(K-平均)、K-medoids 算法(K-中心点)、CLARANS 算法(基于选择的算法)
基于层次分析的方法	BIRCH 算法(平衡迭代归约和聚类)、CURE 算法(代办点聚类)、CHAMELEON 算法(动态模型)
基于密度的方法	DBSCAN 算法(基于高密度连接区域)、DENCLUE 算法(密度分布函数)、OPTICS 算法(对象排序识别)

9.3.2 K-means 聚类

在众多的聚类算法中，K-means 是一种最经典、最为常用的划分聚类算法，其原理简单，便于处理大量数据。该算法应用广泛，可用于客户行为聚类、新闻聚类等。

简单地说，K-means 就是在无任何监督信息的情况下将数据样本划分簇的一种方法，其基本思想是：对于给定的样本集，按照样本之间的距离大小，将样本集划分为 K 个簇，并让簇内的样本分布尽量紧密，而让簇间的样本距离尽量地大。聚类示意图如图 9.33 所示，当 $K=3$ 时将样本集聚成 3 个簇。

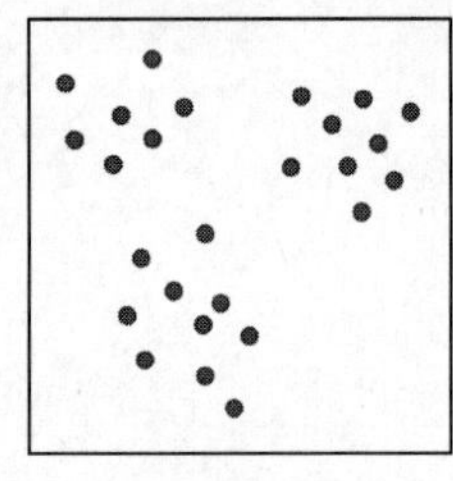

(a) 样本分布

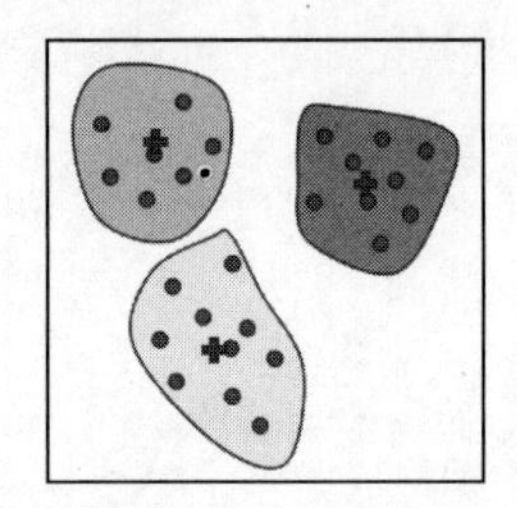

(b) 聚类结果(K=3，加号代表聚类中心)

图 9.33　聚类示意图

K-means 具体的算法步骤如下所述。

(1) 输入样本集，并随机初始化 K 个簇的聚类中心。

(2) 把每个样本划分到离它最近的聚类中心所属的簇。

(3) 将每个簇中样本的平均值更新为新的聚类中心。

(4) 计算每个样本到所属聚类中心的距离平方和，并将该值与上一次划分对应的值进行比较，如果变化小于给定的一个较小的阈值(或达到迭代次数的上限)，则停止划分；否则，返回(2)继续划分。样本到簇中心的距离平方和可用来度量簇内样本的相似程度，该值越小则说明簇内样本越相似，当该值降低到最小值时，可认为聚类效果最优。

(5) 输出聚类结果。

通过上述迭代所得到的 K 个簇的划分中簇内样本的距离是最近的，也就是样本间是最相似的。

说明：距离度量有多种方法，如欧几里得距离、曼哈顿距离、闵可夫斯基距离等，K-means 算法常用的是欧几里得距离。

【例 9.7】 根据餐饮客户的消费行为特征数据，将这些客户分类成不同客户群，并评价这些客户群的价值。

数据说明：部分餐饮客户的消费行为特征数据如表 9.6 所示，主要包括最近一次消费的时间间隔、消费频率和消费总金额这些消费行为特征。

表 9.6　餐饮客户的消费行为特征数据(部分)

ID	R(最近一次消费时间间隔，天)	F(消费频率，次)	M(消费总金额，元)
1	37	4	579
2	35	3	616
3	25	10	394
4	52	2	111
5	36	7	521

续表

ID	R(最近一次消费时间间隔,天)	F(消费频率,次)	M(消费总金额,元)
6	41	5	225
7	56	3	118
8	37	5	793
9	54	2	111
10	5	18	1086

采用 K-means 聚类算法,设定聚类个数 K 为 3,最大迭代次数为 500 次,距离度量采用欧几里得距离。

K-means 聚类算法的 Python 代码如下:

(1) 导入数据并进行数据标准化。

```
import pandas as pd
inputfile = 'consumption_data.xls'                    #销量及其他属性数据
data = pd.read_excel(inputfile,index_col = 'Id')      #读取数据
data_zs = 1.0 * (data - data.mean())/data.std()       #数据标准化
```

(2) 初始化聚类参数。

```
#参数初始化
k = 3                                                  #聚类的类别
iteration = 500                                        #聚类最大循环次数
```

(3) 生成 K-means 聚类对象,并对读入的数据进行聚类。

```
from sklearn.cluster import KMeans
#分为 K 类,并发数为 4
model = KMeans(n_clusters = k,n_jobs = 4,max_iter = iteration)
model.fit(data_zs)                                     #开始聚类
```

(4) 打印简单的聚类结果。

```
#简单打印结果
r1 = pd.Series(model.labels_).value_counts()           #统计各个类别的数目
r2 = pd.DataFrame(model.cluster_centers_)              #找出聚类中心
r = pd.concat([r2,r1], axis = 1) #横向连接(0 是纵向),得到聚类中心对应的类别下的样本数目
r.columns = list(data.columns) + [u'类别数目']          #重命名表头
print(r)
```

输出结果如下:

```
          R           F            M      类别数目
0  -0.160451    1.114802    0.392844     341
1  -0.149353   -0.658893   -0.271780     559
2   3.455055   -0.295654    0.449123      40
```

(5) 打印并保存更详细的聚类结果。

```
#详细输出原始数据
r = pd.concat([data, pd.Series(model.labels_, index=data.index)], axis=1)
#输出每个样本对应的类别
r.columns = list(data.columns) + [u'聚类类别']          #重命名表头
```

```
outputfile = 'data_type.xlsx'                          # 保存结果的文件名
r.to_excel(outputfile)                                 # 保存结果
```

data_type. xlsx 所保存的内容如图 9.34 所示。

	A	B	C	D	E	F	G
1	Id	R	F	M	聚类类别		
2	1	27	6	232.61	0		
3	2	3	5	1507.11	0		
4	3	4	16	817.62	1		
5	4	3	11	232.81	0		
6	5	14	7	1913.05	0		
7	6	19	6	220.07	0		
8	7	5	2	615.83	0		
9	8	26	2	1059.66	0		
10	9	21	9	304.82	0		
11	10	2	21	1227.96	1		
12	11	15	2	521.02	0		
13	12	26	3	438.22	0		
14	13	17	11	1744.55	1		
15	14	30	16	1957.44	1		
16	15	5	7	1713.79	0		

Sheet1

图 9.34 data_type. xlsx 所保存的内容

(6) 绘制不同客户群的概率密度函数图,比较分析不同客户群的价值。

```
def density_plot(data, title):                                    # 自定义作图函数
    import matplotlib.pyplot as plt
    plt.rcParams['font.sans-serif'] = ['SimHei']                  # 用来正常显示中文标签
    plt.rcParams['axes.unicode_minus'] = False                    # 用来正常显示负号
    plt.figure()
    for i in range(len(data.iloc[0])):
        (data.iloc[:,i]).plot(kind = 'kde', label = data.columns[i], linewidth = 2)
    plt.ylabel(u'密度')
    plt.xlabel(u'人数')
    plt.title(u'聚类类别 %s 个属性的密度曲线' % title)
    plt.legend()
    return plt

def density_plot(data):                                           # 自定义作图函数
    import matplotlib.pyplot as plt
    plt.rcParams['font.sans-serif'] = ['SimHei']                  # 用来正常显示中文标签
    plt.rcParams['axes.unicode_minus'] = False                    # 用来正常显示负号
    p = data.plot(kind = 'kde',linewidth = 2, subplots = True, sharex = False)
    [p[i].set_ylabel(u'密度') for i in range(k)]
    plt.legend()
    return plt

pic_output = 'pd_'                                                # 概率密度图文件名前缀
    for i in range(k):
        tmp = data[r[u'聚类类别'] == i]
        density_plot(data[r[u'聚类类别'] == i]).savefig(u'%s%s.png' % (pic_output, i))
```

以上代码所绘制的各类客户群的特征概率密度函数如图 9.35～图 9.37 所示。

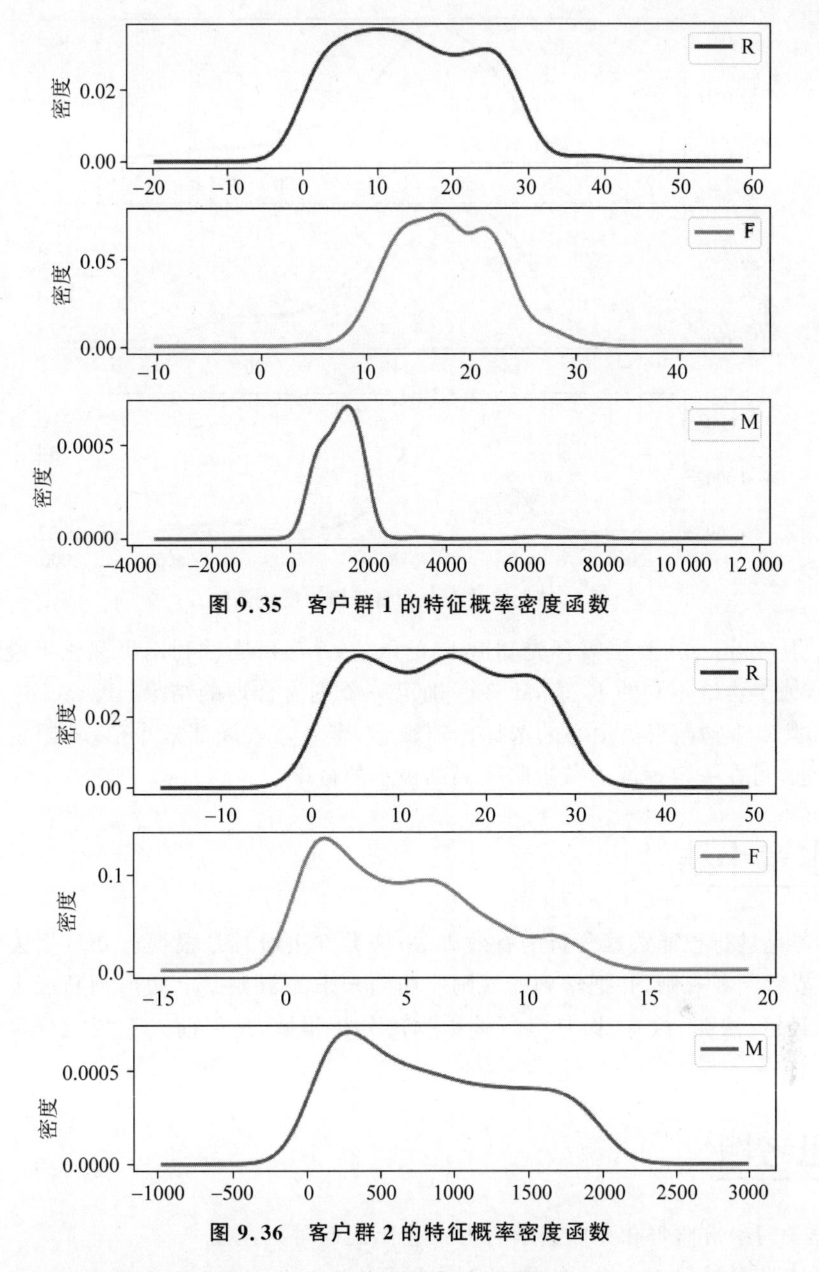

图 9.35　客户群 1 的特征概率密度函数

图 9.36　客户群 2 的特征概率密度函数

根据以上特征概率密度函数对客户价值的分析如下所述。

（1）客户群 1 的特点：R 间隔相对较小，主要集中在 0～30 天；消费次数集中在 10～25 次；消费金额在 500～2000 元。

（2）客户群 2 的特点：R 间隔分布在 0～30 天；消费次数集中在 10～12 次；消费金额在 0～1800 元。

（3）客户群 3 的特点：R 间隔相对较大，间隔分布在 30～80 天；消费次数集中在 0～15 次；消费金额在 0～2000 元。

对比分析：客户群 1 消费时间间隔较短，消费次数多，而且消费金额较大，是高消费、高价值人群。客户群 2 的消费时间间隔、消费次数和消费金额处于中等水平，代表一般客户。客户群 3 的消费时间间隔较长，消费次数较少，消费金额也不是特别高，是价值较低的客户群体。

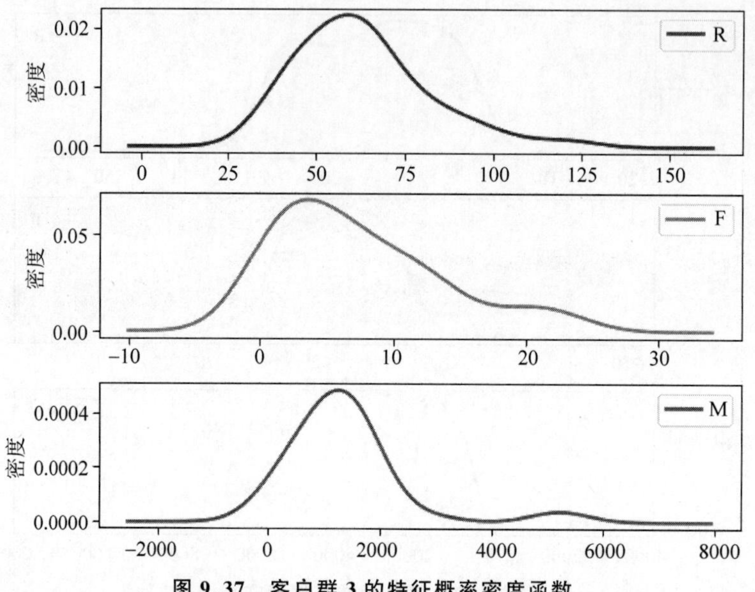

图 9.37 客户群 3 的特征概率密度函数

延伸说明：K-means 算法需预先知道 K 的取值，一般可尝试利用可视化手段大致判断聚类簇的数量，或多尝试不同的 K 值，比较并确定一个更为合理的结果；K-means 算法的另一个局限性是对 K 个初始聚类中心的选择比较敏感，容易陷入局部极小值，若限定初始聚类中心的距离较远，可在一定程度上减少陷入局部极小的概率。

本章小结

机器学习是进行智能数据分析的有效方法，该类方法通常是根据已知数据去学习数据中蕴含的规律或者判断规则，并把学到的规则应用到未来的新数据上做出判断或者预测。该技术广泛用于经济、法律、教育、医疗等行业数据的分析领域，是目前人工智能分析的核心技术之一。

思考题

1. 机器学习中有监督和无监督学习方式有什么不同？
2. 简述有监督学习方式进行分类的基本过程。
3. 什么是过拟合？如何改善过拟合？举例说明。
4. 简述分类、回归分析的概念，并说明它们的区别。
5. 决策树模型的核心问题是什么？在 ID3、C4.5 算法中分别是如何解决的？
6. 支持向量机模型中核函数的作用是什么？
7. BP 学习算法有哪两个阶段？简述每个阶段的任务。
8. 简述卷积神经网络的一般结构，并说明每一层的主要作用。
9. 简述 K-means 聚类的基本过程。

第10章 智能计算思维及其应用

计算思维建立在计算过程的能力和限制之上，由人或机器执行。计算方法和模型使人们敢于去处理那些原本无法由任何个人独自完成的问题求解和系统设计。人工智能和计算思维的结合，将带来计算化学、计算物理、生命科学、人文社会科学等专业领域中的应用。本章将介绍计算机思维的概念、特征和发展，阐述智能思维的组成，并通过算法案例的 Python 应用，介绍一些经典算法。

10.1 计算思维与人工智能

10.1.1 计算思维

什么是思维？思维是跟大脑有关的。思维是高级的心理活动，是认识的高级形式；通常意义上的思维涉及所有的认知或智力活动。它探索与发现事物的内部本质联系和规律性。人脑对信息的处理包括分析、抽象、综合、概况等。科学包括自然科学、社会科学和思维科学。

1. 三大科学思维

什么是科学思维？从人类认识世界和改造世界的思维方式出发，科学思维可分为理论思维、实验思维和计算思维三种。其中，理论思维又称逻辑思维，以推理和演绎为特征，以数学学科为代表，强调推理；实验思维又称实证思维，以观察和总结自然规律为特征，以物理学科为代表，强调归纳；计算思维又称构造思维，以设计和构造为特征，以计算机学科为代表，希望实现自动求解。理论科学、实验科学、计算机科学被称为推动人类文明进步和科技发展的三大科学。科学思维的含义和重要性在于它反映的是事物的本质和规律。

计算思维已经与理论科学、实验科学并列，共同成为推动社会文明进步和促进科技发展的三大手段。现在，几乎所有领域的重大成就无不得益于计算科学的支持。计算思维不仅反映了计算机学科最本质的特征和最核心的方法，也映射了计算机学科的三个不同领域，包括理论、设计和实现。逻辑思维、实证思维和计算思维各具特点，所有的思维都是这三种思维的混合，不存在纯粹的某种思维。

计算思维已经与逻辑思维、实证思维一样，成为现代人必须掌握的基本思维模式。

2. 计算思维的概念

那么，什么是计算思维呢？

2006年3月,美国卡内基·梅隆大学计算机系周以真教授在美国计算机权威杂志*Communication of the ACM*上发表并定义了计算思维。她指出,计算思维是每个人的基本技能,不仅属于计算科学家,要把计算机这一从工具到思维的发展提炼到与3R(读、写、算)同等的高度和重要性,成为适合于每个人的"一种普遍的认识和一类普适的技能"。这在一定程度上,意味着计算机科学从前沿高端到基础普及的转型。近年来,计算思维这一概念得到国内外计算机界、社会学界以及哲学界学者和教育者的广泛关注,并进行了深入的研究和探讨。

目前,国际上广泛使用的计算思维概念是运用计算机科学的基础概念去求解问题、设计系统和理解人类行为的一种方法,是一类解析思维。它运用了数学思维(求解问题的方法)、工程思维(设计、评价大型复杂系统)和科学思维(理解可计算性、智能、心理和人类行为),涵盖了计算机科学之广度的系列思维活动。

3. 计算思维的特征

周以真教授认为,计算思维的内容本质是抽象和自动化,特点是形式化、程序化和机械化。周教授同时给出了计算思维的以下几个特征。

(1) 概念化,不是程序化。

计算机科学不是计算机编程,像计算机科学家那样去思维意味着远不止于计算机编程,还要求能够在抽象的多个层次上思维。

(2) 根本的技能,不是刻板的技能。

根本技能是每一个人为了在现代社会中发挥职能所必须掌握的;刻板技能意味着机械地重复。

(3) 是人的思维方式,不是计算机的思维方式。

计算思维是人类求解问题的一条途径,并不是要使人类像计算机那样去思考。计算机枯燥且沉闷,人类聪颖且富有想象力,是人类赋予了计算机激情。

(4) 数学和工程思维的互补和融合。

计算机科学在本质上源自数学思维,因为像所有的科学一样,其形式化基础建于数学之上。计算机科学又从本质上源自工程思维,基本计算设备的限制迫使计算机科学家必须计算性地思考,不能只是数学性地思考。

(5) 是思想,不是人造物。

不只是软件、硬件等人造物以物理形式到处呈现并时时刻刻触及人们的生活,更重要的是接近和求解问题、管理日常生活、与他人交流和互动,计算的概念无处不在。

(6) 面向所有的人,所有地方。

当计算思维真正融入人类活动,以至于不再表现为一种显式哲学时,它将成为一种现实。

对于计算思维的内涵解读有很多。这些观点包括:ACM/IEEE提出计算作为一门学科具有30个核心技术;周以真教授提出计算思维就是自动化抽象的过程;De Souza等认为计算思维是从自然语言描述开始,不断对其进行精化,最后得到可计算模型或代码;Kuster等认为计算思维内涵是数据分析、算法设计与实现以及数学建模等技术的一个综合体;Engelbart认为计算思维的内涵分为三个层次,即使用计算机的基本能力、理解计算机系统的熟练能力和计算思维能力;Peter Denning提出计算的几大原则,从知识体系的角度对计算思维的内涵进行了解释。

10.1.2　人工智能

1. 智能计算的定义

智能计算只是一种经验化的计算机思考性程序，是人工智能化体系的一个分支，是辅助人类去处理各式问题的具有独立思考能力的系统。

2. 智能计算的计算原则

要实现人工智能必须经过4个过程：采集、识别、思考、控制，而这分别由4种相关的智能化系统所控制。采集是将现实或虚拟的事物信息或状况进行采集，识别是对所采集的信息数据化，而思考便是智能计算，智能计算最终的结果是要实现对事物的虚拟或真实控制。

现在的采集主要运用物联网技术，以及图像采集、声波采集技术等。而识别技术较为复杂，一般程序员会给系统建立一个虚拟世界概念，然后对每个事物进行标记化，通过采集到的数据对事物进行位置或状况的确认，这就是一个常用的虚拟世界构建方法。

例如，导弹可以通过发射前的信息写入，获取目标坐标，如(38.535133,77021170,142.2)，通过GPS，获取发射前的位置坐标及角度状态，如(39.0,78.00,0,315.0,60.0)。发射后导弹通过GPS获取实时坐标，通过大气压表获取当前位置气压，并每隔一定时间对自己当前位置进行新判断，通过历史空间轨迹不断获得当前速度，之后通过一系列复杂的空间计算，对尾翼进行控制来偏转方向，达到最终击中目标的目的。在这个过程中，GPS对经纬的判定、进行高度测压等是一个各种数据采集的过程，这些采集元件本身是不具备判定能力的，需要通过智能计算来完成判断和调整，就像人的眼睛能看到事物，但判定事物和区别事物是由大脑来处理。

当然，智能计算也并非一定是高科技替代人类的产物，其也作为“判定辅助”的形式存在，并不能取代人类的创造性能力。例如，其失败模拟数据的堆积强度，可以为公司提供各种风险计算等，这将是世界IT针对未来企业的市场主流，真正具备锐眼的企业均在朝这个方向发展，而并非在手机、计算机的软硬件上竞争。如果为智能计算体安装了机械手臂，那么人类也将从劳动型转向规则设定型，也就是说，未来的操作性岗位会越来越少。相应地，沟通性质的服务岗位和决策判定性质的岗位将会变多，但是，资金会向核心经验与核心技术人员转移，也就是说，未来的人力成本将随着劳动密集型人力应用的规模减小而减少。

10.1.3　智能计算思维的应用

计算思维具有广泛的应用领域，创新人才应该学会用计算思维的基本方法处理问题，将专业问题转换为计算机可以处理的形式，将计算思维的基本原则和手段用于面临的工作，将计算思维的基本准则用于理想和品格的塑造。

1. 计算机科学

计算思维的出现要先于计算机科学，但是计算机的发明却给计算思维的研究和发展带来根本性变化。随着以计算机科学为基础的信息技术的迅猛发展，计算思维对各个学科的影响尤其是对计算机学科的作用日益凸显。二者之间有着密不可分的联系，计算思维促进计算机科学的发展和创新，计算机科学推动计算思维的研究和应用。计算思维的本质是抽象和自动化，核心是基于计算模型和约束的问题求解；而计算机科学恰恰是利用抽象思维建立求解模型，并将实际问题转换为符号语言，再利用计算机自动执行。其中，抽象是计算机学科的最基本原理,而自动计算则是计算机学科的最显著特征。计算思维反映的是计算机学科最本质的特征和最核心的方法。计算机在数学计算和信息处理中无可比拟的优势,使原本只有在理论层面可以构造的事物变成了现实世界实现的实物,拓展了人类认知世界和解决问题的能力和范围,推进了计算思维在形式、内容和表述等方面的探索。

2. 计算化学

作为近年来快速发展的一门学科,计算化学是理论化学的一个分支,是计算机科学与化学的交叉学科,其主要目标是利用有效的数学近似以及计算机程序计算分子的性质(如总能量、偶极矩、四极矩、振动频率、反动活性等),用以解释一些具体的化学问题。利用计算机程序做分子动力学模拟,试图为合成实验预测起始条件,研究化学反应机理,解释反应现象等。

计算机科学与化学结合通常有以下几个研究方向。

(1) 计算化学中的数值计算。

利用计算数学方法,对化学各专业学科的数学模型进行数值计算或方程求解。例如,量子化学和结构化学中的演绎计算、分析化学中的条件预测、化学过程中的各种应用计算等。

(2) 化学模拟。

化学模拟包括:数值模拟,如用曲线拟合法模拟实测工作曲线;过程模拟,根据某一复杂过程的测试数据,建立数学模型,预测反应效果;实验模拟,通过数学模型研究各种参数(如反应物浓度、温度、压力)对产量的影响,在屏幕上显示反应设备和反应现象的实体图形,或反应条件与反应结果的坐标图形。

(3) 模式识别应用。

最常用的方法是统计模式识别法,这是一种统计处理数据、按专业要求进行分类判别的方法,适于处理多因素的综合影响,如根据二元化合物的键参数(离子半径、元素电负性、原子的价径比等)对化合物进行分类,预报化合物的性质。模式识别广泛用于最优化设计,根据物性数据设计新的功能材料。

(4) 数据库及检索。

化学数据库中存储数据、常数、谱图、文摘操作规程、有机合成路线、应用程序等。数据库不但能存储大量信息,还可根据不同需要进行检索。根据谱图数据库进行谱图检索,已成为有机化学分析的重要手段,首先将大量的谱图(如红外、核磁质谱等)存入数据库作为标准谱图,然后由实验测出未知物的各种谱图,把它们和标准谱图进行比照,就可求得未知物的组成和结构。

(5) 化学专家系统。

化学专家系统是数据库与人工智能结合的产物,它把知识规则作为程序,让机器模拟专家的分析、推理过程,达到用机器代替专家的效果。例如,酸碱平衡专家系统包括知识库和检索系统,当向它提出问题时,它能自动查出数据,找到程序,进行计算、绘图、推理判断等处理,并用专业语言回答用户的问题,如溶液 pH 值的计算,任意溶液用酸、碱进行滴定时操作规程的设计。

3. 计算物理

计算物理学是随着计算机技术的飞跃进步而不断发展的一门学科,在借助各种数值计算方法的基础上,结合了实验物理和理论物理学的成果,开拓了人类认识自然界的新方法。

20 世纪 50 年代初,统计物理学中有一个热点问题:一个仅有强短程排斥力而无任何相互吸引力的球形粒子体系能否形成晶体。计算机模拟确认了这种体系有一阶凝固相变，但在当时人们难以置信。在1957年一次由15名杰出科学家参加的讨论会上对于形成晶体的可能性，有一半人投票表示不相信。其后的研究工作表明，强排斥力的确决定了简单液体的结构性质，而吸引力只具有次要的作用。

另外一个著名的例子——粒子穿过固体时的通道效应就是通过计算机模拟而偶然发现的。当时，在进行模拟入射到晶体中的离子时，一次突然计算似乎陷入了无终止的持续循环，消耗了研究人员的大量计算费用。但在仔细研究过程后，发现此时离子运动方向恰与晶面几乎一致，离子可以在晶面形成的壁之间反复进行小角碰撞，只消耗很少的能量。

因此，计算模拟不仅是一个数学工具。例如量子计算，其基本原理是量子的重叠与牵连原理产生了巨大的计算能力。普通计算机中的2位寄存器在某时间仅能存储4个二进制数(00、01、10、11)中的几个，而量子计算机中的2位量子位寄存器可同时存储这4个数，因为每个量子比特可表示两个值。如果有更多量子比特，量子计算模拟的计算能力就呈指数级提高。

4. 生命科学

生命科学是研究生命的产生、发展、本质及其活动规律的科学。生命科学研究数据的快速增长，使学术界高度关注计算思维在研究过程中的应用。生命科学带来数据增长的挑战，其数据增长甚至远超摩尔定律的增长，如基因组测序的数据每12个月就会增长一倍。

传统的计算机科学的数据处理能力远远落后，如何存储、处理、检索、查询和更新这些海量数据并非易事。数据库、数据挖掘、人工智能、算法、图形学软件工程、并行计算和网络技术等都被用于生物计算的研究。计算机科学家运用巧妙的算法，使对人类基因组进行霰弹算法测序成为可能，并使之成为各种基因组测序的通用方法，大大降低了基因组测序的成本，提高了测序的速度。

以计算生物学为例，它是融合了计算机科学、数学等学科与生命科学融合而成的现代生物科学，主要包括以下几方面：生物序列的片段拼接；序列对比；基因识别；种族树的构建；蛋白质结构预测。在做好数据库结构设计的基础上，结合生物学数据的特点，建立生物信息数据库，再依靠大规模的计算模拟技术，利用数据库的常规操作，从海量信息中提取自己需要的生物学数据。数据库技术、数据挖掘与聚类分析方法均应用在蛋白质的结构预测中。

5. 在人文社会科学中的应用

近年来，社会科学家利用计算思维对社会科学内容进行研究，将计算机科学家解决问题的基本思路与方法用来研究人文社科等领域的内容。不仅将计算思维作为工具，而且在思想与方法论层面与人文社科领域融合，解决更加复杂的问题，解释更加深刻的现象。这将有助于对社会问题的理解与解决，从而也推动该领域的发展。

计算思维在社会科学若干问题的研究进展中已经表现出独特的力量。例如，社会心理学家米尔格拉姆1967年的实验结果(六度分隔，Six Digress of Separation)，在1998—2000年得到了具有计算思维风格的理论解释，并在2005年前后得到了进一步大规模验证。通俗地说，"六度分隔"理论指你和任何一个陌生人之间所间隔的人不会超过6个，也就是说，最多通过5个中间人你就能够认识任何一个陌生人，如图10.1所示。"六度分隔"理论也叫小世界理论。

在多品种拍卖匹配市场的研究过程中，利用计算思维不仅将社会最优的实现过程展现得淋漓尽致，而且其结果也广泛用于当前互联网广告拍卖机制的设计中。另外，计算思维理论应

图 10.1 “六度分隔”理论

用于社交网络结构研究,有助于识别人们的社会关系权力是如何影响社交网络社区的。社会学家在20世纪提出了一套网络交换理论,近年来,通过应用计算思维的方法也得到了重要发展。具有计算思维风格的典型代表——平衡理论,不仅可以用来解释第一次世界大战时期各国间联盟阵营关系的变化,而且也可以用来理解当今东北亚岛屿问题之争中各方的态度。新生事物在社会中不断涌现,计算思维在其分析过程中已经展现出强大的功效。

计算思维本身并不是新的理论,长期以来不同领域的人们自觉不自觉地都在运用。为什么现在特别强调?这与人类社会的进程直接相关。人类已经步入大数据时代,人类社会方方面面的活动被充分地数字化和网络化。

全球线下零售业巨头沃尔玛在对消费者购物行为进行分析时发现,男性顾客在购买婴儿尿片时,常常会顺便购买几瓶啤酒来犒劳自己。于是沃尔玛将啤酒和尿布摆放在一起并捆绑促销。如今这“啤酒+尿片”的数据分析成果已经成为大数据的经典案例。

研究这种数据有助于解释现实活动,这就是计算思维的妙用。在高度信息化的社会中,社会科学家也能像研究自然现象那样,通过“实验—理论—验证”的范式研究社会现象。

为了推动计算思维与社会科学的交叉发展,教育需要承担一定的责任。长期以来,高等教育各学科之间的界限比较分明,即便在有些条件下鼓励学生选学不同学科的课程,但每门课程内容的学科属性依然很明显,其结果是缺乏融会贯通。同时,虽然要求每个社会科学专业的学生学几门计算机课程,但那些课程通常只是工具性的,缺乏对学生计算思维的启迪。教育部注意到了这个问题,专门发出大学计算机基础课程改革的通知,鼓励在计算机基础课程中引入跨学科元素是其精神之一。随着人们认识的提高,以及一批鼓舞人心的实践的示范引领,社会科学与计算思维的交叉互动将会成为推动学术发展的一股新风。

6. 在公检法等特殊领域中的应用

在计算思维中包含的一个理论是可计算性理论,可计算性理论的中心问题是建立计算的数学模型,进而研究哪些是可计算的,哪些是不可计算的。这里所提到的可计算性是一种概括性表述,是指通过计算来解决大部分问题,哪怕是通过计算机等辅助工具,其代码本质上也是一种计算。因此,计算思维通常是尽力寻找最简易的办法来达到最大效益,这种思想在法律方面也有所应用。

1) 侦查逻辑思维

侦查逻辑思维、侦查直觉思维和侦查形象思维是侦查思维的主要方法。在公安领域中,侦查案件的某些环节和侦破疑难案件时,侦查思维的创新能够提供良好的侦查途径和侦破方案,为案件的侦破起到关键性的作用。科学的思维方法有利于侦查主体正确地分析研究案件情况,有利于选择最佳的侦查途径开展侦查工作,有利于全面收集犯罪证据,达到及时侦破案件的目的。

计算思维的本质是抽象和自动化。侦查主体要保证思维正确,还要学会运用科学的逻辑思维方法,其中包括归纳和演绎、分析和综合、抽象和具体、历史和逻辑的一致等。这些思维方法各有不同的重要作用,侦查主体就针对不同的对象和问题,灵活地运用它们,可以提高思维效率，正确指导侦查实践。要使侦查逻辑思维富有成效，还必须注重辩证思维尤其要从辩证法中汲取营养。

计算机侦查技术是通过技术手段，找到与案件相关的数据证据。要确保这些证据的合法性和真实性，并得到司法部门的认可，就必须进行电子技术司法鉴定。应对常用取证工具的有效性及可靠性进行检测评估，这将有利于取证工具的开发和应用，提高犯罪侦查技术鉴定的可靠性和准确度，从而进一步推动网络安全技术。

2）法律中的应用

思维逻辑在不同的领域根据不同需要被划分为经济逻辑学、法律逻辑学、生物逻辑学、物理逻辑学、线性逻辑学等。对于法律从业人员需要重点掌握的是法律逻辑学。法律逻辑学分为审判逻辑、侦查逻辑、法律思维与司法技术逻辑、法律规范逻辑等。法律逻辑学是研究思维形式的逻辑结构和逻辑规律，并在此基础上探讨法律领域中特有的逻辑现象和逻辑问题的一门科学。

逻辑学运用于法律实践中，要为司法实践服务。具体到检察活动中，它能帮助检察人员正确掌握法律概念，充分运用判断、推理等逻辑思维手段，对指向犯罪嫌疑人的证据进行收集和审查，正确行使法律赋予的法律监督权、侦查权和求刑权，要求人民法院对所指控的犯罪事实予以确认并追究犯罪人刑事责任，实现国家刑罚权，最终达到我国《刑法》所规定的目的。

在法律发现过程中，计算思维的过程是一种综合了类推、设证、归纳与演绎这几个程序性因素的综合论证过程，而此过程的核心是类推。

10.2　智能计算思维中的算法思维

10.2.1　智能计算思维的组成

在10.1节中介绍了美国卡内基·梅隆大学周以真教授提出的“计算思维”概念，她认为计算思维是现代人的一种基本技能，所有人都应该积极学习。谷歌公司针对计算思维为教育者开发了一套课程，这套课程提到培养计算思维的四部分，分别是分解（Decomposition）、模式识别（Pattern Recognition）、模式概括与抽象（Pattern Generalization and Abstraction）以及算法（Algorithm）。虽然这并不是建立计算思维唯一的方法，不过通过这四部分可以更有效地进行思维能力的训练，不断使用计算方法与工具解决问题，进而逐渐养成计算思维习惯。

在训练计算思维的过程中，其实就培养了学习者从不同角度以及现有资源解决问题的能力。正确地运用培养计算思维的这四部分，同时运用现有的知识或工具，找出解决困难问题的方法。学习程序设计就是对这四部分进行系统的学习与组合，并使用计算机来协助解决问题，如图10.2所示。

分解　模式识别
模式概括与抽象　算法

图10.2　计算思维的四部分示意图

1. 分解

许多人在编写程序或解决问题时，对于问题的分解不知道从何处着手，将问题想得太庞大，如果一个问题不进行有效分解，就会很难处理。将一个复杂的问题分割成许多小问题，把这些小问题各个击破，小问题全部解决之后，原本的大问题也就解决了。

假如一台计算机出现了部件故障，将整台计算机逐步分解成较小的部分，对每个部分内的各个硬件部件进行检查，就容易找出有问题的部件。再如一位警察在思考如何破案时,也需要将复杂的问题细分成许多小问题,如图 10.3 所示。

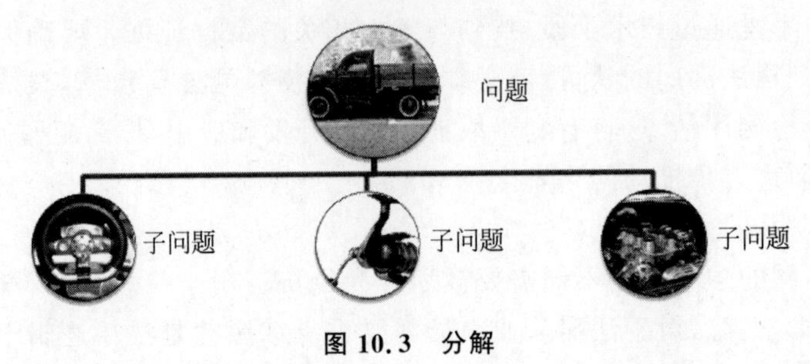

图 10.3 分解

在一些综艺节目中会出现所谓的终极密码游戏,主持人随机从 1～100 中取出一个彩球,让嘉宾猜彩球的数字,主持人只能针对嘉宾猜的数字回答“高了”或“低了”,这也是一种问题分解的具体应用。想想看,如何才能快速猜到这个数字呢?假如取出的彩球数字是“38”,那么可以从 1～100 的数字数列中先取中间的数字 50 进行比较,38 在 1～50 区间内,所以只剩下数列前半段 1～50,运用同样的方式取中间的数字再进行比较,数字数列又排除一半,只剩 25～50,一直循环这个过程就能找到数字 38。这个过程可以参考图 10.4。

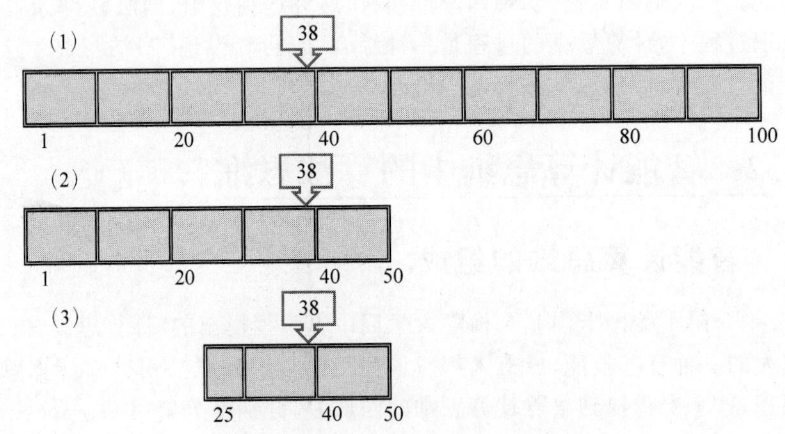

图 10.4 彩球数字猜谜的二分查找法

2. 模式识别

在将一个复杂的问题分解之后,常常可以发现小问题中有共同的属性以及相似之处,在计算思维中,这些属性被称为“模式”。模式识别是指在一组数据中找出特征或规则,用于对数据进行识别与分类,以作为决策判断的依据。在解决问题的过程中,找到模式是非常重要的,模式可以让问题的解决更简化。当问题具有相同的特征时,它们能够被更简单地解决,因为存在共同模式时,可以用相同的方法解决此类问题。

例如,当前常见的生物识别技术就是利用人体的形态、构造等生理特征(Physiological Characteristics)以及行为特征(Behavior Characteristics)作为依据,通过光学、声学、生物传感等高科技设备的密切结合对个人进行身份识别(Identification Recognition)与身份验证(Verification)的技术。又如,指纹识别(Fingerprint Recognition)系统以机器读取指纹样本,将样本存入数据库中,然后用提取的指纹特征与数据库中的指纹样本进行对比与验证;而脸部识别技术则是通过摄像头提取人脸部的特征(包括五官特征),再经过算法确认,就可以从复杂背景中判断出特定人物的脸部特征。

当我们发现越来越多的模式时，解决问题就会变得更加容易和迅速。在知道怎么描述一只狗之后，可以按照这种模式轻松地描述其他狗，例如狗都有眼睛、尾巴与4条腿，不一样的地方是每只狗都或多或少地有其独特之处，识别出这种模式之后，便可用这种解决办法来应对不同的问题。

因为所有的狗都有这类属性，当想要画狗时，便可将这些共同的属性加入，这样就可以很快地画出很多只狗。在平时，也能进行模式识别的思维训练，可以通过动手画图、识别图形、分辨颜色或对物体分类来进行训练。

3. 模式概括与抽象

模式概括与抽象在于过滤以及忽略掉不必要的特征，使人们可以集中在重要的特征上，这样有助于将问题抽象化。通常这个过程开始会收集许多数据和资料，通过模式概括与抽象把无助于解决问题的特性和模式去掉，留下相关的以及重要的属性，直到确定一个通用的问题以及建立解决这个问题的规则。

抽象没有固定的模式，它会随着需要或实际情况而有所不同。例如，把一辆汽车抽象化，每个人都有各自的分解方式，像车行的业务员与修车技师对汽车抽象化的结果可能就会有差异。

车行业务员对汽车的抽象：轮子、引擎、方向盘、刹车、底盘。

修车技师对汽车的抽象：引擎系统、底盘系统、传动系统刹车系统、悬挂系统。

如何正确而快速地将现实世界的事物抽象化是一门学问，而计算思维着重于分析、分解与概括(或归纳)的能力，是练习抽象化非常有效的方法。在日常生活中也处处可见抽象化，例如将复杂、有地形的地铁运行图简化为如图10.5所示的纯线路图，以简单明了的方式标出各个不同地铁线路的走向及各个站点。

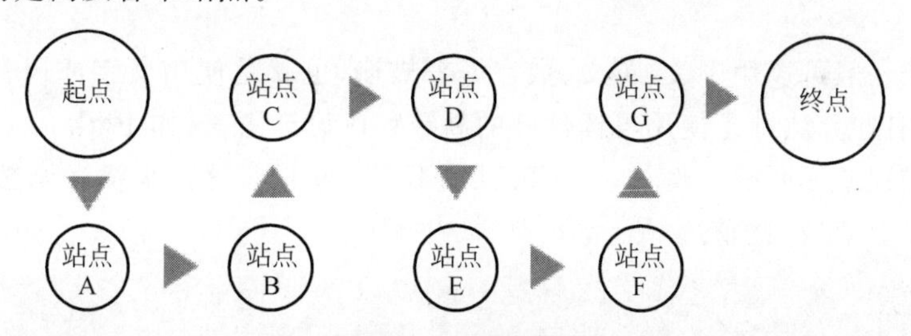

图10.5　纯线路图

计算思维可视为是运用信息科技有效解决问题的心智历程，通过模式概括与抽象的过程整理出有用的数据、资源以及限制条件。

4. 算法

算法是计算思维四个基石的最后一个，不但是人类使用计算机解决问题的技巧之一，也是程序设计中的精髓。算法常出现在规划和设计程序的第一步，因为算法本身就是一种计划，每条指令与每个步骤都是经过规划的，在这个规划中包含解决问题的每个步骤和每条指令。

在日常生活中有许多工作可以使用算法来描述，例如员工的工作报告、宠物的饲养过程、厨师准备美食的食谱、学生的课程表等。如今几乎每天都要使用的各种搜索引擎都必须借助不断更新的算法来运行。

特别是在算法与大数据的结合下，这门学科演化出“千奇百怪”的应用。例如，当拨打某个银行信用卡客户服务中心的电话时,很可能会先经过后台算法的过滤,帮助找出一名最"合胃口"的客服人员来交谈。在因特网时代,通过大数据分析,网店可以进一步了解购买产品和需求产品的人群是哪类人,甚至一些知名企业在面试过程中也会测验候选者对于算法的了解程度。

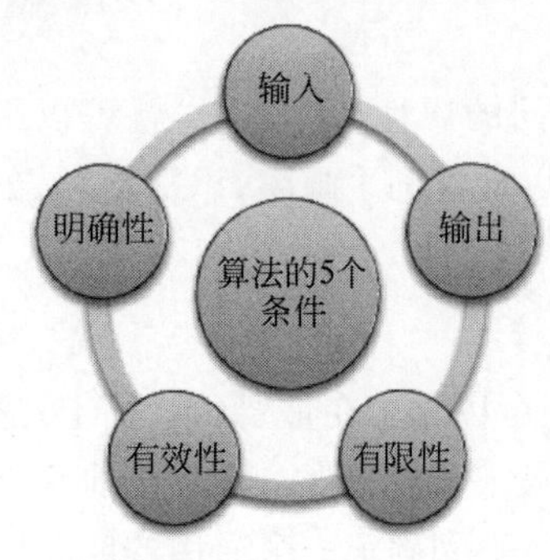

图 10.6 算法的 5 个条件

在韦氏辞典中,算法定义为:"在有限步骤内解决数学问题的程序。"如果运用在计算机领域中,我们也可以把算法定义为:"为了解决某项工作或某个问题,所需要的有限数量的机械性或重复性指令与计算步骤。"

10.2.2 算法思维的条件

通过 10.2.1 节可以了解,在智能计算思维中,算法是不可或缺的一环。在认识了算法的定义之后,再来看看算法必须符合的 5 个条件,可参考图 10.6 和表 10.1。

表 10.1 算法必须符合的 5 个条件

算法的特性	内容与说明
输入	0 个或多个输入数据,这些输入必须有清楚的描述或定义
输出	至少会有一个输出结果,不能没有输出结果
明确性	每条指令或每个步骤必须是简洁明确的
有限性	在有限步骤后一定会结束,不会产生无限循环
有效性	步骤清楚且可行,只要时间允许,用户就可以用纸笔计算而求出答案

认识了算法的定义与条件后,接着要来思考用什么方法表达算法最为适当呢?其实算法的主要目的在于让人们了解所执行的工作流程与步骤,只要能清楚地体现算法的 5 个条件即可。

常用的算法一般可以用中文、英文、数字等来描述,也就是使用文字或语言语句来说明算法的具体步骤,有些算法则是使用可读性高的高级程序设计语言(如 Python、C、C++、Java 等)或者伪语言来描述或说明的。例如,以下算法就是用 Python 语言来描述函数 Pow()的执行过程:根据 x、y,计算 x^y 的值。

```
def Pow(x,y):
    p=1
    for i in range(1, y+1):
        p*=x
    return p
print(Pow(4, 3))
```

10.2.3 算法思维的表达和结构

1. 思维算法在程序流程图中的表达

程序流程图是一种由图框和流程线组成的图形。其中,图框表示各种类型的操作,图框中的文字和符号表示操作的内容,流程线表示操作的先后次序。用图形表示算法,直观形象,易于理解。美国国家标准化协会规定了一些常用的流程图符号(见图 10.7),这些符号已被世界各国程序工作者普遍采用。

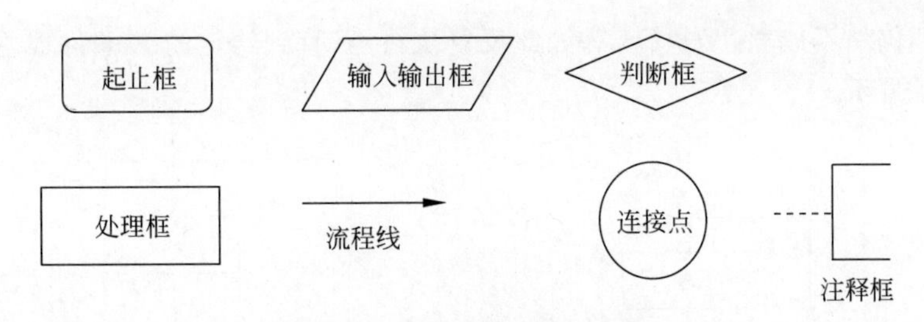

图 10.7　流程图常用图形符号

各图形符号的含义如下所述。

(1) 起止框：圆角矩形，表示算法的开始或结束。

(2) 输入输出框：平行四边形，表示输入和输出。

(3) 判断框：菱形框，表示条件选择，有一个入口，两个或多个出口，控制算法的不同执行流程。

(4) 处理框：方框，表示具体处理操作，如计算、赋值等，对应具体的业务逻辑。

(5) 流程线：带方向箭头，表示算法的执行顺序。

(6) 连接点：圆圈，成对出现，一对连接点标注相同的数字和文字，用于连接画在不同位置的流程线，以避免流程线的交叉，使流程更清晰。

(7) 注释框：书写注释。

2. 思维算法的结构

程序流程图用流程线指出各框的执行顺序，对流程线的使用没有严格限制。因此，绘图者可以使流程随意地转来转去，使流程图变得毫无规律、阅读时要花很大的精力去追踪流程。为了解决这个问题人们规定了几种基本结构，它们可以按一定规律组成一个算法结构。1966年，Bohra 和 Jacopini 提出了以下三种基本结构作为良好算法的基本单元。

(1) 顺序结构。如图 10.8 所示，虚线框内是一个顺序结构。其中 A 和 B 两个框是顺序执行的。即在执行完 A 后，必然接着执行 B。顺序结构是最简单的基本结构。

(2) 选择结构。选择结构又称分支结构、如图 10.9 所示。此结构必包含一个判断框。根据给定的条件 E 是否成立而选择执行 A 或 B。

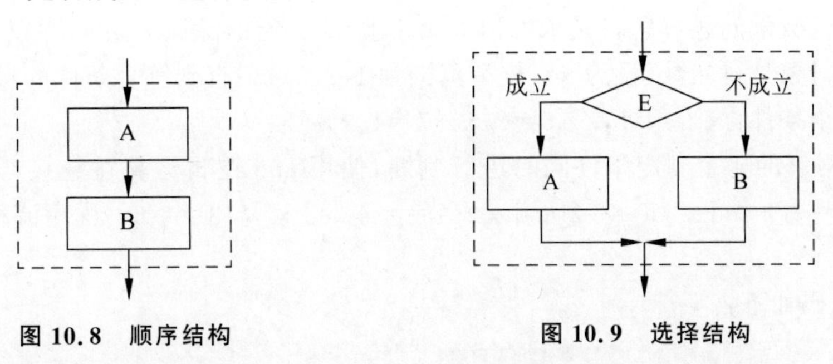

图 10.8　顺序结构　　**图 10.9　选择结构**

(3) 循环结构。某一部分的操作反复执行。循环结构有两类。

① 当型(while 型)循环结构。当型循环结构如图 10.10 所示。它的作用是：当给定的条件 E 成立时，执行 A，再判断条件 E 是否成立，如果仍然成立，再执行 A，如此反复执行 A，直到某一次 E 条件不成立为止，此时不执行 A，结束循环。

② 直到型(until 型)循环结构。直到型循环结构如图 10.11 所示。它的作用是：先执行 A，然后判断给定的 E 条件是否成立，如果 E 条件不成立，则执行 A，然后再对 E 条件进行判

断，如果E条件仍然不成立，又执行A，如此反复执行A，直到给定的E条件成立为止，此时不再执行A，结束循环。

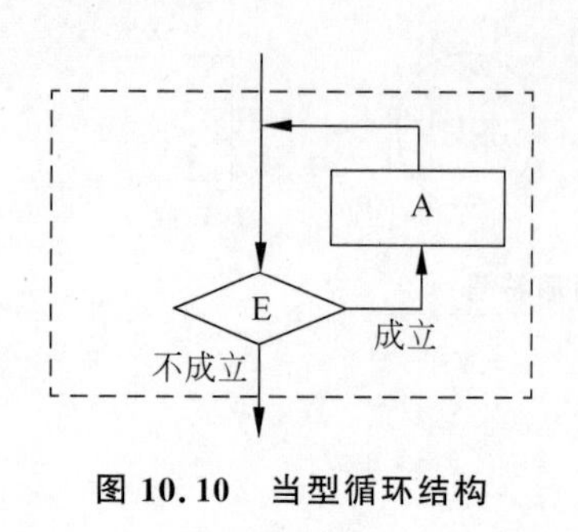

图10.10 当型循环结构

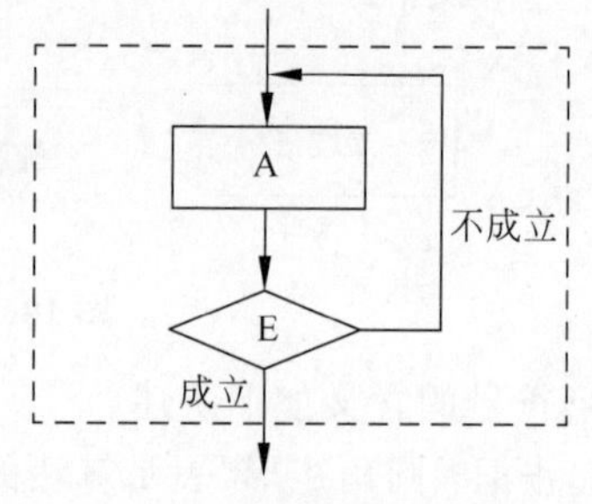

图10.11 直到型循环结构

10.2.4 算法思维在求解问题中的应用

1. 枚举法

枚举法又称为穷举法，其基本思想是逐一列出该问题可能涉及的所有情形，并根据问题的条件对各个解逐一进行检验，从中挑选出符合条件的解，舍弃不符合条件的解。枚举法通常用于密码的破译，也就是将所有可能的密码拿来逐个进行尝试，直到找出真正的密码为止。枚举法也称为暴力搜索法。例如，QQ账户的密码是4位数，忘记了密码，只记得前2位数，后2位数字不记得。后2位数字有可能是0～9的任意数，可以一一列举，逐一判断。

枚举法求解步骤如下：

(1) 确定枚举对象和枚举范围；

(2) 设定解的判定条件；

(3) 按照一定顺序一一列举所有可能的解，逐个判定是否有真解。

枚举法的一个典型例子是鬼谷算问题。相传汉高祖刘邦问大将军韩信统御多少士兵，韩信答说，每3人一列余1人，5人一列余2人，7人一列余4人，13人一列余6人……刘邦茫然而不知其数。

算法分析：这类问题及其解法一般称为孙子定理，国外称为“中国余数定理”，它也是我国闻名于世的古代数学问题。题目是求除以3余1，除以5余2，除以7余4，除以13余6的最小自然数。枚举对象是自然数，设为x。枚举范围为1,2,3,4…直到符合条件的自然数。真解应该同时满足4个条件：x%3=1，x%5=2，x%7=4、x%13=6。

方法一：对解的4个判定条件同时进行判断，使用and逻辑运算符连接，因此，解的判定条件写成x%3==1 and x%5==2 and x %7==4 and x %13==6。程序流程图如图10.12所示。

Python代码如下：

```
'''
韩信点兵 - 鬼谷算 - 仅计算0～1000内的数
% 3 = 1
% 5 = 3
% 7 = 4
'''
for i in range(0, 1001):
    if i % 3 == 1 and i % 5 == 2 and i % 7 == 4 and i % 13 == 6:
```

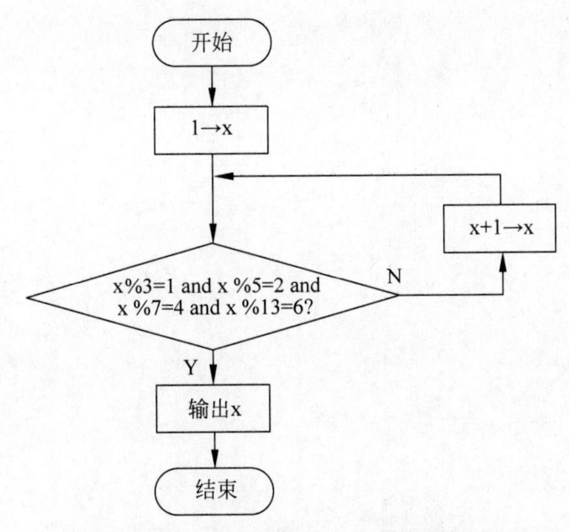

图 10.12　枚举法方法一的程序流程图

```
        print(i)
    else:
        continue
```

方法二：对解的 4 个判定条件一一进行判断，先判断 x%3=1 是否满足，如果满足，再判断 x%5=2 是否满足，如果满足，再判断 x%7=4 是否满足，如果满足，再判断 x%13=6 是否满足。程序流程图如图 10.13 所示。

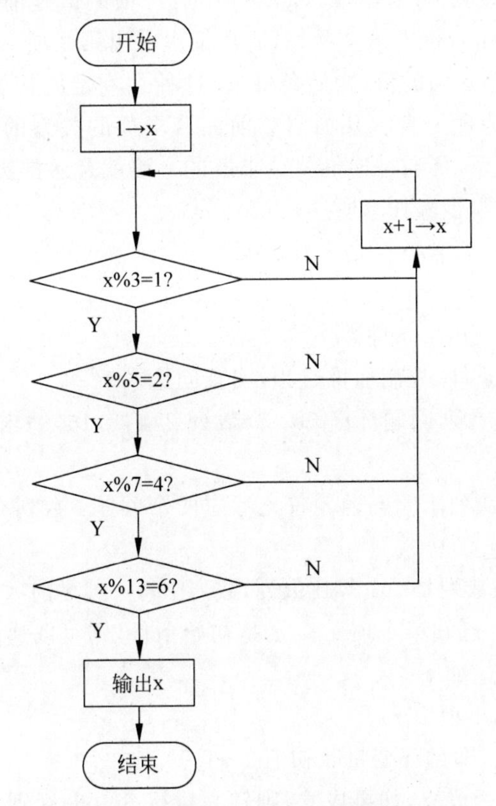

图 10.13　枚举法方法二的程序流程图

Python 代码如下：

```
'''
韩信点兵 - 鬼谷算 - 仅计算 0～1000 内的数
 % 3 = 1
 % 5 = 3
 % 7 = 4
'''
for i in range(0, 1001):
    if (i % 3 == 1):
        if(i % 5 == 2):
            if(i % 7 == 4):
                if(i % 13 == 6):
                    print(i,"")
                else:
                    continue
            else:
                continue
        else:
            continue
    else:
        continue
```

2. 递推法

递推法是计算机中应用较为广泛的一种方法。有一类问题，相邻的两项数据之间的变化有一定的规律性。例如，数列 0,5,10,15,20,25 中后一项的值是前一项的值加 5，欲求第 10 项，必须先将第 1 项的值加 5，得出第 2 项，然后再依次求出第 3 项，第 4 项，第 5 项，直到第 10 项。当然，必须事先给定第 1 项的值（初始条件）。这种在规定的初始条件下找出后项对前项的依赖关系的操作，称为递推。表示某项与它前面若干项的关系的式子就称为递推关系式。根据具体问题建立递推关系，再通过递推关系求解的方法就是递推法。

采用递推法求解的基本步骤如下所述。

（1）确定递推的变量。

（2）建立递推关系式。

（3）确定递推的初始（边界）条件。

（4）明确递推终止的条件，控制递推过程，实现问题求解。

递推法的一个应用是数列问题。已知一个数列 2,4,8,16,…求该数列从第 1 项到第 10 项各项的值。

算法分析：这是一个数列求解问题。首先考虑两个问题：数列有什么规律？如何根据给出项求出第 10 项？

通过观察数列，可知该数列是一个等比数列，数列中每一项是前项的 2 倍，记第 i 项为 x_i，递推关系式为 $x_i = x_{i-1} * 2$。已知第 1 项 $x_1 = 2$ 是初始条件，则可以递推计算出 $x_2, x_3, \cdots, x_{10}$。本题的算法用自然语言描述如下。

Step1：初始化数列第 1 项 2→x。

Step2：待求数列项数，即循环变量赋初值 1→i。

Step3：判断 i>10 是否成立，如果成立，则转去执行 Step6，否则执行 Step4。

Step4：依据递推关系式计算 x * 2→x。

Step5：i+1→i，转 Step3。

Step6：输出数列的各项的值，算法结束。

递推程序流程图如图 10.14 所示。

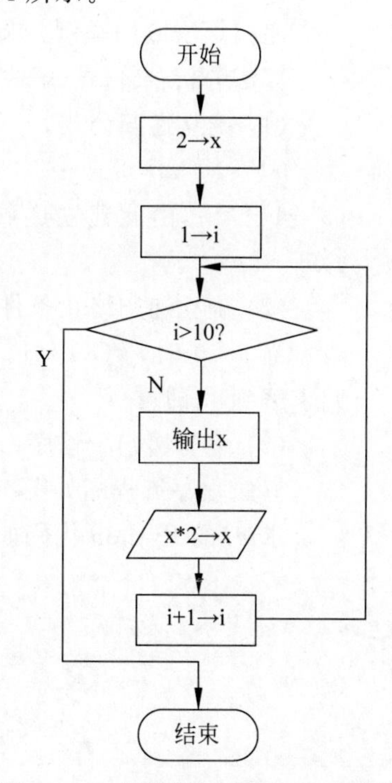

图 10.14 等比数列问题程序流程图

Python 代码如下：

```
x = 2
i = 1
for i in range(1,10):
    if i > 10:
        break
    print(x,",",end = '')
    x = x * 2
```

运行结果：

```
2,4,8,16,32,64,128,256,512,
```

3. 递归法

递归的概念：递归也是算法设计中一种常用的基本算法。递归是一个函数(或过程)在其定义中直接或间接调用自身的一种方法，它通常将一个规模较大的问题转换为规模较小的同类问题，在逐步解答小问题后再回溯得到原问题的解。例如，计算 $n!$，$n!=1*2*3*\cdots*(n-1)*n$，而实际上 $n!=(n-1)!*n$，这样，一个整数的阶乘就可以描述为一个规模较小的整数阶乘与一个数的乘积，所以为求 $n!$ 就要先求 $(n-1)!$，而要求 $(n-1)!$ 就要先求 $(n-2)!$，最终问题变成求 1!，这时问题就变得很简单，可以直接给出答案 $1!=1$，然后再将结果逐步返回，最后得到 $n!$ 的结果，这个过程就称为递归。

在使用递归算法时，必须要解决两个问题：

(1) 递归公式,也称为递归关系式,解决用递归做什么的问题。

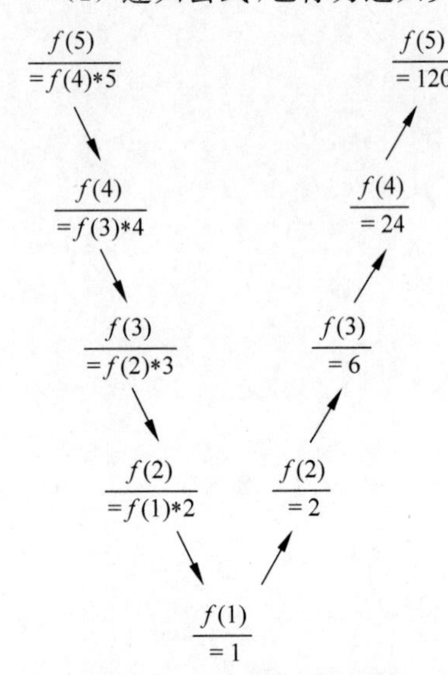

图 10.15 递推算法流程

(2) 递归终止条件,解决递归如何终止的问题,以避免无休止的递归调用。

递归算法应用举例:求 n 的阶乘。

算法分析:递归法解决问题需要以下三个步骤。

(1) 确立递归公式。

$n!=1*2*3*\cdots*(n-1)*n$ 可以描述为 $n!=(n-1)!*n$,由此建立递归公式,即当 $n>1$ 时,$f(n)=f(n-1)*n$。

(2) 确立递归终止条件。

当 $n=1$ 时,$f(n)=1$。对于任何给定的 n,只需要递归求解到 1!即可。

(3) 编写递归子程序。

算法程序流程图如图 10.15 所示。

求 n!的 Python 代码如下:

```
def factorial(n):
    if n == 0:
      return 1
    else:
      return n * factorial(n - 1)
```

上述代码定义好了求 n!的函数 factorial(n),当使用 factorial(5)求解 5!时,得到结果:120。

```
>>> factorial(5)
120
```

4. 排序算法

在我们生活的这个世界,排序无处不在。学生站队时会按照身高排序,考试的名次需要按照分数排序,网上购物时可能会选择价格排序,电子邮箱中的邮件按照时间排序……

计算机实现排序的方法有很多,如选择法、归并法、冒泡法、插入法等,方法不同其排序效率也不同。本节主要介绍选择排序。

选择排序的基本思路:从头到尾依次扫描待排序数据,找出其中的最小值并将它交换到数据的最前列,对其余的数据重复上述过程,直到排序完成。

选择排序算法举例:用选择排序算法对{9,8,5,6,2}进行升序排序。

变量 m 记录本轮比较中每次比较后当前最小值的下标,带方框的数据表示每次比较时与 $a[m]$进行比较的数组元素。

通过对排序过程的分析,归纳总结出选择排序的一般规律。

(1) 设需要对 n 个数(数组元素 $a[1]\sim a[n]$)排序,则需要进行 $n-1$ 轮比较选择,具体如下:

第 1 轮:m 初值为 1,$a[m]$元素依次与 $a[2],a[3],\cdots,a[n]$比较,本轮比较 $n-1$ 次。

第 2 轮:m 初值为 2,$a[m]$元素依次与 $a[3],a[4],\cdots,a[n]$比较,本轮比较 $n-2$ 次。

第3轮：m 初值为3，$a[m]$元素依次与 $a[4]$，…，$a[n]$比较，本轮比较 $n-3$ 次。

……

第 $n-1$ 轮：m 初值为 $n-1$，$a[m]$元素与 $a[n]$比较，本轮比较1次。

(2) 通常第 $i(i=1\sim n-1)$轮比较时，m 的初值为 i，需要比较 $n-i$ 次，用 $a[m]$依次与 $a[i+1]$，$a[i+2]$，…，$a[n]$进行比较，并根据比较结果修改 m 的值。经过一轮比较，将 $a[m]$与 $a[i]$的值交换。

(3) 若用变量 j 表示第 i 轮比较中与 $a[m]$比较的元素的下标，则 $j=i+1\sim n$。

(4) 选择排序需要两重循环结构：外层循环控制比较轮次 $i(i=1\sim n-1)$和内层循环控制第 i 轮比较过程中与 $a[m]$比较的元素的下标 $j(j=i+1\sim n)$。在内层循环体中，比较 $a[m]$与 $a[j]$，并根据比较结果决定是否修改 m 的值。一轮比较结束，将 $a[m]$与 $a[j]$进行交换。算法的程序流程图如图10.16所示。

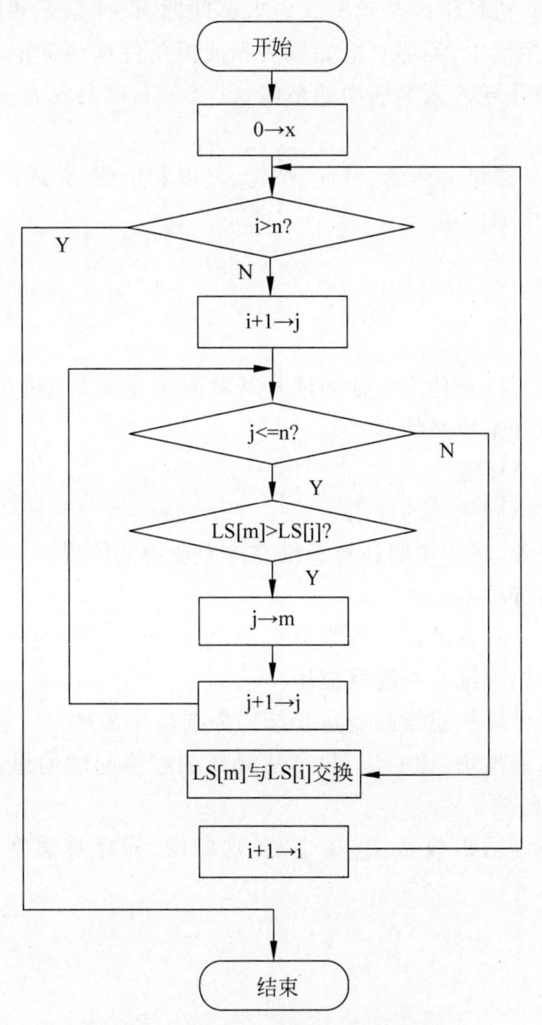

图10.16　选择排序算法流程图

选择排序 Python 代码如下：

```
>>> LS = [9,8,5,6,2]
>>> n = len(LS)
```

```
>>> for i in range(0,n-1):
        m = i
        for j in range(m+1,n):
            if LS[m]> LS[j]:
                m = j
                continue
        LS[m],LS[i] = LS[i],LS[m]
>>> LS
[2, 5, 6, 8, 9]
```

本章小结

计算思维是运用计算机科学的基础概念去求解问题、设计系统和理解人类的行为。计算思维将渗透到每个人的生活中，到那时诸如算法和前提条件这些词汇将成为每个人日常语言的一部分，当计算思维真正融入人类活动的整体，以至于不再表现为一种显式哲学时，它将成为一种现实。

本章介绍了智能计算思维的概念、特征、结构、发展和价值，并通过 Python 算法案例展现了算法思维在求解问题中的应用。

思考题

1. 科学思维的三大支柱是什么？如何理解其对推动人类文明进步和科技发展的作用？

2. 计算思维的含义和本质是什么？

3. 计算思维的特征有哪些？

4. 列举计算思维在不同领域的应用。

5. 结合自己所学专业，举例说明计算思维在本专业中的体现。

6. 算法必须符合哪五项条件？

7. 谷歌公司给教育者开发的计算思维课程中，培养计算思维的四部分分别是什么？

8. 什么是智能计算机思维？有哪些应用？

9. 什么是算法思维？算法思维的表达和结构分别是什么？

10. 算法中枚举法、递推法、递归法、排序法具体的解决问题的思路分别是怎样的？能否举出对应的日常生活中的例子？

11. 尝试用 Python 编写出枚举法、递推法、递归法、排序算法案例的程序，查看其执行效果。

参考文献

[1] 夏敏捷. Python 程序设计：从基础开发到数据分析(微课版)[M]. 北京：清华大学出版社，2019.

[2] 张良均，王路，谭立云，等. Python 数据分析与挖掘实战[M]. 北京：机械工业出版社，2016.

[3] 周志华. 机器学习[M]. 北京：清华大学出版社，2016.

[4] 周方，陈建雄，朱友康. Python 语言程序设计基础教程(微课视频版)[M]. 北京：清华大学出版社，2023.

[5] 陈海虹，黄彪，刘峰，等. 机器学习原理及应用[M]. 成都：电子科技大学出版社，2017.

图书资源支持

感谢您一直以来对清华版图书的支持和爱护。为了配合本书的使用，本书提供配套的资源，有需求的读者请扫描下方的“书圈”微信公众号二维码，在图书专区下载，也可以拨打电话或发送电子邮件咨询。

如果您在使用本书的过程中遇到了什么问题，或者有相关图书出版计划，也请您发邮件告诉我们，以便我们更好地为您服务。

我们的联系方式：

清华大学出版社计算机与信息分社网站：https://www.shuimushuhui.com/

地　　址：北京市海淀区双清路学研大厦 A 座 714

邮　　编：100084

电　　话：010-83470236　010-83470237

客服邮箱：2301891038@qq.com

QQ：2301891038（请写明您的单位和姓名）

资源下载：关注公众号“书圈”下载配套资源。

资源下载、样书申请

书圈

图书案例

清华计算机学堂

观看课程直播

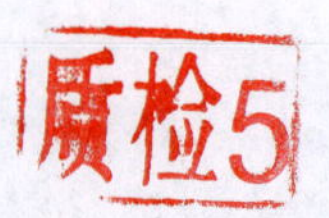
质检5